Physica-Lehrbuch

Physica-Lehrbuch

Bannier, Christina E.
Vertragstheorie
Eine Einführung
mit finanzökonomischen Beispielen und Anwendungen
2005, XVI, 218 S.

Basler, Herbert
Grundbegriffe der Wahrscheinlichkeitsrechnung und Statistischen Methodenlehre
11. Aufl. 1994, X, 292 S.

Bossert, Rainer · Manz, Ulrich L.
Externe Unternehmensrechnung
Grundlagen der Einzelrechnungslegung, Konzernrechnungslegung und internationalen Rechnungslegung.
1997, XVIII, 407 S.

Dillmann, Roland
Statistik II
1990, XIII, 253 S.

Endres, Alfred
Ökonomische Grundlagen des Haftungsrechts
1991, XIX, 216 S.

Farmer, Karl · Wendner, Ronald
Wachstum und Außenhandel
Eine Einführung
in die Gleichgewichtstheorie der Wachstums- und Außenhandelsdynamik
2. Aufl. 1999, XVIII, 423 S.

Ferschl, Franz
Deskriptive Statistik
3. Aufl. 1985, 308 S.

Fink, Andreas
Schneidereit, Gabriele · Voß, Stefan
Grundlagen der Wirtschaftsinformatik
2. Aufl. 2005, XVIII, 316 S.

Gaube, Thomas u. a.
Arbeitsbuch Finanzwissenschaft
1996, X, 282 S.

Gemper, Bodo B.
Wirtschaftspolitik
1994, XVIII, 196 S.

Göcke, Matthias · Köhler, Thomas
Außenwirtschaft
Ein Lern- und Übungsbuch
2002, XIII, 359 S.

Graf, Gerhard
Grundlagen der Volkswirtschaftslehre
2. Aufl. 2002, XIV, 335 S.

Graf, Gerhard
Grundlagen der Finanzwissenschaft
2. Aufl. 2005, XII, 334 S.

Hax, Herbert
Investitionstheorie
5. Aufl., korrigierter Nachdruck
1993, 208 S.

Heiduk, Günter S.
Außenwirtschaft
Theorie, Empirie und Politik der interdependenten Weltwirtschaft
2005, XII, 429 S.

Heno, Rudolf
Jahresabschluss nach Handelsrecht, Steuerrecht und internationalen Standards (IAS/IFRS)
4. Aufl. 2004, XIX, 535 S.

Hofmann, Ulrich
Netzwerk-Ökonomie
2001, X, 242 S.

Huch, Burkhard u. a.
Rechnungswesen-orientiertes Controlling
Ein Leitfaden für Studium und Praxis
4. Aufl. 2004, XX, 510 S.

Kistner, Klaus-Peter
Produktions- und Kostentheorie
2. Aufl. 1993, XII, 293 S.

Kistner, Klaus-Peter
Optimierungsmethoden
Einführung
in die Unternehmensforschung für Wirtschaftswissenschaftler
3. Aufl. 2003, XII, 293 S.

Kistner, Klaus-Peter
Steven, Marion
Produktionsplanung
3. Aufl. 2001, XIII, 372 S.

Kistner, Klaus-Peter
Steven, Marion
Betriebswirtschaftslehre im Grundstudium
Band 1: Produktion, Absatz, Finanzierung
4. Aufl. 2002, XIV, 510 S.
Band 2: Buchführung, Kostenrechnung, Bilanzen
1997, XVI, 451 S.

König, Rolf
Wosnitza, Michael
Betriebswirtschaftliche Steuerplanungs- und Steuerwirkungslehre
2004, XIV, 288 S.

Kortmann, Walter
Mikroökonomik
Anwendungsbezogene Grundlagen
3. Aufl. 2002, XVIII, 674 S.

Kraft, Manfred · Landes, Thomas
Statistische Methoden
3. Aufl. 1996, X, 236 S.

Marti, Kurt · Gröger, Detlef
Einführung in die lineare und nichtlineare Optimierung
2000, VII, 206 S.

Marti, Kurt · Gröger, Detlef
Grundkurs Mathematik für Ingenieure, Natur- und Wirtschaftswissenschaftler
2. Aufl. 2003, X, 267 S.

Michaelis, Peter
Ökonomische Instrumente in der Umweltpolitik
Eine anwendungsorientierte Einführung
1996, XII, 190 S.

Nissen, Hans-Peter
Einführung in die makroökonomische Theorie
1999, XVI, 341 S.

Nissen, Hans-Peter
Das Europäische System Volkswirtschaftlicher Gesamtrechnungen
5. Aufl. 2004, XVI, 362 S.

Risse, Joachim
Buchführung und Bilanz für Einsteiger
2. Aufl. 2004, VIII, 296 S.

Schäfer, Henry
Unternehmensfinanzen
Grundzüge in Theorie und Management
2. Aufl. 2002, XVIII, 522 S.

Schäfer, Henry
Unternehmensinvestitionen
Grundzüge in Theorie und Management
2. Aufl. 2005, XVI, 439 S.

Sesselmeier, Werner
Blauermel, Gregor
Arbeitsmarkttheorien
2. Aufl. 1998, XIV, 308 S.

Steven, Marion
Hierarchische Produktionsplanung
2. Aufl. 1994, X, 262 S.

Steven, Marion
Kistner, Klaus-Peter
Übungsbuch zur Betriebswirtschaftslehre im Grundstudium
2000, XVIII, 423 S.

Swoboda, Peter
Betriebliche Finanzierung
3. Aufl. 1994, 305 S.

Tomann, Horst
Volkswirtschaftslehre
Eine Einführung
in das ökonomische Denken
2005, XII, 186 S.

Weise, Peter u. a.
Neue Mikroökonomie
5. Aufl. 2005, XI, 645 S.

Zweifel, Peter
Heller, Robert H.
Internationaler Handel
Theorie und Empirie
3. Aufl. 1997, XXII, 418 S.

Andreas Fink
Gabriele Schneidereit
Stefan Voß

Grundlagen der Wirtschaftsinformatik

Zweite, überarbeitete Auflage
mit 78 Abbildungen
und 16 Tabellen

Physica-Verlag
Ein Unternehmen
von Springer

Dr. Andreas Fink
Dr. Gabriele Schneidereit
Professor Dr. Stefan Voß

Universität Hamburg
Institut für Wirtschaftsinformatik
Von-Melle-Park 5
20146 Hamburg

E-mail: fink@econ.uni-hamburg.de
E-mail: schneidereit@econ.uni-hamburg.de
E-mail: stefan.voss@uni-hamburg.de

ISBN 978-3-7908-0189-7 2. Auflage Physica-Verlag Heidelberg

ISBN 978-3-7908-1375-3 1. Auflage Physica-Verlag Heidelberg

Bibliografische Information Der Deutschen Bibliothek

Die Deutsche Bibliothek verzeichnet diese Publikation in der Deutschen Nationalbibliografie; detaillierte bibliografische Daten sind im Internet über http://dnb.ddb.de abrufbar.

Physica-Verlag ist ein Unternehmen von Springer Science+Business Media
springer.de

Umschlagabbildung: Hamburger Hafen- und Lagerhaus AG
Umschlaggestaltung: Erich Kirchner
Herstellung: Helmut Petri
Druck: Strauss Offsetdruck

SPIN 10988220 42/3153 – 5 4 3 2 1 0 – Gedruckt auf säurefreiem Papier

Vorwort

Umfangreicher Einsatz unseres Buches in der Lehre an verschiedenen Standorten hatte bereits vor längerer Zeit eine Neuauflage notwendig gemacht. Aufgrund verschiedener Einflussfaktoren wurde dieses Projekt jedoch immer wieder verschoben. Umso mehr freuen wir uns, nunmehr die 2. Auflage unserer „Grundlagen der Wirtschaftsinformatik“ vorlegen zu können. Als wesentlicher Einflussfaktor sei aus persönlicher Sicht darauf hingewiesen, dass wir Weitsicht bei der Auswahl des Titelbildes für die 1. Auflage bewiesen hatten, indem wir in der Zeit zwischen den beiden Auflagen unseren Arbeitsplatz von der Technischen Universität Braunschweig nach Hamburg (dem Standort des abgebildeten Containerterminals) verlegt haben.

Aufgrund der positiven Aufnahme unseres Buches bei Studierenden wie bei Kollegen haben wir die Grundkonzeption beibehalten. Im Wesentlichen bedeutet dies auch, dass wir uns nicht nur mit Grundlagen „der“ Wirtschaftsinformatik befassen, sondern auch Grundlagen „für die“ Wirtschaftsinformatik behandeln. In diesem Sinne sind selbst in einer schnelllebigen Disziplin wie der Wirtschaftsinformatik viele Inhalte im Grundlagenbereich als stabil zu betrachten. Auf der anderen Seite sind in diversen Bereichen umfassende Veränderungen zu konstatieren, derer man teilweise erst gewahr wird, wenn man sich tatsächlich im Rahmen einer Neuauflage explizit darum kümmert. In diesem Sinne hoffen wir, einen geeigneten Kompromiss zwischen Neuerungen und Erweiterungen auf der einen Seite und Konstanz auf der anderen Seite gefunden zu haben.

Für die kritische Durchsicht sei insbesondere Herrn Dr. Frank Schwartz sowie Herrn Dr. Kai Brüssau und Herrn René Eisenberg gedankt. Herrn Dr. Werner Müller vom Springer-Verlag sei insbesondere für seine große Geduld sowie die Unterstützung bei einer schnellen Umsetzung in Verbindung mit unserem Buch gedankt.

Hamburg,
März 2005

Andreas Fink
Gabriele Schneidereit
Stefan Voß

Vorwort zur 1. Auflage

Das Schöne an der Wirtschaftsinformatik, aber auch der Informatik, ist, dass sie nicht nur in der Theorie, sondern auch in der Praxis gelebt wird (und wir sprechen nicht nur von der Informationsgesellschaft und ihren Folgen). Aber auch wir beschreiben sie immer noch in Buchform. Und jeder Autor hofft, wie auch wir, dass es zu seinem Themengebiet *das Buch* gibt.

> „Sind Ihre Augen am Monitor ermüdet? Dann genießen Sie
>
> *das Buch*!
>
> Blendfrei, schneller Bildaufbau, hohe Auflösung, kein Flimmern, strahlungsarm, Neigung einstellbar, ergonomisch günstige Handhabung.“ (Büttemeyer (1995), S. 150)

Die noch relativ junge und dennoch bereits etablierte Disziplin Wirtschaftsinformatik ist eine Schnittstellendisziplin par excellence. Zum einen basiert sie auf den Erkenntnissen und Methoden von Informatik und Betriebswirtschaftslehre und versucht insbesondere für letztere Disziplin Lösungen für Problemstellungen zu entwickeln. Die eigentlichen *Grundlagen* der Wirtschaftsinformatik kommen dabei im Wesentlichen aus der Informatik und werden vor allem im Kontext der Modellierung durch eigene Arbeiten der Wirtschaftsinformatik erweitert. Zum anderen ist der zentrale Untersuchungsgegenstand der Wirtschaftsinformatik, komplexe Informations- und Kommunikationssysteme, typischerweise hochgradig von Schnittstellen (sowohl internen als auch externen, sowohl technischen als auch solchen, die die Interaktion zwischen Mensch und Technik betreffen) geprägt. Dieser Sachverhalt ist auf dem Titelbild unseres Buches durch ein ähnlich schnittstellenintensives reales System symbolisiert: das Containerterminal Burchardkai der Hamburger Hafen und Lagerhaus AG, das wir im Buch verschiedentlich als Beispiel zur Veranschaulichung ausschnittsweise herangezogen haben.

Die in diesem Buch behandelten Inhalte orientieren sich an unserer Meinung nach wesentlichen Themenstellungen der Wirtschaftsinformatik und den für deren Verständnis notwendigen Grundlagen bzw. Voraussetzungen. Während wir selbstverständlich nicht den Anspruch erheben, die Wirtschaftsinformatik in ihrer ganzen Breite und Vielfalt darzustellen, haben wir gleichwohl versucht, theoretische und methodische Grundlagen in verschiedenen Bereichen zu betrachten (freilich setzt die Gewinnung eines echten Verständnisses beim Leser zumeist die Vertiefung anhand der angegebenen Literatur voraus). Dabei haben wir angestrebt, den Leser bei der Einordnung und dem Verstehen von Themen (neben der Angabe von Übungsaufgaben mit Lösungsvorschlägen) durch eine Diskussion relevanter praktischer Problemstellungen bzw. realer Anwendungssysteme zu unterstützen. Allerdings wird weitgehend darauf verzichtet, eine einem universitär orientierten Lehrbuch nicht angemessene Aufzählung kurzlebiger bzw. technischer Aspekte zu erörtern bzw. einen „Einstieg in den PC-Arbeitsplatz“ bieten zu wollen.

Die Stoffauswahl dieses Buches lehnt sich an eine gleichnamige Lehrveranstaltung an, die die Autoren seit einigen Jahren für Studierende im Grundstudium an der Technischen Universität Braunschweig durchgeführt haben. Das Buch richtet sich somit primär an Studierende der Wirtschaftsinformatik sowie der Betriebswirtschaftslehre und des Wirtschaftsingenieurwesens. Aber auch Praktiker, die einen Überblick über die Grundlagen der Wirtschaftsinformatik erhalten möchten, sollten ihre Freude an der Lektüre haben.

Das bei einem Lesen des Buches aufkommende Gefühl der großen Breite und Heterogenität der Grundlagen und Themen der Wirtschaftsinformatik trügt nicht. Das Bild von dem Wirtschaftsinformatiker als „Sparringspartner“, der beide Seiten, die Informatik wie die Betriebswirtschaftslehre, versteht und deren Sprache spricht und als „Mittler zwischen den Welten“ fungieren kann, impliziert Entsprechendes.

Abschließend möchten wir uns bei denen bedanken, die uns bei der Fertigstellung dieses Buches unterstützt haben. Dies betrifft insbesondere unsere Mitarbeiter bzw. Kollegen Kai Gutenschwager, Torsten Reiners, Dirk Reiß und Dr. Lutz Sondergeld. Weiterhin danken wir der Hamburger Hafen- und Lagerhaus AG für die Erlaubnis der Nutzung des für den Titel verwendeten Bildes. Herrn Dr. Werner A. Müller und seinem Team vom Physica-Verlag sei für die außerordentlich verständnisvolle und kompetente Begleitung des Projektes gedankt.

Letztendlich hoffen wir, dass wir, wenn vielleicht auch nicht *das* Buch, so doch ein nützliches und für die weitere Beschäftigung mit der Wirtschaftsinformatik Grundlagen schaffendes und Motivation vermittelndes Buch geschrieben haben. Kritische Anregungen für Verbesserungen nehmen wir sehr gerne entgegen.

Braunschweig,
Dezember 2000

Andreas Fink
Gabriele Schneidereit
Stefan Voß

Inhaltsverzeichnis

Abkürzungsverzeichnis

4GL	Fourth Generation Language	S. 34
ACM	Association for Computing Machinery	S. 259
AD	Analog – Digital	S. 25
AES	Advanced Encryption Standard	S. 224
AKWI	Arbeitskreis Wirtschaftsinformatik an Fachhochschulen	S. 260
AI	Artificial Intelligence	S. 36
ANSI	American National Standards Institute	S. 154
APS	Advanced Planning System	S. 235
ARIS	Architektur integrierter Informationssysteme	S. 97
ARPANET	Advanced Research Projects Agency Network	S. 39
ASCII	American Standard Code for Information Interchange	S. 25
ATM	Asynchronous Transfer Mode	S. 43
B2A	Business-to-Administration	S. 248
B2B	Business-to-Business	S. 248
B2C	Business-to-Consumer	S. 248
BDE	Betriebsdatenerfassung	S. 231
BFP	Bewertete Function Points	S. 194
CAD	Computer Aided Design	S. 233
CAE	Computer Aided Engineering	S. 233
CAM	Computer Aided Manufacturing	S. 233
CAP	Computer Aided Planning	S. 233
CAQ	Computer Aided Quality Assurance	S. 233
CASE	Computer Aided Software Engineering	S. 130
CD	Compact Disc	S. 25
CD-R	Compact Disc – Recordable	S. 29
CD-RW	Compact Disc – Rewritable	S. 29
CIM	Computer Integrated Manufacturing	S. 229
CISC	Complex Instruction Set Computer	S. 28
COCOMO	Constructive Cost Model	S. 193
CORBA	Common Object Request Broker Architecture	S. 202
CPU	Central Processing Unit	S. 27
CRM	Customer Relationship Management	S. 239
CSCW	Computer Supported Cooperative Work	S. 78
CSS	Cascading Stylesheets	S. 56

DBMS	Datenbankmanagementsystem	S. 153
DENIC	Deutsches Network Information Center	S. 40
DES	Data Encryption Standard	S. 223
DFÜ	Datenfernübertragung	S. 250
DIN	Deutsche Industrienorm	S. 66
DMS	Dokumentenmanagementsystem	S. 216
DNS	Domain Name Service	S. 49
DoS	Denial of Service	S. 220
DSL	Digital Subscriber Line	S. 42
DTD	Document Type Definition	S. 54
DV	Datenverarbeitung	S. 65
DVD	Digital Versatile Disc	S. 29
DWDM	Dense Wavelength Division Multiplex	S. 42
EB	Exabyte	S. 24
EC	Electronic Commerce	S. 247
ECIS	European Conference on Information Systems	S. 263
EDI	Electronic Data Interchange	S. 247
EDIFACT	EDI For Administration, Commerce and Transport	S. 250
EDV	Elektronische Datenverarbeitung	S. 24
eEPK	Erweiterte Ereignisgesteuerte Prozesskette	S. 122
E-Mail	Electronic Mail	S. 43
EPK	Ereignisgesteuerte Prozesskette	S. 122
ER	Entity Relationship	S. 106
ERP	Enterprise Resource Planning	S. 207
EU	Europäische Union	S. 265
EVA	Eingabe – Verarbeitung – Ausgabe	S. 29
FTP	File Transfer Protocol	S. 39
GB	Gigabyte	S. 24
GI	Gesellschaft für Informatik e. V.	S. 259
GoM	Grundsätze ordnungsmäßiger Modellierung	S. 103
GPRS	General Packet Radio Service	S. 43
GPS	Global Positioning System	S. 241
GSM	Global System for Mobile Communications	S. 43
HSCSD	High Speed Circuit Switched Data	S. 43
HICSS	Hawaii International Conference on System Sciences	S. 262
HTML	Hypertext Markup Language	S. 51
HTTP	Hypertext Transfer Protocol	S. 39
ICANN	Internet Corporation for Assigned Names and Numbers	S. 49
ICIS	International Conference on Information Systems	S. 263
IETF	Internet Engineering Task Force	S. 48
IFIP	International Federation for Information Processing	S. 259
IKS	Informations- und Kommunikationssystem	S. 3
IM	Informationsmanagement	S. 63
IMAP	Internet Message Access Protocol	S. 39

INFORMS	Institute for Operations Research and the Management Sciences	S. 259
IP	Internet Protocol	S. 47
IS	Informationssystem	S. 3
ISDN	Integrated Services Digital Network	S. 41
ISO	International Organization for Standardization	S. 45
IT	Informationstechnologie/-technik	S. 14
IV	Informationsverarbeitung	S. 71
JIT	Just in Time	S. 233
KB	Kilobyte	S. 24
KI	Künstliche Intelligenz	S. 36
LAN	Local Area Network	S. 43
LOP	Lineares Optimierungsproblem	S. 141
MB	Megabyte	S. 24
MDA	Model Driven Architecture	S. 197
MIPS	Million Instructions per Second	S. 27
mrp	Material Requirements Planning	S. 230
MRP II	Manufacturing Resource Planning	S. 230
NII	National Information Infrastructure	S. 39
NNTP	Network News Transport Protocol	S. 39
$\mathcal{NP}$	Klasse nichtdeterministisch polynomial lösbarer Probleme	S. 21
OCR	Optical Character Recognition	S. 175
OLAP	Online Analytical Processing	S. 172
OLTP	Online Transaction Processing	S. 172
OMG	Object Management Group	S. 130
ÖPNV	Öffentlicher Personennahverkehr	S. 240
OSI	Open Systems Interconnection	S. 45
ÖV	Öffentlicher Personenverkehr	S. 240
$\mathcal{P}$	Klasse polynomial lösbarer Probleme	S. 20
PB	Petabyte	S. 24
PC	Personal Computer	S. 27
PCI	Peripheral Component Interconnect	S. 27
PIN	Persönliche Identifikationsnummer	S. 249
POP	Post Office Protocol	S. 39
PPS	Produktionsplanung und -steuerung	S. 229
RAM	Random Access Memory	S. 28
RBL	Rechnergestütztes Betriebsleitsystem	S. 241
RDS	Radio Data System	S. 241
RFC	Request for Comments	S. 48
RFID	Radio Frequency Identification	S. 30
RIPE	Reseaux IP Europeens	S. 40
RISC	Reduced Instruction Set Computer	S. 28
ROM	Read Only Memory	S. 28

RSA	Rivest, Shamir und Adleman	S. 226
SET	Secure Electronic Transaction	S. 249
SMTP	Simple Mail Transfer Protocol	S. 39
SOA	Service-Oriented Architecture	S. 211
SQL	Structured Query Language	S. 35
SSL	Secure Socket Layer	S. 223
TAN	Transaktionsnummer	S. 249
TB	Terabyte	S. 24
TCP	Transmission Control Protocol	S. 47
TLD	Top Level Domain	S. 49
TMC	Traffic Message Channel	S. 241
TU	Technische Universität	S. 48
UDDI	Universal Description, Discovery and Integration	S. 58
UDM	Unternehmensdatenmodell	S. 102
UML	Unified Modeling Language	S. 130
UMTS	Universal Mobile Telecommunications System	S. 43
URI	Uniform Resource Identifier	S. 52
URL	Uniform Resource Locator	S. 52
USB	Universal Serial Bus	S. 29
VLSI	Very Large Scale Integration	S. 27
W3C	World Wide Web Consortium	S. 53
WAP	Wireless Application Protocol	S. 54
WKWI	Wissenschaftliche Kommission Wirtschaftsinformatik	S. 3
WML	Wireless Markup Language	S. 54
WMS	Workflow-Management-System	S. 217
WSDL	Web Services Description Language	S. 59
WWW	World Wide Web	S. 40
XHTML	Extensible Hypertext Markup Language	S. 53
XML	Extensible Markup Language	S. 53
XSD	XML Schema Definition	S. 54
XSL	Extensible Stylesheet Language	S. 56
XSLT	Extensible Stylesheet Language for Transformation	S. 56
ZKA	Zentraler Kreditausschuss	S. 250

1. Einführung

„Gegenstand der Wirtschaftsinformatik sind ‚Informations- und Kommunikationssysteme in Wirtschaft und Verwaltung' (kurz: ‚Informationssysteme')." (WKWI (1994), S. 80)

Informations- und Kommunikationssysteme können als Systeme verstanden werden, die Informationen verarbeiten, d. h. erfassen, übertragen, transformieren, speichern und bereitstellen. Aus dieser Definition des Untersuchungsgegenstandes kann abgeleitet werden, dass *Wirtschaftsinformatik* alle Aufgaben umfasst, die in Verbindung mit Informations- und Kommunikationssystemen in Wirtschaft und Verwaltung auftreten. Im Mittelpunkt der Wirtschaftsinformatik steht die Unterstützung der Erfüllung betrieblicher Aufgaben mittels derartiger Systeme. Ein Hauptziel ist dabei die Integration betrieblich relevanter Daten und Prozesse unter Einbeziehung involvierter Arbeitsplätze und zunehmend der außerbetrieblichen Umwelt.

Dieses Begriffsverständnis der Wirtschaftsinformatik hat sich im deutschen Sprachraum weitgehend durchgesetzt und liegt in leicht abgewandelter Form auch anderen Lehrbüchern zu Grunde:

> Wirtschaftsinformatik ist die „Wissenschaft, die sich mit der Gestaltung rechnergestützter Informationssysteme in der Wirtschaft befasst." (Hansen und Neumann (2001), S. 22)
>
> „Die Wirtschaftsinformatik befaßt sich mit der Konzeption, Entwicklung, Einführung, Wartung und Nutzung von Systemen der computergestützten Informationsverarbeitung im Betrieb." (Mertens et al. (2000), S. 1)
>
> „Wirtschaftsinformatik ist die Wissenschaft von Entwurf, Entwicklung und Einsatz computergestützter betriebswirtschaftlicher Informationssysteme." (Scheer (1997), S. 1)

Im angelsächsischen Sprachraum findet sich die Wirtschaftsinformatik insbesondere unter dem Synonym *Information Systems* wieder, obwohl sich auch immer wieder andere Begriffe wie z. B. *Business Informatics* oder *Business Computer Science* als Übersetzung finden lassen.

Die interdisziplinäre wissenschaftliche Disziplin Wirtschaftsinformatik ist an der Schnittstelle zwischen der Betriebswirtschaftslehre und der (angewandten) Informatik, der Wissenschaft von der systematischen und automatisierten Verarbeitung von Informationen, anzuordnen. Dabei stellt Wirtschaftsinformatik mehr dar als lediglich die Schnittmenge dieser beiden Disziplinen, indem im Kontext des Untersuchungsgegenstandes eigene Modelle, Methoden und Werkzeuge entwickelt und untersucht werden.

Innerhalb der Informatik wie auch der Betriebswirtschaftslehre sind direkt oder indirekt nahezu alle Teilbereiche betroffen, wenn es darum geht, Grundlagen der Wirtschaftsinformatik sowie Anwendungsbereiche insbesondere wirtschaftswissenschaftlicher Art zu beschreiben. So ergeben sich in den verschiedenen Funktionsbereichen der Betriebswirtschaftslehre vielfältige Anknüpfungspunkte, wie z. B. in der Unternehmensführung und der Organisation, da durch die Einführung bzw. Nutzung von Informations- und Kommunikationssystemen in der Regel Veränderungen betrieblicher Abläufe notwendig oder erst ermöglicht werden. In diesem Sinne beinhaltet die Wirtschaftsinformatik auch ein Gutteil an Verantwortung für die Potenzialerkennung neuer Informations- und Kommunikationstechnologien für diverse Anwendungsbereiche in Wirtschaft und Verwaltung. Dass damit bei weitem nicht alle Beziehungen vollständig erfasst sind, liegt auf der Hand. So sind Bezüge zu anderen Fächern wie der Psychologie oder der Mathematik mit der Statistik und dem Operations Research (insbesondere an der Schnittstelle zur Betriebswirtschaftslehre) für die Wirtschaftsinformatik unentbehrlich.[1]

Da Informations- und Kommunikationssysteme in Wirtschaft und Verwaltung (als Gegenstand der Wirtschaftsinformatik) Teil der Realität sind, ist die Wirtschaftsinformatik in erster Linie eine Realwissenschaft. Realwissenschaften zeichnen sich dadurch aus, dass die Untersuchung, Beschreibung und Erklärung von Phänomenen der Wirklichkeit im Mittelpunkt der Betrachtung stehen. Ausgehend von der Aufgabe der Gestaltung von Informations- und Kommunikationssystemen kann die Wirtschaftsinformatik jedoch auch als Ingenieurwissenschaft angesehen werden. Darüber hinaus sind die Entwicklung und Nutzung formaler Beschreibungsmethoden und Theorien über Informations- und Kommunikationssysteme ein zentraler Gegenstand der Wirtschaftsinformatik, so dass ebenso eine Einordnung als Formalwissenschaft möglich ist. Im Gegensatz dazu wird in der wissenschaftlichen Literatur die Wirtschaftsinformatik zum Teil nur den Realwissenschaften zugeordnet.[2]

1.1 Informations- und Kommunikationssysteme

Nach der hier betrachteten Definition der Wirtschaftsinformatik stellen Informations- und Kommunikationssysteme (bzw. Informationssysteme) die zentralen Komponenten der Wirtschaftsinformatik dar. Daher soll in diesem Abschnitt geklärt werden, was unter diesen Begriffen zu verstehen ist. Daneben

[1] Vgl. hierzu auch die Ausführungen in Mertens (2002).

[2] Für eine weitergehende Erörterung entsprechender Aspekte wird auf den Anhang, Abschnitt A.2, verwiesen.

werden der oftmals in ähnlichem Zusammenhang auftretende Begriff Anwendungssystem erläutert und einige Beispiele für Informations- und Kommunikationssysteme vorgestellt.

Zum besseren Verständnis diskutieren wir zunächst kurz den Begriff *System*. Hierunter versteht man im Allgemeinen eine geordnete Gesamtheit von zueinander in Beziehung stehenden Elementen. Systeme lassen sich in vielerlei Hinsicht charakterisieren. So wird man Systeme mit einer großen Anzahl an Elementen und Beziehungen als komplex bezeichnen. Bestehen interaktive Beziehungen eines Systems zu seiner Umwelt, so nennt man es offen und anderenfalls geschlossen. Unterliegt ein System im Zeitablauf Veränderungen, so ist es dynamisch, ansonsten ist es statisch.

Die Wissenschaftliche Kommission Wirtschaftsinformatik im Verband der Hochschullehrer für Betriebswirtschaft (WKWI) versteht unter *Informations- und Kommunikationssystemen* (IKS) „soziotechnische Systeme, die menschliche und maschinelle Komponenten (Teilsysteme) als Aufgabenträger umfassen, die voneinander abhängig sind, ineinander greifen und/oder zusammenwirken. Im Mittelpunkt steht die Unterstützung bei der Erfüllung betrieblicher Aufgaben. Der Begriffsbestandteil Information verdeutlicht, daß es primärer Zweck dieser Systeme ist, die Informationsnachfrage von Aufgabenträgern [...] zu befriedigen. [...] Der Begriffsbestandteil Kommunikation verdeutlicht, daß eine Koordination zwischen arbeitsteilig wirkenden Aufgabenträgern stattfindet“ (WKWI (1994), S. 80).

Der Begriff *Informationssystem* (IS) ist heute im Wesentlichen als Synonym zu Informations- und Kommunikationssystem zu betrachten, da eine Kommunikation (ein Informations- oder Datenaustausch) zwischen Systemen bzw. Systemelementen in der Regel systemimmanent ist. Desgleichen sind Kommunikationssysteme ohne die Verwendung von Informationen undenkbar, so dass eine Trennung von Informationssystemen auf der einen und Kommunikationssystemen auf der anderen Seite nicht sinnvoll ist. Informationssysteme sind zumeist offen, da sie mit ihrer Umwelt interagieren, dynamisch, weil sich Teile des Informationssystems infolge dieser Interaktionen verändern können, und komplex, da sie einerseits aus einer großen Anzahl an Elementen bestehen und diese andererseits auf vielfältige Art und Weise zusammenhängen.

Neben dem Begriff Informations- und Kommunikationssystem findet auch der Begriff *Anwendungssystem* in der Literatur zur Wirtschaftsinformatik Verwendung. Offensichtlich kann man betriebliche Anwendungssysteme als zentrale Komponenten der Wirtschaftsinformatik sehen. Anwendungssysteme beziehen sich (im Gegensatz zu IKS) nur auf eine bestimmte (eng abgegrenzte) Aufgabe; vgl. u. a. Ferstl und Sinz (2001) sowie Heinrich (2001). Ein Anwendungssystem im engeren Sinne ist „die Gesamtheit aller Programme, die als Anwendungssoftware für ein konkretes betriebliches Anwendungsgebiet entwickelt, eingeführt und eingesetzt werden, und [...] die zugehörigen Daten“ (Stahlknecht und Hasenkamp (2005), S. 204). Im weiteren Sinne können unter dem Begriff Anwendungssystem zusätzlich auch die für die Nutzung der Anwendungssoftware benötigte Hardware und Systemsoftware sowie die erforderlichen Kommunikationseinrichtungen verstanden werden. Da Anwendungssysteme nur die Unterstützung eines (eng) begrenzten Anwendungsgebietes umfassen, sind sie als Teile von IKS zu verstehen.[3] Dies gilt insbesondere dann, wenn man von der engeren Definition des Begriffes Anwendungssystem ausgeht, da dann IKS zusätzlich z. B. noch Personen und Komponenten zur Kommunikation beinhalten; vgl. Ferstl und Sinz (2001).

IKS lassen sich aus zwei primären Sichtweisen einordnen. Zum einen horizontal hinsichtlich des betrachteten Funktionsbereiches sowie zum anderen vertikal bezüglich des Typs der unterstützten Aufgaben; vgl. Abbildung 1.1. *Administrations- und Dispositionssysteme* dienen der mengen- oder wertmäßigen Abbildung bzw. Abwicklung betrieblicher Abläufe und Situationen (typischerweise auf der operativen Ebene). Hierauf aufbauend unterstützen *Planungs- und Kontrollsysteme* das Management durch entsprechende analytische Funktionalitäten mit der Zielsetzung der Entscheidungsunterstützung. Wichtig ist eine sowohl horizontale als auch vertikale Integration der Systeme.

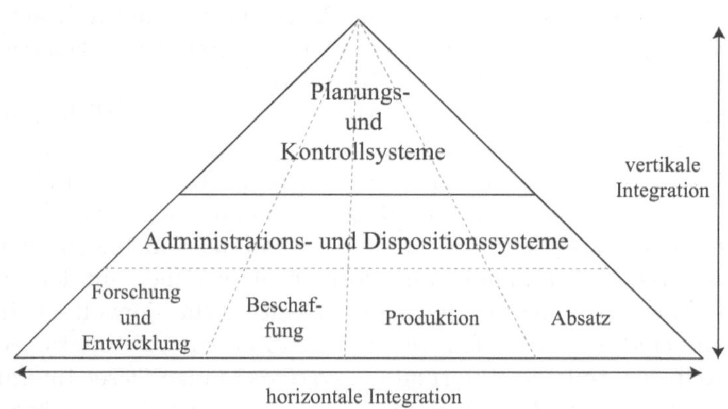

Abb. 1.1. Informationssystempyramide

Im Folgenden werden beispielhaft einige Aspekte von Informationssystemen im Dienstleistungsbereich diskutiert. Eine ausführlichere Darstellung betrieblicher Anwendungssysteme ist in Kapitel 7 dieses Buches zu finden. Dienstleistungsunternehmen unterliegen der Besonderheit, dass ihre Produkte im Kern immaterielle Wirtschaftsgüter sind. Beispiele für Dienstleister sind Banken und Versicherungen, Beratungsunternehmen, Unternehmen aus den Bereichen Handel, Transport, Touristik, Verkehr, Freizeit und Unterhal-

[3] Wir verabschieden uns hier für Anwendungssysteme von dem möglicherweise als zu eng anzusehenden Begriff der Aufgabe, um Missverständnissen vorzubeugen.

tung. Der Absatz entsprechender Produkte erfolgt häufig über einen direkten Kundenkontakt. Die Erstellung von Dienstleistungsprodukten unterliegt den folgenden vier Phasen:

- Realisierung der Leistungsbereitschaft durch Kombination interner Produktionsfaktoren (z. B. Bereitstellung von Transportmitteln, Hotelbetten),
- Leistungsvereinbarung mit dem Kunden (z. B. Buchung einer Reise),
- Leistungserbringung bzw. -durchführung (z. B. Flug zum Reiseziel),
- Nachbehandlung (z. B. Bearbeitung von Reklamationen).

Mehr noch als in Industrieunternehmen besitzt der „Produktionsfaktor" Information im Dienstleistungsbereich einen sehr hohen Stellenwert, so dass eine Unterstützung der Abläufe durch IKS insbesondere die Beschaffung, Verarbeitung, Distribution und Allokation von Informationen sowie die Bearbeitung der Informationsträger (d. h. Dokumente) beinhalten muss. Eine Hauptaufgabe von IKS im Dienstleistungsbereich liegt somit in der Steuerung von Informationsflüssen (Informationslogistik). Damit sind für entsprechende IKS u. a. geeignete Systemschnittstellen notwendig, die eine unternehmensübergreifend integrierte, informationstechnische Abwicklung von Abläufen ermöglichen.

Zur Verdeutlichung einiger der im Rahmen der integrierten Informationsverarbeitung eines Unternehmens auftretenden Aspekte wird im Weiteren als Beispiel die *Hamburger Hafen und Lagerhaus AG (HHLA)* herangezogen; vgl. `http://www.hhla.de`. Die HHLA ist das größte Unternehmen der Seeverkehrswirtschaft in Deutschland. Sie betreibt verschiedene Hafenanlagen in Hamburg und ist verantwortlich für die Durchführung des Umschlages von jährlich ca. 43 Millionen Tonnen Fracht (insbesondere über so genannte *Containerterminals*).

Als Dienstleistungsunternehmen der Verkehrswirtschaft verwendet die HHLA diverse Informations- und Kommunikationssysteme mit vielfältigen Verflechtungen und Vernetzungen sowohl innerhalb des Unternehmens als auch mit Systemen ihrer Kunden. Dies betrifft z. B. Systeme für die Lösung komplexer überbetrieblicher Transport- und Distributionsaufgaben, zur Lagerverwaltung, zur Verzollung von Gütern sowie diverse Systeme der Planung und Steuerung von Containerterminals.

Mit Hilfe eines IKS lassen sich sämtliche operativen Planungs- und Steuerungsprozesse auf einem Containerterminal vorbereiten und unterstützen. Hiervon betroffen sind die Abfertigung sämtlicher Schiffe sowie die LKW- und die Bahnabfertigung. Ein wesentlicher Aspekt ist dabei ein effizienter Daten- und Informationsaustausch, um z. B. die Avisen von Kunden auf elektronischem Wege erhalten und weiter verarbeiten zu können. Daten sind dabei geeignet zu speichern und bereitzuhalten, um sowohl unternehmensweit als auch extern über geeignete Schnittstellen (ggf. nach vorheriger Berechtigungsüberprüfung) zur Verfügung zu stehen.

Geeignete Systeme unterstützen z. B. die Planung sowie die Durchführung der Be- und Entladung von Schiffen. So sind für jedes Schiff unter Berücksichtigung diverser Rahmenbedingungen geeignete Sequenzen festzulegen, in welcher Reihenfolge z. B. Container geladen werden, und an die betroffenen Bereiche zu übermitteln (u. a. Verladebrücken oder -kräne, Portalhubfahrzeuge für den Transport der Container vom Yard (Lagerbereich auf dem Terminal) zu den Brücken und umgekehrt). Basierend auf einem elektronischen Datenaustausch spielen hier Aspekte wie der Inhalt (hinsichtlich einer automatisierten Unterstützung der Verzollung) und das Gewicht einzelner Container (hinsichtlich einer „*Weight and Balance*"-Berechnung der Schiffe) sowie deren voraussichtlicher Löschhafen (d. h. Entladehafen; insbesondere um spätere Umstapelvorgänge zu vermeiden) eine wesentliche Rolle.

Für Kunden, z. B. Reedereien, mag es von Interesse sein, über das Internet Containerdaten in Echtzeit abfragen zu können. Darüber hinaus ist eine Anbindung an klassische Anwendungssysteme des Finanzwesens und des Rechnungswesens zu gewährleisten.

1.2 Aufgaben der Wirtschaftsinformatik

> „Ziel der Wirtschaftsinformatik ist die Gewinnung von Theorien, Methoden, Werkzeugen und intersubjektiv nachprüfbaren Erkenntnissen über/zu IKS in Wirtschaft und Verwaltung und die Ergänzung des ‚Methoden- und Werkzeugkastens' der Wissenschaften um solche der Wirtschaftsinformatik, die den soziotechnischen Erkenntnis- und Gestaltungsgegenstand einer wissenschaftlichen Untersuchung zugänglich machen." (WKWI (1994), S. 81)

Hauptaufgabe der Wirtschaftsinformatik ist demnach die Erklärung und die Gestaltung von Informations- und Kommunikationssystemen in Wirtschaft und Verwaltung. Darüber hinaus kann auch die Beschreibung und die Prognose von IKS als Aufgabe der Wirtschaftsinformatik aufgefasst werden; vgl. u. a. Heinrich (2001), Schwarzer und Krcmar (2004) sowie WKWI (1994). Die Beschreibung beinhaltet die Schaffung eindeutiger terminologischer Grundlagen, die als Voraussetzung für die Erklärung und Gestaltung der Systeme angesehen werden kann, sowie etwa auch das Aufzeigen nicht ausgeschöpfter Nutzenpotenziale hinsichtlich IKS. Die Erklärung hat die Entwicklung von Modellen (Erklärungsmodellen) und Theorien zum Ziel, mit deren Hilfe Aussagen über IKS getroffen werden können (z. B. zur Verdeutlichung von Zusammenhängen oder Gesetzmäßigkeiten).

Die Gestaltung von IKS umfasst die (Weiter-)Entwicklung entsprechender Methoden und Werkzeuge sowie den eigentlichen Entwurf und die Realisierung einzelner IKS. Grundlage der Gestaltung sind Erklärungsmodelle. Insbesondere die Veränderung bestehender Systeme wird (im Gegensatz zur Erklärungsaufgabe) meist nicht als wissenschaftliche, sondern als praktische Aufgabe angesehen, da mit ihr in der Regel keine Gewinnung neuer Erkenntnisse über den Untersuchungsgegenstand IKS bezweckt wird. Die Entwicklung von Methoden und Werkzeugen, mit denen IKS erstellt oder verändert werden können, zählt jedoch zu den wissenschaftlichen Aufgaben der Wirtschaftsinformatik.

Die Prognose von IKS hat Voraussagen und Hypothesen über das Verhalten von IKS zum Ziel. Auch hierfür sind Erklärungsmodelle eine unabdingbare Voraussetzung, da die dort verdeutlichten Zusammenhänge und Gesetzmäßigkeiten Aussagen über das wahrscheinliche Verhalten in der Zukunft erst ermöglichen.

Aufbauend auf Erkenntnissen und methodischen Grundlagen sowohl der Betriebswirtschaftslehre als auch der (angewandten wie theoretischen) Informatik ist – neben der Weiterentwicklung entsprechender Theorien und Methoden – eine primäre Aufgabe der Wirtschaftsinformatik die Analyse und Modellierung betrieblicher Gegebenheiten im Hinblick auf die Nutzung einer integrierten Informationsverarbeitung (Systemanalyse) und die Entwicklung darauf aufbauender Informations- und Kommunikationssysteme. Während die eigentliche Softwareentwicklung weiterhin eine wesentliche Aufgabe der Wirtschaftsinformatik darstellt, ist heute eine zunehmende Dominanz (betriebswirtschaftlicher) Standardsoftware zu verzeichnen. Ein wesentlicher Gesichtspunkt in diesem Kontext ist die Entwicklung von (teilweise vom Branchentyp abhängigen) standardisierten Anwendungssystem-Architekturen. In diesem Zusammenhang ergibt sich die Aufgabe, verschiedene Abstraktionen der betrieblichen Wirklichkeit, wie eine semantische Gesamtsicht auf die Daten eines Unternehmens (Unternehmensdatenmodell) oder Modelle betrieblicher Prozesse (Geschäftsprozessmodelle), zu erstellen, zu untersuchen und (wieder) zu integrieren. Dabei ist eine geeignete Anpassbarkeit bzw. Konfigurierbarkeit solcher Modelle bzw. Systeme zu berücksichtigen, um einen effizienten Einsatz entsprechender Software in der Praxis zu gewährleisten.

Im Mittelpunkt der Wirtschaftsinformatik in der betrieblichen Praxis steht die Konzeption, Entwicklung, Einführung, Nutzung (inklusive der Benutzerbetreuung) und Wartung von betrieblichen Informationssystemen. Allgemein anerkannt ist die zunehmende Bedeutung des Produktionsfaktors – der Ressource – Information. Eine heute primäre Zielsetzung bei der Entwicklung und dem Einsatz betrieblicher Informationssysteme ist die effiziente Befriedigung der Informationsnachfrage betrieblicher Aufgabenträger insbesondere im Hinblick auf die Unterstützung bei Entscheidungsprozessen. Das Informationsmanagement besitzt somit eine zentrale Rolle im Umfeld der Wirtschaftsinformatik. In diesem Zusammenhang sei darauf hingewiesen, dass bei einer Zuweisung der Verantwortung für den Produktionsfaktor Information an die Wirtschaftsinformatik (vgl. Mertens et al. (2005), S. 3) die Abgrenzung zum Informationsmanagement erschwert, wenn nicht gar unmöglich gemacht wird. Eine Möglichkeit zur (sinnvollen) Abgrenzung wird in Abschnitt 3.2 dargestellt; vgl. auch Voß und Gutenschwager (2001).

Die Nutzung von Informationssystemen bedingt den Aufbau und die Verwaltung einer technischen Informations- und Kommunikationsinfrastruktur sowie das Management der betrieblichen Informationsverarbeitung. Die heutige betriebliche Praxis ist durch die zunehmende Integration betrieblicher Informations- und Kommunikationssysteme in Verbindung mit immer leistungsfähigeren, aber auch komplexeren Arbeitsplatzrechnern und Laptops gekennzeichnet. Dabei besteht nach wie vor das Problem der effizienten Ausstattung, Verwaltung, Integration, Weiterentwicklung und spezifischen Nutzbarmachung von Rechnerarbeitsplätzen bzw. der eingesetzten Informationssysteme, was insbesondere durch die schnelle Entwicklungsgeschwindigkeit der Informationstechnik bedingt ist. Ziel sind hier flexible und leistungsfähige Systeme bei gleichzeitiger Berücksichtigung wirtschaftlicher Kriterien.

Während bisher die Rationalisierung der Unternehmensabläufe im Mittelpunkt der Einführung und Nutzung von IKS stand, wird in Zukunft die weitergehende Nutzung von Informations- und Kommunikationstechnik eine noch größere Bedeutung gewinnen. Hier sind vor allem Systeme zur Unterstützung betrieblicher Kommunikation und Abläufe, wie insbesondere (Büro-)Informations- und -kommunikationssysteme zur Unterstützung von Gruppenarbeit und Geschäftsprozessen (Workgroup Computing und Workflow Management), zu nennen. Weiterhin stellt sich die Aufgabe einer informationstechnisch unterstützten Abwicklung von Geschäftsverkehr sowohl mit anderen Unternehmen (im Rahmen einer unternehmensübergreifenden Automatisierung und Optimierung von Prozessen) als auch mit Konsumenten (im Rahmen einer verstärkten Kundenorientierung). Nicht zuletzt muss der Planungsunterstützung durch IKS zukünftig eine größere Bedeutung zukommen, da bei zunehmender Globalisierung der Märkte und damit einhergehend stärkerem Wettbewerb nicht nur die Informationsbasis für Entscheidungen verbessert werden muss, sondern auch die Entscheidungsgüte selbst.

Durch die zunehmende Bedeutung weltweiter Rechnernetze (wie des Internets) bei gleichzeitiger Nutzung kompatibler Techniken in Unternehmensnetzen (Intranets) erwachsen weitere Möglichkeiten. Virtuelle Unternehmungen, bei denen zunächst der reale Ort der Arbeitsplätze nicht mehr festgelegt ist, werden ermöglicht, bis schließlich bestimmte Arbeitsleistungen nicht mehr im Unternehmen vorgehalten werden (müssen), sondern flexibel eingekauft werden bzw. zwischenbetrieblich koordiniert und ausgetauscht werden. Das heißt, Unternehmen bzw. Unternehmenseinheiten, Institutionen oder Einzelpersonen kooperieren für eine begrenzte Zeit unter Einbringung von Kernkompetenzen, um spezielle Marktpotenziale im Rahmen einer Leistungserstellung für Dritte flexibel und effizient auszuschöpfen.[4] In Verbindung mit Entwicklungen wie dem *Electronic Commerce*, der elektronischen Abwicklung von Geschäftsverkehr, ergeben sich im Zusammenhang mit der Globalisierung für Unternehmen sowohl Chancen als auch Risiken; insbesondere ergibt sich eine Zunahme der Markttransparenz und damit ein schärferer Wettbewerb. Die Beschäftigung mit diesen Themen bzw. mit den hierfür erforderlichen

---

[4] Vgl. z. B. Picot et al. (2003).

Informations- und Kommunikationssystemen wird in Zukunft in der Wirtschaftsinformatik weiter an Bedeutung gewinnen.

1.3 Aufbau dieses Buches

Der Aufbau dieses Buches ist gemäß der in Abbildung 1.2 gezeigten Einordnung der Wirtschaftsinformatik gestaltet. Die aufgrund der obigen Charakterisierung zwingende Einordnung der Wirtschaftsinformatik als interdisziplinäres Fachgebiet, das sich insbesondere Methoden und Erkenntnissen der Informatik bedient bzw. dieselben weiterentwickelt und adaptiert, um betriebswirtschaftliche Aufgabenstellungen zu lösen, spiegelt sich in der folgenden Buchgliederung wider.

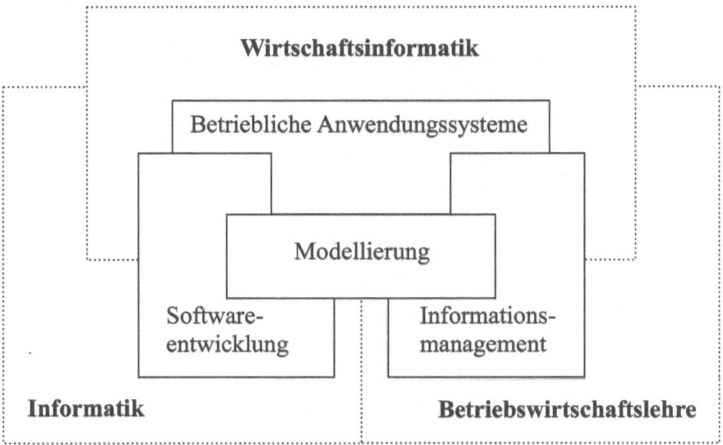

Abb. 1.2. Einordnung der Wirtschaftsinformatik

Kapitel 2 – Informatik und Informations- und Kommunikationstechnik: Die Darlegungen umfassen zum einen die Diskussion theoretischer Aussagen hinsichtlich prinzipieller „Grenzen des Machbaren“ (Berechenbarkeit und Komplexität von Problemen). Zum anderen werden die Gebiete Codierung von Informationen als Daten, Hardware, Software, Rechnernetze sowie World Wide Web erörtert.

Kapitel 3 – Informationsmanagement: Die Aufgaben des Informationsmanagements sind von der Grundproblematik einer effektiven und effizienten Verwendung von Informationen (als Produktionsfaktor) abgeleitet. Entsprechende Anforderungen an die Informationsversorgung in Unternehmen sind Ausgangspunkt für die konkrete praktische Anwendung von Methoden der Wirtschaftsinformatik. In diesem Kapitel werden die

Untersuchungsgegenstände und Aufgaben des Informationsmanagements dargestellt. Dies bezieht sich insbesondere auf das Management des Informationseinsatzes, der Informations- und Kommunikationssysteme und der Informations- und Kommunikationsinfrastruktur sowie auf Interdependenzen zur Organisationsentwicklung.

Kapitel 4 – Modellierung: Eine systematische, vereinfachte Abbildung von praktischen Gegebenheiten (z. B. Daten, Funktionen, Prozessen) als Modelle ist die entscheidende Voraussetzung für eine Umsetzung entsprechender Anwendungssysteme. Demzufolge sind Modellierungsmethoden zentraler Gegenstand der Wirtschaftsinformatik. Nach einer Einführung in die Begriffswelt der Modellierung wird zunächst die Unternehmensmodellierung thematisiert. In weiteren Abschnitten werden verschiedene ihrer Teilgebiete, wie die Datenmodellierung (insbesondere die Entity-Relationship-Modellierung), die Organisationsmodellierung, die funktions- und prozessorientierte Modellierung sowie die objektorientierte Modellierung behandelt. Daran anschließend folgen jeweils eine kurze Übersicht zur Simulation und zur mathematischen Modellierung mit besonderem Augenmerk auf Optimierungsmodellen.

Kapitel 5 – Datenbanken: Der herausgehobenen Bedeutung von Daten bzw. der strukturierten Sammlung und Verwaltung dieser im Rahmen von Datenbanken als Grundlage betrieblicher Entscheidungsprozesse bzw. Anwendungssysteme wird durch einen eigenen Abschnitt Rechnung getragen.

Kapitel 6 – Softwareentwicklung: Die für die Wirtschaftsinformatik wesentliche Aufgabe der Entwicklung von (betrieblichen) Informations- und Kommunikationssystemen impliziert, dass Methoden zur Entwicklung von Software einen Hauptbestandteil jeder Wirtschaftsinformatikausbildung bilden müssen. Wir erörtern verschiedene Vorgehensmodelle und Techniken der Softwareentwicklung. In diesem Rahmen werden auch die Softwarewiederverwendung, die Komponententechnik, die Qualitätssicherung sowie das Projektmanagement thematisiert.

Kapitel 7 – Betriebliche Anwendungssysteme: In diesem Kapitel werden nach der Betonung der bereichsübergreifenden Integrationserfordernis, der Diskussion der Charakteristika entsprechender integrierter Systeme und einer Übersicht über Sicherheitsaspekte (insbesondere der Kryptographie) verschiedene typische betriebliche Bereiche bzw. entsprechende Anwendungssysteme im Überblick dargestellt. Dies erstreckt sich auf klassische Anwendungssysteme in der Industrie (z. B. für die Produktionsplanung), Anwendungssysteme in Dienstleistungsunternehmen sowie im Verkehrsbereich. Weiterhin werden Aspekte des Electronic Commerce betrachtet.

Anhang: Im Anhang werden einige spezielle Aspekte im Überblick dargestellt: Geschichte der Wirtschaftsinformatik und wissenschaftstheoretische Einordnung, Gesellschaften, Publikationsorgane, Tagungen, Berufsbilder, Informatikrecht (insbesondere Datenschutz) und gesellschaftliche Auswirkungen.

Die Auswahl der in diesem Buch behandelten Inhalte orientiert sich an unserer Meinung nach wesentlichen Inhalten der Wirtschaftsinformatik und den für deren Verständnis notwendigen Grundlagen bzw. Voraussetzungen. Dieses Buch erhebt nicht den Anspruch, die Wirtschaftsinformatik in ihrer ganzen Breite und Vielfalt darzustellen, sondern soll insbesondere Studierenden einen Überblick über wichtige Themen der Wirtschaftsinformatik geben und auf Basis der angegebenen Literatur einen Einstieg in vertiefende Betrachtungen anbieten. Jedes Kapitel des Buches enthält einige Übungen bzw. Kontrollfragen; exemplarische Lösungsvorschläge dazu werden am Ende des Buches in einem gesonderten Anhang vorgestellt.

1.4 Kontrollfragen

1. Diskutieren Sie verschiedene Schwerpunktsetzungen hinsichtlich der Aufgabenfelder der Disziplin Wirtschaftsinformatik!

2. Überlegen Sie sich eine mögliche sinnvolle Einordnung und Abgrenzung der Wirtschaftsinformatik zur Betriebswirtschaftslehre und zur Informatik!

3. Grenzen Sie Anwendungssysteme von Informations- und Kommunikationssystemen ab!

4. Beschreiben Sie mögliche Vorgänge, die von einer Anlieferung eines Containers per LKW an einem Containerterminal bis zu dessen Verschiffung durchzuführen sind! Wie lassen sich die Vorgänge durch geeignete IKS oder Anwendungssysteme unterstützen?

2. Informatik und Informations- und Kommunikationstechnik

> „Informatik wurde in der Vergangenheit zunächst als Spezialgebiet innerhalb anderer wissenschaftlicher Disziplinen betrieben, spätestens seit 1960 kann sie jedoch nicht mehr nur als Ansammlung von aus anderen Wissenschaften (z. B. Logik, Mathematik, Elektrotechnik) entliehenen Methoden und Regeln aufgefasst werden; vielmehr hat sich die Informatik zu einem zusammenhängenden, theoretisch fundierten Gebäude, also zu einer neuen Grundlagenwissenschaft entwickelt, die auf andere Wissenschaften ausstrahlt. Zugleich führten Einsatz und Anwendungen zu einer Fülle von Erkenntnissen, Methoden und Techniken.
> Heute stellt sich die Informatik als eine Ingenieurwissenschaft dar, die (anstelle der Grundelemente ‚Materie' und ‚Energie') den Rohstoff ‚Information' modelliert, aufbereitet, speichert, verarbeitet und einsetzt." (Engesser (1993))

In diesem Kapitel werden einige Grundlagen der Informatik und der Informations- und Kommunikationstechnik dargestellt.[1] Entsprechende Erkenntnisse und Methoden stellen eine wesentliche Basis für die Wirtschaftsinformatik dar.

Der Duden Informatik (Engesser (1993)) definiert *Informatik* als „Wissenschaft von der systematischen Verarbeitung von Informationen, besonders der automatischen Verarbeitung mit Hilfe von Digitalrechnern (Computern)".[2] Die im Eingangszitat dieses Kapitels vorgenommene Einordnung der Informatik als Ingenieurwissenschaft ist nicht unumstritten.[3] So hat etwa die theo-

[1] Eine umfassende allgemeinverständliche Beschreibung von Informations- und Kommunikationstechnik findet sich z. B. in Petzold (1999) sowie Nisan und Schocken (2005).

[2] Demzufolge wird der Begriff *Information* in den Mittelpunkt gestellt. Dies erfordert eine entsprechende Auseinandersetzung mit diesem Begriff; vgl. hierzu das entsprechende Stichwort in Engesser (1993) sowie Kapitel 3.

[3] In diesem Zusammenhang sei auch auf die Divergenz zwischen den Inhalten einer Hochschulausbildung Informatik und dem praktischen Berufsbild hingewiesen. Die klassischen Tätigkeiten eines Informatikers in der Praxis (Konzeption, Erstellung und Betrieb von Informationssystemen) sind durchaus als Ingenieurtätigkeiten zu verstehen.

retische Informatik viele Gemeinsamkeiten mit der als Formalwissenschaft klassifizierbaren Mathematik:[4]

- Abstraktheit mit vielen verschiedenen Abstraktionsniveaus
- Präzision und logische Strenge
- quantitative Aussagen
- breites, nahezu universelles Anwendungsgebiet

Anders als die Mathematik sind die betrachteten Strukturen aber im Wesentlichen dynamisch; Algorithmen (anstatt statischer Beziehungen) stehen im Mittelpunkt. Demzufolge sprechen Aho und Ullman (1996), S. 19, auch treffend von der Informatik als der Wissenschaft von der „Mechanisierung der Abstraktion". Diese Charakterisierung erlaubt eine Interpretation, die die traditionellen Teilgebiete der Informatik (theoretische, technische und praktische Informatik) umfasst. Es ist jedoch zu konstatieren, dass die Informatik als relative junge, heterogene Wissenschaftsdisziplin eine eindeutige und klar umrissene Definition und Abgrenzung (noch) nicht zulässt.

Im nächsten Abschnitt werden einige wesentliche theoretische Grundlagen der Informatik in vereinfachter Form dargelegt. Dabei wird sich insbesondere zeigen, dass es auch unter Nutzung leistungsfähigster Rechner prinzipielle „Grenzen des Machbaren" gibt. Das heißt, auch eine Fortsetzung der raschen Entwicklung der Informations- und Kommunikationstechnik (gebräuchlicherweise abgekürzt durch IT) wird nur sehr bedingt zu einer universellen Problemlösungsfähigkeit führen. Hingegen bietet die IT insbesondere ein „ermöglichendes Instrumentarium" für eine Neugestaltung und (Teil-)Automatisierung von Prozessen (*Enabling-Funktion*) im Hinblick auf das von Mertens (1995) formulierte Langfristziel der Wirtschaftsinformatik, der *sinnhaften Vollautomation.*

2.1 Theoretische Grundlagen

Dem Laien werden aufgrund der atemberaubend schnellen Entwicklung in verschiedenen Bereichen der Informations- und Kommunikationstechnik sowie bei modernen Informationssystemen oftmals Möglichkeiten suggeriert, die nach derzeitigem Kenntnisstand teilweise nicht haltbar sind. Das heißt, nicht jedes (Planungs-)Problem lässt sich mal eben schnell im Vorbeigehen lösen, indem man die auftretenden Prozesse modelliert (vgl. Kapitel 4) und die Probleme einem Rechner überträgt. Warum dies so ist, beantwortet insbesondere die Komplexitätstheorie. Im Folgenden beschreiben wir hierzu zunächst einige Grundlagen der Berechenbarkeitstheorie und gehen dann auf einfache Aspekte der Komplexitätstheorie ein. Dabei zeigen wir auf, dass es sinnvoll sein kann, sich bei der Lösung von Problemen auf Näherungslösungen zu beschränken.[5]

[4] Vgl. Rechenberg (2000), S. 271, sowie Anhang A.2.

[5] Vgl. z. B. Fink und Voß (1998) sowie Vollmer (1999).

2.1.1 Berechenbarkeit

Die zentrale Frage der *Berechenbarkeitstheorie* lautet:

Gibt es prinzipielle Grenzen der Berechenbarkeit?

Die Auseinandersetzung mit dieser Frage erfordert die Klärung des Begriffes *Berechenbarkeit.*[6] Hierzu sei von folgender Fragestellung ausgegangen: Ziel ist die Berechnung einer Funktion $f : M \to N$ für zwei Mengen M und N. Ein einfaches Beispiel hierfür ist die Überprüfung, ob eine natürliche Zahl eine Primzahl ist; M ist dann die Menge der natürlichen Zahlen, die Ergebnismenge N ist {ja, nein}. Eine möglicherweise komplexere Aufgabe wäre die Entwicklung eines Verfahrens, das einen Text von einer Sprache in eine andere übersetzt. Eine Funktion bzw. ein Problem wird als *berechenbar* definiert, wenn ein Algorithmus existiert, der für jeden Eingabewert $m \in M$ nach endlich vielen Schritten anhält und als Ergebnis $f(m)$ liefert. Diese Definition erfordert eine Auseinandersetzung mit dem Begriff Algorithmus.

Informell sei ein *Algorithmus* definiert als eine mit (semi-)formalen Mitteln eindeutig beschreibbare, effektiv nachvollziehbare Verarbeitungsvorschrift zur Lösung einer Klasse von Problemen im Sinne der Transformation von Eingabedaten in Ausgabedaten. Es gibt verschiedenste Konkretisierungen bzw. Formalisierungen, durch die ein Algorithmus dargestellt werden kann: Programmiersprachen (z. B. Pascal, C++, Java, C#, Smalltalk), mathematische Kalküle (z. B. μ-rekursive Funktionen), Maschinenmodelle (z. B. Turing-Maschine, Pentium-Prozessor) usw. Damit stellt sich die Frage, inwieweit die Berechenbarkeit eines Problems von dem verwendeten Modell abhängig ist. Es hat sich jedoch gezeigt, dass alle bisher untersuchten Konkretisierungen des Begriffes Algorithmus gleich mächtig sind im Hinblick auf die prinzipielle Berechenbarkeit von Problemen. Dies wird in der *Churchschen These* folgendermaßen formuliert:

Jede im intuitiven Sinne berechenbare Funktion
ist Turing-berechenbar.

Als *Turing-berechenbar* bezeichnet man dabei die Probleme, die auf dem klassischen Maschinenmodell der theoretischen Informatik, der Turing-Maschine, berechnet werden können. Anstatt dieses Modell darzustellen, sei hier ein einfacheres Modell zu Grunde gelegt, die *WHILE-Programmiersprache*, die nur die folgenden vier Operationen umfasst:

$x := 0;$
$x := x + 1;$
$x := x - 1;$
`while` $x \neq y$ `do ... end;`

[6] Vgl. für die folgenden Darlegungen z. B. Engesser (1993), Harel (2000), Rechenberg (2000) und Wegener (1999).

Das heißt, man kann Variablen definieren (hier z. B. x), denen lediglich der Wert null direkt zugewiesen werden kann. Durch zwei weitere Operationen kann der Wert einer Variablen um eins erhöht bzw. verringert werden. Operationen werden durch Semikola abgeschlossen. Die `while`-Operation wiederholt die durch `do` und `end` eingeschlossene Operationssequenz solange, wie die zu vergleichenden Variablen ungleich sind. Man kann sich überlegen, dass bekannte mächtigere Befehle aus diesen Elementaroperationen konstruierbar sind. So kann man eine Addition

$x := x + y;$

über folgendes kurzes WHILE-Programm durchführen:

$z := 0;$
`while` $z \neq y$ `do` $x := x + 1;\ z := z + 1;$ `end;`

Nunmehr kann man Multiplikationen über wiederholte Additionen abbilden usw. Es hat sich herausgestellt, dass man die Konstrukte höherer Programmiersprachen auf die Elementaroperationen der WHILE-Programmiersprache zurückführen kann. Damit besagt obige These anschaulich, dass man zu jedem in irgendeiner sinnvollen Form spezifizierten Algorithmus ein entsprechendes WHILE-Programm konstruieren kann, das die gleiche Funktion berechnet. Gleichermaßen lässt sich jeder in irgendeinem Formalismus dargestellte Algorithmus in einen entsprechenden Algorithmus eines beliebigen anderen Formalismus transformieren.

Die Churchsche These ist kein mathematischer Satz, da der Begriff der „im intuitiven Sinne berechenbaren Funktion“ nicht präzisiert werden kann. Da aber bisher alle Versuche gescheitert sind, die Churchsche These zu widerlegen, wird sie heute allgemein anerkannt. Man geht daher davon aus, dass sich alle Programmiersprachen und Computermodelle hinsichtlich der prinzipiellen Berechenbarkeit von Problemen gleichen.

Nachdem der Begriff Berechenbarkeit charakterisiert wurde, können wir auf die Ausgangsfrage „Gibt es prinzipielle Grenzen für Berechenbarkeit?“ zurückkommen. Ein einfaches Argument weist nach, dass Funktionen existieren, die nicht berechenbar sind: Es gibt nur abzählbar viele Algorithmen, da alle Algorithmen als abzählbar viele WHILE-Programme formulierbar sind. Andererseits gibt es überabzählbar viele Funktionen $f : M \to N$, wie man über eine einfache Diagonalisierung zeigen kann. (Die Argumentation ist hier analog zu dem Beweis von Cantor, dass die Menge der reellen Zahlen überabzählbar ist, d. h. die Elemente der Menge lassen sich nicht fortlaufend nummerieren.) Damit existieren unendlich viele solcher nichtberechenbarer Funktionen. Das berühmteste nichtberechenbare Problem ist das so genannte

Halteproblem: Gibt es ein Programm, das entscheidet, ob ein beliebiges gegebenes Programm für beliebige Eingabeparameter anhält (terminiert)?

Man kann zeigen, dass dieses Problem in seiner Allgemeinheit nicht lösbar ist; vgl. z. B. Engesser (1993). Diese fundamentale Aussage zeigt, dass wohldefinierte Probleme existieren, die aus prinzipiellen Gründen nicht lösbar sind. Im Gegensatz zu vielen anderen Problemen, die wegen ihres Umfanges o. Ä. praktisch nicht lösbar sind (s. u.), handelt es sich hier um eine Aussage über die endgültigen, praktischen wie theoretischen Grenzen des algorithmisch Berechenbaren. Dieses Ergebnis hat auch weitreichende praktische Folgerungen: So kann man etwa auch zeigen, dass kein Algorithmus existieren kann, der Programme im Allgemeinen hinsichtlich ihrer semantischen Korrektheit überprüft.

2.1.2 Komplexität

Während im Zusammenhang mit der Berechenbarkeitstheorie Existenzaussagen im Mittelpunkt stehen, untersucht die *Algorithmen- und Komplexitätstheorie* Fragestellungen hinsichtlich des Aufwandes, der zur Berechnung eines Problems anfällt.[7] Dabei stehen Aussagen bezüglich der Rechenzeit (Rechenaufwand, Laufzeit) im Mittelpunkt – weitere Ressourcen sind z. B. Speicherplatz oder Kommunikationsaufwand –, wobei in der Regel die Anzahl ausgeführter *Elementaroperation*en als Berechnungs- bzw. Messgröße zu Grunde gelegt wird (wie z. B. Addition oder Vergleich zweier Zahlen mit begrenzter Stellenzahl).

Zur Quantifizierung der Laufzeit von Algorithmen verwendet man in der Regel die *asymptotische Laufzeitkomplexität.* Dabei begnügt man sich unter Verwendung der so genannten *O-Notation* mit „groben“ Aussagen zum Laufzeitverhalten „für große n“, wobei n die Problemgröße beschreibt. Oftmals erscheint die Angabe der Problemgröße offensichtlich. So mag sich die Beschreibung der Problemgröße für die Sortierung von n Zahlen durch n sofort aufdrängen; allerdings bleibt dabei unberücksichtigt, dass sich für jede einzelne Zahl in Abhängigkeit von der Größe oder der Genauigkeit eventuell ein nicht konstanter Speicheraufwand ergibt. Als weiteres Beispiel diene die Addition zweier $n \times n$ Matrizen: Obwohl die Eingabelänge hierfür eigentlich $2 \cdot n \cdot n \cdot d$ beträgt, wobei d die benötigte Speicherlänge für ein Matrixelement ist, gibt man den Berechnungsaufwand in der Regel für den primär kennzeichnenden Parameter n an.

Eine asymptotische Laufzeitkomplexität von $T(n) = O(n^2)$ bedeutet, dass die Laufzeit eines Algorithmus für genügend große Werte von n durch eine Funktion $c \cdot n^2$, c konstant, nach oben beschränkt ist. Formal lässt sich dies folgendermaßen spezifizieren: $T(n) = O(f(n)) \Leftrightarrow \exists c > 0 \; \exists n' > 0 \; \forall n > n' : T(n) \leq c \cdot f(n)$. Einige typische Laufzeitklassen seien im Folgenden kurz charakterisiert:

[7] Vgl. hierzu z. B. Bachem (1980), Engesser (1993), Garey und Johnson (1979), Papadimitriou (1994), Rechenberg (2000) und Wegener (1999).

- $O(1)$, konstanter Aufwand: Die Laufzeit ist konstant bzw. von der Problemgröße unabhängig.
- $O(\log n)$, logarithmische Komplexität: Eine Verdopplung der Eingabegröße des Problems führt hier nur zu einem Anstieg der Laufzeit um eine Konstante. Ein Beispiel für einen solchen Algorithmus ist die binäre Suche eines Elementes in einer geordneten Sequenz von Zahlen (sukzessive vergleichend mit einem mittleren Element der verbliebenen Sequenz werden die zu betrachtenden Zahlen in jedem Schritt in etwa halbiert).
- $O(n)$, lineare Komplexität: Die Laufzeit ist proportional zur Problemgröße. Beispiel: Suche eines Elementes in einer ungeordneten Menge von Zahlen.
- $O(n \log n)$: Diese Laufzeitkomplexität ist typisch für Algorithmen zur Sortierung von n Objekten.
- $O(n^k)$, k konstant, polynomiale Komplexität: Solche Laufzeitkomplexitäten sind typisch für Algorithmen mit k geschachtelten Schleifen, die jeweils mit einer von n abhängigen Häufigkeit durchlaufen werden.
- $O(2^n)$, exponentielle Komplexität: Die Laufzeit solcher Algorithmen wächst so stark an, dass sie für „große n" nicht mehr brauchbar sind.

Die asymptotische Laufzeitkomplexität charakterisiert das Laufzeitverhalten eines Algorithmus nur grob. Weiterhin wird bei solchen Aussagen in der Regel der *Worst Case* angenommen; d. h. es wird eine obere Abschätzung für den schlimmstmöglichen Fall getroffen. Im praktischen Einsatz kann damit ein Verfahren mit einer Komplexität von $O(n^2)$ im Durchschnitt besser abschneiden als eines mit $O(n \log n)$. Dies sei an folgendem Beispiel verdeutlicht: Als Sortieralgorithmus wird häufig der *Quicksort-Algorithmus* eingesetzt; vgl. z. B. Cormen et al. (2004). Es gibt einige Eingaben, für die der Quicksort-Algorithmus zur Sortierung von n Zahlen eine Laufzeit von $O(n^2)$ benötigt; zumeist liegt die Laufzeit aber bei $O(n \log n)$. Da der Quicksort-Algorithmus relativ einfach zu implementieren und die im großen O „versteckte" Konstante relativ klein ist, wird dieser Algorithmus in der praktischen Anwendung oft anderen Sortieralgorithmen vorgezogen, die eine *Worst-Case*-Komplexität von $O(n \log n)$ besitzen.

Die Vorteilhaftigkeit eines Verfahrens ist damit eigentlich eher über die durchschnittliche Laufzeit zu bewerten (*Average Case*). Allerdings ergeben sich hierbei im Allgemeinen zwei Probleme: Zum einen ist die Kenntnis der Wahrscheinlichkeitsverteilung der Eingaben notwendig, zum anderen ergeben sich in der Regel bei nichttrivialen Algorithmen erhebliche Schwierigkeiten bei der Bestimmung des durchschnittlichen Berechnungsaufwandes.

Eine weitere relevante Möglichkeit der Quantifizierung des Berechnungsaufwandes besteht in der amortisierten Laufzeitanalyse, bei der der Aufwand einer wiederholten Ausführung gewisser Operationen berechnet wird. Dies sei durch ein Beispiel erläutert: Obwohl der Aufwand einer einzelnen Operation im *Worst Case* linear sein mag (z. B. die Erweiterung eines Vektors um ein Element über den bereits reservierten Speicherbereich hinaus), können nachfolgende Operationen oftmals mit konstantem Aufwand ausgeführt werden

(z. B. indem eine nötige Erweiterung eines Vektors über eine Verdopplung des reservierten Speicherbereiches durchgeführt wird), so dass sich amortisiert ein konstanter Aufwand für die Operationsausführung ergeben kann.

Zur Verdeutlichung der Auswirkungen verschiedener Laufzeitkomplexitäten kann Tabelle 2.1 dienen, die für gewisse Laufzeitkomplexitäten und Rechenzeiten die maximal lösbare Problemgröße n angibt. Dabei sei davon ausgegangen, dass in einer Millisekunde eine Elementaroperation ausgeführt wird. Man erkennt, dass insbesondere bei der exponentiellen Laufzeitkomplexität eine Erhöhung der Rechenzeit nur relativ geringe Auswirkungen auf die lösbare Problemgröße nach sich zieht.

	Rechenzeit		
Komplexität	1 Sekunde	1 Minute	1 Stunde
n	$n = 1.000$	$n = 60.000$	$n = 3.600.000$
n^2	$n = 31{,}6$	$n = 244{,}9$	$n = 1.897{,}4$
2^n	$n = 10{,}0$	$n = 15{,}9$	$n = 21{,}8$

Tabelle 2.1. Maximal lösbare Problemgröße n in Abhängigkeit von Laufzeitkomplexität und Rechenzeit

	Rechenzeit	
Komplexität	1 Sekunde auf altem Computer	1 Sekunde auf neuem Computer
n	$n_{\text{alt}} = 1000$	$n_{\text{neu}} = 2.000 = 2 \cdot n_{\text{alt}}$
n^2	$n_{\text{alt}} = 31{,}6$	$n_{\text{neu}} = 44{,}7 = \sqrt{2} \cdot n_{\text{alt}}$
2^n	$n_{\text{alt}} = 10{,}0$	$n_{\text{neu}} = 11{,}0 = n_{\text{alt}} + 1$

Tabelle 2.2. Veränderung der maximal lösbaren Problemgröße n in Abhängigkeit von Laufzeitkomplexität und Computergeschwindigkeit

Der entsprechende Zusammenhang ist in Tabelle 2.2 veranschaulicht, indem der Effekt einer Verdopplung der Rechnergeschwindigkeit hinsichtlich der Problemgrößen, die in einer Sekunde berechenbar sind, dargestellt wird. Dabei wird die Annahme zu Grunde gelegt, dass in einer Millisekunde auf dem alten Computer eine, auf dem neuen Computer dagegen zwei Elementaroperationen ausgeführt werden können. Man erkennt, dass bei einer exponentiellen Laufzeitkomplexität eine Steigerung der Rechnergeschwindigkeit die lösbare Problemgröße nur geringfügig erhöht. Hieraus leitet sich aus einer praktischen Sichtweise eine Klassifikation von Laufzeitkomplexitäten bzw. Algorithmen in zwei Gruppen ab. Alle Algorithmen mit einer Laufzeitkomplexität von maximal $O(n^k)$ für ein konstantes k bezeichnet man als *polynomial*, alle mit einer Laufzeitkomplexität von $O(p^n)$ für ein konstantes p bezeichnet man als *exponentiell*. Während exponentielle Algorithmen auch mit schnelleren Rechnern für große Probleme in der Regel nicht mehr brauchbar sind, werden die polynomialen Verfahren zusammenfassend als *effizient* bezeichnet.

Bei den bisherigen Darlegungen stand die Komplexitätsabschätzung für einen gegebenen Algorithmus „nach oben" im Mittelpunkt. Eine interessante Verallgemeinerung besteht darin, Komplexitätsabschätzungen für Probleme anstatt für Algorithmen anzugeben. So besitzt der Standardalgorithmus für die Multiplikation zweier $n \times n$ Matrizen eine Komplexität von $O(n^3)$. Während die Frage, ob es auch schneller geht, durch Angabe und Untersuchung eines entsprechenden Algorithmus teilweise beantwortbar ist, erfordert eine Komplexitätsabschätzung „nach unten" andere Techniken. Untere Schranken werden als $\Omega(\ldots)$ angegeben. Da eine Matrizenmultiplikation alle n^2 Matrixelemente der Ergebnismatrix erzeugen muss, ergibt sich eine triviale untere Schranke von $\Omega(n^2)$. Eine Zielsetzung der Komplexitätstheorie ist es, die exakte Laufzeitkomplexität von Problemstellungen, die über $\Theta(\ldots)$ ausgedrückt wird, zu bestimmen.[8]

Während die Bestimmung der exakten Problemkomplexität im Bereich der polynomialen Funktionen oft eher von theoretischem Interesse ist, ist es für viele Problemstellungen offen, ob sie überhaupt effizient lösbar sind (d. h. mit einem Algorithmus mit polynomialer Laufzeit). Mit $\mathcal{P}$ bezeichnet man die Komplexitätsklasse aller Probleme, die effizient lösbar sind. Alle bisher angesprochenen konkreten Probleme (Sortieren, Matrizenmultiplikation usw.) liegen in $\mathcal{P}$. Auch folgende Problemstellung ist effizient lösbar: Man betrachte den in Abbildung 2.1 dargestellten Graphen, der ein Verkehrsnetzwerk repräsentiere. Die Knoten repräsentieren Standorte, die eingezeichneten Verbindungen stellen die existierenden Verkehrswege mit den entsprechenden Entfernungen dar. Das *Kürzeste-Wege-Problem* (vgl. u. a. Domschke und Drexl (2005)) besteht darin, den kürzesten Weg von einem gegebenen Start- zu einem gegebenen Zielstandort zu bestimmen. Beispielsweise sei der kürzeste Weg vom Knoten 1 zum Knoten 8 gesucht. Für diese Problemstellung existieren Verfahren mit einem Zeitaufwand von $O(n^2)$, wobei n die Anzahl der Knoten bezeichnet.

Das Rundreiseproblem (Problem des Handlungsreisenden, *Traveling-Salesman-Problem*) ist relativ ähnlich zum Kürzeste-Wege-Problem: Für einen gegebenen Graphen (der wie beim Kürzeste-Wege-Problem Standorten und Verkehrsverbindungen mit ihren Entfernungen entspricht) ist eine Rundreise durch alle Standorte zu bestimmen, so dass die insgesamt zurückgelegte Strecke (Gesamtstrecke) minimal ist. Für die optimale Lösung dieser Problemstellung sind jedoch nur exponentielle Algorithmen bekannt. Ein weiteres solches Problem, für das keine effizienten Algorithmen bekannt sind, ist das

[8] Die exakte Laufzeitkomplexität der Matrizenmultiplikation ist unbekannt, während zumindest entsprechende Algorithmen mit einem Aufwand von $O(n^{2,376})$ bekannt sind; vgl. Cormen et al. (2004).

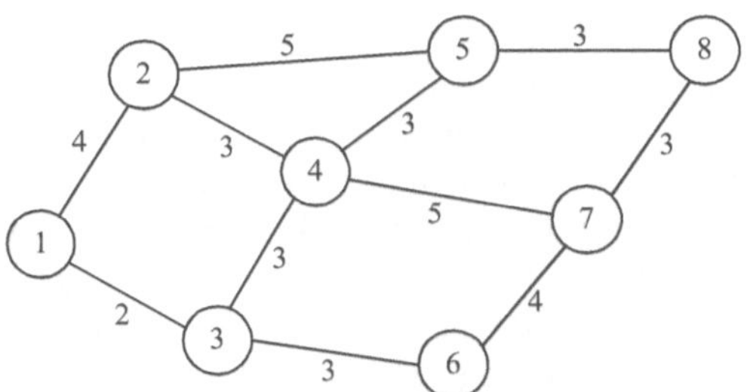

Abb. 2.1. Beispielgraph

Steiner-Problem in Graphen. Zielsetzung ist die Bestimmung eines Teilgraphen mit minimaler Gesamtstrecke derart, dass alle Knotenpaare aus einer ausgezeichneten Teilmenge der Knoten des Graphen miteinander verbunden sind.

Für das im Folgenden beschriebene *Investitionsauswahlproblem* sind ebenfalls keine effizienten Algorithmen bekannt. In der Unternehmenspraxis stellt sich oft das Problem der effizienten Auswahl unter einer Menge von potenziell durchführbaren Investitionsvorhaben, zwischen denen gewisse Zusammenhänge bestehen. Beispielsweise können sich zwei Investitionsvorhaben gegenseitig ausschließen, gegenseitig bedingen oder wechselseitige, nicht exakt quantifizierbare Kosten- oder Erfolgsauswirkungen besitzen. Folgende einfache Abstraktion aus diesem Bereich ist wohlbekannt: Jedes Investitionsvorhaben i, $1 \leq i \leq n$, besitzt einen bestimmten Kapitalwert e_i und verursacht eine Reihe von Nettoauszahlungen a_{it}, die in Periode t, $1 \leq t \leq T$, anfallen, wenn die jeweilige Investition durchgeführt wird. Für jede Periode t ist dabei ein maximales Budget b_t vorgegeben, welches nicht überschritten werden darf. Das Problem besteht darin, unter Einhaltung der Budgetrestriktionen in allen Perioden eine Auswahl der durchzuführenden Investitionen so zu treffen, dass der Gesamtkapitalwert maximiert wird.

Es gibt eine große Anzahl von Problemstellungen, die ähnlich wie das Rundreiseproblem, das Steiner-Problem in Graphen und das Investitionsauswahlproblem folgende Eigenschaft besitzen: Man kann effizient eine Lösung raten (nichtdeterministisch erzeugen) und überprüfen, ob der Zielfunktionswert kleiner als eine vorgegebene Schranke ist. Die entsprechende Problemklasse für solche Entscheidungsprobleme wird mit $\mathcal{NP}$ bezeichnet.[9] $\mathcal{NP}$ stellt trivialerweise eine Obermenge von $\mathcal{P}$ dar.[10] Es gibt eine Vielzahl an relevanten Problemen, die in $\mathcal{NP}$ enthalten sind, für die man aber bisher keinen effizienten Algorithmus kennt, sondern nur solche mit exponentiellem Auf-

[9] $\mathcal{NP}$ steht für nichtdeterministisch polynomial und ist als die Klasse aller Probleme definiert, die auf einer nichtdeterministischen Turing-Maschine in polynomial beschränkter Laufzeit berechnet werden können.

[10] Hierbei vernachlässigen wir die eigentlich erforderliche Unterscheidung in Optimierungs- und Entscheidungsprobleme.

wand. Diese „schweren" Probleme in $\mathcal{NP}$ werden als $\mathcal{NP}$-*schwer* oder auch als nicht handhabbar (*intractable*) bezeichnet (mit einigen Ausnahmen). Interessanterweise sind alle $\mathcal{NP}$-schweren Probleme in einem gewissen Sinne „gleich schwer". Man kann zeigen, dass dann, wenn man auch nur für eine dieser Problemstellungen ein effizientes Verfahren angeben kann, auch die übrigen effizient lösbar sind. Bisher ist aber weder dies gelungen, noch konnte man nachweisen, dass zur Lösung $\mathcal{NP}$-schwerer Probleme keine effizienten Algorithmen existieren. Die Frage „$\mathcal{P} = \mathcal{NP}$?" stellt das Hauptproblem der Komplexitätstheorie dar. Obwohl dieses Problem bisher nicht gelöst werden konnte, geht man aufgrund der umfangreichen (erfolglosen) Forschungsanstrengungen im Hinblick auf effiziente Algorithmen für $\mathcal{NP}$-schwere Probleme davon aus, dass für solche Probleme keine effizienten Algorithmen existieren.

2.1.3 Heuristiken

Die oben getroffenen Aussagen zur Schwierigkeit der Lösung gewisser Problemstellungen lassen teilweise eine Relativierung des Lösungsbegriffes als zweckmäßig erscheinen. Bei der Definition „Probleme, für deren Lösung ein polynomialer Algorithmus existiert, werden als effizient lösbar bezeichnet", wird in der Regel implizit zu Grunde gelegt, dass mit *Lösung* die *exakte* Bestimmung einer *optimalen* Lösung gemeint ist. Aus den obigen Darlegungen ergab sich, dass es auch unter Nutzung leistungsfähigster Rechner prinzipielle Grenzen des theoretisch wie auch praktisch Machbaren gibt. Damit bleibt für die praktische Lösung gewisser Probleme in der Regel nur die Aufgabe bzw. die Vernachlässigung des Optimalitätskriteriums. Man begnügt sich dann mit approximativen Verfahren, so genannten *Heuristiken*, die effizient (d. h. mit polynomialem Rechenaufwand) über die Anwendung als sinnvoll erachteter Vorgehensweisen systematisch möglichst gute, aber gegebenenfalls nicht optimale Lösungen erzeugen.

Aus praktischer Sichtweise mag für ein gewisses Anwendungsbeispiel die Bestimmung einer zulässigen Lösung mit der Garantie, dass diese höchstens 1% vom optimalen Zielfunktionswert entfernt liegt, vollkommen ausreichend sein – auch im Hinblick auf eine im Allgemeinen vorhandene Ungenauigkeit der Eingabedaten wie auch der Problemmodellierung. Demzufolge ist die komplexitätstheoretische Untersuchung von approximativen Algorithmen oder heuristischen Verfahren ein wichtiger praxisrelevanter Forschungsbereich. Selbst wenn es auch hier theoretische Aussagen z. B. dahingehend gibt, dass die Approximationsgüte effizienter Verfahren für gewisse Problemstellungen im *Worst Case* nicht beliebig gesteigert werden kann, sind solche Aussagen für praktische Probleme doch nur bedingt gewichtig. So relativieren die Erfolge von modernen heuristischen Verfahren (so genannten *Metaheuristiken*) wie u. a. *Genetische Algorithmen* und *Tabu Search* bei der Anwendung auf praktische Problemstellungen die theoretischen Aussagen doch in einem gewissen Maße; vgl. z. B. Rayward-Smith et al. (1996) oder Voß et al. (1999).

2.2 Codierung von Informationen als Daten

Die Abbildung von *Informationen* (wie Zahlen, Texte, Bilder, Filme, Töne u. Ä.) in Rechnern erfordert die Definition und Anwendung von *Codierungsvorschriften*, mittels derer Informationen in *Daten* transformiert werden.[11] Dabei werden im Allgemeinen Informationen in Form von Sequenzen von Zeichen (Symbolen) aus einer bestimmten Zeichenmenge (Alphabet) abgebildet. Beispiele hierfür sind folgende Abbildungen:

- natürliche Zahlen als Sequenzen von Ziffern aus {0, 1, ..., 9}
- Wörter bzw. Texte als Buchstabensequenzen aus {a, b, c, ..., z, A, B, C, ..., Z}
- Schulnoten als Elemente aus der Menge {sehr gut, gut, befriedigend, ausreichend, mangelhaft, ungenügend}
- Jahreszeiten als Elemente aus der Menge {Frühling, Sommer, Herbst, Winter}

Da Rechnersysteme auf der Darstellung von Informationen auf Basis der elementaren Informationseinheit *Bit* (*Binary Digit*) aufbauen, werden hier alle Informationen letztendlich binär codiert. Das heißt, es wird eine binäre Zeichenmenge aus zwei Zuständen verwendet; in der Regel ist dies die Binärzeichenmenge {0,1}.[12] Technisch entspricht die Binärzeichenmenge etwa der Unterscheidung zwischen zwei Zuständen der Art „Spannung bzw. Ladung höher oder niedriger als ein Schwellwert". Die allgemeine Abbildbarkeit von (diskreten) Informationen im Binärsystem ergibt sich aus der grundlegenden Erkenntnis, dass sich Symbole beliebiger Zeichenmengen als Gruppen von Binärzeichen ausdrücken lassen. Beispielsweise kann man Jahreszeiten im Binärsystem über folgende Zuordnungsvorschrift (Code) abbilden:

- Frühling → 00
- Sommer → 01
- Herbst → 10
- Winter → 11

Mittels n Binärzeichen lassen sich 2^n Kombinationen bilden und dementsprechend 2^n verschiedene Informationen abbilden.

Die grundlegende Codierung von natürlichen Zahlen basiert auf dem *Stellenwertsystem*. Dabei wird der Wert der einzelnen Symbole (Ziffern) einer Zahl entsprechend ihrer Stellung innerhalb der Zahl gewichtet. Ein konkretes

[11] In diesem Abschnitt verwenden wir zunächst eine umgangssprachliche Definition der Begriffe *Information* und *Daten*. In Abschnitt 3.1.2 erfolgt eine erweiterte Begriffsdefinition und Abgrenzung.

[12] Statt {0,1} sind auch die Darstellungen {Ja, Nein}, {An, Aus}, {True, False} usw. gebräuchlich. Beispiele für andere Binärsysteme sind das Morsesystem ({kurz, lang}) oder Fußgängerampeln ({grün, rot}).

Zahlensystem ergibt sich durch Definition einer Basis B und einer entsprechenden Zeichenmenge aus B Ziffern $\{0, 1, \ldots, B-1\}$. Der Wert einer n-stelligen Zahl a, die allgemein als eine Sequenz von Ziffern aus $\{0, 1, \ldots, B-1\}$ dargestellt wird, berechnet sich wie folgt:

$$a_{n-1}a_{n-2}\ldots a_0 \qquad \rightarrow \qquad \text{Wert } a = \sum_{i=0}^{n-1} a_i \cdot B^i$$

Dabei werden die Ziffern konventionsgemäß von rechts nach links, beginnend mit 0 durchnummeriert; d. h. die höchstwertige Ziffer steht ganz links. Gebräuchlich sind im Wesentlichen folgende Zahlensysteme:

- Dualsystem: B=2, Ziffernmenge {0, 1}
- Oktalsystem: B=8, Ziffernmenge {0, 1, ..., 7}
- Dezimalsystem: B=10, Ziffernmenge {0, 1, ..., 9}
- Hexadezimalsystem: B=16, Ziffernmenge {0, 1, ..., 9, A, ..., F}

Beispielsweise wird die (dezimale) Zahl 83 im Dualsystem als

$$01010011 = 0 \cdot 2^7 + 1 \cdot 2^6 + 0 \cdot 2^5 + 1 \cdot 2^4 + 0 \cdot 2^3 + 0 \cdot 2^2 + 1 \cdot 2^1 + 1 \cdot 2^0$$

dargestellt. Zur Angabe des verwendeten Zahlensystems kann man einen entsprechenden Index nutzen (83_{dez}, 01010011_{dual}). Acht Bit (z. B. acht Ziffern einer Dualzahl) werden zu einem *Byte* zusammengefasst; mit einem Byte lassen sich folglich $2^8 = 256$ verschiedene Informationen abbilden, z. B. der Zahlenbereich [0, ..., 255]. Aus der Basiseinheit Byte lassen sich bilden:

- Kilobyte: 1 KB = 2^{10} Byte = 1024 Byte
- Megabyte: 1 MB = 2^{20} Byte = 1.048.576 Byte
- Gigabyte: 1 GB = 2^{30} Byte = 1.073.741.824 Byte
- Terabyte: 1 TB = 2^{40} Byte = 1.099.511.627.776 Byte
- Petabyte: 1 PB = 2^{50} Byte = 1.125.899.906.842.624 Byte
- Exabyte: 1 EB = 2^{60} Byte = 1.152.921.504.606.846.976 Byte

Diese Einheiten weichen damit von den „Standardeinheiten“ k = 10^3, M = 10^6 usw. leicht ab.[13]

Ganze Zahlen können im Rechner über eine Konvertierung von einer Dezimalzahl in eine Dualzahl abgebildet werden. Der abbildbare Zahlenbereich ist dementsprechend abhängig von der Anzahl der genutzten Bits bzw. Bytes. Oftmals wird dabei die Länge eines rechnerabhängigen Maschinenwortes (mehrere Byte (z. B. 4), mit der ein Rechner effizient als Einheit umgehen kann) verwendet. Zur Darstellung negativer Zahlen könnte man ein ausgezeichnetes Bit (z. B. das ganz links) verwenden, das angibt, ob die Zahl

[13] Allerdings ist auch die entsprechende Verwendung im EDV-Bereich (EDV: Elektronische Datenverarbeitung) teilweise uneinheitlich. So wird beispielsweise die Kapazität von Festplatten oft ausgehend von 1 kB = 1000 Byte ausgedrückt; gleiches gilt für die Angabe von Bandbreiten; vgl. Abschnitt 2.5.1.

negativ ist.[14] Beispielsweise erhält man bei einer Wortlänge von 32 Bit einen Zahlenbereich $[-2^{31} = -2.147.483.648,\ 2^{31} - 1 = 2.147.483.647]$.

Bei der Abbildung von nicht ganzzahligen Zahlen z geht man von der Darstellung in wissenschaftlicher Notation aus: $z = m \cdot B^e$, wobei m die Mantisse sowie B die Basis des Zahlensystems bezeichnet. Beispiele hierfür sind:

- $3{,}14159 = 0{,}314159 \cdot 10^1 = 0{,}314159\text{E}1$
- $0{,}000021 = 0{,}21 \cdot 10^{-4} = 0{,}21\text{E-}4$

In der so genannten Gleitkommadarstellung werden die Mantisse m (inkl. Vorzeichen) und der Exponent e (inkl. Vorzeichen) in einem festen Format abgespeichert (unter Verwendung einer festen Basis B). Beispielsweise kann man in einem Speicherwort von 4 Byte das Bit ganz links als Vorzeichenbit der Mantisse, die nächsten 15 Bit für die Dualdarstellung der Mantisse, das nächste Bit als Vorzeichenbit des Exponenten und die restlichen 15 Bit für die Dualdarstellung des Exponenten verwenden. Die Länge der Mantisse bestimmt die darstellbare Genauigkeit, die Länge des Exponenten den darstellbaren Zahlenbereich.

Die Darstellung textueller Informationen erfolgt im Rechner über eine zu definierende Zuordnung von Zeichen zu Bit-Mustern (d. h. Dualzahlen). Am gebräuchlichsten ist der *ASCII-Code* (American Standard Code for Information Interchange, ISO 646), bei dem in der ursprünglichen Form sieben Bit verwendet werden (d. h. maximal 128 verschiedene Zeichen). Damit kann man beispielsweise in einem Megabyte Speicher bei Verwendung des ASCII-Codes mehr als 500 Schreibmaschinenseiten Text codieren, wenn man von ca. 30 Zeilen $\times$ 60 Zeichen $\approx$ 1800 Zeichen pro Schreibmaschinenseite ausgeht. Da der ASCII-Code für die Vielzahl international gebräuchlicher Zeichen nicht ausreichend ist, wurden erweiterte Codes entwickelt. Einfache Lösungen sind länderspezifische Erweiterungen des ASCII-Codes auf acht Bit, wodurch etwa deutsche Umlaute dargestellt werden können. Der weitergehende Unicode-Standard (ISO 10646) verwendet 16 bzw. 32 Bit, wodurch alle gebräuchlichen Zeichensätze abgebildet werden können.

Für die Abbildung sonstiger Informationen (Graphiken, Bilder, Töne, Videos u. Ä.) existieren eine Vielzahl von Standards bzw. Codierungsvorschriften, die eine entsprechende Abbildung auf Bitmuster definieren. Gegebenenfalls ist zur digitalen Codierung kontinuierlicher Größen zunächst eine Diskretisierung durchzuführen, woraufhin aus solchen diskreten Daten dann die eigentliche digitale Darstellung berechnet wird. Beispiele hierfür sind:

- analoge Audio-Daten, Diskretisierung über AD-Wandler (Analog-Digital-Wandler), Abspeicherung auf CD (Compact Disc)
- Bilddaten, Rasterung in diskrete Bildpunkte, Codierung als Bitmuster

[14] Zumeist kommt bei der Codierung negativer Zahlen dagegen aus rechentechnischen Gründen die Komplementdarstellung zum Einsatz, auf die hier nicht näher eingegangen wird.

Abschließend ist festzuhalten, dass prinzipiell alles, was diskret messbar ist, auch verlustfrei binär codiert werden kann.

2.3 Hardware

Im ersten Abschnitt dieses Kapitels wurde Informatik als die Wissenschaft von der „Mechanisierung der Abstraktion" charakterisiert. Im zweiten Abschnitt wurden verschiedene theoretische Modellierungen innerhalb dieses Rahmens angesprochen. Letztendlich basiert das Entstehen der Informatik darauf, dass seit der zweiten Hälfte des zwanzigsten Jahrhunderts eine effektive technische Umsetzung dieser Mechanisierung entwickelt wurde.

Unter *Hardware* versteht man alle materiellen (technischen) Komponenten eines Rechnersystems. Hardware kann als praktische Konkretisierung eines Maschinenmodells der Informatik angesehen werden. Sie dient als Ablaufmechanismus für Algorithmen in Form von Software. Von den Maschinenmodellen der theoretischen Informatik unterscheidet sich die Computerhardware in der Regel einerseits durch die größere Leistungsfähigkeit hinsichtlich der abgebildeten Funktionsvielfalt (die für die meisten theoretischen Untersuchungen im Wesentlichen irrelevant ist), während konkrete Computer andererseits durch die Endlichkeit der Ressourcen (wie Speicherplatz) eingeschränkt sind.

Unter *Rechnerarchitektur* versteht man die interne Struktur von Rechnern, d. h. den Aufbau aus verschiedenen Komponenten und die Organisation von Arbeitsabläufen. Das auch heute noch weitgehend gültige prinzipielle Rechnerarchitekturmodell ist die klassische *Von-Neumann-Architektur*. Diese wird in Abbildung 2.2 veranschaulicht und in den folgenden Abschnitten näher beschrieben.[15]

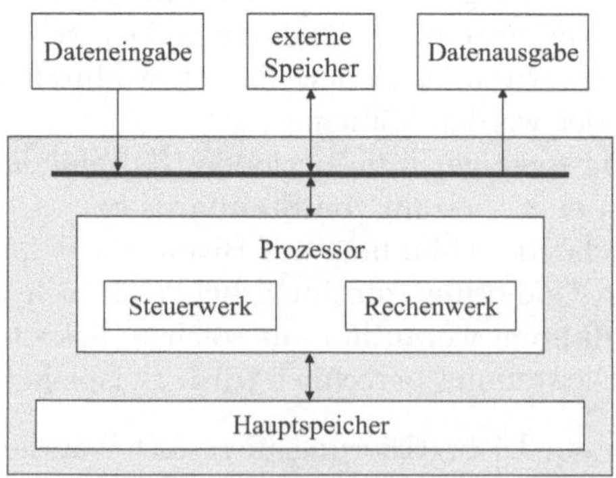

Abb. 2.2. Von-Neumann-Architektur

[15] Zur Vertiefung vgl. z. B. Tanenbaum und Goodman (1999).

2.3.1 Prozessoren

Das „Herz“ eines Computers bildet der *Prozessor* (Zentraleinheit, *Central Processing Unit*, CPU), der die Ausführung von Befehlen zur Aufgabe hat. Dies geschieht in einem bestimmten Takt. Die Taktfrequenz heute üblicher Prozessoren liegt im GHz-Bereich, wobei für die Ausführung von Instruktionen in der Regel mehrere Takte benötigt werden. Eine einfache, nur eingeschränkt aussagekräftige Leistungskennzahl von Prozessoren ist MIPS (Million Instructions Per Second); so besäße ein Prozessor mit einem Takt von 1 GHz und einer durchschnittlichbenötigten Taktanzahl von zehn pro Instruktion die theoretische Kennzahl 100 MIPS.[16]

Die Leistungsfähigkeit von Prozessoren bzw. Rechnersystemen wird in der Praxis u. a. durch die Zeit zur Ausführung bestimmter Programme beurteilt (*Benchmarks*), da die Ausführungszeit verschiedener Instruktionen situationsabhängig ist. So ist z. B. die Ausführung einer Addition zweier Zahlen davon abhängig, ob diese Werte bereits in entsprechenden prozessorinternen Registern vorhanden sind (z. B. als Resultate vorhergehender Instruktionen) oder ob sie erst aus dem Hauptspeicher (einem CPU-externen aber rechnerinternen Speicher zum schnellen Zugriff auf dort repräsentierte Programme bzw. Daten) geholt werden müssen. In der Regel kommuniziert ein Prozessor mit den anderen Komponenten eines Rechners über einen niedrigeren Takt als dem eigentlichen CPU-Takt. Diese Kommunikation findet über einen oder mehrere so genannte „Busse“ statt. Beispielsweise kommuniziert in einem heutigen „Standard-PC“ (*Personal Computer*) eine CPU mit einem Takt von z. B. 3,2 GHz über den „PCI-Bus“ (*Peripheral Component Interconnect*) z. B. mit einer erheblich niedrigeren Taktfrequenz (ca. 800 MHz) mit Erweiterungskarten (Hardwarekomponenten, die über definierte Schnittstellen einen Rechner ergänzen).

Ein Prozessor besteht hauptsächlich aus einem Steuerwerk und einem Rechenwerk.[17] Das *Steuerwerk* regelt die Verarbeitung im Prozessor, im Wesentlichen durch das Einlesen der jeweils nächsten auszuführenden Instruktion (Operation, Befehl), während das eigentliche Ausführen von elementaren Berechnungen durch das *Rechenwerk* geschieht. Der grundlegende Ablaufzyk-

[16] Man beachte, dass sich in der Vergangenheit die Rechenleistung entsprechend Moore's Gesetz erhöht hat: Die Rechenleistung handelsüblicher Rechner verdoppelt sich alle 18 Monate. Inwiefern dieses „Gesetz“ auch in der Zukunft seine Gültigkeit hat, kann nicht sicher beurteilt werden, da die stetige Steigerung der Taktfrequenz immer höhere technische Anforderungen an die Hardware stellt.

[17] Wir werden hier nicht auf die technische Realisierung über Schaltnetze, Transistoren u. Ä. eingehen. Heutige Rechnerkomponenten sind durch eine sehr hohe Integration entsprechender Basisbausteine gekennzeichnet (VLSI-Chips, *Very Large Scale Integration*). Ein *Chip* (z. B. Logikchip, Speicherchip) ist ein Bauteil, auf dem sehr viele Funktionselemente (Größenordnung: Millionen) auf relativ kleiner Fläche untergebracht sind. Dabei kommen insbesondere entsprechende Halbleiterbausteine aus Silizium zum Einsatz. Die Integrationsdichte von Chips wächst kontinuierlich (auch wenn aus physikalischer Sicht ein Ende absehbar ist).

lus stellt sich wie folgt dar: Das Steuerwerk holt und interpretiert die nächste Instruktion und hierfür benötigte Daten aus dem Hauptspeicher; die Instruktion wird gegebenenfalls durch das Rechenwerk ausgeführt und, falls nötig, werden Resultate in den Hauptspeicher (zurück-)geschrieben. Ein Prozessor besitzt in der Regel mehrere spezifische *Register*, die etwa Zwischenergebnisse von Operationen aufnehmen können und dabei insbesondere der Ablaufbeschleunigung dienen. Durch andere Register wird z. B. abgebildet, welche Instruktion als Nächstes auszuführen ist (Befehlszähler) oder wie sich der aktuelle Status darstellt. Prozessoren besitzen weiterhin typischerweise einige spezialisierte Funktionselemente wie z. B. einen Baustein zur effizienten Berechnung von Operationen mit Gleitkommazahlen.

Man kann Prozessoren hinsichtlich der Art bzw. Menge der Instruktionen, die sie ausführen können, unterscheiden. Teilweise wird in CISC-Prozessoren (CISC: *Complex Instruction Set Computer*) und RISC-Prozessoren (RISC: *Reduced Instruction Set Computer*) unterschieden. Während der Aufbau von Ersteren durch einen komplexen Instruktionsvorrat (bis zu mehreren hundert verschiedenen Instruktionen) relativ kompliziert ist, ergeben sich bei RISC-Prozessoren durch den eingeschränkten Instruktionsvorrat Vorteile hinsichtlich eines einfacheren Aufbaues und damit gegebenenfalls auch möglichen höheren Taktfrequenzen. Beispiele für CISC-Prozessoren sind die Pentium-Prozessoren von Intel.

2.3.2 Interner Speicher

Im *internen Speicher* (Hauptspeicher, Primärspeicher) eines Rechners werden sowohl Daten als auch Programme verwaltet. Hierbei geht man von einem so genannten linearen Adressraum aus. Das heißt, der Hauptspeicher besteht aus einer Sequenz (beginnend mit 0) durchnummerierter Speicherzellen, die jeweils ein Byte aufnehmen können. Die Interpretation der Daten (oder Programme) im Hauptspeicher basiert auf entsprechenden Codierungs- bzw. Interpretationsvorschriften; vgl. Abschnitt 2.2.

Gebräuchliche Größen für den Hauptspeicher eines Rechners sind 128 MB bis zu mehreren Gigabyte. Durch die so genannte virtuelle Speicherverwaltung (*Paging*) ist der den Anwendungen zur Verfügung stehende Adressraum heute in der Regel unabhängig vom physisch vorhandenen Speicher. Die Idee dieser Technik besteht darin, dass dann, wenn kein realer physischer Speicher mehr zur Verfügung steht, ein Speicherbereich der benötigten Größe gesucht wird, dessen Inhalt aktuell anscheinend nicht verwendet wird und somit auf externe Speicher ausgelagert werden kann. Anschließend kann der Inhalt dieses Speicherbereiches mit aktuell benötigten Daten und Anweisungen überschrieben werden.

Man unterscheidet Speicher in RAM (*Random Access Memory*, Speicher mit wahlfreiem Lese- und Schreibzugriff) und ROM (*Read Only Memory*). Unter einem *Cache* versteht man einen relativ schnellen (und somit gegebenenfalls teureren) Zwischenspeicher, der die Kommunikation zwischen entsprechenden Komponenten (z. B. zwischen Prozessor und Hauptspeicher) durch eine Pufferung beschleunigen soll. Typische Zugriffszeiten (Zeit zum Lesen des Inhaltes einer Speicherzelle) für aktuelle Speicherchips liegen im Bereich von Nanosekunden (10^{-9}).

2.3.3 Externe Speicher

Da der Hauptspeicher in der Regel flüchtig (d. h. zur Aufrechterhaltung der Inhalte der Speicherzellen ist eine dauerhafte Betriebsspannung nötig) und in seiner Größe beschränkt ist, bedarf es zusätzlich *externer Speicher* (Sekundärspeicher), die große Datenmengen dauerhaft speichern. Hierzu werden im Wesentlichen *Magnetplatten* (*Festplatten*) verwendet, bei denen die Daten auf einem in Sektoren und Spuren aufgeteilten Plattenstapel über einen radial positionierbaren Schreib-/Lesekopf gespeichert werden. Gängige Größen liegen im zwei- und dreistelligen Gigabyte-Bereich; die Zugriffszeiten liegen in der Größenordnung von Millisekunden (10^{-3}). Zur transportablen Speicherung kommen neben der nur noch selten verwendeten klassischen 3,5-Zoll-Diskette mit einer Kapazität von 1,44 MB inzwischen verschiedenste Medientypen mit Kapazitäten von ca. 100 MB bis zu mehreren GB zum Einsatz, wie z. B. USB-Sticks (USB: Universal Serial Bus) oder diverse Speicherkarten. Schließlich kommen insbesondere zur Datensicherung Magnetbänder zum Einsatz, auf denen große Datenmengen kostengünstig und dauerhaft gespeichert werden können; Nachteil ist der relativ langsame sequenzielle Zugriff.

Inzwischen haben sich neben magnetischen Medien vermehrt optische Medien durchsetzen können. Entsprechende „Standards", die das klassische CD-Format sowohl hinsichtlich Kapazität als auch hinsichtlich Wiederbeschreibbarkeit verbessern, gibt es in einer gewissen Vielfalt (CD-R: Compact Disc – Recordable, CD-RW: Compact Disc – Rewritable, DVD: Digital Versatile Disc).

2.3.4 Peripheriegeräte

Peripheriegeräte bilden die Schnittstelle eines Rechnersystems nach außen. Dies kann sich einerseits auf externe technische Systeme beziehen (z. B. eine Werkzeugmaschine oder ein Barcodelesegerät). Andererseits wird hiermit insbesondere auch die so genannte *Mensch-Maschine-Schnittstelle* abgebildet. Hierbei ist auf die Bedeutung einer ergonomischen Gestaltung dieser Geräte hinzuweisen. Ausgehend von dem klassischen Grundprinzip der elektronischen Datenverarbeitung (Eingabe – Verarbeitung – Ausgabe, EVA) unterscheidet man dabei in Eingabe- und Ausgabeperipherie. Zur Eingabeperipherie zählt man z. B. Tastatur, Maus, Touchpanel/Touchscreen, Joystick, Scanner, Mikrofon, Kamera, Datenhandschuh usw. Zur Ausgabeperipherie zählt man z. B. Bildschirm, Lautsprecher, Drucker, 3D-Brille usw. Bei modernen Entwicklungen ist die eindeutige Unterscheidung in Eingabe- und Ausgabeperipherie teilweise nicht mehr möglich. Beispiele hierfür sind Joysticks mit Rückkopplung oder eine 3D-Brille mit Pupillenabtastung.

Bei externen technischen Geräten finden derzeit verstärkt *Transponder* Anwendung, wobei insbesondere die RFID-Technik (*Radio Frequency Identification* genutzt wird. Diese Technik kann verwendet werden, um beliebige Signale per drahtlosem Funk an einen Rechner zu übermitteln, z. B. zur Identifizierung oder zur Übertragung von weiteren Daten des Transponder-Trägers. Dazu wird der RFID-Transponder an einem Gegenstand (wie einem zu transportierenden Container) befestigt. Zusätzlich wird eine Sende-Empfangs-Einheit benötigt, die mit dem Transponder kommuniziert und gleichzeitig mit dem Rechner verbunden ist. RFID-Transponder können in Form von Etiketten, Anhängern oder auch Chipkarten auftreten, wodurch eine große Bandbreite an Anwendungsmöglichkeiten (von der Containeridentifizierung bis zur Zutrittskontrolle) entsteht.

2.4 Software

Unter *Software* versteht man Programme, die auf der Hardware eines Rechnersystems ausgeführt werden. Auf die eigentliche Softwareentwicklung wird in Kapitel 6 eingegangen.

Man kann Software in *Systemsoftware* und *Anwendungssoftware* klassifizieren. Während Systemsoftware die Grundlage zur Verwendung von Rechnersystemen darstellt, wird durch die Anwendungssoftware in der Regel die von dem Nutzer benötigte spezifische Funktionalität bereitgestellt. Zur Systemsoftware zählt man insbesondere Betriebssysteme, Übersetzer (Compiler/Interpreter), sowie Softwarewerkzeuge, die die Entwicklung von Software und die Verwaltung von Systemen unterstützen.

2.4.1 Betriebssysteme

Die Notwendigkeit von Betriebssystemen ergibt sich daraus, dass Hardware nicht direkt auf einfachem Wege nutzbar ist. *Betriebssysteme* verwalten die Ressourcen von Rechnern und schirmen den Programmierer und Anwender von den Rechnerspezifika ab, indem sie ihm über gewisse Schnittstellen Zugriff auf entsprechende Funktionalitäten bereitstellen. Beispielsweise existiert typischerweise eine Operation, mit der man Dateien auf einer Festplatte kopieren kann, ohne etwas über den Aufbau und die Dateiorganisation auf diesem externen Speicher zu wissen.

Ganz allgemein zeichnet sich die Informatik dadurch aus, dass ihre Untersuchungsgegenstände häufig auf verschiedenen Abstraktionsstufen betrachtet werden, um die Komplexität entsprechender Strukturen zu bewältigen.[18]

[18] Beispielsweise kann man das Abspeichern eines Variablenwertes im Hauptspeicher auch aus dem Blickwinkel eines Hardwaretechnikers betrachten, der die zu Grunde liegenden elektronischen Abläufe untersucht.

Oftmals ergibt sich dabei eine hierarchische Schichtung in mehrere aufeinander aufbauende Ebenen. Hiermit hängt das Konzept der *Virtualisierung* eng zusammen. Durch bestimmte Techniken wird dem „Nutzer" (der auch eine Software- oder Hardwarekomponente sein kann) eine abstrakte Sicht auf ein System bzw. eine Systemkomponente zur Verfügung gestellt. Beispielsweise schirmt ein Betriebssystem den Anwender von der realen Komplexität der Hardware durch Bereitstellung einer „abstrakten virtuellen Maschine" ab. So mag ein Betriebssystem auf verschiedenen Hardwareplattformen verfügbar sein, wodurch die Nutzung unabhängig von spezifischen Hardwareeigenschaften wird. Häufig führt eine solche Virtualisierung zu einem geschichteten System, bei dem jede Schicht eine zunehmend abstraktere Funktionalität erfüllt; vgl. die Diskussion der Schichtenarchitektur bei Kommunikationsprotokollen in Abschnitt 2.5.2. Die interne Realisierung dieser Funktionalitäten ist zu ihrer Nutzung im Wesentlichen irrelevant – relevant ist primär die Schnittstelle, über die entsprechende Funktionalitäten genutzt werden können.

Die wesentlichen Ressourcen, die vom Betriebssystem verwaltet werden, sind:

- Prozessor(en) → Prozessverwaltung, Zuteilung von Prozessorzeit
- Hauptspeicher → Zuteilung und Verwaltung von Hauptspeicherplatz
- Externe Speicher → Zugriffe auf Dateien und Verzeichnisse
- Ein-/Ausgabe → Durchführung von Ein- und Ausgabevorgängen von bzw. zu Peripheriegeräten

Im Zusammenhang mit Betriebssystemen ist ein *Prozess* als ein in Ausführung befindliches Programm definiert. Beispielsweise können durchaus mehrere Prozesse eines Textverarbeitungsprogramms simultan ausgeführt werden, die dann gegebenenfalls vollständig unabhängig voneinander sind (z. B. unabhängige Adressräume).

Im Folgenden werden einige Möglichkeiten moderner Betriebssysteme angesprochen. *Multitasking-Betriebssysteme* ermöglichen die „scheibchenweise" Ausführung von mehreren Prozessen, wodurch für den Nutzer der Eindruck der Parallelausführung verschiedener Prozesse entsteht. Weiterhin bieten moderne Betriebssysteme durch eine virtuelle Speicherverwaltung einen linearen Adressraum für Anwendungen, der unabhängig von der Größe des physischen Speichers ist; vgl. S. 28. In modernen Betriebssystemen sind darüber hinaus insbesondere eine Netzwerkintegration (einfacher Zugriff auf nicht lokale Ressourcen) als auch entsprechende Sicherheitskonzepte (Beschränkung des Zugriffes auf Ressourcen durch eine feinkörnige Rechtezuordnung) realisiert.

Im Weiteren werden einige neuere Entwicklungen im Betriebssystembereich kurz erläutert:

- Über das bereits weit verbreitete *Multithreading* ist es möglich, verschiedene „Ausführungseinheiten" (Threads) innerhalb eines Prozesses parallel ablaufen zu lassen. Beispielsweise könnten die simultane Rechtschreibüberprüfung und die Druckfunktion innerhalb einer Textverarbeitung als Threads realisiert sein. Durch den quasi gemeinsamen Zugriff auf dieselben Daten ergeben sich Synchronisationsprobleme, die gelöst werden müssen.

- Da die Leistungsfähigkeit von Prozessoren in absehbarer Zeit an physikalische Grenzen stoßen wird, sofern nicht grundsätzlich neue Technologien entwickelt werden, kann dann eine weitere Steigerung der Rechenkapazitäten nur durch die parallele Ausführung auf mehreren Prozessoren erreicht werden. Hierzu gibt es verschiedene Konzepte dahingehend, welche Komponenten vervielfältigt werden: Komponenten innerhalb von Prozessoren, Prozessoren, Prozessoren und Speicher, ganze Computer usw. Hierbei ergeben sich ebenfalls vielfältige Synchronisationsprobleme.

- Schließlich werden sich die Betriebssysteme auch hinsichtlich der Benutzerfreundlichkeit weiterentwickeln. Hierzu gehören nicht nur die einfachere Bedienbarkeit durch eine verbesserte graphische Benutzeroberfläche, sondern auch Konzepte wie die verteilter Betriebssysteme, bei denen die Nutzung lokaler und verteilter Ressourcen für den Nutzer homogen verläuft. Beispielsweise sollte es für einen Anwender innerhalb eines Unternehmens keine Rolle spielen, an welchem Computer er arbeitet. Ziel ist es hierbei, dem Nutzer an einem beliebigen Arbeitsplatz immer die gleiche Arbeitsumgebung zu bieten.

Die am weitesten verbreiteten Betriebssysteme sind die verschiedenen Varianten von *Microsoft Windows* einerseits sowie Unix-Varianten wie z. B. *Linux* andererseits.

2.4.2 Programmierung

Unter einer *Programmiersprache* versteht man eine formale Sprache, mit der Software entwickelt werden kann. Es existiert eine gebräuchliche Einteilung von Programmiersprachen in verschiedene Generationen.

Unter *Programmiersprachen der 1. Generation* versteht man *Maschinensprachen*, die direkt dem Instruktionssatz der jeweiligen Prozessoren entsprechen. Solche Programme sind damit direkt auf der entsprechenden Hardware ausführbar, was eine optimale Ausnutzung der Hardwareressourcen ermöglicht. Der allgemeine Aufbau eines Befehles in einer Maschinensprache kann als `Operation Operand` beschrieben werden. Beispielsweise mag der Befehl `B3 4A` die Instruktion zum Laden eines bestimmten Prozessorregisters mit dem Inhalt der Speicherzelle an Position `4A` bedeuten. Maschinensprachen werden heute im Wesentlichen nur noch zur Programmierung von Mikrochips mit kleinen Programmen direkt verwendet. Da Maschinenspracheprogramme sehr schwer lesbar sind, ist die Programmierung aufwändig und fehleranfällig bzw. sind die entsprechenden Programme schwer zu warten.

Unter *Programmiersprachen der 2. Generation* versteht man *Assemblersprachen*, die auf demselben Programmiermodell wie die Maschinensprachen basieren. Die reale Programmierung wird aber durch dem Menschen entgegenkommende Vereinfachungen unterstützt. So werden die Befehle nicht mehr als Zahlencodes, sondern in Form von mnemotechnischen Abkürzungen verwendet. Weiterhin kann der Programmierer etwa symbolische Speicheradressen definieren und nutzen. So könnte die obige Operation als `LDA betrag` codierbar sein (Laden eines Registers mit dem Inhalt der Speicherzelle, die mit `betrag` benannt ist). Hieraus ergibt sich insbesondere eine verbesserte Verständlichkeit der Programme. Allerdings benötigt man ein entsprechendes Übersetzungsprogramm (Assembler), mit dem Assemblerprogramme in Maschinencode umgewandelt werden. Trotzdem bleibt die Programmierung in Assemblersprachen mühsam; weiterhin sind entsprechende Programme in der Regel nicht portabel (d. h. sie sind ohne größere Veränderungen nicht auf einer anderen Hardware ausführbar).

Bei den so genannten *prozeduralen Programmiersprachen der 3. Generation* geschieht die Codierung von Programmen in problemorientierter und weitgehend maschinenunabhängiger Form. Damit sind Programme bei Einhaltung gewisser Standards auf mehreren Rechnertypen lauffähig (portabel). Zur Transformation in die entsprechenden Maschinensprachen sind Übersetzungsprogramme nötig (Compiler/Interpreter). Klassische Beispiele für Programmiersprachen der 3. Generation sind Pascal, C, Cobol, Fortran und Modula. Bei einer „guten" Programmierung mit solchen Programmiersprachen ist die Verständlichkeit nicht zu umfangreicher Programme in der Regel relativ einfach. Als dem entgegenstehendes Beispiel sei das in Abbildung 2.3 dargestellte syntaktisch korrekte C-Programm[19] angeführt, dessen Zweck man nur aufgrund eines außergewöhnlichen Layouts vermuten kann.

Zielsetzung der so genannten *Strukturierten Programmierung* ist es, dass der Programmcode die Lösung der Problemstellung auf einfache Art widerspiegelt. Mittel hierzu sind der modulare Aufbau von Programmen (z. B. durch Verwendung von Unterprozeduren und Funktionen), die Verwendung strukturierter Datentypen, die Verwendung von „sprechenden" Variablennamen, die strukturierte Nutzung der Basiskonstrukte zur Definition von Algorithmen (Sequenz, bedingte Anweisung, bedingte Iteration) usw. Beispielsweise sollte die Funktionsweise des in Abbildung 2.4 dargestellten Pascal-Programms relativ offensichtlich sein.

Der Ansatz der Strukturierten Programmierung ist relativ erfolgreich bei der „Programmierung im Kleinen". Problematisch bleibt aber weiterhin die Durchführung großer Programmierprojekte mit vielen Programmierern und Zielsystemen mit mehreren Millionen Codezeilen. Dementsprechend wurden hierfür neue Methoden und Techniken entwickelt; vgl. Kapitel 6.

[19] Ausgezeichnet beim *12th International Obfuscated C Code Contest* (1995); vgl. `http://www.de.ioccc.org`.

```
#include <stdio.h>
#define l111 0xFFFF
#define ll1 for
#define ll111 if
#define l1l1 unsigned
#define l111 struct
#define lll11 short
#define ll1ll long
#define ll1l1 putchar
#define l11l1(l) l=malloc(sizeof(l1l1 ll1l1));l->lll11=1-1;l->ll111=1-1;
#define lll1l *lll11++=l1ll%10000;l1ll/=10000;
#define l1l1l ll111(!l1->lll11){l11l1(l1->lll11);l1->lll11->ll111=l1;}\
lllll=(l1=l1->lll11)->lll;ll=1-1;
#define llll 1000
                                                          l111 ll1l1 {
                                                          l111 ll1l1 *
      lll11,*ll111            ;l1ll                        lllll lll [
      llll];};main          (){l111 ll1l1                  *ll11,*l1l,*
      l1, *ll1l, *     malloc ( ) ; l1l1                   ll1ll l1ll ;
      ll11l l1l,ll    ,l;l1l1 lll1l *lll1,*                lllll; ll1(l
      =1-1 ;l< 14; ll1l1("\t\"8)>l\"9!.)>vl"               [l]^'L'),++l
      );scanf("%d",&l);l11l1(l1l) l11l1(ll11               ) (l1=l1l)->
      lll[l1l->lll[1-1]        =1]=l111;ll1(l1ll           =1+1;l1ll<=l;
      ++l1ll){l1=ll11;              lll1 = (l1l=(          ll11=l1l))->
      lll; lllll =(                  l1l=l1)->lll;         ll=(l1ll=1-1
      );ll1(;lll1->                   ll111||lllll!=       *l1ll;){l1ll
      +=l1ll**lll1++                  ;lll1l lll1l         (++ll>llll){
      l1l1l lll1=(                    l1ll =lll1->         ll111)->lll;
      }}ll1(;l1ll;                    ){l1l1l lll1l        (++ll>=llll)
      { lll1l} } *                    lllll=l1ll;}
      lll(l=(ll=1-                    1);(l<llll)&&
      (l1->lll[ l]                    !=l111);++l);        ll1 (;l1;l1=
      l1->ll111,l=                    llll){ll1(--l        ;l>=1-1;--l,
      ++ll)printf(                    (ll)?((ll%19)        ?"%04d":(ll=
      19,"\n%04d")                    ):"%4d",l1->         lll[l] ) ; }
                                                           ll1l1(10); }
```

Abb. 2.3. Beispiel eines unstrukturierten Programms in C

Als Programmiersprachen der 4. Generation („4GL-Sprachen" – *Forth Generation Language*) bezeichnet man Ansätze, bei denen der Programmierer nicht mehr jeden einzelnen Schritt der Problemlösung vorgeben muss, sondern nur über eine entsprechende Spezifikation anzugeben hat, *was* gelöst werden soll (nicht mehr *wie*). Deshalb nennt man solche Programmiersprachen auch *deskriptiv* oder *deklarativ*. Diese Ansätze sind aber in der Regel auf eingeschränkte Problembereiche begrenzt, für die entsprechende spezielle Sprachen und unterstützende Softwarewerkzeuge entwickelt werden können. Herausragendes Beispiel ist die Entwicklung von Datenbankanwendungen: Zum einen existieren hierfür entsprechende angepasste Software-Entwicklungsumgebungen, zum anderen existiert zur Abfrage von Daten aus relationalen Datenbanken eine standardisierte *Abfragesprache*, bei der der Benutzer das Wissen über die eigentlichen prozeduralen Abläufe nicht mehr benötigt; vgl. Kapitel 5. Ziel der Datenbankabfrage sei die Suche nach den Namen aller Studierenden in einer Universitätsdatenbank, die das Fach „Informationsmanagement" (IM) als erstes Vertiefungsfach belegt haben. Ein prozeduraler Pseudo-Code hierfür sähe folgendermaßen aus:

```
PROGRAM Fakultaet;
(* Programm zur Berechnung der Fakultaet einer positiven *)
(* ganzen Zahl im Bereich von 0 bis 16                   *)
(* Autor: Eddi Schulz, 2.11.2000                         *)

VAR eingabe:INTEGER;

FUNCTION fak(n:INTEGER):INTEGER;
BEGIN
  IF (n = 0) THEN
    fak := 1
  ELSE
    fak := n * fak(n-1);
END;

BEGIN
  WRITE('Eingabe: ');
  READLN(eingabe);
  WRITELN('Fakultaet von ', eingabe, ' = ', fak(eingabe));
END.
```

Abb. 2.4. Beispiel eines strukturierten Programms in Pascal

```
Öffne Datenbank Studierende
Solange ein nächster Eintrag existiert:
   Hole diesen Eintrag
   Prüfe, ob im Feld Vertiefungsfach1 der Eintrag IM steht
      Wenn ja, dann:
         Drucke den gesamten Namen des aktuellen Eintrages
```

Als Abfrage in SQL (*Structured Query Language*; vgl. Abschnitt 5.4) vereinfacht sich dies zu:

```
SELECT name FROM Studierende WHERE Vertiefungsfach1 = "IM";
```

Diese Abfrage wird automatisch in eine Operationsfolge ähnlich des oben stehenden Pseudo-Codes übersetzt. Zielsetzung des Einsatzes von 4GL-Sprachen ist neben einer Produktivitätserhöhung auch die Ermöglichung der Programmierung solcher Abfragen durch „einfache Anwender". Allerdings ist die Komplexität realistischer Datenbankabfragen in der Regel zu hoch bzw. das Erfordernis nach einem Verständnis des unterliegenden Datenmodells unrealistisch, als dass ein solcher Ansatz hierfür hinreichend wäre.

Der Einsatzbereich der so genannten wissensbasierten (logischen, deduktiven) Programmiersprachen (teilweise auch als Programmiersprachen der 5. Generation bezeichnet) beschränkt sich primär auf Gebiete, in denen „Wissen" im Sinne der Aussagenlogik soweit formalisiert werden kann, dass hiermit die Lösung entsprechender Problemstellungen ermöglicht wird. Beispielsweise gibt es Versuche, die Diagnose von Krankheiten durch eine entsprechende Wissensbasis, die Merkmale und Kausalzusammenhänge in diesem Bereich als Fakten und Regeln abbildet, zu unterstützen. Hieraus soll durch eine schlussfolgernde „Inferenzmaschine“ und eine entsprechende Benutzerschnittstelle ein „Experte“ auf diesem Gebiet nachgebildet werden, der unter Angabe entsprechender Daten deduktiv Krankheiten diagnostizieren kann. Die Hoffnungen in solche Expertensysteme, wie auch in andere Ansätze des Forschungsgebietes *Künstliche Intelligenz* (KI, AI: *Artificial Intelligence*), sind aber in der Vergangenheit nicht immer erfüllt worden. Das bekannteste Beispiel für eine logische Programmiersprache ist Prolog.

Ein weiteres Denkmodell, das das Programmieren auf eine höhere (abstraktere) Stufe stellen soll, ist der funktionale Ansatz. Dabei wird grundlegend auf dem mathematischen Funktionsbegriff aufgebaut. Über eine Verkettung und Rekursion können hiermit Algorithmen abgebildet werden. Funktionale Programmiersprachen (wie LISP, Haskell) haben sich aber im Wesentlichen nur für bestimmte Problembereiche durchsetzen können.

Schließlich sei noch kurz auf *objektorientierte Programmiersprachen* eingegangen. Beispiele für objektorientierte Programmiersprachen sind Smalltalk, C++, Java, VB.NET, C#, Eiffel und Beta. Während im algorithmischen Denkmodell der Sprachen der 3. Generation Operationen und Daten getrennt sind, basiert das objektorientierte Paradigma auf der Kapselung von Daten und zugehörigen Operationen in Objekten. Hierbei kann ein Objekt als ein Ding oder eine Abstraktion mit (in gewissem Maße) definierten Grenzen und einer Bedeutung für einen betrachteten Problembereich definiert werden. Gleichartige Objekte werden zu Klassen (Objekttypen) zusammengefasst. Diese Klassenbildung dient sowohl dem Problemverständnis als auch als Basis für eine (gegebenenfalls wiederverwendbare) Implementierung. Ein Objekt einer Klasse besitzt eine Identität, Eigenschaften (Attribute) und ein Verhalten (Methoden). Ein Beispiel für eine Klasse in einer Unternehmensanwendung wäre KUNDE mit Eigenschaften wie z. B. Name, Adresse und Kreditstatus sowie Methoden wie z. B. „Adressänderung“ oder „Änderung Kreditstatus“.

Neben der Kapselung von diesen Eigenschaften und Operationen in der Klasse KUNDE zeichnet sich das objektorientierte Paradigma durch das Konstrukt Vererbung aus: Beispielsweise mag es angebracht sein, zwischen Privatkunden und Großkunden zu unterscheiden, obwohl beide Objekttypen viele gemeinsame Eigenschaften und Operationen besitzen. Damit ist es sinnvoll, auf einer Konzipierung und eventuell einer Implementierung einer allgemeinen Klasse KUNDE aufzubauen und hieraus eine Typhierarchie abzuleiten, in der spezielle Typen einschließlich der entsprechenden Eigenschaften und Operationen abgebildet werden. Auf die Objektorientierung wird in den Abschnitten 4.5 und 6.4.1 näher eingegangen.

Im Hinblick auf die Notwendigkeit von Mechanismen zur (möglichst einfachen und flexiblen) Kombination von Softwarekomponenten wurden so genannte Skript-Programmiersprachen entwickelt. Ein entsprechendes *Scripting* implementiert insbesondere die prozedural orientierte Verbindung von

Komponenten zu fertigen Anwendungssystemen; vgl. Nierstrasz und Lumpe (1997). Beispiele für Skript-Programmiersprachen sind Perl, Python und JavaScript.

2.4.3 Softwarewerkzeuge

Zur Transformation von Programmen einer höheren Programmiersprache in ausführbaren Maschinencode werden Übersetzungsprogramme (*Compiler/Interpreter*) benötigt. In der Regel ist der Ablauf beim Übersetzen in etwa der folgende: Zunächst wird der Quelltext auf syntaktische (und einfache semantische) Fehler überprüft, dann werden die einzelnen Programm-Module separat in entsprechende Maschinencode-Module übersetzt, die dann in einem weiteren Schritt verbunden werden (*Linking*). Im Gegensatz zu einem Compiler übersetzt ein Interpreter jeden Schritt des Quelltextes erst bei der Ausführung, was einen entsprechenden Effizienzverlust verursacht. Für manche Programmiersprachen existieren sowohl Compiler als auch Interpreter. Die Programmiersprache Java stellt einen weiteren Sonderfall dar: Durch einen Compiler wird zunächst ein maschinenunabhängiger (und damit portabler) „Byte-Code“ erzeugt, der dann von einer Ablaufumgebung interpretativ ausgeführt wird (zur Beschleunigung aber auch in einer weiteren Stufe in Maschinencode übersetzt werden kann).

Weiterhin existieren Softwarewerkzeuge insbesondere für systemorientierte, häufig wiederkehrende, anwendungsneutrale Aufgaben. Beispiele hierfür sind Editoren und Dienstprogramme zur Systemverwaltung. Die Trennung zwischen solchen Softwarewerkzeugen und Betriebssystemen ist teilweise fließend. Dies gilt ebenfalls für Benutzeroberflächen. Während die Windows-Betriebssysteme von Microsoft inhärent eine einfach bedienbare graphische Benutzeroberfläche besitzen, zählt man im Unix-Bereich teilweise selbst eine Kommandozeilenoberfläche nicht zum eigentlichen Betriebssystem hinzu. Nachteil einer Kommandozeilenoberfläche, bei der die Befehle per Tastatur eingegeben werden müssen, ist die beim Anwender notwendige Kenntnis der Befehlssyntax. Graphische Benutzeroberflächen (mit Fenstern, Menüs, Leisten usw.) sind für den „normalen“ Anwender einfacher bedienbar, besitzen aber in der Regel eine geringere Flexibilität. Für den Bereich der Unix-Betriebssysteme existieren verschiedene „Betriebssystemaufsätze“, die das System um eine graphische Benutzeroberfläche erweitern.

2.4.4 Anwendungssoftware

Anwendungssoftware umfasst die Funktionalität, wofür der Anwender ein Rechnersystem im Grunde nutzt; alles andere ist eigentlich nur Mittel zum Zweck. Man unterscheidet hierbei *Individualsoftware*, die für eine spezielle Anwendungssituation eigens entwickelt wird, und *Standardsoftware*, die in einem gewissen Maße allgemeingültig ist und auf eine mehrfache Nutzung ausgerichtet ist (gegebenenfalls nach einer entsprechenden Anpassung).

Praktisch universell verbreitet sind heute funktionsübergreifende Standardsoftwarepakete für Textverarbeitung, Tabellenkalkulation, Graphikbearbeitung sowie eventuell einfache Datenverwaltung (*Office-Pakete*). Dem entgegen steht funktionsbezogene Standardsoftware wie z. B. eine Buchhaltungssoftware.

Da die Erfordernisse für betriebswirtschaftliche Anwendungssysteme in einem gewissen Maße ähnlich sind, ist heute in Unternehmen eine zunehmende Dominanz von (betriebswirtschaftlicher) Standardsoftware zu verzeichnen (z. B. SAP R/3 bzw. mySAP). Da jedoch in der konkreten Ausgestaltung in der Regel unternehmensspezifische Besonderheiten zu beachten sind, ergibt sich in der Praxis zumeist der Zwang zu einer aufwändigen Anpassung bzw. Konfiguration von integrierten Standardsoftwaresystemen (*Customizing*). Auf Anwendungssoftware wird in Kapitel 7 näher eingegangen.

2.5 Rechnernetze

Anfang der 1990er Jahre wurde im US-amerikanischen Wahlkampf der Begriff *Information (Super-)Highway* populär. Die in diesem Begriff enthaltene Analogie zum Fernstraßennetz in den USA sollte die Potenziale eines globalen Rechnernetzes vermitteln. Die Frage nach entsprechenden Potenzialen bzw. Auswirkungen ist schwierig zu beantworten, was an dem folgenden Beispiel verdeutlicht werden kann:

> „Die Folgen einer Anlage, [...] welche Erleichterung, Beschleunigung, Sicherheit und Wohlfeilheit der Communication und des Verkehrs bezweckt, und daher auf Handel und Ackerbau, auf Manufacturen und Fabriken, auf den Werth der Gründe und Capitalien, und überhaupt auf die wichtigsten materiellen Interessen der Gesellschaft unmittelbar Einfluß hat, zum voraus und mit völliger Zuverlässigkeit angeben und berechnen zu wollen, ist sicher eine schwierige Aufgabe [...]“ (o. V. (1832), S. 86)

Dieses Zitat aus dem Jahr 1832 steht im Zusammenhang mit dem Bau der ersten deutschen Staatseisenbahn von Braunschweig nach Wolfenbüttel (Eröffnung 1.12.1838). Hieraus ergaben sich schließlich vielfältige Auswirkungen. Unter anderem entwickelten sich Eisenbahnwerkstätten und Signalindustrie in der Region; externe Effekte förderten die Braunkohle, Zuckerindustrie und den Tourismus. Dagegen wurden die Oker-Flößer im Wesentlichen substituiert. Die Eisenbahnstrecke trug damit in der Region wesentlich zu einem wirtschaftlichen Wachstum und einem verstärkten Bevölkerungswachstum im 19. Jahrhundert bei.

Analog hierzu hat auch die Verwirklichung der Vision vom Information Highway vielfältige Auswirkungen. Heute wird häufig davon gesprochen, dass wir am Anfang der Informationsgesellschaft stehen. Der Produktionsfaktor

Information wird immer wichtiger; Informationen werden weitgehend unabhängig von Raum und Zeit verfügbar. Man erhofft sich positive Auswirkungen wie neue Märkte, nachhaltiges Wachstum, Impulse für den Arbeitsmarkt, (nationale) Wettbewerbsvorteile, Ausgleich von Standortnachteilen, verbesserte Lebensqualität usw.

Unter dem *Information Highway* kann man eine globale, digitale, breitbandige *Kommunikationsinfrastruktur* für einen offenen Verbund von multimedialen Endgeräten und leistungsfähigen Servern verstehen. In den USA entwickelte sich Anfang der 1990er Jahre eine politische Initiative mit dem Ziel, ein nationales Hochgeschwindigkeitsnetz für Behörden, Schulen, Universitäten und Privatwirtschaft zu schaffen (National Information Infrastructure (NII); vgl. z. B. Bayer (1994)). Diese gemeinsame Initiative von Regierungs- und Industrievertretern hatte einen Aktionsplan mit folgenden übergeordneten Zielen zur Folge: Deregulierung und Standardisierung sowie Förderung von (Infrastruktur-)Investitionen, Wettbewerb, Forschung, Sicherheit, Datenschutz und Schutz geistigen Eigentums. Entsprechende Initiativen gab es anschließend auch in Europa (vgl. Bangemann (1994)) und Deutschland, jedoch mit weit weniger finanziellen Mitteln. Hiermit zusammenhängend wurde jedoch die Deregulierung bzw. Privatisierung von Telekommunikationsunternehmen vorangetrieben.

Im Wesentlichen hat sich heute das *Internet* als der Inbegriff des globalen Information Highway durchgesetzt (ohne dass dies viel mit den oben angesprochenen politischen Initiativen zu tun haben muss). Es ist absehbar, dass Internet und die „herkömmliche" Telekommunikation zukünftig zusammenwachsen werden. Man sollte sich jedoch hier der teilweise widerstrebenden Interessen verschiedener Gruppen (Unterhaltungselektronik, Telefongesellschaften, Hardwareindustrie, Softwareindustrie usw.) bewusst sein.

Das Internet geht auf eine Entwicklung Ende der 1960er Jahre in den USA zurück (ARPANET (*Advanced Research Projects Agency Network*) des US-Verteidigungsministeriums). Primäres Ziel war damals die Schaffung eines robusten (und damit dezentralen) Netzes, das heterogene Hard- und Softwaresysteme miteinander verbinden sollte. Hierzu wurden verschiedene neue Konzepte und Protokolle entwickelt und verwirklicht. *Protokolle* sind in diesem Zusammenhang Kommunikationsvereinbarungen, die z. B. den Aufbau von Datenpaketen und den Ablauf einer Kommunikation festlegen. Im Folgenden sind im Zusammenhang mit den entsprechenden Anwendungen die im Internet am weitesten verbreiteten Kommunikationsprotokolle aufgeführt:

- Dateitransfer (FTP: File Transfer Protocol)
- Elektronische Post (E-Mail, SMTP: Simple Mail Transfer Protocol, POP: Post Office Protocol, IMAP: Internet Message Access Protocol)
- Terminalemulation (Telnet)
- Computer-Diskussionsforen (NNTP: Network News Transport Protocol)
- World Wide Web (HTTP: Hypertext Transfer Protocol)
- Videoübertragung (MBone: Multicast Backbone)

Das Wachstum des Internets begann mit der Verbindung von vier *Hosts*[20] im ARPANET 1969. Anfang der 1970er Jahre wurden dann so wichtige und heute dominierende Protokolle wie TCP/IP und Ethernet (s. u.) entwickelt. 1974 hatte das Internet 62 Hosts, 1984 1000 Hosts. Für die breite Öffentlichkeit erfolgte der Durchbruch des Internets in den 1990er Jahren im Zusammenhang mit der Entwicklung des *World Wide Web* (WWW; vgl. Abschnitt 2.6) auf Basis des Internets (1992: 1 Mio. Hosts; 1995: 7 Mio. Hosts). Das Wachstum des Internets sei durch Abbildung 2.5 verdeutlicht. Ende 2004 gab es in Deutschland (bzw. im Bereich der RIPE[21]) ca. 3,0 Mio. (22,3 Mio.) ans Internet angeschlossene Rechner.

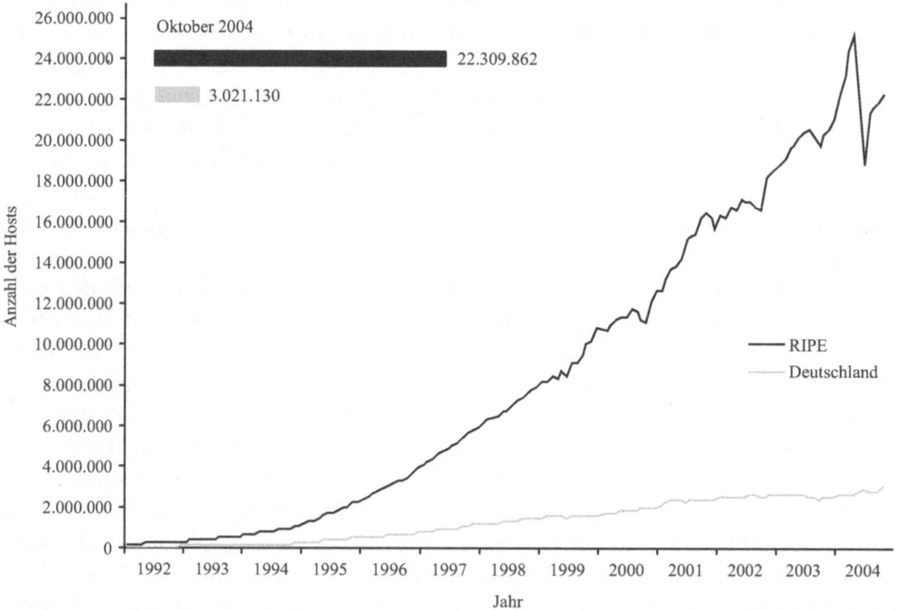

Abbildung 2.5. Wachstum des Internets in Deutschland bzw. Europa; Quelle: DENIC e. G. (2005)

Die Entwicklung des Internets ist hinsichtlich verschiedener Aspekte dynamisch und sicherlich nicht abgeschlossen. Ein wesentliches Problem ist die Frage nach der zuständigen Organisation für die Steuerung und Kontrolle des

[20] Unter einem *Host* versteht man einen Rechner, mit dem weitere Rechner verbunden sind, die gegebenenfalls teilweise von diesem Host abhängig sind. Heute setzt man typischerweise einen Host mit einem Server oder einfach mit einem Rechner innerhalb eines Rechnernetzes gleich.

[21] RIPE (Reseaux IP Europeens) ist die regionale Registrierungsinstitution für Europa, den mittleren Osten, Teile Asiens (die frühere UdSSR) und den nördlichen Teil von Afrika.

Internets. Dies betrifft z. B. die Bildung und Zuweisung von Adressen sowie die Koordination technischer Weiterentwicklungen (etwa auch hinsichtlich Übertragungsqualitätsgarantien). Weitere Problemfelder sind die Gewährleistung von Datenschutz und -sicherheit, der Schutz geistigen Eigentums sowie die Ethik- und Moral-Problematik.

Der Erfolg des Internets basiert wesentlich auf vier Aspekten, die in den anschließenden Abschnitten beschrieben werden:[22]

- Kostengünstige Verfügbarkeit ausreichender Übertragungskapazitäten
- Umsetzung einer effektiven Rechnerkommunikation auf Basis einer Schichtenarchitektur
- Dominanz der TCP/IP-Kommunikationsprotokollfamilie zur Abwicklung der Rechnerkommunikation
- Das WWW als einfache und effektive „Benutzeroberfläche" für das Internet

Diese Entwicklungen führten dazu, dass heute in Unternehmen oftmals die gleichen Kommunikationsprotokolle und Dienste wie im Internet verwendet werden. Entsprechende unternehmensinterne Rechnernetze sowie die zugehörigen Dienste bezeichnet man dann auch als *Intranet*.

2.5.1 Bandbreiten und Anwendungen

Die Möglichkeiten für Anwendungen auf Basis von Rechnernetzen hängen wesentlich von der zur Verfügung stehenden *Übertragungskapazität* (*Bandbreite*) ab. Die Bandbreite als Maß für die Datenübertragungsgeschwindigkeit wird in der Regel in Bit pro Sekunde angegeben (kBit/s, MBit/s, GBit/s, TBit/s), wobei hier die Präfixe k, M, G und T für 10^3, 10^6, 10^9 bzw. 10^{12} stehen. Vom Breitband spricht man typischerweise bei Bandbreiten größer als 2 MBit/s. Beispielsweise benötigt man für eine hochwertige Sprachübertragung Bandbreiten bis zu 64 kBit/s, während zur kontinuierlichen Übertragung von hochwertigen Videodaten bei einer entsprechenden Datenkompression Bandbreiten von ca. 2 MBit/s notwendig sein können.

In Tabelle 2.3 ist in vereinfachter Form dargestellt, welche Bandbreiten verschiedene gängige Kommunikationsnetze typischerweise (maximal) bieten und wie lange jeweils die Übertragung der Daten eines Universallexikons (600 MB, entspricht etwa der Speicherkapazität einer CD) dauern könnte. Die drei erstgenannten Kommunikationstechniken basieren auf der herkömmlichen Festnetzverbindung eines Telefonkunden zu einer Vermittlungsstelle auf Basis schmalbandiger verdrillter Kupferadern. Dieses ursprünglich zur Sprachübertragung vorgesehene Medium kann entweder analog (per Modem) oder digital (per ISDN: *Integrated Services Digital Network*) zur Datenübertragung verwendet werden. Darüber hinaus ermöglicht die relativ neue Tech-

[22] Zur Vertiefung der Grundlagen von Rechnernetzen verweisen wir auf Häckelmann et al. (2000), Kauffels (2002), Peterson und Davie (2004) sowie Tanenbaum (2003).

nik DSL (*Digital Subscriber Line*) eine erweiterte Nutzung der Leitungsverbindung zur Vermittlungsstelle zur Datenübertragung auf einem von der Sprachübertragung nicht genutzten Frequenzspektrum. Die hiermit erzielbaren Bandbreiten sind abhängig von der Leitungsqualität und -länge. Hierbei wird zweckmäßigerweise in einen Hinkanal (*Upstream*) vom Teilnehmer zur Vermittlungsstelle bzw. zum Netz und einen entsprechenden Rückkanal (*Downstream*) unterschieden. Bei der in Deutschland gebräuchlichen DSL-Ausprägung ADSL (*Asymmetric Digital Subscriber Line*) liegen die Bandbreiten für den Hinkanal zwischen 16 kBit/s und 1 MBit/s, während der Rückkanal Bandbreiten bis zu 8 MBit/s bieten kann. Hiermit ergeben sich in Verbindung mit kostengünstigen Pauschalraten zur Verwendung dieses Mediums zum Internetzugang weitreichende Potenziale für eine ubiquitäre Nutzung von Diensten über das Internet.

	Bandbreite	Übertragung eines Universallexikons (600 MB)
Festnetztelefonie:		
analog (Modem)	56 kBit/s	25 Std.
ISDN	64 kBit/s	22 Std.
DSL	8 MBit/s	10 Min.
Mobilkommunikation:		
GSM	14,4 kBit/s	93 Std.
GPRS / HSCSD	ca. 55 kBit/s	25 Std.
UMTS	2 MBit/s	42 Min.
Lokale Netze:		
Ethernet	10 MBit/s	8 Min.
Fast-Ethernet	100 MBit/s	50 Sek.
Gigabit-Ethernet	1 GBit/s	5 Sek.
Weitverkehrsbreitbandnetze:		
Breitband-ISDN	155 MBit/s	32 Sek.
(auf Basis von ATM)	622 MBit/s	8 Sek.
Optische Fernverbindungsstrecken:		
pro Wellenlänge (OC768)	40 GBit/s	0,1 Sek.
DWDM[23]	2,56 TBit/s	0,002 Sek.

Tabelle 2.3. Typische Bandbreiten; vgl. u. a. Scheck (2005)

Im Folgenden sind einige Anwendungsbeispiele für verschiedene Bereiche, die jeweils anwendungsspezifische Anforderungen an die Bandbreiten des genutzten Kommunikationssystems stellen, aufgeführt:

[23] DWDM bedeutet Dense Wavelength Division Multiplex.

- Persönliche Kommunikation: Sprachkommunikation, Elektronische Post (E-Mail), Computerkonferenz, Videotelefon, Chat
- Unterhaltung, Bildung, Information: Pay-per-view Video, digitales Radio, Online-Spiele, Elektronische Journale, virtuelle Bibliotheken, E-Learning
- Telearbeit, Telekooperation, Workflow-Computing, Fernüberwachung
- Betriebliche Kommunikation
  - intern: Bürokommunikation, Client-Server-Anwendungen (siehe unten)
  - extern: elektronisches Marketing, Teleshopping, Telebanking, virtuelle Unternehmen, EDI (Electronic Data Interchange)
- Öffentliche Aufgaben: Elektronische Wahlen, teilautomatisierte Vorgangsbearbeitung, Umwelt- und Verkehrsinformationssysteme

Eine Verbreitung solcher Anwendungen in *Mobilkommunikationsnetzen* war auf Basis von GSM (*Global System for Mobile Communications*) oder der GSM-Erweiterungen zur Datenübertragung (GPRS: (General Packet Radio Service) und HSCSD: (High Speed Circuit Switched Data)) kaum möglich. Erst die durch Mobilkommunikationsnetze der dritten Generation (*Universal Mobile Telecommunications System*, UMTS) gebotenen Übertragungstechniken bzw. Bandbreiten bieten hier weitergehende Potenziale.

Unter lokalen Netzen (*Local Area Networks*, LAN) versteht man räumlich auf ein Gebäude oder eine Gebäudegruppe abgegrenzte Rechnernetze, wie sie typischerweise für geschlossene Teilnehmergruppen (z. B. Organisationseinheiten eines Betriebes) verwendet werden. In der Praxis dominieren hier die verschiedenen Varianten der Ethernet-Protokollfamilie, die auf die Übermittlung von Daten auf Leitungen von einigen hundert Metern Länge ausgerichtet sind. Lokale Netze werden häufig privat betrieben (z. B. durch das jeweils nutzende Unternehmen). Weitverkehrsbreitbandnetze werden dagegen in der Regel von Telekommunikationsunternehmen betrieben, um etwa Endkunden bei Bedarf breitbandige Fernkommunikationsverbindungen abgestuft anzubieten oder den Datenverkehr in so genannten *Backbone-Netzen* (Kommunikationsverbindungen mit hoher Bandbreite, mittels derer Teilnetze verbunden werden) abzuwickeln. Verbreitet ist hier z. B. das Protokoll ATM (*Asynchronous Transfer Mode*). In der Tabelle 2.3 sind mögliche Bandbreiten hierbei genutzter optischer Fernverbindungsstrecken dargestellt.

Im Zusammenhang mit der breiten Verfügbarkeit von Rechnernetzen ergibt sich die Möglichkeit, Softwaresysteme auf verschiedene Rechner zu verteilen. Das *Client-Server-Konzept* spiegelt hierbei die wesentliche strukturelle Beziehung zwischen Softwarekomponenten wider: Clients nutzen die Funktionalität von Dienstanbietern (Servern) im Rahmen einer kooperativen Abwicklung von Aufgaben. Hierbei bezeichnet *Server* nicht unbedingt (nur) einen Rechner,sondern eher einen speziellen Dienst (d. h. ein entsprechendes Programm bzw. einen entsprechenden Prozess) auf einem Rechner. Damit ist auch die Funktion eines Rechners nicht unbedingt festgelegt; das heißt, ein Rechner kann gleichzeitig Client- und Server-Rollen übernehmen. Beispiele sind Dateiserver, Druckserver, Datenbankserver, Mailserver und Webserver.

Die klassische Ausprägung einer (zweistufigen) Client-Server-Architektur ist die Zentralisierung einer integrativen Datenhaltung auf einem Datenbankserver (vgl. Kapitel 5), auf den verschiedene Nutzer über Benutzeroberflächen zugreifen. Hierbei können sich (unter Berücksichtigung von Effizienzkriterien) Teile der eigentlichen Anwendungslogik sowohl auf dem Server als auch auf den Clients befinden. Eine konsequente Fortführung dieser Strukturierungsform führt zu einer dreistufigen Schichtenarchitektur, in der die wesentliche Anwendungslogik in Anwendungsservern abgebildet ist; vgl. Abbildung 2.6.

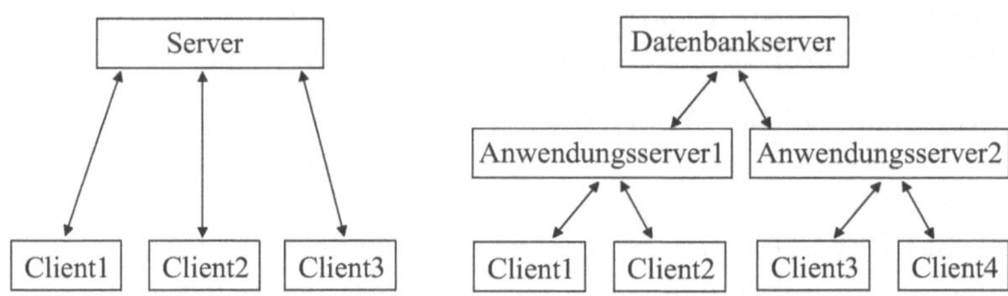

Abbildung 2.6. Client-Server-Architekturen

2.5.2 Kommunikationsprotokolle

Führt man sich die Mannigfaltigkeit der Kommunikation von Rechnern über Rechnernetze bzw. die hierbei zu lösenden Probleme vor Augen, so erscheint es sinnvoll, das Gesamtproblem der Rechnerkommunikation in kleinere Teilprobleme zu zerlegen. Dabei spielt die *Modularisierung* nach dem Prinzip der funktionalen Abstraktion eine wesentliche Rolle. Hierbei werden komplexe Systeme in Teile zerlegt, die jeweils gewisse Funktionalitäten zu erfüllen haben, die über spezifizierte Schnittstellen genutzt werden können.

Im Weiteren sei das Telefon als Beispiel für eine funktionale Abstraktion kurz diskutiert. Für den Nutzer wird die Aufgabe „Sprachkommunikation über Distanzen" vereinfacht, indem er die Existenz des Telefonnetzes voraussetzen kann und sich nur mit der Schnittstelle befassen muss (dem Telefon). Die Nutzung des Telefons ist nach einer gegebenen Spezifikation gewährleistet; d. h. der Nutzer muss nur wissen, dass ein Wählen einer Nummer (oder das Sprechen in den Hörer usw.) bestimmte Auswirkungen hat (ohne dass er Kenntnisse zur technischen Realisierung der Sprachübertragung benötigt).

Beim in der Informatik oft verwendeten *Schichtenmodell* bietet jeweils eine (untere) Schicht der nächsten (übergeordneten)Schicht gewisse Dienste an (hierzu ist eine Schnittstelle spezifiziert, oft auch als Protokoll bezeichnet). Die Funktionalität einer Schicht wird lediglich über die Schnittstelle genutzt; die Implementierung eines Moduls (bzw. einer Schicht) ist davon unabhängig; vgl. die entsprechende Diskussion in Abschnitt 2.4.1. Potenzielle Vorteile des Schichtenmodells sind insbesondere die Vereinfachung komplexer Probleme und die Austauschbarkeit verschiedener Module (Schichten), was u. a. eine technik- und herstellerneutrale offene Systemgestaltung ermöglichen kann.

Als konzeptioneller Rahmen zur Rechnerkommunikation ist das *ISO/OSI-Modell* (auch als ISO-Referenzmodell bezeichnet) hervorzuheben (ISO: International Standardization Organization; OSI: Open Systems Interconnection). Hierbei handelt es sich um eine Referenz-Schichtenarchitektur zur Standardisierung der Datenkommunikation, bestehend aus sieben Schichten mit definierten Funktionalitäten; vgl. Abbildung 2.7. Die unteren vier Schichten bezeichnet man auch als Transportsystem, die oberen drei Schichten als Anwendungssystem.

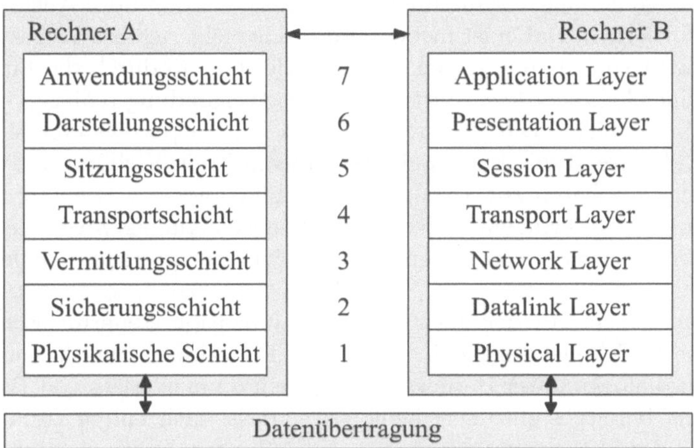

Abbildung 2.7. 7-Schichten-Architektur des ISO/OSI-Modells

In idealtypischer Form läuft eine Kommunikation zwischen Anwendungen (z. B. eine Übertragung einer Datei) auf durch ein Rechnernetz verbundenen Rechnern A und B folgendermaßen ab: Ein Anwendungsprogramm nutzt die spezifische Funktionalität einer geeigneten anwendungsspezifischen Ausprägung der obersten Schicht über eine definierte Schnittstelle. Die Anwendungsschicht nutzt Dienste auf der Ebene der Darstellungsschicht, um etwa die Codierung zu vereinheitlichen. Analog werden die zu kommunizierenden Inhalte sukzessive an die jeweils nächsttiefere Schicht weitergeleitet (Schichten mit nicht benötigter Funktionalität können übersprungen werden), bis letztendlich eine Umsetzung in physische Signale erfolgt. Beim Empfänger werden die Schichten entsprechend umgekehrt von unten nach oben durchlaufen, bis schließlich die ursprünglichen Informationen in geeigneter Form auf der Anwendungsebene weiterverarbeitet werden können. Im Folgenden werden kurz gefasst wesentliche Funktionalitäten und Ausprägungen der Schichten des ISO/OSI-Modells erläutert.

1. Physikalische Schicht: Die unterste Schicht repräsentiert die physische Übertragung von Bits. In diesem Zusammenhang werden etwa die technische Auslegung von Kabeln und Steckern sowie die Codierung der eigentlichen Daten (Bits) durch (insbesondere elektrische oder optische) Signale festgelegt.
2. Sicherungsschicht: In der zweiten Schicht wird der zuverlässige Austausch von Datenpaketen über Funktionen wie Verbindungsaufbau, Bildung und Synchronisation von Datenpaketen (*Frames*) und Beseitigung von Übertragungsfehlern realisiert. Hierbei geht man von einer direkten Verbindung über eine gemeinsame Ausprägung der physikalischen Schicht aus.
3. Vermittlungsschicht: Sind zwei Kommunikationspartner nicht direkt verbunden, so ist eine Vermittlung der Kommunikation über Austauschstellen erforderlich. Dabei ist insbesondere eine zielgerichtete Wegesteuerung (*Routing*) von Datenpaketen zu gewährleisten, wodurch die Funktionalität einer logischen bzw. virtuellen Direktverbindung realisiert wird.
4. Transportschicht: Die oberste Schicht des Transportsystems stellt dem Anwendungssystem eine gesicherte Ende-zu-Ende-Verbindung zur Übertragung von Daten zur Verfügung (in Abhängigkeit von entsprechenden Qualitätsanforderungen). Hieraus ergeben sich Aufgaben wie die Bildung und Sequenzierung von Datenpaketen sowie eine geeignete Fehlerkorrektur.
5. Sitzungsschicht: In der auch als Kommunikationssteuerungsschicht bezeichneten Ebene werden insbesondere Funktionen zur Steuerung von Prozessdialogen unter Berücksichtigung eines unzuverlässigen Transportsystems bereitgestellt. Das heißt etwa, dass nach einem (temporären) Ausfall des Transportsystems eine (Neu-)Synchronisation durchzuführen ist.
6. Darstellungsschicht: Bei der Kommunikation zwischen verschiedenen Rechnern bzw. Anwendungssystemen kann eine Übersetzung zwischen rechner- bzw. anwendungsspezifischen Datenformaten notwendig sein, was durch die Darstellungsschicht durchgeführt werden kann. Weitere mögliche Funktionen sind die Datenkompression und -verschlüsselung.
7. Anwendungsschicht: Auf der obersten Schicht sind die eigentlichen Anwendungsfunktionalitäten wie etwa die auf Seite 39 genannten Dienste (z. B. Dateiübertragung) angeordnet.

Das ISO/OSI-Modell stellt eine konzeptionelle Referenz-Schichtenarchitektur dar, wobei sich nur wenige von der ISO standardisierte Ausprägungen der einzelnen Schichten durchsetzen konnten. Dagegen dominieren in der Praxis verschiedenste Protokolle als (Quasi-)Standards, die sich nichtsdestotrotz in das ISO/OSI-Modell einordnen lassen. Dies gilt insbesondere für die TCP/IP-Protokollfamilie.

2.5.3 TCP/IP

TCP/IP (*Transmission Control Protocol/Internet Protocol*) ist das dominierende Kommunikationsprotokoll im Internet. Es fand zunächst Verbreitung als Bestandteil von Unix-Betriebssystemen. Heute sind Implementierungen von TCP/IP für praktisch alle Betriebssysteme verfügbar bzw. in dieselben integriert. TCP/IP basiert auf einer 4-Schichten-Architektur, die in Abbildung 2.8 veranschaulicht wird. Die oberste Schicht entspricht hierbei den drei oberen Schichten des ISO/OSI-Modells, die untere Schicht der TCP/IP-Architektur bildet das Gegenstück zu den unteren beiden Schichten des ISO/OSI-Modells; vgl. Abbildung 2.7.

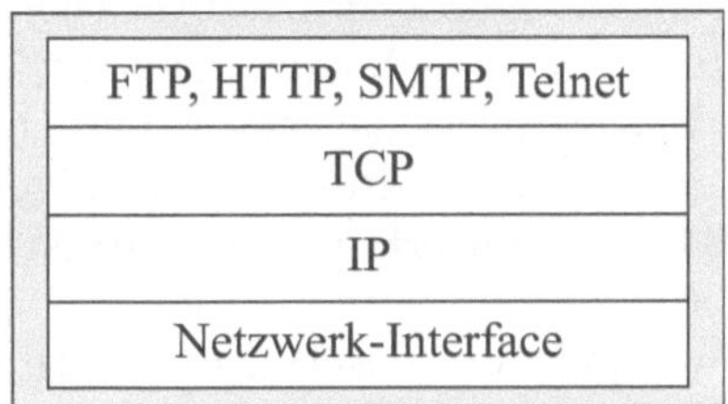

Abbildung 2.8. 4-Schichten-Architektur TCP/IP

Das Internet Protocol (IP) regelt die verbindungslose Datenübertragung zwischen zwei Rechnern. Hierbei werden Datenpakete schrittweise von einem Quellrechner zu einem Zielrechner übertragen. Hierzu wird die Funktionalität einer Netzwerk-Interface-Schicht genutzt (z. B. Ethernet). Das Transmission Control Protocol (TCP) bietet, aufbauend auf IP, die Funktionalität einer Ende-zu-Ende Verbindung zwischen zwei Rechnern (etwa Sicherstellung der korrekten Übertragung, Paketsequenzierung). Aufbauend auf dieser Funktionalität können z. B. Dienste zum Übertragen von Dateien zwischen zwei Rechnern (z. B. FTP) entwickelt werden, ohne dass man hierbei von der Realisierung der Datenübertragung abhängig ist.

Zur Verbindung von Programmen (Prozessen) auf bestimmten Rechnern in bestimmten Netzwerken zu anderen Programmen (Prozessen) auf anderen Rechnern in anderen Netzwerken benötigt man eine festgelegte Form der *Adressierung*. Die Adressierung im Internet basiert auf IP-Adressen für Netzwerke bzw. Rechner in denselben (siehe unten). Auf Basis dieser Identifikation können über so genannte *Port-Nummern* die anzusprechenden Dienste (Prozesse, Protokolle) ausgewählt werden. Beispielsweise startet eine Verbindungsanfrage zu einem Rechner mit Port-Nummer 80 eine HTTP-Verbindung zu dem entsprechenden Dienst auf diesem Rechner. Definierte Ports ordnen

Netzdienste zu. Beispiele für verschiedene solche Dienste bzw. die mit ihnen verbundenen Port-Nummern sind:[24]

- FTP: 21
- Telnet: 23
- SMTP: 25
- HTTP: 80
- POP: 110

Mittels Port-Nummern können folglich bestimmte Dienste auf einem Rechner ausgewählt werden, die dort durch entsprechende Programme bzw. Prozesse realisiert sind.

Die Adressierung von Rechnern ist abhängig von der Protokollebene. So kann insbesondere eine eindeutige Hardwareadresse von Netzwerkkarten, welche die Schnittstelle zum physischen Netzwerk bilden, eine Identifikation des Rechners ermöglichen. Beispielsweise ist jede Ethernet-Netzwerkkarte durch eine weltweit eindeutige Hardwareadresse (12-stelliger Hexadezimal-Code, z. B. 00-00-B4-6A-21-B4) identifiziert; hierzu wurden Herstellern disjunkte Adressbereiche zugeteilt.

Ein Routing von Datenpaketen zwischen Rechnern, die nicht direkt über eine gemeinsame Ausprägung unterer Schichten verbunden sind, erfordert eine Adressierung von Rechnern in Abhängigkeit von der Strukturierung von Netzwerken. Eine *IP-Adresse* besteht aus 32 Bit, typischerweise dargestellt durch vier (8-Bit) Zahlen von 0 bis 255. Theoretische Obergrenze für die Anzahl verschiedener Adressen ist folglich $2^{32} = 4.294.967.296$. IP-Adressen sind unterteilt in eine Netzadresse und eine Rechneradresse. Es gibt drei Klassen A, B und C von IP-Adressen (die ersten beiden Bits einer IP-Adresse codieren diese Klassen). Abhängig von der Klasse nimmt die Netzadresse 1, 2 oder 3 Bytes ein. Ein Beispiel für eine IP-Adresse ist 134.169.75.180; diese Adresse ist eine Adresse in einem Klasse-B-Netz. Die ersten beiden Zahlen 134.169 kennzeichnen das Netz der Technischen Universität (TU) Braunschweig; 75.180 identifiziert einen spezifischen Rechner innerhalb dieses Netzes.

Ein Problem, welches sich im Zusammenhang mit solchen IP-Adressen abzeichnet, ist die zunehmende Adressverknappung. Dies liegt auch darin begründet, dass nicht alle theoretisch möglichen IP-Adressen genutzt werden (können). Beispielsweise besitzt die TU Braunschweig einen Adressbereich von theoretisch $2^{16} = 65.536$ Adressen; davon werden aber nicht alle benötigt (und verbleiben damit ungenutzt). In der näheren Zukunft wird deshalb eine Erweiterung nötig sein. Die *Internet Engineering Task Force* (IETF) als wesentliche Standardisierungsorganisation für das Internet steuert bzw. überwacht eine entsprechende Protokollmodifikation. Voraussichtlich

[24] Diese und weitere Port-Nummern sind im Rahmen von RFC 1700 festgelegt. RFC steht für *Request for Comments*. Entsprechende Dokumente haben sich als definierende Grundlage vieler Protokolle und Regeln im Internet herausgebildet; vgl. `http://www.rfc-editor.org`.

wird das Nachfolgeprotokoll IPv6, das 128-Bit-Adressen (maximal $3{,}4 \cdot 10^{38}$ Adressen)[25] verwendet, schrittweise IP ablösen.

Numerische IP-Adressen sind für den Menschen in der Regel nicht sonderlich komfortabel. Demzufolge kann man zur Adressierung von Rechnern auch Rechnernamen (*Hostnames*) nutzen. Die Zuordnung von Rechnernamen zu IP-Adressen wird über Informationen, die in hierarchischen Datenbanken gespeichert sind, ermöglicht. So kann man insbesondere mittels des Dienstes DNS (*Domain Name Service*) Rechnernamen auf IP-Adressen abbilden (Rechner, die solche Funktionalität bereitstellen, bezeichnet man auch als *Nameserver*).

Rechnernamen sind hierarchisch aufgebaut (von rechts nach links): „d*n*.d*n*-1....d2.d1". So ist z. B. „www.winforms.phil.tu-bs.de" der Rechnername für den Rechner mit der IP-Adresse 134.169.75.180. Der am weitesten rechts stehende Anteil eines Rechnernamens stellt die *Top Level Domain* (TLD) dar. Da das Internet aus den USA stammt, gibt es eine ursprünglich zweigeteilte Adressierung: klassifizierend länderübergreifend bzw. innerhalb der USA durch *com*, *org*, *net*, *edu*, *gov*, *int* und *mil* (*Generic TLDs*) und ansonsten geographisch in z. B. *de*, *uk* und *jp* (*Country Code TLDs*). Die *Internet Corporation for Assigned Names and Numbers* (ICANN) hat Ende 2000 eine (umstrittene) Erweiterung des Namensraumes durch Einführung von einigen neuen *Top Level Domains* wie z. B. *info* und *biz* durchgeführt.

Sinnvollerweise kennzeichnen die Bestandteile einer Rechneradresse diesen sukzessive einschränkend. Ein Beispiel hierfür ist „www.brunel.ac.uk". Dahinter verbirgt sich der WWW-Server („www") der Brunel („brunel") University („ac", academic) im Vereinigten Königreich („uk"). Eine solche durchgängige Untergliederung mittels des zweiten Adressbestandteiles, wie in manchen Ländern üblich, ist in Deutschland nicht gängig. So ist der Name des WWW-Servers der TU Braunschweig schlicht „www.tu-bs.de".

Besitzt eine Organisation wie die TU Braunschweig eine Domain wie „tu-bs.de", so können *Sub-Domains* hierin im Wesentlichen frei vergeben werden. So kennzeichnet der dritte Adressbestandteil an der TU Braunschweig insbesondere Organisationseinheiten wie Fachbereiche (z. B. „bau", „phil") oder zentrale Einrichtungen (z. B. „rz"). Dies wird hierarchisch fortgesetzt, so dass man z. B. anhand des Rechnernamens „www.winforms.phil.tu-bs.de" vermuten kann, dass dieser Rechner ein WWW-Server einer Abteilung mit dem Kürzel „winforms" innerhalb eines bestimmten Fachbereiches („phil") an der TU Braunschweig ist.

Ein weiterer Vorteil von Rechnernamen besteht in der Flexibilität, die durch die indirekte Adressierung ermöglicht wird. So ist beispielsweise die Adresse „www.winforms.phil.tu-bs.de" unabhängig vom konkreten Rechner, auf dem der WWW-Server läuft. Man könnte somit den WWW-Server auf

---

[25] Man kann leicht ausrechnen, dass auch bei sehr ineffizienter Nutzung der IP-Adressen mindestens 1500 IP-Adressen pro Quadratmeter der Erdoberfläche zur Verfügung stehen, so dass alle Fernseher, Geld- und Kaffeeautomaten u. Ä. mit IP-Adressen ausgestattet werden könnten.

einem anderen Rechner betreiben (und die Zuordnung des Rechnernamens zu einer IP-Nummer mittels einer Modifikation im zuständigen DNS-Server ändern), ohne dass der Nutzer den Zugriff auf einen anderen Rechner bemerken muss.

Die Übertragung von Daten im Internet unterscheidet sich grundlegend von der herkömmlichen Übertragung von Sprache in Telefonnetzen. Während bei Telefonnetzen typischerweise ein dedizierter Übertragungskanal mit einer reservierten Übertragungskapazität zwischen zwei Endstationen aufgebaut wird, auf dem die Sprachinformationen quasi kontinuierlich übertragen werden (*Leitungsvermittlung*), erfolgt die Datenübertragung per TCP/IP nach dem *Store-and-Forward*-Prinzip (*Speichervermittlung*). Die zu übertragenden Daten werden hierzu in Fragmente aufgeteilt; diese werden in Paketen, die auch Informationen wie etwa Paketnummer, Absender- und Zieladresse beinhalten, schrittweise unter jeweiliger Zwischenspeicherung in Vermittlungsrechnern zur Zieladresse übertragen.

Router verbinden verschiedene Rechnernetze. Solche Router besitzen (dynamische) Informationen, wohin sie Datenpakete mit bestimmten Adressen weiterleiten müssen (gemäß definierter Routing-Protokolle). Beispielsweise leitet der Router der TU Braunschweig Datenpakete mit verschiedenen Zieladressen verschiedenartig weiter. So wird ein Datenpaket mit Zieladresse 134.169.x.x gar nicht (bzw. intern) weitergeleitet, da es sich um eine Rechneradresse innerhalb der TU handelt, während bei einer anderen Zieladresse eine Weiterleitung nach außen erfolgt.

Im Weiteren sei anhand eines Beispieles der Weg eines Datenpaketes im Internet veranschaulicht. Die folgende Liste stellt die Stationen eines Datenpaketes vom Netz der Universität Hamburg zum WWW-Server der Zeitschrift „Der Spiegel“ dar (protokolliert am 30. März 2005, 21 Uhr):

```
Routenverfolgung zu www.spiegel.de [195.71.11.67] über maximal 30
Abschnitte:

  1    <1 ms   134.100.134.254
  2    <1 ms   Core-RRZ2-RI.rrz.uni-hamburg.de [134.100.250.240]
  3    <1 ms   nixgat-ge-crrz2.rrz.uni-hamburg.de [134.100.254.174]
  4    <1 ms   ar-hamburg3-ge0-0-900.g-win.dfn.de [188.1.47.37]
  5    <1 ms   cr-hamburg1-ge5-0.g-win.dfn.de [188.1.92.1]
  6     5 ms   cr-berlin1-po0-0.g-win.dfn.de [188.1.18.109]
  7    13 ms   cr-frankfurt1-po13-0.g-win.dfn.de [188.1.18.54]
  8    13 ms   ir-frankfurt2-po4-0.g-win.dfn.de [188.1.80.46]
  9    13 ms   188.1.56.2
 10    13 ms   rmwc-frnk-de01-pos-1-2.nw.mediaways.net [213.20.249.201]
 11    20 ms   rmwc-gtso-de01-pos-1-0.nw.mediaways.net [195.71.254.121]
 12    20 ms   195.71.13.76
 13    20 ms   195.71.11.67
```

Anhand dieser Liste erkennt man, dass die Übertragung eines Datenpaketes in diesem konkreten Fall unter Nutzung von zwölf Zwischenstationen (so genannten *Hops*) bis zum Zielrechner in ca. 20 ms möglich war. Der „Weg“

von Datenpaketen im Internet ist nicht statisch festgelegt, sondern verändert sich in der Regel dynamisch. Gleiches gilt auch für die Übertragungsdauern.

Das folgende Beispiel zeigt, dass die physische Nähe eines Zielrechners nicht unbedingt bedeuten muss, dass dieser Rechner über nur wenige Zwischenstationen erreicht wird:

```
Routenverfolgung zu www.hamburgische-staatsoper.de [213.70.135.31]
über maximal 30 Abschnitte:
  1    <1 ms   134.100.134.254
  2    <1 ms   Core-RRZ2-RI.rrz.uni-hamburg.de [134.100.250.240]
  3    <1 ms   nixgat-ge-crrz2.rrz.uni-hamburg.de [134.100.254.174]
  4    <1 ms   ar-hamburg3-ge0-0-900.g-win.dfn.de [188.1.47.37]
  5    <1 ms   cr-hamburg1-ge5-0.g-win.dfn.de [188.1.92.1]
  6     4 ms   cr-berlin1-po0-0.g-win.dfn.de [188.1.18.109]
  7     5 ms   ir-berlin1-ge0-0-0.g-win.dfn.de [188.1.20.36]
  8     6 ms   149.227.129.25
  9     7 ms   331.at1-1-0.CR1.BER2.ALTER.NET [149.227.25.169]
 10    11 ms   so-0-0-0.CR1.HNR2.ALTER.NET [149.227.17.145]
 11    11 ms   so-7-0-0.CR2.HNR2.ALTER.NET [149.227.20.190]
 12    16 ms   so-2-0-0.CR1.DTM1.ALTER.NET [149.227.30.93]
 13    17 ms   312.atm-8-0-0.dtm1eusodhr4.dtm.ops.eu.uu.net [149.227.48.150]
 14    17 ms   www.hamburgische-staatsoper.de [213.70.135.31]
```

Die Begründung für die relativ hohe Anzahl an Zwischenstationen und den „Umweg“ über Berlin liegt darin, dass die Quell- und Zielrechner Teil von Netzen verschiedener Provider sind. Solche Provider unterhalten typischerweise eigene Backbone-Netze, zwischen denen in der Regel nur wenige Übergangspunkte bestehen.

2.6 World Wide Web

Das *World Wide Web* (WWW) kann man als verteiltes, multimediales (z. B. Text, Bilder, Sprache, Musik, Video) Informationssystem bezeichnen. Basierend auf der Kommunikationsinfrastruktur des Internets und der Idee des *Hypertextes* (Navigieren durch Verweise) hat sich das WWW als universelles Werkzeug zur Massenkommunikation herausgestellt. Jeder ist im Internet gleichzeitig Nutzer (Informationsnachfrager) und potenzieller Anbieter.

Im WWW ist es gelungen, auf Basis eines Übertragungsprotokolls (HTTP) sowie einer Sprache zur dokumentenorientierten Beschreibung der Darstellung und Verknüpfung von Informationen (HTML: *Hypertext Markup Language*) eine einfache Benutzeroberfläche für das Internet zu schaffen. Während es bis Anfang der 1990er Jahre im Internet viele verschiedene Protokolle gab, die für den durchschnittlichen Anwender aufgrund einer notwendigen Beherrschung entsprechender Befehlssprachen kaum nutzbar waren, kapseln nunmehr WWW-Browser (wie z. B. Microsoft Internet Explorer und Mozilla Firefox) die wesentlichen Protokolle und bieten dem Nutzer eine einfache graphische Oberfläche für das Internet.

Das Basiskonzept zur Adressierung von Diensten im WWW ist der *Uniform Resource Locator* (URL)[26]. Zweck eines URLs ist die Spezifikation des Zugriffes auf bestimmte Ressourcen auf bestimmten Rechnern unter Nutzung geeigneter Protokolle. URLs sind prinzipiell folgendermaßen aufgebaut:

$$protocol : //hostname/path$$

In allgemeiner Form können auch Berechtigungsangaben und eine Port-Nummer integriert werden:

$$[protocol:]//[user[:password]@]hostname[:port][/path]$$

Optionale Bestandteile sind hier in eckigen Klammern eingefasst. Sofern die Port-Nummer nicht angegeben ist, wird diese aus der dem Protokoll zugeordneten Standardnummer abgeleitet (z. B. 80 für HTTP). Typische Beispiele für URLs sind:

- `http://www.rrz.uni-hamburg.de/IWI/`
- `ftp://ftp.dante.de/tex-archive/info/lshort/german/l2kurz.pdf`

2.6.1 HTML

Zur Darstellung von Informationen im WWW wurde die *Hypertext Markup Language* entwickelt, die eine Auszeichnungssprache für Hypertext-Dokumente darstellt. Das wesentliche Konzept einer solchen Sprache ist die logische Untergliederung von Texten mittels definierter Marken (*Tags*), die zumeist geschachtelte Bereiche definieren. Dies sei durch folgende einfache HTML-Beispiele verdeutlicht:

- `<H1> Dies ist eine Überschrift der Stufe 1 </H1>`
- `<P> kapselt einen Absatz </P>`
- `<HR> zeichnet eine horizontale Linie`

Mittels Hypertext können Verknüpfungen zwischen Informationen bzw. Dokumenten abgebildet werden. Ein Hypertext-System lässt sich als ein Graph mit Knoten (den Informationseinheiten) und Kanten (den Verknüpfungen bzw. Hyper Links) zwischen diesen abbilden. Per HTML werden solche Verknüpfungen folgendermaßen dargestellt:

- ```
  <A HREF="http://www.tu-bs.de"> Link auf die
                                 Hauptseite der TU Braunschweig</A>
  ```

Im Folgenden ist ein einfaches Beispiel für ein vollständiges HTML-Dokument dargestellt:

[26] Oftmals wird hierfür auch der Begriff *Uniform Resource Identifier* (URI) verwendet, der jedoch eine allgemeinere Bedeutung besitzt. So können URIs nicht nur zur Identifizierung des Speicherortes einer Datei auf einem Web-Server (wie URLs) verwendet werden, sondern es können beliebige frei wählbare Namen zur Identifikation einer (abstrakten) Ressource bestimmt werden. Ein URL ist somit ein Spezialfall eines URI.
  ```

```
<!DOCTYPE HTML PUBLIC "-//W3C//DTD HTML 3.2 Final//EN">
<HTML>
<HEAD>
  <TITLE>Einfaches HTML-Dokument</TITLE>
</HEAD>
<BODY>
  <H1>Einfaches HTML-Dokument</H1>
  <P>Dies ist ein Absatz in einem sehr einfachen
  HTML-Dokument mit einem Hypertext Link.</P>
  <P>Dies ist der zweite Absatz, der einen Link
   auf den <A HREF="http://www.tu-bs.de">WWW-Server
   der TU Braunschweig</A> enth&auml;lt.</P>
</BODY>
</HTML>
```

Die Anforderungen und dementsprechend die Ausdrucksmöglichkeiten von HTML entwickeln sich weiter, was dazu führt, dass zur Gestaltung hinreichend komplexer Dokumente in der Regel Werkzeuge verwendet werden, die den Nutzer von der Syntax abschirmen. Die Weiterentwicklung und Standardisierung[27] von HTML bzw. allgemein von WWW-Protokollen wird vom *World Wide Web Consortium* (W3C) koordiniert.[28] Die Problematik der fortlaufenden Erweiterungsanforderungen für HTML führte dazu, dass HTML auf Basis von XML (vgl. Abschnitt 2.6.2) neu definiert wurde (XHTML: *Extensible Hypertext Markup Language*).

Abschließend ist darauf hinzuweisen, dass HTML-Dokumente im Wesentlichen statisch sind. Demzufolge gibt es verschiedene Konzepte, um dynamische Aspekte, wie sie zur Ausführung typischer Anwendungen normalerweise benötigt werden, zu integrieren. Hier konkurrieren Ansätze wie Java (Idee: dynamisches Laden von portablem Code, der vom Browser mit integrierter Java-Ablaufumgebung ausgeführt wird) und Erweiterungen um dynamische Aspekte auf Client- und Server-Seite (z. B. über Skript-Sprachen). In letzter Konsequenz führt dies dazu, dass sich Browser als universelle Benutzeroberflächen für betriebliche Anwendungssysteme eignen können.

2.6.2 XML

Die *Extensible Markup Language* (XML) ist eine textbasierte und plattformunabhängige Auszeichnungssprache für die strukturierte Repräsentation und den Austausch von Informationen; vgl. W3C (2005) sowie z. B. Ray (2004). Die grundlegende XML-Syntax legt z. B. fest, dass durch Tags abgegrenzte Elemente eines Dokuments hierarchisch angeordnet werden müssen. Im

[27] In diesem Zusammenhang sollte man sich klar darüber sein, dass die Weiterentwicklung und Standardisierung einer Sprache bzw. eines Protokolls komplex ist. Wer definiert z. B. Standards? Unabhängige Organisationen oder die Unternehmen mit der größten Marktmacht? Vgl. hierzu etwa Häckelmann et al. (2000), S. 43–52.

[28] Vgl. `http://www.w3.org` bzw. `http://www.w3.org/MarkUp`.

Rahmen eines XML-Dokuments können einerseits konkrete Inhalte repräsentiert werden; vgl. das Beispiel für Containertransporte auf S. 55. Andererseits können mit XML auch spezifische XML-basierte Sprachen definiert werden, wobei XML die Rolle einer Metasprache einnimmt. (Die *Wireless Markup Language* (WML), die im Rahmen des auf Mobilkommunikation ausgerichteten *Wireless Application Protocol* (WAP) verwendet wird, ist beispielsweise XML-basiert.)

Spezifische Dokumenttypen werden im Rahmen einer *Document Type Definition* (DTD) oder eines *XML-Schema-Dokuments* (XSD) festgelegt. So bestehen beispielsweise XHTML-Dokumente aus einem Header, in dem u. a. der Titel des Dokuments enthalten sein kann, und einem Body, der die Informationen der Webseite und ihren Aufbau (Überschriften, Absätze, Links usw.) enthält. In Dokumenttypen werden etwa zulässige Elemente (bzw. entsprechende Tags) einschließlich ihrer Anordnung, ihrer Häufigkeit und gegebenenfalls vorhandener Attribute festgelegt. Ein XML-Dokument, was der grundlegenden XML-Syntax genügt, bezeichnet man als *wohlgeformt*. Sofern außerdem noch eine Validierung hinsichtlich eines bestimmten Dokumenttyps gegeben ist, bezeichnet man ein XML-Dokument in diesem Zusammenhang als *gültig*.

Die Überprüfung von XML-Dokumenten auf Wohlgeformtheit und Gültigkeit kann von so genannten *Parsern* vorgenommen werden. Bei der Verwendung spezieller XML-Editoren für die Erstellung von XML-Dokumenten wird diese Überprüfung von einem integrierten Parser ggf. bereits bei einer interaktiven Eingabe vorgenommen; vgl. u. a. Anders et al. (2002).

Möchte beispielsweise eine Spedition für zu transportierende Container relevante Informationen zum Transport strukturiert in einem Dokument ablegen, so dass andere am Transport beteiligte Unternehmen und deren Anwendungssysteme diese Daten automatisiert verwenden können, kann XML zum Einsatz kommen. Hierfür sind zunächst die allgemeinen Elemente derartiger Transportdokumente zu definieren. Hierzu gehören zum einen Daten zum Container, wie eine eindeutige Identifikationsnummer des Containers sowie das Gewicht. Zum anderen sollen die Dokumente Daten zum Transport enthalten, u. a. den Versender, den Empfänger und alle Zwischenstationen (z. B. Häfen, in denen der Container umgeschlagen wird). Für alle Elemente ist zu untersuchen, ob eine Untergliederung in weitere Elemente sinnvoll sein kann, so z. B. die Unterteilung von Versender und Empfänger in Name und Adresse, die wiederum unterteilt werden kann in Straße, Hausnummer, Ort, Postleitzahl und Land. Gleichzeitig erhält man hierdurch bereits eine zweckmäßige Struktur der Elemente untereinander, wie Reihenfolge, Verschachtelung und Häufigkeit. Jedes Element kann außerdem bestimmte Attribute besitzen, z. B. die Maßeinheit für das Gewicht des Containers. Bei Verwendung einer DTD kann ein entsprechender Dokumenttyp etwa folgendermaßen definiert werden:

- `<!ELEMENT Gewicht (\#PCDATA)>`
  wird verwendet, um das Element `Gewicht` zu definieren, das eine beliebige

Zeichenfolge als Inhalt besitzen kann, was durch (#PCDATA) verdeutlicht wird.

- <!ELEMENT Versender Name,Adresse)>
definiert den Tag Versender, der als Inhalt die beiden Elemente Name und Adresse besitzt. Diese beiden Elemente müssen zusätzlich definiert werden.
- <!ELEMENT Zwischenstationen (Station)*>
legt fest, dass das Element Zwischenstationen mehrere Elemente des Typs Station enthalten darf. Das Zeichen * am Ende bedeutet, dass es keine oder beliebig viele Stationen geben kann. Ist mindestens eine Station unbedingt erforderlich, muss stattdessen das Zeichen + verwendet werden.
- <!ATTLIST Gewicht
    Einheit CDATA \#REQUIRED
>
erzeugt eine Liste von Attributen zu dem bereits definierten Element Gewicht. Hier wird nur ein Attribut (Einheit) mit beliebigen Zeichen als Inhalt (CDATA) festgelegt, das immer vorhanden sein muss (#REQUIRED). Für optionale Attribute wird stattdessen #IMPLIED verwendet.
- <!ELEMENT Land (Deutschland | China)>
kennzeichnet eine alternative Auswahl für das Element Land, d. h. innerhalb dieses Elements ist nur einer der vorgegebenen Einträge (Deutschland | China) erlaubt.

Das folgendende beispielhafte Dokument ist als Ausprägung des Dokumenttyps eine gültige Repräsentation eines Containertransports:

```
<?xml version="1.0"?>
<!DOCTYPE Transport SYSTEM "containertransport.dtd">
<?xml-stylesheet type="text/css" href="containertransport.css">
<Transport>
  <Containerdaten>
    <Nummer>123456</Nummer>
    <Gewicht Einheit="kg">10000</Gewicht>
  </Containerdaten>
  <Transportdaten>
    <Versender>
      <Name>PC AG</Name> <Adresse>Peking</Adresse>
    </Versender>
    <Empfaenger>
      <Name>IWI, Uni Hamburg</Name> <Adresse>Hamburg</Adresse>
    </Empfaenger>
    <Zwischenstationen>
      <Station>SIPG, Shanghai</Station>
      <Station>Containerterminal Altenwerder, Hamburg</Station>
    </Zwischenstationen>
  </Transportdaten>
</Transport>
```

Auf die zuvor definierte DTD wird in der zweiten Zeile des Dokuments verwiesen, wobei Transport der Name des Dokumenttyps und gleichzeitig der äußere Tag im XML-Dokument ist, der die eigentlichen Daten umschließt. Die DTD-Datei (`containertransport.dtd`) ist explizit angegeben. Eine andere Möglichkeit der Deklaration der DTD besteht darin, eine öffentlich zugängliche DTD zu nutzen, was mit Angabe von `PUBLIC` (statt `SYSTEM`) geschieht; vgl. das HTML-Beispiel auf S. 53.

In der dritten Zeile des zuletzt gezeigten Dokuments ist ein so genanntes *Stylesheet* angegeben. Hiermit wird auf Formatierungsangaben verwiesen, die die Präsentation des Dokumentinhalts als ein zweckmäßiges HTML-Dokument festlegen. Damit wird eine Trennung des Layouts (z. B. Schriftart und -größe, Farbe, Einrückungen) von der eigentlichen inhaltlichen Struktur von Dokumenten erreicht. In diesem Fall kommen so genannte *Cascading Stylesheets* (CSS) zum Einsatz. Im Allgemeinen kann auch die XML-basierte Sprache XSL (*Extensible Stylesheet Language*) verwendet werden. In diesem Rahmen können per XSLT (*Extensible Stylesheet Language for Transformation*) Dokumente in ein Zielformat überführt werden. Hierbei ermöglicht *XPath* den selektiven Zugriff auf bestimmte Elemente eines XML-Dokuments, während Präsentationsangaben durch so genannte *XML Formatting Objects* erfolgen. Der Einsatzbereich von XSL erstreckt sich auf die generelle Transformation von XML-Dokumenten (beispielsweise zwischen verschiedenen Dokumenttypen im gleichen Anwendungsbereich), was im Zusammenhang mit der Interoperabilität zwischen Anwendungssystemen von großer Bedeutung ist.

Ein Nachteil von DTDs besteht darin, dass hierbei nicht die übliche XML-Syntax verwendet, was etwa besondere Editoren und Parser erforderlich macht. Darüber hinaus ist mittels einer DTD keine nähere Spezifizierung des Datenformats von Elementen möglich. Vor diesem Hintergrund wurde *XML Schema* (XSD) entwickelt. XML-Schema ist mächtiger und aufgrund der XML-Syntax auch leichter zu verarbeiten. Für das obige Beispiel könnte eine XML-Schema-Datei folgendermaßen aufgebaut sein:

```
<?xml version="1.0" encoding="UTF-8" ?>
<xsd:schema xmlns:xsd="http://www.w3.org/2001/XMLSchema">
  <xsd:annotation>
      <xsd:documentation>
          Erfassung von Containertransporten
      </xsd:documentation>
  </xsd:annotation>
  <xsd:element name="Transport" type="TransportTyp" />
  <xsd:complexType name="TransportTyp">
      <xsd:sequence>
        <xsd:element name="Containerdaten" type="containerdaten" />
        <xsd:element name="Transportdaten" type="transportdaten" />
      </xsd:sequence>
  </xsd:complexType>
  <xsd:complexType name="containerdaten">
      <xsd:sequence>
          <xsd:element name="Nummer" type="xsd:decimal" />
          <xsd:element name="Gewicht">
```

```
                <xsd:simpleType>
                    <xsd:restriction base="xsd:positiveInteger" />
                </xsd:simpleType>
            </xsd:element>
        </xsd:sequence>
    </xsd:complexType>
    <xsd:complexType name="transportdaten">
        <xsd:sequence>
            <xsd:element name="Versender" type="versender" />
            <xsd:element name="Empfaenger" type="versender" />
            <xsd:element name="Zwischenstationen"
                         type="zwischenstationen" />
        </xsd:sequence>
    </xsd:complexType>
    <xsd:complexType name="versender">
        <xsd:sequence>
            <xsd:element name="Name" type="xsd:string" />
            <xsd:element name="Adresse" type="xsd:string" />
        </xsd:sequence>
    </xsd:complexType>
    <xsd:complexType name="zwischenstationen">
        <xsd:sequence>
            <xsd:element name="Station" type="xsd:string"
                         minOccurs="0" maxOccurs="50" />
        </xsd:sequence>
    </xsd:complexType>
</xsd:schema>
```

Mit dieser XML-Schema-Definition wird zusätzlich zur DTD festgelegt, dass als Nummer eine Dezimalzahl anzugeben ist, das Gewicht eine positive ganze Zahl sein muss und das Element Station höchstens 50-mal auftreten kann (`maxOccurs="50"`).

2.6.3 Web Services

Rechnernetze ermöglichen die rechnerübergreifende Kopplung von Programmen, etwa im Zusammenhang mit dem Client-Server-Konzept; vgl. Abschnitt 2.5.1. So erscheint es gerade auf der Grundlage des Internets möglich, in Anwendungssysteme softwaretechnische Dienste Dritter zu integrieren, was im Zusammenhang mit einer auf Wiederverwendung ausgerichteten Softwareentwicklung zu sehen ist; vgl. Abschnitt 6.4. Hierfür sind Standards erforderlich, die die Interoperabilität durch einen definierten Nachrichtenaustausch im Rahmen lose gekoppelter Systeme regeln. Hierbei spielen Web-Service-Techniken eine große Rolle; vgl. z. B. Alonso et al. (2004).

Ein *Web Service* ist ein gekapselter softwaretechnischer Dienst, der auf der Grundlage von Kommunikationsprotokollen des World Wide Web durch nicht lokale Softwaresysteme genutzt werden kann. Die Interaktion zwischen Dienst-Nutzer (Client) und Dienst-Anbieter (Service) verläuft dabei automatisiert nach dem folgenden idealtypischen Schema (vgl. Abbildung 2.9):

- Web Services registrieren sich in einem Web-Service-Katalog (einem so genannten *Repository*) und hinterlegen dort ihre Beschreibung, die im Internet veröffentlicht wird.
- Der Client sucht selbstständig im Repository nach einem Web Service, der die gewünschte Funktionalität (z. B. die Überprüfung der Bonität eines potenziellen Kunden) bietet.
- Der Client ruft diesen Web Service auf (Request) und verwendet anschließend die vom Web Service zurückgegebenen Daten (Response; z. B. die Bonität).

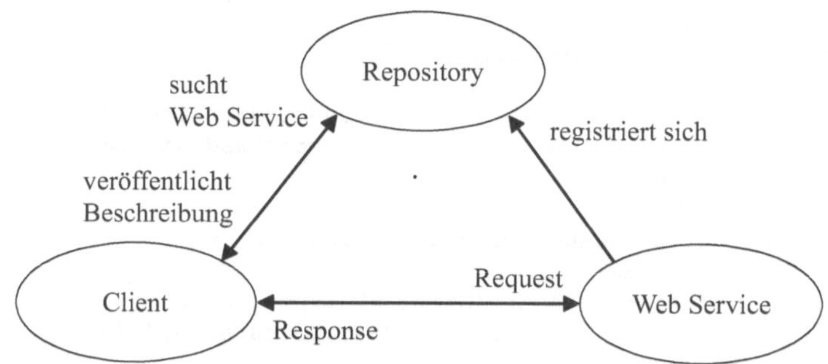

Abbildung 2.9. Zugriff auf Web Services; nach Brüssau (2005), S. 383

Um diese Integration und Automation zu erreichen, müssen Web Services eine Reihe von standardisierten Protokollen und Schnittstellen für die Interaktion einhalten. Für den Austausch der Nachrichten beim Aufruf von Web Services hat sich SOAP als Standard durchgesetzt. SOAP basiert auf XML und kapselt die zu übertragenden Daten in einen so genannten SOAP-Envelope (Umschlag). Dieser besteht aus einem Header und einem Body mit den zu übermittelnden XML-Daten. Der Header darf leer sein, kann aber beispielsweise Informationen darüber enthalten, wer in welcher Reihenfolge die im Body enthaltenen Daten verarbeiten darf. Somit können kleinere Prozesse in einer SOAP-Nachricht abgebildet werden.

Für die Erstellung von Repositorys von verfügbaren Web Services gibt es den Standard UDDI (*Universal Description, Discovery and Integration*). Innerhalb eines UDDI-Repositorys erfolgt die Beschreibung des Web Services sowie des entsprechenden Anbieters anhand der folgenden drei Ebenen (vgl. z. B. Beimborn und Weitzel (2003)):

- *White Pages* enthalten die Kontaktdaten des Dienst-Anbieters,
- *Yellow Pages* beschreiben die Funktionalität des Web Services und klassifizieren ihn,
- *Green Pages* beinhalten die technischen Spezifikationen des Web Services.

Für die technische Spezifikation von Web Services hat sich die *Web Services Description Language* (WSDL) zum Standard entwickelt. Hiermit werden die Schnittstellen von Web Services, insbesondere der Aufbau der ein- und ausgehenden SOAP-Nachrichten, beschrieben.

2.7 Übungen und Kontrollfragen

2.7.1 Berechenbarkeit und Komplexität

1. Für das Sortierproblem kann man nachweisen, dass die Laufzeitkomplexität $\Omega(n \log n)$ beträgt. Wie lässt sich diese Aussage interpretieren?

2. Die Auswirkungen einer exponentiellen Laufzeitkomplexität können an folgendem Beispiel veranschaulicht werden. Es sei angenommen, dass für eine gegebene Problemstellung praxisrelevante Instanzen eine Größenordnung von circa $n = 100$ aufweisen. Wie schnell müsste ein Rechner sein (ausgedrückt in Elementaroperationen pro Sekunde), damit entsprechende Probleminstanzen mit einem Algorithmus mit einem Aufwand von 2^n Elementaroperationen innerhalb einer Stunde lösbar wären?

3. Das Äquivalenzproblem besteht darin, zu entscheiden, ob zwei Programme dieselbe Funktion berechnen. Ist das Äquivalenzproblem berechenbar?

4. Ihr Chef beauftragt Sie mit der Entwicklung eines Programms, das die Tourenlängen von Auslieferungsfahrten minimiert. Dieses Problem entspricht dem Rundreiseproblem. Was könnten Sie Ihrem Chef antworten?

5. Betrachten Sie die folgenden Programme (beschrieben in der WHILE-Programmiersprache). Gehen Sie hierbei davon aus, dass das jeweilige Programm mit einer vorbelegten Variable n als Eingabeparameter aufgerufen wird (n stellt eine positive ganze Zahl dar).

a)
```
r := 0;
a := 0;
while a ≠ n do
    a := a + 1;
    b := 0;
    while b ≠ a do
        r := r + 1;
        b := b + 1;
    end;
end;
```

b)
```
s := 0;
t := 0;
while t ≠ n do
    t := t + 1;
    v := 0;
    while v ≠ 256 do
        s := s + 1;
    end;
end;
```

Geben Sie die Laufzeitkomplexität dieser Programme in Abhängigkeit von dem Parameter n mittels der O-Notation an!

6. Gehen Sie davon aus, dass Sie für eine Problemstellung, bei der die Größe von Probleminstanzen über den Parameter n spezifiziert sei, einen Lösungsalgorithmus mit einem zeitlichen Aufwand von a) n^2 bzw. b) 2^n Zeiteinheiten nutzen. Wie wirkt sich eine Vervierfachung der Rechnergeschwindigkeit hinsichtlich der Problemgrößen, die in einer festen Zeitspanne gelöst werden können, aus?

7. Sie haben in der objektorientierten Programmiersprache Java ein funktionsfähiges Programm zur Lösung unbestimmter Integrale entwickelt. Ist die entsprechende Problemstellung auch mittels Programmen, die in der Maschinensprache eines Pentium-Prozessors implementiert werden, lösbar?

8. Eine Möglichkeit zur Bewertung der Korrektheit eines Programms, das eine Funktion $f : M \to N$ für eine endliche Menge M berechnen soll, ist Folgende: Das Programm wird für alle Eingaben ausgeführt; die Ausgaben des Programms werden jeweils auf Übereinstimmung mit den (aus einer Wertetabelle bekannten) Ergebniswerten geprüft. Ist durch diese Vorgehensweise die Entscheidung der Korrektheit von Programmen berechenbar?

9. In einer kommerziellen Software wird folgender Algorithmus zur Bestimmung eines kürzesten Weges zwischen zwei bestimmten Knoten eines Graphen verwendet: Es werden sukzessive alle möglichen Wege konstruiert und jeweils deren Länge berechnet. Aus diesen Wegen wird ein kürzester Weg ausgewählt.

   a) Wird mittels dieses Algorithmus tatsächlich ein kürzester Weg ermittelt?

b) Welche Laufzeitkomplexität besitzt der vorgeschlagene Algorithmus?

c) Was können Sie aufgrund der in 9a) und 9b) gegebenen Antworten über den Aufwand zur Lösung des Kürzeste-Wege-Problems in Graphen aussagen?

2.7.2 Bits & Bytes

1. Führen Sie die folgenden Umrechnungen zwischen Zahlensystemen durch:

   a) Geben Sie die im Hexadezimalsystem dargestellte Zahl $C0_{\text{hex}}$ im Dezimalsystem an!

   b) Geben Sie die im Dualsystem (Basis: 2) dargestellte Zahl 10110011_{dual} im Dezimalsystem an!

   c) Geben Sie die im Oktalsystem (Basis: 8) dargestellte Zahl 352_{okt} im Dualsystem an!

2. Wie lange dauert die Übertragung eines Bildes über ein Kommunikationsnetz mindestens, wenn man von folgenden vereinfachenden Annahmen ausgeht: Das Bild besteht aus 200×400 Bildpunkten; jeder Bildpunkt entspricht einer von 256 Farben; es wird ein einfacher, nichtkomprimierender Standard zur Codierung von Bildinformationen als Bitmuster verwendet; der restringierende Faktor bei der Übertragung ist die Kapazität eines ISDN-Kanals: 64000 Bit/s.

3. Zur Finanzierung eines Informationsangebotes im WWW sollen auf den HTML-Seiten Logos von Sponsoren aufgenommen werden. Eine typische Seite beanspruche eine Größe von 100 KB. Die Logos nehmen in ihrer Originalgröße unkomprimiert zusammen 1,5 MB in Anspruch. Der Internet-Provider, bei dem Ihr Informationsangebot auf einem Server abgelegt ist, verfügt über einen Internet-Anschluss mit einer Bandbreite von 100 KByte/s. Wie lange dauert es mindestens, diese Seite mitsamt der unveränderten Logos herunterzuladen? Um wie viel Prozent müssen die Logos verkleinert werden, damit das Herunterladen der WWW-Seite nur noch ca. 4 Sekunden dauert?

4. Multiplizieren Sie die beiden folgenden, in wissenschaftlicher Notation angegebenen Gleitkommazahlen: $a = 0{,}621\text{E}{-}1$; $b = 0{,}41\text{E}2$. Geben Sie das Ergebnis ebenfalls in wissenschaftlicher Notation an!

2.7.3 World Wide Web

1. Ein Buchhändler möchte seinen Kunden eine XML-basierte Bestellung ermöglichen, bei der alle wichtigen Bestelldaten in einer XML-Datei an den Produzenten geschickt werden können. Zu diesen Daten gehören folgende Kundendaten: Name des Kunden, Kundennummer und Lieferanschrift (bestehend aus Straße mit Hausnummer, Postleitzahl und Ort). Die Bestellung selbst kann beliebig viele (jedoch mindestens einen) Artikel enthalten. Zu jedem bestellten Artikel sollen die Artikelnummer, der Artikelname, der Einzelpreis sowie die Bestellmenge angegeben werden. Da der Buchhändler auch nach Österreich liefert, ist bei der Postleitzahl als Attribut das Länderkennzeichen (D bzw. A) anzugeben.

   a) Erstellen Sie eine DTD für die XML-basierten Bestelldateien!

   b) Der Kunde Stefan Voß mit der Kundennummer 987654 möchte vier Exemplare des Buches „Grundlagen der Wirtschaftsinformatik“ (Nr. 3-7908-1375-3) zum Preis von 19,94 € und ein Buch „Informationsmanagement“ (Nr. 3-540-67807-7) zum Preis von 29,95 € bestellen. Die Bücher sollen in den Von-Melle-Park 5 in 20146 Hamburg geliefert werden. Erstellen Sie für diese Bestellung ein XML-Dokument auf Basis der in a) erstellten DTD!

3. Informationsmanagement

„Die moderne Welt, erkenntnistheoretisch, soziologisch und ökonomisch betrachtet, hört auf ein neues Stichwort. Es lautet Information. Informationen sind die neuen Steine der Weisen, mit denen auch die weniger Weisen zu bauen suchen, Informationstechnologien die neuen Zauberstäbe, die die Welt lesbar und verfügbar machen, ein modernes Abrakadabra, das die Welt auf Bildschirme zaubert und mehr Antworten bereitzuhalten scheint, als Fragen verfügbar sind.“ (Mittelstraß (1992), S. 221)

„*Informationsmanagement* ist die wirtschaftliche (effiziente) Planung, Beschaffung, Verarbeitung, Distribution und Allokation von Informationen als Ressource zur Vorbereitung und Unterstützung von Entscheidungen beziehungsweise Entscheidungsprozessen sowie die Gestaltung der dazu erforderlichen Rahmenbedingungen.“ (Vgl. Schneidereit und Voß (1998) sowie Voß und Gutenschwager (2001), S. 70.)

In der Unternehmenspraxis müssen ständig Entscheidungen getroffen werden. Beispielsweise müssen Unternehmen, die ihre Produkte nicht direkt kundenauftragsorientiert fertigen, sondern (auf Basis von Absatzprognosen) für den Markt produzieren, entscheiden, wann welche Mengen welchen Produktes gefertigt werden sollen. Ein Ziel hierbei ist es, möglichst genau die Menge an Produkten herzustellen, die auf dem Markt verkäuflich ist. Entscheidungsgrundlage sind demnach (möglichst genaue) Informationen darüber, welche Mengen eines Produktes in Zukunft abgesetzt werden können, d. h. es müssen Absatzprognosen erstellt werden. Grundlage hierfür sind wiederum Informationen, z. B. Ergebnisse von Umfragen bei potenziellen Kunden oder auch Absatzzahlen der Vergangenheit.

Das Informationsmanagement (IM) kann derartige Entscheidungsprozesse dadurch unterstützen, dass Informationen den Entscheidungsträgern so zur Verfügung gestellt werden, dass sie für diese situativen Entscheidungen genutzt werden können. Eine wichtige Frage hierbei ist, welche Informationen und formalen Entscheidungsmodelle ein Entscheidungsträger benötigt, um eine Entscheidung möglichst gut treffen zu können. Dies wird der Entscheidungsträger in der Regel situativ (allein) festlegen.[1] Das IM kann dabei dem Entscheidungsträger die Entscheidung nicht abnehmen, sondern hat ihn in die Lage zu versetzen, sich Informationen und Entscheidungsmodelle über entsprechende IKS zu beschaffen.

Das IM hat hier die Aufgabe, eine Informationsbasis zur Verfügung zu stellen, aus der sich der Entscheidungsträger seine benötigten Informationen beschafft. Dabei stellt sich die Frage, woher diese Informationen kommen. Müssen sie erst erzeugt werden (z. B. durch Auswertung der Absatzzahlen der Vergangenheit) oder liegen sie bereits im Unternehmen vor, und wenn, dann wo und in welcher Form? Daraus ergibt sich die Frage, wie der Entscheidungsträger an die vorhandenen Informationen gelangt (z. B. unter Nutzung von Informationssystemen), d. h. wie sie ihm (möglichst effizient) bereitgestellt werden.

Aufgrund dieser (insbesondere hinsichtlich der für die Bereitstellung der Informationen verwendeten Informationssysteme) engen Beziehung des Informationsmanagements zur Wirtschaftsinformatik wird das IM in diesem Kapitel behandelt. Hierzu klären wir zunächst wesentliche Begriffe und stellen ein Ebenenmodell zur Strukturierung der Aufgaben des IM vor; vgl. Abschnitt 3.2.[2] In den weiteren Abschnitten werden dann einige dieser Aufgaben diskutiert.

3.1 Grundlagen

In diesem Abschnitt sollen die grundlegenden Begriffe im Umfeld des IM geklärt werden. Einerseits wird der oben angegebene Begriff des Informationsmanagements näher diskutiert, andererseits werden die Bedeutung der Begriffe Daten, Information und Wissen und ihre Beziehungen zueinander erläutert.

3.1.1 Begriff des Informationsmanagements

Zum Informationsmanagement gibt es verschiedene Definitionsansätze, die sich insbesondere hinsichtlich der Schwerpunktsetzung innerhalb der zum IM gehörenden Aufgaben(gebiete) unterscheiden. Oftmals wird der Schwerpunkt

[1] Informationen sind in der Regel jedoch nur teilweise vorhanden, so dass die Beschaffung der für eine möglichst gute Entscheidung notwendigen Informationen das eigentliche Problem des Entscheidens darstellt; vgl. Hayek (1945). Bezüglich des individuellen Suchverhaltens nach Informationen kann dabei davon ausgegangen werden, dass dieses – und damit die Qualität des Ergebnisses der Suche – maßgeblich durch die Unbequemlichkeit der Informationsbeschaffung bestimmt wird.

[2] Eine ausführlichere und weiterführende Darstellung dieses Themas, die als Basis für dieses Kapitel gedient hat, findet man in Voß und Gutenschwager (2001).

des Informationsmanagements auf das Management des Technikressourceneinsatzes, und somit das Management der Datenverarbeitung (DV), gelegt.

Ein derartiger Ansatz stammt von Heinrich (2002), S. 8: „Mit dem Konstrukt Informationsmanagement wird also das Leitungshandeln (Management) in einem Unternehmen in bezug auf Information und Kommunikation bezeichnet, folglich alle Führungsaufgaben, die sich mit Information und Kommunikation im Unternehmen befassen." Darüber hinaus spezifiziert Heinrich die Aufgaben des Informationsmanagements wie folgt: Das generelle Sachziel des Informationsmanagements ist es, das Leistungspotential der Informationsfunktion (Aufgaben eines Unternehmens, welche sich mit Information und Kommunikation befassen) für die Erreichung der strategischen Ziele der Organisation zu bestimmen und dieses durch die Bereitstellung einer geeigneten Informationsinfrastruktur (Einrichtungen, Mittel und Maßnahmen zur Produktion, Verbreitung und Nutzung von Informationen im Unternehmen; z. B. die technische Infrastruktur) nutzbar zu machen.

Demgegenüber vertreten einige Autoren die Meinung, Informationsmanagement ist „der Teil der Unternehmensführung, der für das Erkennen und Umsetzen der Potentiale der Informationstechnik in Lösungen verantwortlich ist" (siehe Brenner (1994), S. 5, sowie Österle (1987)). Diese Definition betont sehr stark die strategischen Aufgaben des Informationsmanagements und der Informationstechnik.

In beiden Ansätzen wird jedoch z. B. die Frage, welche Informationen in welcher Form für Entscheidungen benötigt werden, nicht stark genug berücksichtigt. Aus diesem Grund gehen wir von der bereits am Anfang des Kapitels angegebenen Definition aus, die betriebliche Entscheidungen beziehungsweise Entscheidungsprozesse explizit einbezieht.

Unter einer *Entscheidung* versteht man einen kognitiven Prozess mit dem Ziel einer Auswahl und Realisierung einer Handlungsalternative aus mindestens zweien. Grundlage von Entscheidungen sind Informationen, vor allem über die Ausgangssituation, die Handlungsalternativen und deren Nutzen bzw. Auswirkungen unter Berücksichtigung möglicher Risiken.

Insbesondere die vollständige und sichere Vorhersage von Ereignissen, die in der Zukunft liegen, ist oftmals nicht möglich, d. h. Informationen über die (zukünftigen) Auswirkungen einzelner Alternativen können unvollständig sein oder auch vollkommen fehlen. Darüber hinaus können Auswirkungen von weiteren (äußeren) Einflüssen abhängen, für die sich unmittelbar keine Eintrittswahrscheinlichkeiten angeben lassen (z. B. für Änderungen von Gesetzen oder Verordnungen).

Zudem ist das Entscheidungsproblem generell weiter zu fassen. Möchte eine Abteilung eines Unternehmens beispielsweise einen neuen Drucker kaufen, so müsste für die Schaffung einer vollständigen Informationsbasis zu allen Alternativen ein Mitarbeiter bei sämtlichen möglichen Händlern nachfragen, zu welchem Preis das gewünschte Gerät dort verkauft wird.[3] Die Kosten für die Beschaffung dieser Informationen (Arbeitszeit des Mitarbeiters, Kosten für Telefonate usw.) würden allerdings astronomische Summen erreichen, die in keinem wirtschaftlich sinnvollen Verhältnis zum möglichen Nutzen stehen. Derartige *Transaktionskosten*[4] müssen daher bei der Entscheidungsfindung berücksichtigt werden. Hierzu ist im Verlauf der Informationsbeschaffung zu klären, ob es wirtschaftlich sinnvoll ist, weitere Informationen einzuholen.

Übergeordnetes Ziel des IM ist demzufolge die (wirtschaftliche) effiziente Unterstützung von Entscheidungen und Entscheidungsprozessen durch eine geeignete Informationsbereitstellung. Darüber hinaus können aus der Definition des Informationsmanagements weitere Ziele abgeleitet werden (vgl. Voß und Gutenschwager (2001)):

- Minimierung der Transaktionskosten durch effiziente Gestaltung aller Informations- und Kommunikationsaktivitäten,
- Aufhebung von Informationsasymmetrien (unterschiedliche Personen besitzen unterschiedliche Informationen) innerhalb eines Unternehmens,
- Schaffung von Informationsvorsprüngen gegenüber Wettbewerbern sowie
- Gestaltung der Datenhaltung im Hinblick auf Informationssysteme und die Bereitstellung von Lösungsverfahren, z. B. in entscheidungsunterstützenden Systemen.

3.1.2 Daten, Information und Wissen

Neben dem Begriff Information werden in ähnlichem Zusammenhang oft auch die Begriffe Daten und Wissen verwendet. Die Beziehungen zwischen diesen Begriffen sind in Abbildung 3.1 dargestellt.

> „*Daten* sind Zeichen oder kontinuierliche Funktionen, die aufgrund von bekannten oder unterstellten Abmachungen oder vorrangig zum Zwecke der Verarbeitung Informationen darstellen.“ (Deutsche Industrienorm (DIN) 44300)

Unter Daten versteht man demnach eine Folge von Zeichen, über deren Bedeutung weitestgehend Konsens besteht, d. h. die verstanden und prinzipiell von einer Person aufgenommen werden können. Daten entsprechen Zeichenfolgen, die durch Aggregation und Interpretation in einem Kontext (z. B. über Codes, die Zeichen Bedeutungen zuordnen) zu Informationen werden.

---

[3] Und selbst eine Preisagentur sowie intelligente Multiagentensysteme mögen an dieser Stelle Probleme haben, eine vollständige Informationsbasis herzustellen.

[4] Transaktionskosten sind im Allgemeinen Kosten, die durch die Koordination wirtschaftlicher Aktivitäten entstehen, und bezeichnen im Rahmen von Entscheidungsprozessen somit die Kosten der Kommunikation und Information; vgl. Coase (1979) sowie Picot et al. (2003).

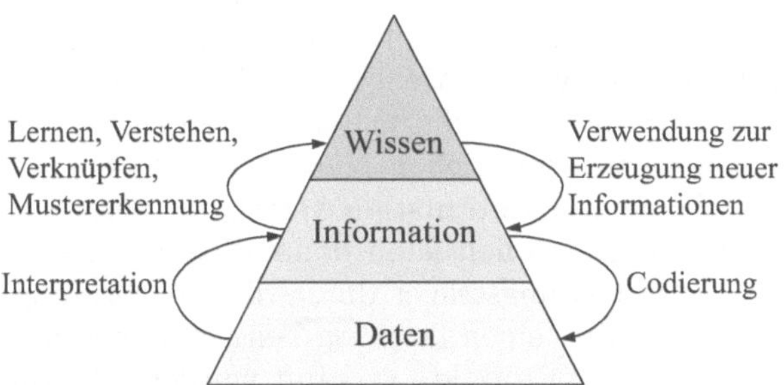

Abbildung 3.1. Informationspyramide

Der Begriff *Information* ist in Wissenschaft und Praxis nicht einheitlich definiert.[5] Grundlage dieses Kapitels ist der Ansatz, *Information* als Kenntnis von Sachverhalten aufzufassen. Demgegenüber versteht man unter *Wissen* die Kenntnis von Zusammenhängen (Mustern). Um Zusammenhänge zu erkennen, ist eine Verarbeitung von Informationen erforderlich. Somit entsteht durch Verarbeiten und Verstehen von Informationen in einem gewissen Kontext neues Wissen. Diesen Prozess der Einordnung von Informationen in Wissen bzw. der Erweiterung von Wissen durch Informationen bezeichnet man auch als *Lernen.*

Hieraus ergibt sich die folgende, insbesondere im Zusammenhang mit der Entscheidungsunterstützung sinnvolle, Abgrenzung der Begriffe Information und Wissen:

> „Information ist ein immaterielles Gut, das dazu dient, zweckorientiertes Wissen zu bilden. [...] der Zweck von Wissen besteht in der Vorbereitung und Durchführung von Handlungen und Entscheidungen.“ (Voß und Gutenschwager (2001), S. 24)

Informationen bilden somit die Grundlage für Entscheidungen, da aus ihnen Wissen entstehen kann, ohne das Entscheidungsprozesse undenkbar sind.[6]

Beispielsweise werden im Rahmen der Produktionsplanung eines Unternehmens für eine Absatzprognose Absatzzahlen aus der Vergangenheit benötigt. Liegen diese Zahlen z. B. auf einem elektronischen Speichermedium (Festplatte o. Ä.) vor, dann sind die dort gespeicherten Zeichen Daten.

[5] Eine Aufstellung verschiedener Definitionsansätze ist u. a. in Maier und Lehner (1995) zu finden. Für betriebswirtschaftliche Fragestellungen ist auch der folgende *nutzenorientierte Informationsbegriff* verbreitet: „Information ist zweckorientiertes Wissen, also solches Wissen, das zur Erreichung eines Zweckes, nämlich einer möglichst vollkommenen Disposition eingesetzt wird.“ (Wittmann (1959), S. 14)

[6] Zur Vertiefung der Begriffe Information und Wissen aus betriebswirtschaftlicher Sicht siehe z. B. Bode (1997).

Aus diesen Daten können durch Interpretation Informationen gewonnen werden (z. B. die Information, welche Menge eines Produktes in einem gewissen Zeitraum verkauft wurde). Das heißt, Daten werden zu Informationen, wenn sie für eine Person einen potenziellen Nutzen haben, weshalb oftmals der Begriff Daten im Sinne von Information verwendet wird. Durch eine Verknüpfung mehrerer Informationen kann dann Wissen erzeugt werden. Zum Beispiel kann der Entscheidungsträger durch die Überprüfung aller Absatzzahlen eines Produktes über einen längeren Zeitraum erkennen, ob im Laufe der Zeit mehr oder weniger Produkte verkauft wurden oder ob es z. B. einen saisonalen Zusammenhang zwischen den Absatzzahlen gibt. Das hierdurch erworbene Wissen des Entscheidungsträgers kann er dann im Entscheidungsprozess nutzen.

Mit Hilfe von Wissen wiederum können aus (bekannten) Informationen neue Informationen gewonnen werden. So kann aus dem Wissen, dass der Absatz eines Produktes in letzter Zeit jeden Monat um 5 % gestiegen ist, und der Information, dass in diesem Monat 1000 Produkte verkauft wurden, im Idealfall gefolgert werden, dass im nächsten Monat ungefähr 1050 Produkte verkauft werden können. Diese (neu erzeugte) Information dient dann als Basis für die Entscheidung über die zu fertigende Menge des Produktes. Aus Informationen entstehen wiederum Daten durch eine Codierung der Informationen, d. h. die Daten stellen eine technische Repräsentation der Informationen dar. Die Zahl 1050 ist dann z. B. ein entsprechendes (neues) Datum.

Aus obiger Definition für Information wird deutlich, dass Information als immaterielles Gut betrachtet wird. Das Gut Information zeichnet sich gegenüber anderen Gütern u. a. dadurch aus, dass es nicht „besichtigt“ (bzw. begutachtet) werden kann. Begutachtet ein Mensch eine Information, dann muss er dazu die Information aufnehmen und verarbeiten, womit sie zwangsläufig in seinen Besitz übergeht. Folglich kann man den genauen Wert einer Information häufig erst dann bestimmen, wenn man sie erhalten hat (*Informationsparadoxon*). So können Sie als Leser dieses Buches seinen (für Sie hoffentlich großen) Wert vermutlich erst einschätzen, nachdem Sie zumindest einen Teil des Buches gelesen haben und Sie dadurch die darin enthaltenen Informationen besitzen. Ein Ex-ante-Kalkül über das Kosten-Nutzen-Verhältnis einer Information ist somit oftmals nur bedingt möglich, da zwar die Kosten für die Informationsbeschaffung im Vorhinein bestimmbar sein können, der Nutzen jedoch meistens nur geschätzt werden kann oder eine derartige Abschätzung teilweise sogar unmöglich ist.

Zusätzlich besteht das Problem, dass der Nutzen einer Information individuell unterschiedlich sein kann. Einerseits kann einer Person eine Information bereits bekannt sein, so dass ein nochmaliges Erlangen dieser Information keinen Nutzen beinhaltet. Auf der anderen Seite können verschiedene Personen die Zweckmäßigkeit (den Nutzen) einer Information unterschiedlich bewerten, z. B. weil sie nicht über dasselbe Vorwissen verfügen und somit einen unterschiedlichen Wissenszuwachs durch diese Information erzielen können. Sollen Informationen als Grundlage für Entscheidungen dienen, darf daher der Entscheidungsträger nicht außer Acht gelassen werden, d. h. es müssen die Informationen bereitgestellt werden, die dem Entscheidungsträger am meisten für seine Entscheidung nützen.

Neben dem Inhalt der Information ist auch ihre Form von Bedeutung, da die Verarbeitung von Informationen auch hiervon abhängt. So wird hinsichtlich der Prognose von Absatzzahlen eine Tabelle dieser Werte für den Entscheidungsträger einen größeren Nutzen besitzen als ein Text, in dem die Absatzzahlen unstrukturiert enthalten sind, da er sich in diesem Fall die Zahlen erst aus dem Text heraussuchen muss. Die (für den Entscheidungsprozess) geeignetste Form bestimmt der Entscheidungsträger in der Regel selbst, da nur er weiß, welche Form die Information besitzen sollte, damit er sie am besten verarbeiten (und nutzen) kann. Diese Festlegung kann nicht pauschal für alle Entscheidungen, sondern nur situativ (abhängig von der konkreten Entscheidungssituation und dem Entscheidungsträger) getroffen werden. Das IM hat somit die Aufgabe, individuell und situativ auftretenden Informationsnachfragen mit einem entsprechend flexibel gestalteten Informationsangebot zu begegnen, woraus sich entsprechende Anforderungen an die für die Informationsbereitstellung verwendeten IKS ergeben.

3.2 Ebenenmodell des Informationsmanagements

Die Art und die Güte der Bereitstellung von Informationen hängt wesentlich von den Funktionalitäten und der Ausgestaltung der dafür verwendeten Informations- und Kommunikationssysteme ab. Daher muss das IM Anforderungen an die IKS definieren. Darüber hinaus ergeben sich auch Anforderungen an die den IKS zu Grunde liegende Infrastruktur (Rechner, Netze, Systemsoftware u. Ä.), z. B. hinsichtlich benötigter Bandbreiten des Netzwerkes oder der Rechnerleistung. Hieraus ergibt sich eine sinnvolle Unterscheidung der Aufgaben hinsichtlich der Nähe zur Informationstechnik, wie sie u. a. bei Krcmar (2003), Wollnik (1988) sowie Voß und Gutenschwager (2001) zu finden ist. Durch diese Unterteilung entstehen drei *Ebenen des Informationsmanagements*, die in Abbildung 3.2 dargestellt sind. Jede dieser Ebenen definiert eigene Aufgabenfelder und damit unterschiedliche Leistungs- und Wissensanforderungen. Gleichzeitig stellen die einzelnen Ebenen Anforderungen an die jeweils darunter liegende und bieten Unterstützungsleistungen für die jeweils übergeordnete Ebene an.

In der oberen Ebene stehen die für die Entscheidungsfindung und Problemlösung erforderlichen Informationen im Mittelpunkt. Zu dieser Ebene gehören alle Aufgabengebiete, die direkt mit Informationen im Zusammenhang stehen. Dies beinhaltet insbesondere die Fragen, wer welche Informationen benötigt (d. h. die Informationsbedarfsanalyse) und wie diese dem Nutzer bereitgestellt werden (d. h. die Planung ihrer Bereitstellung).

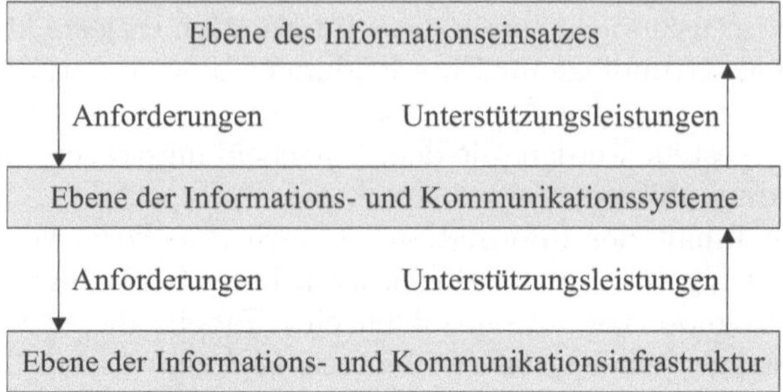

Abbildung 3.2. Ebenenmodell des Informationsmanagements; nach Wollnik (1988), S. 38

Hieraus ergeben sich dann Anforderungen an die darunter liegende Ebene, deren Gegenstand Informations- und Kommunikationssysteme, insbesondere Anwendungssysteme zur Unterstützung der Informationsbedarfsanalyse und -bereitstellung, sind. Ausgehend von den Anforderungen wird hier z. B. festgelegt, welche IKS eingesetzt werden. Alle Aufgaben, die sich hieraus ergeben (Installation, Updates, Benutzerschulung usw.), können ebenfalls dieser Ebene zugerechnet werden. Darüber hinaus gehört zu dieser Ebene auch das Datenmanagement, d. h. die Verwaltung der im Unternehmen anfallenden und benötigten Daten. Ausgehend von den einzusetzenden IKS ergeben sich Anforderungen an die für ihren Einsatz notwendige Infrastruktur (Rechner, Netzwerk, Systemsoftware u. Ä.), die Gegenstand der untersten Ebene ist.

Neben der Untergliederung des Informationsmanagements hinsichtlich der Nähe zur Informationstechnik lassen sich noch weitere Betrachtungsebenen (Dimensionen) unterscheiden. So kann eine Differenzierung bezüglich der Fristigkeit (lang-, mittel- oder kurzfristig) der Aufgaben erfolgen, woraus sich strategische, taktische (administrative) bzw. operative Aufgabenfelder ergeben. Diese Betrachtungsweise besitzt in der Betriebswirtschaftslehre eine große Verbreitung und wird deshalb teilweise auch für das Informationsmanagement verwendet; vgl. Heinrich (2002). Darüber hinaus ist eine Unterscheidung in internes und externes Informationsmanagement möglich. Während die oben dargestellte Sichtweise des IM eher unternehmensinterner Natur ist, steht beim externen Informationsmanagement („kundenorientiertes Informationsmanagement") der Informationsaustausch mit den externen Partnern (z. B. Lieferanten) bzw. Kunden des Unternehmens im Mittelpunkt.

Eine Übersicht über die Aufgaben des Informationsmanagements und deren Einordnung in das Ebenenmodell findet sich in Abbildung 3.3. Zusätzlich zu den dort aufgeführten können weitere, ebenenübergreifende Aufgabengebiete angegeben werden; vgl. Krcmar (2003). Hierzu zählen

- die Organisation des IM (d. h. Verankerung im Unternehmen und gegebenenfalls Aufbauorganisation der IM-Abteilung),

- durch die Informationsverarbeitung induzierte organisatorische Veränderungen (als Bestimmung der Bedeutung des IM für das Unternehmen und die Unternehmensstrategie),
- das Personalmanagement des IM sowie
- das Controlling der Informationsverarbeitung (als Steuerung des IM).

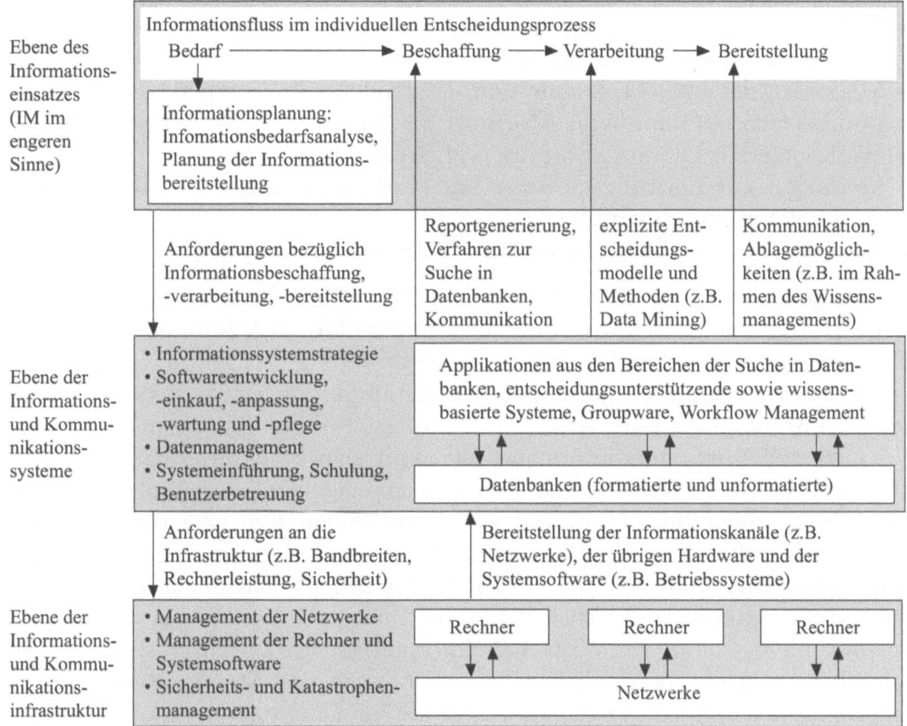

Abbildung 3.3. Aufgaben des Informationsmanagements; in Anlehnung an Voß und Gutenschwager (2001), S. 74

Das Controlling der Informationsverarbeitung (IV) beinhaltet im Wesentlichen die Steuerung und Kontrolle der Aufgaben des IM und betrifft dadurch alle drei Ebenen.[7] Die wesentlichen Ziele des IV-Controllings sind zum einen die Verbesserung der Wirtschaftlichkeit (Effizienz) sowie der Effektivität des IM, der IKS und deren Infrastruktur und zum anderen die Sicherstellung der Qualität und Funktionalität der IKS bzw. IT sowie die Einhaltung von Terminen. Das IV-Controlling kann hinsichtlich der Entwicklung und Umsetzung

[7] Zum IV-Controlling vgl. u. a. Krcmar (2003) sowie die Beiträge in Krcmar et al. (2000).

der IT-Strategie, der Softwareentwicklung sowie des IT-Betriebes untergliedert werden. Der mittlere Bereich umfasst somit auch das Projektcontrolling von Softwareprojekten; vgl. Abschnitt 6.3.2.

Innerhalb des IV-Controllings können verschiedene Verfahren und Methoden zum Einsatz kommen:

- Analysetechniken und Entscheidungshilfen der strategischen IV-Planung (z. B. Portfolioanalysen),
- Methoden zur Bewertung und Entscheidung (Kosten-Nutzen-Analyse, Kosten- und Leistungsrechnung u. Ä.),
- Methoden der Projektplanung und -kontrolle (z. B. Netzplantechnik, Aufwandsschätzverfahren; vgl. Abschnitt 6.3.3),
- Werkzeuge zur Qualitätsprüfung (vgl. Abschnitt 6.1.7),
- Methoden zur Leistungsmessung und Verbesserung der IV-Infrastruktur (u. a. mittels Benchmarking),
- Berichtswesen, Dokumentation und Dokumentationssysteme.

Ausgehend von den Aufgaben des IM lässt sich insbesondere in der mittleren Ebene eine große Nähe zur Wirtschaftsinformatik feststellen. So sind Entwicklung, Einkauf und Anpassung sowie Wartung und Pflege von Software zur Unterstützung der Informationsbereitstellung auch essenzielle Bestandteile der Wirtschaftsinformatik. Eine klare Zuordnung dieser Aufgaben zum IM oder zur Wirtschaftsinformatik ist somit schwierig. Eine mögliche Abgrenzung besteht darin, dem Informationsmanagement der unteren beiden Ebenen vor allem die Entwicklung der Strategie der IKS (bzw. der IT) sowie die Planung, Steuerung und Kontrolle der Umsetzung dieser Strategie (und somit das Controlling der IKS und IT) zuzuordnen. Die eigentliche Umsetzung der Strategie hinsichtlich konkreter Informations- bzw. Anwendungssysteme obliegt dann der Wirtschaftsinformatik. Dies bedeutet, dass das IM ausgehend von den betrieblichen Entscheidungen und den dafür benötigten Informationen Anforderungen an die für die Informationsversorgung verwendeten IKS und somit an die Wirtschaftsinformatik definiert. Die Ableitung dieser Anforderungen mittels der Informationsbedarfsanalyse und der Informationsplanung ist dagegen wesentlicher Bestandteil des IM und gehört nicht zur Wirtschaftsinformatik.

Eine Diskussion der Aufgaben der einzelnen Ebenen findet sich in den Abschnitten 3.3 bis 3.5.[8] In Abschnitt 3.6 gehen wir dann auf die ebenenübergreifenden Aufgaben der durch die Informationsverarbeitung induzierten organisatorischen Veränderungen ein.

---

[8] Für eine umfassendere Darstellung der Aufgaben der unteren beiden Ebenen wird neben Voß und Gutenschwager (2001) auf Heinrich (2002) verwiesen.

3.3 Management des Informationseinsatzes

Die Ebene des Informationseinsatzes umfasst u. a. alle Aufgaben, die der Konzeption der darunter liegenden Ebenen dienen. Hierzu gehören vor allem die Analyse des Informationsbedarfes und die Planung der Informationsbeschaffung und -bereitstellung. Darüber hinaus beinhaltet dies auch die Aufgaben, die auf Informations- und Kommunikationssystemen aufsetzen. Insbesondere die Suche in bzw. die Auswertung von Datenbeständen und das Wissensmanagement gehören zu diesen Aufgabenfeldern. Ziel ist die Unterstützung der Entscheidungsträger bei der Deckung von Informationsangebot und (individueller) -nachfrage, d. h. die Versorgung der Entscheidungsträger mit den für die Willensbildung relevanten Informationen.

3.3.1 Informationsplanung

Wie in Abbildung 3.3 verdeutlicht ist, umfasst der Informationseinsatz im (individuellen) Entscheidungsprozess ausgehend vom Informationsbedarf die Beschaffung, Verarbeitung und Bereitstellung von Informationen. Dieser Informationseinsatz kann durch das IM mittels einer *Informationsplanung* unterstützt werden. Diese beinhaltet die Analyse des (potenziellen) Informationsbedarfes der Entscheidungsträger sowie die Planung der Bereitstellung dieser Informationen.

Somit entsteht ein zweistufiger Prozess, wobei das IM übergeordnet für alle Entscheidungsträger im Unternehmen eine Ermittlung der potenziellen Informationsbedarfe durchführt und darauf aufbauend diese Informationen aus diversen (auch externen) Quellen beschafft bzw. die Beschaffung steuert und sie (z. B. in IKS) geeignet bereitstellt, wodurch ein Informationsangebot entsteht. Diese *Informationsbereitstellung* geschieht in zwei Schritten. Zuerst erfolgt eine Allokation der Informationen, d. h. eine Zuordnung der Informationen zu den einzelnen Nachfragern (bzw. den IKS, in denen sie abgelegt werden sollen). Daran schließt sich die Distribution der Informationen an. In diesem Schritt muss die Art der Informationsverteilung geklärt werden, d. h. die Informationskanäle und -wege sowie die Informationsmittel (z. B. technische Ressourcen) müssen definiert werden.

Hierbei stellt sich das Problem, die richtige Information zum richtigen Zeitpunkt am richtigen Ort zu den richtigen Kosten bereitzustellen. Diese Forderung entspricht dem Grundprinzip der *Informationslogistik*, worunter die Logistik der Wirtschaftsware Information und demnach Transport und Bereitstellung (also Distribution und Allokation) von Informationen verstanden wird; vgl. Hansen und Peschanel (1996) und Voß und Domschke (1999). Die Vorgabe der „richtigen Information“ bedeutet, dass genau die angeforderte Information in der gewünschten Qualität (z. B. als Graphik aufbereitet oder in einem vorgegebenen, zur Weiterverarbeitung geeigneten Dateiformat) bereitgestellt werden soll.

Des Weiteren verdeutlicht dieses Grundprinzip, dass auch im Rahmen der Informationsbereitstellung der Kostenaspekt nicht vernachlässigt werden darf. Folglich besteht eine Aufgabe der Informationsbereitstellung im Aufbau einer geeigneten Informationsdistribution, mit deren Hilfe Informationen kostengünstig verteilt werden können. Grundvoraussetzung für eine effiziente Informationsbereitstellung sind die Transparenz der Informations- und Kommunikationsstrukturen, der Organisationsstrukturen, der Datenbestände und der Informationssysteme, die durch eine Unternehmensmodellierung (vgl. Abschnitt 4.1) gewonnen werden kann.

Unabhängig von der Allokation der Informationen und dem Distributionsnetzwerk muss jeder Entscheidungsträger für die von ihm zu treffenden Entscheidungen seinen Informationsbedarf (situativ) ermitteln und sich diese Informationen aus dem vom IM aufgebauten Angebot (und gegebenenfalls weiteren Quellen) beschaffen. Dies entspricht der zweiten Stufe des oben angesprochenen Prozesses.

Durch die Verarbeitung dieser Informationen im Entscheidungsprozess können neue Informationen (z. B. das Ergebnis des Entscheidungsprozesses) entstehen, die der Entscheidungsträger dem Angebot hinzufügen (d. h. für andere Entscheidungsträger bereitstellen) kann.

Kehren wir zum ersten Schritt, der übergeordneten Informationsplanung, zurück. Um dem Entscheidungsträger die „richtigen" Informationen bereitzustellen, muss zuerst sein (voraussichtlicher) Informationsbedarf bestimmt werden. Man kann folgende Unterscheidung verschiedener Informationsbedarfe vornehmen:

- *(objektiver) Informationsbedarf*: Der (objektive) Informationsbedarf wird als die Art, Menge und Beschaffenheit von Informationen verstanden, die ein Individuum oder eine Gruppe zur Erfüllung einer Aufgabe benötigt (vgl. Picot (1988), S. 236), und ist aus einer Sachaufgabe ableitbar.

- *subjektiver Informationsbedarf*: Unter subjektivem Informationsbedarf verstehen wir diejenigen Informationen (ebenfalls charakterisiert durch Art, Menge und Beschaffenheit), von denen der Entscheidungsträger der Meinung ist, dass er sie zur Erfüllung der Aufgabe benötigt.

- *nachgefragter (geäußerter) Informationsbedarf*: Von den subjektiv benötigten Informationen wird ein Entscheidungsträger im Allgemeinen nicht alle Informationen nachfragen, so z. B. die seiner Meinung nach eher unwichtigen. Die *Informationsnachfrage* umfasst daher den Teil des subjektiven Informationsbedarfes, den der Entscheidungsträger tatsächlich nachfragt.

Dem Bedarf gegenüber steht das Informationsangebot, das alle im Unternehmen vorhandenen Informationen umfasst. Durch Nutzung dieses Angebotes verschafft sich der Entscheidungsträger einen *Informationsstand*, der aus denjenigen Informationen des Angebotes besteht, die für die Erfüllung der

Aufgabe (objektiv) nötig sind und nachgefragt werden; vgl. Abbildung 3.4. Da nur der Informationsstand des Entscheidungsträgers (und nicht das insgesamt vorhandene Angebot) Einfluss auf die Qualität einer Entscheidung hat, ist es nicht sinnvoll, dem Entscheidungsträger alle möglichen Informationen (oder sogar alle Daten) anzubieten.[9]

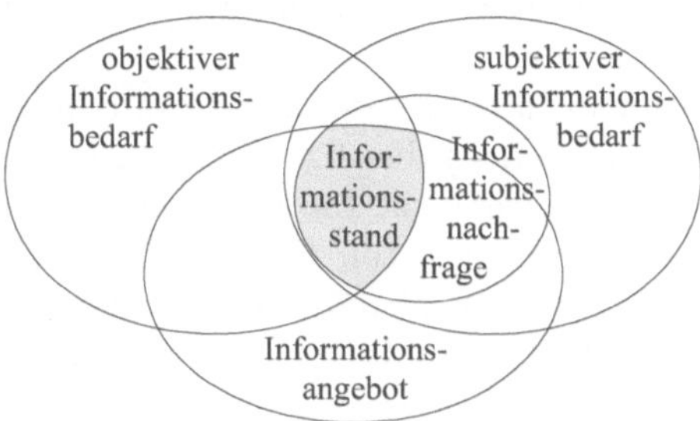

Abbildung 3.4. Ermittlung des Informationsstandes aus Bedarf, Angebot und Nachfrage

Bei der Analyse und Ermittlung des Informationsbedarfes sind neben dem Informationsgehalt (d. h. der Frage, was benötigt wird) weitere Dimensionen zu berücksichtigen (vgl. Bode (1993)):

- die Darstellungsform der Information (In welcher Form wird die Information benötigt?),
- der Zeitaspekt (Wann wird die Information benötigt?),
- der Kontext (Wofür wird die Information benötigt?).

Zur Ermittlung des Informationsbedarfes stehen mehrere Verfahren zur Verfügung. Bei subjektiven Verfahren wird der Informationsbedarf aus Angaben der betroffenen Personen (Entscheidungsträger) bestimmt (z. B. mit Hilfe von offenen Befragungen, Befragungen der Mitarbeiter im Tätigkeitsumfeld sowie Wunschkatalogen). Die Qualität des so ermittelten Informationsbedarfes hängt sehr stark von den befragten Personen ab, so dass die Gefahr besteht, nur den subjektiven Informationsbedarf zu ermitteln.

Objektive, analytische Verfahren versuchen, den objektiven Informationsbedarf direkt aus den Aufgaben und anderen allgemeingültigen Vorgaben zu gewinnen (z. B. die Strategieanalyse, d. h. Ableitung des Informationsbedarfes aus den strategischen Zielen des Unternehmens, oder die Prozessanalyse basierend auf der Unternehmensmodellierung). Bei komplexen oder erstmals auftretenden Problemen ist die Ermittlung des objektiven Bedarfes jedoch sehr schwierig und oftmals überhaupt nicht möglich.

[9] Hierdurch könnte eine *Informationsproliferation*, d. h. eine für den Entscheidungsträger schwer überschaubare Informationsflut, entstehen.

Darüber hinaus können die beiden Verfahrenstypen kombiniert werden, d. h. es werden so genannte gemischte Verfahren verwendet. Ein Beispiel hierfür ist die Methode der kritischen Erfolgsfaktoren (vgl. Rockart (1979)), bei der Befragungen auf einige zentrale Faktoren, die für den Unternehmenserfolg eine besonders große Bedeutung besitzen, abgestimmt werden. Dadurch werden die Befragungen auf diese kritischen Erfolgsfaktoren fokussiert, womit die Gefahr einer völlig subjektiven Einschätzung von Informationsbedarfen vermindert wird.

Soll eine Informationsbedarfsanalyse und -ermittlung für viele Personen (z. B. ein gesamtes Unternehmen) durchgeführt werden, dann ist davon auszugehen, dass zum einen bereits ein Informationsangebot vorhandenen ist und es zum anderen in den seltensten Fällen wirtschaftlich ist, alle Informationsbedarfe gleichzeitig zu ermitteln. Aus diesem Grund sollte vor der eigentlichen Informationsbedarfsanalyse eine Priorisierung ihrer Einsatzfelder erfolgen, d. h. es muss (z. B. in Abhängigkeit von der Dringlichkeit oder der vorhandenen Informationsangebote) bestimmt werden, in welcher Reihenfolge die verschiedenen (Unternehmens-)Bereiche hinsichtlich ihres Informationsbedarfes analysiert werden sollen; vgl. z. B. Voß und Gutenschwager (2001).

An die Informationsbedarfsermittlung schließt sich die *Informationsbeschaffung* an, die in einem Zweistufenmodell erfolgen kann. Im ersten Schritt steht die Suche nach den Quellen im Vordergrund, d. h. die Frage „Woher kann die Information beschafft werden?“ Dabei können sowohl innerbetriebliche (interne) als auch außerbetriebliche (externe) Informationslieferanten (z. B. IKS, aber auch Informationsdienstleister) auftreten. Erst im zweiten Schritt erfolgt die eigentliche Gewinnung der Information mittels der zur Verfügung stehenden Methoden der Informationsbeschaffung.

Die Berücksichtigung der Kosten spielt nicht nur innerhalb des zweiten Schrittes eine Rolle, sondern bereits vorher, wenn darüber entschieden wird, in welchem Umfang die Quellensuche erfolgen soll. So kann zum einen solange gesucht werden, bis (mindestens) eine Quelle gefunden worden ist, zum anderen besteht jedoch die Möglichkeit, die Suche vorher abzubrechen (z. B. wenn die Kosten der Suche und Gewinnung der Information ihren erwarteten Nutzen übersteigen).

3.3.2 Wissensmanagement

Da Wissen Grundlage jedes wirtschaftlichen Handelns ist, ist auch in Entscheidungsprozessen Wissen (z. B. in Form von Entscheidungsregeln oder explizit formulierten Entscheidungsmodellen) notwendig. Dadurch ergibt sich die Forderung, die Entscheidungsträger bei Erwerb, Nutzung und Weitergabe von Wissen zu unterstützen. Diese Unterstützungsaktivitäten werden unter dem Begriff *Wissensmanagement* zusammengefasst. Hierbei sind zum einen die Verwaltung des (unternehmensinternen) Wissens und zum anderen der

Zugriff auf dieses Wissen sowie die explizite Verarbeitung von Informationen (als Wissensgenerierung) zu gestalten.

Vor der Beschäftigung mit den Aufgaben des Wissensmanagements scheint es sinnvoll, den Betrachtungsgegenstand „Wissen" noch einmal exemplarisch zu spezifizieren. Wissen existiert oftmals nur *implizit* in Form von unbewusst angewendeten Verhaltensregeln. Wird dieses Wissen artikuliert, d. h. in *explizites Wissen* umgewandelt, dann entstehen hierdurch Informationen und gegebenenfalls Daten (z. B. Dokumente). Diese können von anderen Personen genutzt werden, um das eigene Wissen zu erweitern. Wissen ist also in der Regel personengebunden, da zur Entstehung von Wissen Informationen von einer Person verarbeitet werden müssen; vgl. Abschnitt 3.1.2. Die Bereitstellung von explizitem Wissen bedeutet demnach die Bereitstellung von Informationen, wodurch ein enger Bezug zwischen Informationsplanung und Wissensmanagement offensichtlich wird.

Neben der Klassifikation von Wissen in explizit und implizit kann eine Unterteilung des Wissens in drei Bereiche vorgenommen werden:

1. Allgemeinwissen
   - kein unmittelbarer Aufgabenbereich
   - in der Regel vollständig präsent
2. Spezial- und Fachwissen
   - deklaratives Wissen (Was, symbolische Beschreibung)
   - prozedurales Wissen (Wie, Operationen)
3. Metawissen über den Einsatz des Wissens (Wann)

Das Wissensmanagement beschäftigt sich vor allem mit Spezial- und Fachwissen. Da dieses oftmals in Form von Dokumenten vorliegt, wird das Dokumentenmanagement (vgl. Abschnitt 7.1.3) häufig als integraler Teil des Wissensmanagements verstanden. Zum Wissensmanagement gehört jedoch eine Vielzahl von Aufgaben, die z. B. gemäß der in Abbildung 3.5 dargestellten *Bausteine des Wissensmanagements* klassifiziert werden können. Diese Bausteine bilden idealerweise einen Kreislauf von der Definition der Wissensziele bis zur Bewertung von Wissen. Ausgehend von dieser Bewertung können dann neue Ziele definiert werden. Gleichzeitig sind die sechs wesentlichen Bausteine, die der Verwirklichung der Ziele dienen, netzförmig miteinander gekoppelt, so dass sie in beliebiger Reihenfolge durchgeführt werden können.

Im Rahmen der Identifikation des vorhandenen Wissens können z. B. so genannte Wissenslandkarten erstellt werden, in denen aufgezeigt wird, welche Kenntnisse und Fähigkeiten (insbesondere Expertenwissen) einzelne Mitarbeiter oder Abteilungen besitzen. Diese Informationen können als eine Quelle für die Informationsbeschaffung genutzt werden. Im Rahmen der (unternehmensinternen) Entwicklung neuen Wissens ist insbesondere eine Unterstützung von Lernprozessen wichtig. Unter Wissens(ver)teilung wird die Planung der Distribution und Allokation des Wissens im Unternehmen verstanden. Allerdings muss dabei beachtet werden, dass diese (Ver)teilung nicht

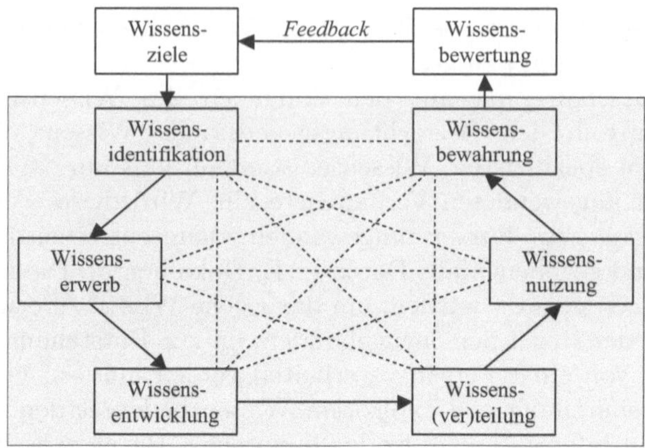

Abbildung 3.5. Bausteine des Wissensmanagements; Quelle: Probst et al. (1999), S. 58

nur explizites, sondern auch implizites Wissen betrifft. Der Transfer dieses Wissens kann oftmals nur individuell organisiert werden, so dass die Aufgabe des Wissensmanagements hier eher in der Schaffung geeigneter organisatorischer Rahmenbedingungen liegt. So kann die wechselnde Zusammensetzung von Arbeitsgruppen dazu beitragen, dass Personen ihr Wissen an andere weitergeben können, die dieses Wissen bisher nicht besitzen. Die Effektivität entsprechender Ansätze hängt dabei auch von der Motivation der so genannten Experten zur Weitergabe ihres Wissens ab.

Im Rahmen der Wissensnutzung ist vor allem Wert auf die Unterstützung des produktiven Einsatzes von Wissen zu legen, wobei der Motivation von Personen, Wissen anderer aufzunehmen und auch zu verwenden, eine große Bedeutung zukommt. Wissen, das für andere Personen einen potenziellen Nutzen hat, sollte für die Zukunft bewahrt werden. Die Bewahrung von implizitem Wissen kann z. B. dadurch erfolgen, dass die Personen, die dieses Wissen besitzen, dauerhaft in das Unternehmen eingebunden werden. Grundlage einer dauerhaften personenunabhängigen Speicherung von Wissen ist letztendlich die Umwandlung von implizitem in explizites Wissen. Sowohl im Rahmen der Wissensbewahrung als auch der Wissens(ver)teilung muss das Wissensmanagement geeignete Voraussetzungen (Rahmenbedingungen) schaffen, damit die Mitarbeiter ihr eigenes Wissen anderen zur Verfügung stellen.

Das Wissensmanagement kann auf vielfältige Weise durch IKS unterstützt werden. So können Wissenslandkarten im Rahmen der Informationsplanung aufgebaut werden, was mit Hilfe einer geeigneten IT-Unterstützung realisiert werden kann. Für eine Unterstützung von Lernprozessen, Wissenstransfers und Wissensnutzung in Gruppen finden insbesondere Groupware bzw. CSCW-Systeme (CSCW: Computer Supported Cooperative Work; vgl. hierzu Abschnitt 7.1.4) Anwendung. Wissensbasierte Systeme und Expertensysteme können genutzt werden, um Spezial- und Fachwissen in Form expliziten Wissens anderen Personen zur Verfügung zu stellen, die Nutzung dieses Wissens zu erleichtern und es für die Zukunft zu bewahren. Für derartige Unterstützungsleistungen kommen auch Dokumentationssysteme in Frage. Die Wissens(ver)teilung kann darüber hinaus durch Einsatz spezieller Management-Support-Systeme effizient gestaltet werden; vgl. hierzu Abschnitt 3.4.

Eine weitere Möglichkeit zur Unterstützung der Wissensentwicklung bietet das *Data Mining*, worunter die automatisierte Analyse von vorhandenen Daten mit dem Ziel der Identifikation von (auf den ersten Blick nicht erkennbaren) Zusammenhängen verstanden wird.[10] So kann bei einer Analyse der Auftragsdaten eines Versandhandels z. B. festgestellt werden, dass viele Kunden, die ein bestimmtes Produkt kaufen, auch einen anderen bestimmten Artikel bestellen. Um diesen Zusammenhang ohne das Data Mining herauszufinden, müsste für sämtliche Kombinationen von Artikeln überprüft werden, wie viele Kunden beide Artikel gekauft haben. Eine solche Auswertung kann insbesondere bei großen Datenmengen kaum ohne geeignete IT-Unterstützung (in Form einer Automatisierung) durchgeführt werden. Als Datenbasis hierfür sind vor allem strukturierte Daten geeignet, die in einer Datenbank oder insbesondere einem Data Warehouse abgelegt sind; vgl. Kapitel 5.

Für die Suche nach Zusammenhängen zwischen den Daten können unterschiedliche Verfahren verwendet werden, wozu Methoden der Datenvisualisierung, der Statistik und Entscheidungsregeln ebenso gehören wie z. B. Methoden der künstlichen Intelligenz. Die Gewinnung neuer Informationen (und die Erzeugung neuen Wissens) durch eine automatisierte Datenanalyse ist jedoch nicht nur von der Auswahl des Auswertungsverfahrens, sondern auch von der verwendeten Datenbasis (hinsichtlich z. B. Menge, Redundanz und Komplexität) und der abschließenden Interpretation der Ergebnisse der Auswertung abhängig. Diese Interpretation kann nicht automatisiert erfolgen, sondern muss von der einzelnen Person durchgeführt werden. Data Mining kann demnach nur eine Unterstützung des Erkennens von Informationen und des Lernprozesses bieten. Das Lernen selbst kann dem Menschen hierdurch nicht abgenommen werden, d. h. es lassen sich nur Teilschritte des Lernprozesses automatisieren.

Die oben angegebenen möglichen Unterstützungsleistungen sind dem potenziellen Anwender im Rahmen der Ausgestaltung der IKS transparent zu machen. Dies betrifft zum einen die eigentlichen Funktionalitäten (z. B. welche Verfahren verwendet werden oder wie schnell Anfragen beantwortet werden sollen), zum anderen aber auch die Gestaltung der IKS (Benutzeroberfläche u. Ä.), um dadurch die Akzeptanz und Nutzung der Systeme zu erhöhen. Die Umsetzung dieser Anforderungen (durch die Wirtschaftsinformatik) muss

[10] Zu verschiedenen Konzepten und Anwendungen des Data Mining vgl. u. a. Fayyad und Uthurusamy (1996).

vom IM innerhalb des Managements der Informations- und Kommunikationssysteme geplant und gesteuert werden.

3.4 Management der Informations- und Kommunikationssysteme

Die Ebene der Informations- und Kommunikationssysteme beinhaltet alle Aufgaben, die mit der im Unternehmen verwendeten oder zukünftig einzusetzenden Software im Zusammenhang stehen. Hierzu gehören demnach u. a. die Entwicklung einer Informationssystemstrategie (aufbauend auf einer Analyse der bisher eingesetzten Systeme), daran anschließend die Planung und Steuerung der Beschaffung bzw. Entwicklung dieser Software (vgl. Kapitel 6) sowie alle Aufgaben der Nutzung der IKS.

Ein Informations- und Kommunikationssystem durchläuft idealerweise den in Abbildung 3.6 dargestellten *Systemlebenszyklus*; vgl. u. a. Seibt (1993). Der Systemeinsatz beinhaltet dabei einen sich mehrfach wiederholenden Kreislauf aus Forderungen nach Veränderungen des Systems (z. B. wenn Fehler auftreten, wenn die Anwender neue Funktionen im IKS abgebildet haben möchten oder wenn durch eine Änderung anderer Systeme Anpassungen nötig werden), deren Umsetzung sowie ein begleitendes IV-Controlling. Das Ende des Systemlebenszyklus bildet die Systemstilllegung.[11]

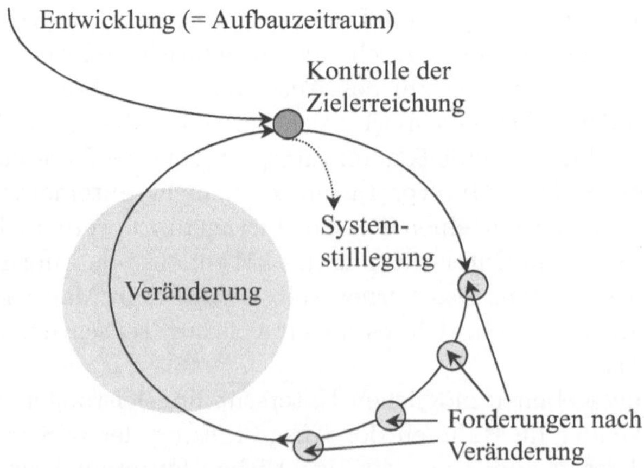

Abbildung 3.6. Phasen des Systemlebenszyklus; nach Seibt (1993), S. 21

[11] In der Praxis kommt es jedoch nicht selten vor, dass keine vollständige Ablösung eines Systems durch ein anderes erfolgt, d. h. dass keine wirkliche Stilllegung vorgenommen wird. So wird oftmals zwar ein neues IKS eingeführt, das alte jedoch (zur Sicherheit) nicht gelöscht.

Der Entwicklung und dem Einsatz von IKS vorgelagert ist die Bestimmung einer Strategie hinsichtlich der im Unternehmen einzusetzenden Softwaretechnologie. Hierzu gehören z. B. Entscheidungen über den Einsatz von betriebswirtschaftlicher Standardsoftware für die integrierte Informationsverarbeitung (Enterprise Resource Planning; vgl. Kapitel 7) oder den Aufbau eines Data Warehouse; vgl. Abschnitt 5.5. Die Strategieentwicklung beinhaltet demzufolge grundsätzliche Entscheidungen über den langfristigen Einsatz einer Softwaretechnologie.

Aufgrund der Verflechtungen zwischen Softwaresystemen und der ihnen zu Grunde liegenden IT-Infrastruktur (im Sinne von Hardware, Netzwerken und Systemsoftware; vgl. Abschnitt 3.5) beeinflussen sich die Entwicklung einer IKS-Strategie und einer Strategie für die IT-Infrastruktur gegenseitig. Die folgenden Ausführungen beziehen sich daher auf die strategische Planung sowohl von IKS als auch der IT-Infrastruktur.

Grundlage für eine Strategieentwicklung ist die Ermittlung der strategischen Bedeutung der IT für das Unternehmen. Für einen Handwerksbetrieb werden Informationen (und somit auch die IT) in der Regel eine im Vergleich zu Unternehmen des Electronic Commerce (vgl. Abschnitt 7.6) geringere Bedeutung für den Unternehmenserfolg besitzen. Die wesentliche Zielsetzung der Strategieentwicklung besteht somit darin, die IT gemäß ihrer (zukünftigen) Bedeutung für das Unternehmen auszurichten, d. h. möglichst langfristig Technologien auszuwählen und – verbunden mit einer entsprechenden Organisationsentwicklung – umzusetzen, die den künftigen Anforderungen des Unternehmens an seine Informationsversorgung am ehesten entsprechen.

Diese Anforderungen ergeben sich aus der Unternehmensstrategie, die sich u. a. in einer Marktstrategie, sowie einer Investitions- und Personalplanung konkretisiert. Ausgehend von abgeleiteten IT-Bedarfen kann durch Soll-Ist-Analysen eruiert werden, inwiefern eine grundsätzliche Veränderung der IT-Landschaft im Unternehmen notwendig ist. Die Entscheidung über den Einsatz einer Technologie geschieht dann auf der Grundlage von Kosten-Nutzen-Analysen sowie verschiedenen Portfoliotechniken im Rahmen des IT-Controlling; vgl. hierzu die Ausführungen am Ende des Abschnitts 3.2.

Eine wesentliche Problematik der Strategieentwicklung besteht in der Tatsache, dass die IT einem raschen Wandel unterworfen ist. Demzufolge kann aufgrund der Langfristigkeit der Entscheidung für eine IT-Strategie nicht jede technologische Weiterentwicklung in das Unternehmen einfließen. Gleichzeitig kann jedoch zum Zeitpunkt einer derartigen Entscheidung kaum abgeschätzt werden, ob nicht in naher Zukunft eine für den vorgesehenen Einsatzzweck besser geeignete Technologie verfügbar sein wird. Darüber hinaus müssen bei diesen Entscheidungen auch die bereits vorhandenen IKS und IT-Infrastrukturen berücksichtigt werden, um eine integrierte Informationsverarbeitung zu gewährleisten.

Ausgehend von der entwickelten IKS-Strategie hat das IM die Aufgabe, die Beschaffung bzw. Entwicklung der benötigten Softwaresysteme zu planen, zu steuern und zu kontrollieren. Im Folgenden werden einige dieser Softwaresysteme vorgestellt, die insbesondere der Unterstützung des Informationseinsatzes dienen.

Zur Bereitstellung (und teilweise auch Nutzung) von Informationen und Wissen sind *Management-Support-Systeme* weit verbreitet, worunter unterschiedlichste Systeme zusammengefasst werden. So können verschiedene Entscheidungsprozesse – von einfachen operativen Entscheidungen bis hin zu nicht standardisierbaren Einzelentscheidungen – unterstützt werden. Auch der Grad der Unterstützung variiert zwischen den Systemen, d. h. die Anwendungsmöglichkeiten reichen von einer einfachen Bereitstellung von Informationen (z. B. in Form von Reports[12]), über deren Verarbeitung bis hin zu einer (Teil-)Automatisierung von Entscheidungsprozessen, wofür geeignete Modelle und Methoden notwendig sind.

Über eine einfache Informationsbereitstellung hinaus gehen *Entscheidungsunterstützungssysteme* (englisch: *Decision Support Systems*). Hierunter versteht man interaktive, computergestützte Systeme zur Unterstützung von Planungsaufgaben und den damit verbundenen Entscheidungen. Hierfür müssen diese Systeme Modelle und Methoden für den gesamten Entscheidungsprozess enthalten sowie eine hohe Flexibilität besitzen, um eine Anpassung bzw. eine flexible Kombination dieser Modelle und Methoden hinsichtlich der zu unterstützenden Entscheidung zu ermöglichen. Wesentliche Bestandteile derartiger Systeme sind neben einer Modell- und Methodenkomponente eine Datenkomponente (z. B. eine Datenbank; vgl. Kapitel 5) und eine Dialogkomponente, mittels derer der Anwender Daten und Modelle miteinander verknüpfen kann.

Eine automatisierte Generierung von Lösungen (und dadurch die Unterstützung der Wissensnutzung und -bewahrung) soll durch so genannte *Wissensbasierte Systeme* (Expertensysteme) ermöglicht werden. Diese Systeme haben das Ziel, das Wissen menschlicher Experten zu erfassen, zu formalisieren und die Problemlösungsfähigkeit von Menschen nachzuahmen. Wesentliches Merkmal ist die Trennung des (anwendungsbezogenen) Wissens von den (anwendungsunabhängigen) Mechanismen zum Umgang mit der Wissensbasis. Wissensbasierte Systeme bestehen somit aus folgenden Komponenten:

- Wissensbasis (unterteilt in fallspezifisches Wissen, bereichsbezogenes Expertenwissen sowie Zwischen- und Endergebnisse von Problemlösungen),
- Inferenzkomponente (für das Ableiten von Schlüssen und die Interpretation),
- Interviewkomponente (Schnittstelle zum Benutzer),
- Erklärungskomponente (zum Nachvollziehen des Inferenzprozesses),

[12] Dabei lassen sich einfache, z. B. wöchentlich generierte Berichte sowie Ausnahmereports unterscheiden. Ausnahmereports werden nur dann generiert und Entscheidungsträgern bereitgestellt, wenn sich signifikante Abweichungen gegenüber vorgegebenen Größen (Soll-Ist-Vergleich) einstellen.

- Wissenserwerbs- bzw. Wissensakquisitionskomponente (Schnittstelle zum Experten).

Um eine wirkliche Unterstützung von Entscheidungsprozessen durch die mittels derartiger Systeme bereitgestellten Informationen, Entscheidungsmodelle oder das dort abgelegte Wissen zu erreichen, müssen diese IKS tatsächlich genutzt werden. Die Gefahr einer ineffizienten Nutzung oder sogar Nichtakzeptanz solcher Systeme kann durch ein geeignetes Management der IKS verringert werden. Besondere Bedeutung hat in diesem Zusammenhang die Konzeption und Entwicklung bzw. die Beschaffung von IKS. Neben den geforderten Funktionalitäten muss hier auch auf eine geeignete Gestaltung des Systems geachtet werden. Daraus ergibt sich, dass das IM Anforderungen an die Wirtschaftsinformatik hinsichtlich der Ausgestaltung der IKS stellt, die insbesondere im Rahmen der Softwareentwicklung zu berücksichtigen sind.

Neben dem Management von IKS stellt das *Datenmanagement* einen weiteren wichtigen Aufgabenbereich innerhalb der mittleren Ebene des Ebenenmodells dar. Dieses beinhaltet idealerweise den Entwurf und die Umsetzung eines unternehmensweiten Datenhaltungskonzeptes. Hierzu zählt auch die Konzeption von Datenbanken, weshalb das Datenmanagement in diesem Buch in Abschnitt 5.6 innerhalb des Kapitels zu Datenbanken behandelt wird.

3.5 Management der Informations- und Kommunikationsinfrastruktur

Ausgehend von der Informationsbedarfsanalyse und den einzusetzenden IKS ergeben sich diverse Anforderungen an die diesen Systemen zu Grunde liegende Infrastruktur. Die *Informationstechnologie-Infrastruktur* beinhaltet Hardware (Rechner und Netze), Betriebssystemsoftware, Kommunikationsmittel und Werkzeuge, die für die Anwendung von Software benötigt werden, sowie Komponenten zu ihrer Integration in ein Gesamtsystem. Die IT-Infrastruktur dient somit als Basis für den Einsatz von Anwendungssoftware und sollte demzufolge unternehmensweit geplant, gesteuert und kontrolliert werden (um sie z. B. als Grundlage für verschiedene Geschäftsbereiche zu nutzen).

Auch auf dieser Ebene finden sich sowohl strategische Aufgaben, wie die Strategieentwicklung für die Infrastruktur (vgl. hierzu Abschnitt 3.4) sowie die Vorsorge vor Schadensfällen mit Hilfe des Sicherheits- und Katastrophenmanagements, als auch taktische oder operative Aufgaben. Dazu zählen u. a. die Beschaffung der infrastrukturellen Komponenten sowie ihr Betrieb (einschließlich der Benutzerbetreuung und der Wartung und Pflege der eingesetzten Systeme).

In Abhängigkeit vom jeweiligen Betrachtungsgegenstand lassen sich das *Netzwerkmanagement* sowie das *Rechner- und Installationsmanagement* unterscheiden. Zu Letzterem gehören auch die Planung, Installation und Verwaltung der Systemsoftware. Beide Aufgabenfelder beinhalten die Fehlerdiagnose und -behebung innerhalb ihres Zuständigkeitsbereiches. Ziel ist jeweils die Gewährleistung einer möglichst uneingeschränkten Verfügbarkeit der IT, wobei die Gesichtspunkte Effizienz und Flexibilität zu berücksichtigen sind.

Von großer Bedeutung für den reibungslosen Einsatz der verschiedenen IT-Komponenten ist die Abwendung von potenziellen Schäden, wobei derartige Schäden nicht nur die IT-Infrastruktur betreffen (sondern z. B. auch den Verlust von Daten).[13] Ausgehend von den potenziellen Schäden lassen sich die beiden Bereiche Sicherheitsmanagement und Katastrophenmanagement unterscheiden.

Das *Sicherheitsmanagement* beschäftigt sich mit dem Abwenden oder Vermindern realer Schäden, insbesondere der Gewährleistung von Datensicherheit und Datenschutz. Datensicherheit bedeutet, den Verlust oder die Verfälschung von Daten (Informationen) zu verhindern. Dies kann insbesondere über die Verwaltung der Daten über Datenbankmanagementsysteme (vgl. Kapitel 5), den Zugriff auf die Daten unter Beachtung von Integritätsbedingungen und eine geplante Datenredundanz (Spiegelung, Backup usw.) inklusive entsprechender organisatorischer Maßnahmen erreicht werden. Datenschutz verfolgt demgegenüber die Zielsetzung, Informationen über persönliche Lebenssachverhalte in gewissen Grenzen zu schützen; vgl. Abschnitt A.6. Basierend auf dem „Recht auf informationelle Selbstbestimmung“ existieren umfangreiche Rechtsvorschriften, die Bedingungen bei Erhebung, Verarbeitung und Nutzung personenbezogener Daten festlegen, die von Unternehmen zu erfüllen sind. Hieraus ergeben sich verschiedene organisatorische und technische Maßnahmen.

Potenzielle Fälle im Bereich des Sicherheitsmanagements entstehen sowohl durch Bedrohungen von außen als auch von innen, wobei Letztere oftmals nicht absichtlich hervorgerufen werden, sondern durch versehentliche Fehlbedienungen oder auch falsche Einstellungen im System (z. B. Benutzerrechte) bedingt sind. Dabei kann ein Verlust der (aktuellen) Funktionalität von Informationssystemen eintreten (beispielsweise infolge des Löschens von Anwendungssystemdateien). Neben der schon erwähnten Nachlässigkeit im Umgang mit den Datenbeständen können technische Probleme sowie Viren u. Ä., aber auch deliktische Handlungen, wie Datendiebstahl, Sabotage usw., Ursache von Schadensfällen sein.

Im Gegensatz zum Sicherheitsmanagement beschäftigt sich das *Katastrophenmanagement* mit der Planung von Schadensfällen, deren Eintrittswahrscheinlichkeit extrem niedrig ist, die jedoch sehr negative Folgen beziehungsweise einen potenziell sehr hohen Schaden zur Folge haben. Derartige Katastrophen können u. a. ein Ausfall des Rechenzentrums (z. B. durch Brand) oder der (temporäre) Ausfall eines wichtigen Servers infolge einer Zerstörung der Netzwerkanbindung durch Baggerarbeiten sein. In jedem Fall stellt sich die Frage, wie eine Katastrophe behandelt werden kann. Ziel des Katastro-

[13] Nichtsdestotrotz sind auch im Rahmen der Systementwicklung und des Systembetriebes Sicherheitsaspekte zu berücksichtigen.

phenmanagements ist daher eine systematische Notfallplanung. Diese besteht zum einen aus der Vorsorgeplanung, d. h. der Ausarbeitung und Durchsetzung von Vorsorgemaßnahmen gegen den Eintritt eines Katastrophenfalles, und zum anderen aus der Einsatz- und Wiederanlaufplanung von Maßnahmen bei und nach Eintritt des Katastrophenfalles. Hierfür sind verschiedene Szenarien für Katastrophen zu berücksichtigen und entsprechende Katastrophenpläne (betreffend Leitfaden, Einsatzplan, Krisenstab usw.) zu bilden. Eine Möglichkeit zur Schadensreduzierung besteht dabei in der Fremdvorsorge, z. B. durch die Sicherstellung eines Ausweichens auf andere Rechenzentren im Notfall oder den Abschluss von Versicherungen zur Verminderung des finanziellen Risikos.

Aus dem Ziel des Managements der IT-Infrastruktur, eine möglichst weitgehende Unterstützung der Informationssysteme bzw. des Informationseinsatzes zu gewährleisten, ergibt sich der Wunsch, dass jeder Anwender die von ihm genutzten, im Unternehmen verteilt vorliegenden Ressourcen von jedem Arbeitsplatz in gleichem Umfang nutzen kann. Dies zu ermöglichen ist das Ziel des *Architekturmanagements*, dessen Aufgabe im integrierten Management der unternehmensweiten Informations- und Kommunikationssystem-Installation besteht. Dabei muss jedoch berücksichtigt werden, dass Veränderungen der IT-Infrastruktur neben technischen Auswirkungen auch organisatorische und juristische Auswirkungen (z. B. hinsichtlich des Datenschutzes) haben können. Hauptaufgabe des Architekturmanagements ist jedoch das technische Management verteilter heterogener Informations- und Kommunikationssysteme, das einen starken Bezug zu den anderen Bereichen des IT-Infrastruktur-Managements besitzt.

3.6 Organisationsentwicklung

Eine Aufgabe des Informationsmanagements besteht im Erkennen (und der Umsetzung) von Potenzialen der IT für die Unternehmensführung. Damit wird eine gegenseitige Beeinflussung von Unternehmensstrategie (an der die Gestaltung der innerbetrieblichen IT prinzipiell auszurichten ist) und den Entwicklungen im Bereich der IT (die wiederum neue Geschäftsfelder, Kunden bzw. Partner erreichbar macht) impliziert. In diesem abschließenden Abschnitt wenden wir uns deshalb Möglichkeiten der IT-induzierten Organisationsentwicklung zu.

Ausgangspunkt unserer Betrachtungen bilden wiederum Transaktionskosten. Die Höhe der Transaktionskosten hängt nicht nur von der Art und Häufigkeit der zu erbringenden Leistung ab, sondern im Wesentlichen von der Organisation eines Unternehmens an sich sowie der Gestaltung seiner Beziehungen zu Lieferanten, Kunden und sonstigen Partnern.

So kann der Einsatz geeigneter Kommunikationsmittel zwischen einem Unternehmen und seinen Lieferanten die Transaktionskosten für den zwischenbetrieblichen Informationsaustausch reduzieren. Hierfür können jedoch organisatorische Veränderungen in den beteiligten Unternehmen notwendig sein.

Organisationsinterne Veränderungen umfassen nicht nur eine (Teil-)Automatisierung (im Sinne der Rationalisierung) von bestehenden Abläufen, sondern vielmehr eine prinzipielle Veränderung der Aufteilung der Arbeit und entsprechender Verantwortungsbereiche. Neben einer geeigneten informationstechnischen Unterstützung der Abläufe im Unternehmen kann die Höhe der Transaktionskosten somit auch durch die Koordinationsform (der Informationsbeziehungen) eines Unternehmens beeinflusst werden.

In Abhängigkeit von dem mit einem Aufgabenbereich verbundenen Handlungsspielraum eines Entscheidungsträgers[14] können unterschiedliche Koordinationsformen (d. h. organisatorische Rahmenbedingungen hinsichtlich der Beziehungen handelnder Personen in einem Unternehmen sowie der damit einhergehenden Entscheidungskompetenzen und Informationsbeziehungen) sinnvoll sein. In Abbildung 3.7 wird dieser Zusammenhang verdeutlicht. Bei einem großen Handlungsspielraum ist in der Regel eine hierarchische Organisationsform zu präferieren. Je geringer der Handlungsspielraum bei einer Entscheidung ist, desto eher können entsprechende Leistungen über den Markt bezogen werden. So sollte die Entwicklung der IT-Strategie, für die ein hoher Entscheidungsspielraum zu konstatieren ist, unternehmensintern erfolgen, sofern diese für den langfristigen Erfolg eines Unternehmens eine hohe Bedeutung besitzt. Demgegenüber können z. B. Aufgaben des Netzwerkmanagements aufgrund ihrer geringeren Spezifität an andere Unternehmen abgegeben werden.

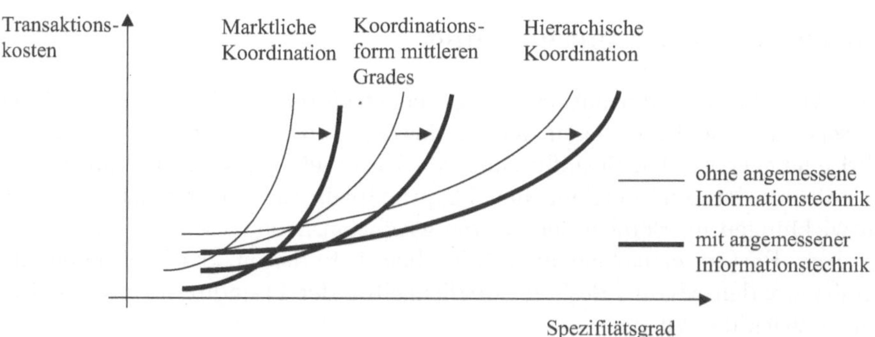

Abbildung 3.7. Einfluss der Informationstechnik und Spezifität auf Transaktionskosten und Wahl der Koordinationsform; vgl. Picot et al. (1996)

[14] In diesem Zusammenhang beschreibt die so genannte *Spezifität* einer Aufgabe den Aufwand, den ein Auftraggeber zu erbringen hat, um festzustellen, ob und inwieweit der Auftragnehmer die Aufgabe im Sinne des Auftraggebers erfüllt hat.

Leistungen mit geringer Spezifität über den Markt zu beziehen, wird als *Outsourcing* bezeichnet. Hierunter versteht man die Auslagerung insbesondere von Aufgaben des Informationsmanagements an externe Partner; vgl. Szyperski et al. (1993). Insbesondere bieten sich verschiedene administrative und operative Aufgaben des IT-Managements für ein Outsourcing an. So kann die auf Basis strategischer Entscheidungen veranlasste Softwareentwicklung im Allgemeinen (auch bei Individualsoftware; vgl. Abschnitt 2.4.4) von externen Dienstleistungsunternehmen übernommen werden.

Entsprechende Koordinationsformen werden durch die derzeitige Entwicklung zum Käufermarkt mit höherer Marktunsicherheit und einer höheren Produktkomplexität gefördert. Diese beiden Faktoren stellen wichtige Einflussgrößen für die Auswahl einer Koordinationsform dar; vgl. Abbildung 3.8. Unternehmen sind in diesem Zusammenhang oftmals bestrebt, sich zum einen auf Kernkompetenzen zu konzentrieren und zum anderen strategische Partnerschaften einzugehen. Entsprechende Koordinationsformen fußen maßgeblich auf der Nutzung bzw. Entwicklung geeigneter IT-Infrastruktur. Insbesondere beim Übergang zu neuen Unternehmensformen, d. h. Veränderungen hinsichtlich der Koordinationsform, lassen sich demzufolge durch intelligenten Einsatz von IT Transaktionskosten reduzieren. Mögliche Koordinationsformen sind organisationsintern die Modularisierung; unternehmensübergreifend stellen die Bildung strategischer Netzwerke oder virtueller Unternehmen wesentliche Ausprägungen IT-induzierter Organisationsentwicklung dar.

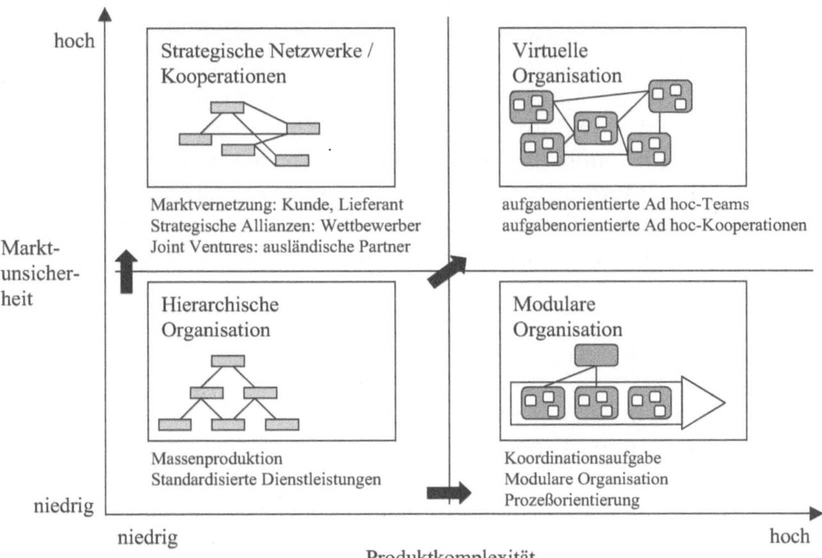

Abbildung 3.8. Wandel der Marktsituation und Reorganisationsbedarf; nach Pribilla et al. (1996)

Unter Modularisierung versteht man hierbei die Umstrukturierung eines Unternehmens in relativ kleine, überschaubare Einheiten (Module), die eine dezentrale Entscheidungskompetenz und Ergebnisverantwortung besitzen. Grundlage der Aufteilung in Module sind oftmals integrierte, kundenorientierte Prozesse; Ziele sind insbesondere die Reduktion der Anzahl der am Leistungsprozess beteiligten Organisationseinheiten und der damit verbundenen Schnittstellen sowie die Verbesserung der Kundennähe. Auch wenn sich der Koordinationsaufwand bezüglich eines jeden Prozesses verringert, so ist dennoch zu konstatieren, dass der insgesamt anfallende Koordinationsaufwand im Vergleich zu traditionellen Unternehmensformen höher ausfallen kann. Dieser Aufwand lässt sich jedoch durch geeignete IT-Unterstützung kompensieren.

Gründe für die Bildung strategischer Netzwerke können z. B. die Beschränkung auf Kernkompetenzen in Unternehmen sein, womit andere Unternehmen mit an die eigenen Kernkompetenzen anschließenden Produkten bzw. Dienstleistungen als Partner in Frage kommen (z. B. bei Kooperationen zwischen einem Mobilfunknetzbetreiber und einem Hersteller von Mobilfunkgeräten). Virtuelle Unternehmen (vgl. Abschnitt 1.2) zeichnen sich dadurch aus, dass verschiedene Unternehmen in häufig wechselnden Verbünden für begrenzte Zeiträume (z. B. die Dauer eines Projektes) kooperieren, jedoch keine festen organisatorischen Verflechtungen zwischen ihnen bestehen. Ziele sind hierbei die Erhöhung der Flexibilität und die Verringerung von Transaktionskosten, da nur die am jeweiligen Projekt beteiligten Unternehmen bzw. Personen untereinander Informationen austauschen müssen.

Diese neuen Koordinationsformen sind jedoch ohne eine Unterstützung durch entsprechende Informationstechnik und Informationssysteme undenkbar. Insbesondere virtuelle Unternehmen hängen in hohem Maße von der IT und den verwendeten IKS ab, da eine flexible Zusammenarbeit zwischen verschiedenen räumlich und organisatorisch getrennten Unternehmen erreicht werden soll. Das Informationsmanagement hat somit nicht nur die Aufgabe, geeignete Koordinationsformen aufzuzeigen, sondern auch die Aufgabe, die hierfür benötigte Infrastruktur zu bestimmen und zur Verfügung zu stellen.

3.7 Kontrollfragen

1. Erläutern Sie an einem selbst gewählten Beispiel die Begriffe „Daten“, „Information“ und „Wissen“! Grenzen Sie diese Begriffe voneinander ab!

2. Grenzen Sie Informationsmanagement und Wirtschaftsinformatik definitorisch voneinander ab! Erläutern Sie anhand Ihrer Definitionsansätze, ob diese beiden Gebiete eine eigenständige Daseinsberechtigung besitzen!

3. Nennen und erklären Sie (kurz) wesentliche Aufgaben des Informationsmanagements! Ordnen Sie diese den Ebenen des Ebenenmodells von

Wollnik (vgl. Abbildung 3.2 auf S. 70) zu!

4. Was stellen Sie sich unter einem *persönlichen Informationsmanagement* vor?

4. Modellierung

Unter einem *Modell* versteht man eine im Hinblick auf einen Zweck vereinfachte Abbildung eines Realitätsausschnittes oder eines abstrakten Gegenstands als ein Artefakt[1], wobei Modelle entsprechend des Zweckbezuges gewisse Ähnlichkeiten zum abgebildeten Gegenstandsbereich (Objektsystem) besitzen – etwa ein Homomorphismus hinsichtlich Struktur, Funktion oder Verhalten. *Modellierung* im Sinne der Entwicklung von Modellen erfolgt, um Phänomene der Wirklichkeit zu beschreiben, zu erklären und zu gestalten. Um für den jeweiligen Zweck unwesentliche Komplexität zu reduzieren, ist im Rahmen der Modellierung eine *Abstraktion* notwendig, wobei Teile der Realität ausgeblendet oder durch eine einfachere Darstellung ersetzt werden können. Dabei erfolgt häufig eine Loslösung vom Konkreten im Sinne einer verallgemeinernden Typisierung relevanter Sachverhalte (z. B. die Einordnung aller Kunden eines Unternehmens gemäß eines verallgemeinernden Schemas).

Typische Modellierungszwecke sind die Entwicklung von Anwendungssystemen, die Dokumentation, Analyse und Optimierung von Geschäftsprozessen, die Unterstützung der Konfiguration und Einführung von Standardanwendungssoftware, das Wissensmanagement, die Simulation von Fertigungsanlagen oder die Einführung einer Prozesskostenrechnung. Aufgrund der Vielfalt der Anwendungsbereiche ergeben sich unterschiedliche Anforderungen, so dass verschiedenste Modellierungsmethoden entwickelt wurden, die die Form der Modellierung regeln.

Im Rahmen der Unternehmensmodellierung stellen Unternehmen bzw. entsprechende betriebliche Gegebenheiten den betrachteten Wirklichkeitsausschnitt dar. Die Modellierung entsprechender Strukturen und Abläufe ist die Grundlage für eine Beurteilung der Potenziale einer informationstechnischen Unterstützung der Abwicklung von Geschäftsprozessen. Auf dieser Basis kann die Gestaltung von Anwendungssystemen über die Entwicklung entsprechender Entwurfsmodelle unterstützt werden. In diesem Zusammenhang werden Phänomene eines Unternehmens primär als Nachbild modelliert (im Sinne eines Ist-Modells eines realen Objektsystems), während der Entwurf von An-

[1] Der Begriff Artefakt (vom Lateinischen: „arte" mit Kunst; „factum" das Gemachte) bezeichnet ein durch menschliche oder technische Einwirkung entstandenes Produkt oder Phänomen.

wendungssystemen primär einen konstruktiven Vorbildcharakter besitzt (im Sinne eines Soll-Modells). Andererseits kann sich die Vor- bzw. Nachbild-Rolle auch umgekehrt darstellen – etwa wenn ein bestehendes Anwendungssystem über Modelle nachgebildet wird, während Geschäftsprozessmodelle im Sinne von Referenzmodellen als Vorbild für veränderte bzw. neue Abläufe dienen können; vgl. die Abschnitte 3.6 und 4.1.3. In diesem Zusammenhang können Modelle dahingehend klassifiziert werden, inwieweit ein beschreibender, erklärender oder gestaltender Charakter vorliegt. Aufbauend auf einer Beschreibung bilden erklärende Modellaspekte insbesondere Ursache-Wirkungs-Beziehungen (Kausalitäten) ab. Idealtypisch ergibt sich eine Abfolge von Beschreibung, Erklärung sowie eine anschließende (Neu-)Gestaltung von Systemen.

Weitere allgemeine Klassifikationsmerkmale für Modellierungsmethoden bzw. entsprechende Modelle sind die Realitätsnähe bzw. der Grad der Vereinfachung (Abstraktionsgrad) sowie die Formalisierung (der Grad der Festlegung von Syntax und Semantik der Modellierungskonstrukte) und die entsprechende Darstellungstechnik (z. B. natürlichsprachig, graphisch, mathematisch). In Abhängigkeit von der Abbildung von Unsicherheiten kann man in deterministische und stochastische Modelle unterscheiden.

Des Weiteren können Modellierungsmethoden dahingehend klassifiziert werden, ob statische oder dynamische Zusammenhänge abgebildet werden und ob diese Abbildung statisch oder dynamisch erfolgt. Damit ergeben sich folgende Möglichkeiten; vgl. Voß und Gutenschwager (2001):

1. (statische) Abbildung von statischen Zusammenhängen,
2. statische Abbildung von Prozessen,
3. dynamische Abbildung von Prozessen.

Der erste Ansatz wird z. B. für die Abbildung von Organisationsstrukturen, Funktionshierarchien und Datenbeständen genutzt, wofür u. a. die Entity-Relationship-Modellierung genutzt werden kann; vgl. Abschnitt 4.2.1. Die statische Abbildung von Prozessen wird z. B. bei der Darstellung von Arbeitsablaufplänen eingesetzt, wobei die einzelnen Schritte des Prozesses beschrieben werden, nicht jedoch die im Zeitverlauf auftretenden Veränderungen des abgebildeten Systems. Will man diese Veränderungen ebenfalls nachvollziehen, so ist eine dynamische Modellierung zu wählen, z. B. die Simulation; vgl. Abschnitt 4.6. So kann bei der Simulation eines Lagers zu jedem Zeitpunkt der Lagerbestand nachvollzogen werden, der sich durch die Ein- und Ausgänge von Gütern im Zeitverlauf ändert.

Mit Blick auf den verfolgten Modellierungszweck beschränkt man sich bei der Modellierung häufig auf die Abbildung bestimmter Aspekte (so genannter Sichten). Bei der Unternehmensmodellierung bedeutet dies insbesondere eine Fokussierung auf statische, strukturelle Aspekte (z. B. Aufbauorganisation, relevante Daten) oder eher dynamische Aspekte (z. B. Ablauforganisation, Datenflüsse); vgl. Abschnitt 4.1.1. Hiervon unabhängig spricht man in Abhängigkeit von der Nähe zur Informationstechnik auch von verschiedenen

(Betrachtungs-)Ebenen der Modellierung. Die zweckorientierte Verwendung verschiedener Sichten und Ebenen entspricht dem Modellierungsprinzip der Abstraktion; erst hierdurch wird es möglich, Komplexität zu reduzieren und handhabbare Modelle zu entwickeln.

Systematische Formen der Modellierung erfolgen auf der Basis so genannter *Metamodelle*, in denen die Syntax und Semantik von Modellierungskonstrukten (statisch-strukturelles Metamodell) sowie gegebenenfalls zugeordnete Vorgehensweisen bei der Modellierung (prozessuales Metamodell) festgelegt sind. Die Interpretation von Modellen basiert damit immer auf entsprechenden – explizit formulierten oder implizit angenommenen – Metamodellen. Ein statisch-strukturelles Metamodell definiert die zulässigen Modellierungskonstrukte (z. B. Objekttypen), die anwendungsabhängig in Modellen verwendet werden können (z. B. Objekttyp Kunde), wovon wiederum konkrete Ausprägungen existieren (z. B. „Kunde Meier" als Exemplar des Objekttyps Kunde). Demgemäß ergeben sich verschiedene *Abstraktionsstufen*, die über eine Typisierung miteinander verknüpft sind (d. h., Modellelemente auf einer Abstraktionsstufe stellen jeweils Ausprägungen von Modellelementen auf der nächsthöheren Abstraktionsstufe dar).

Die in den folgenden Abschnitten beschriebenen Modellierungsmethoden werden insbesondere im Rahmen der Entwicklung von Anwendungssystemen eingesetzt. Da Anwendungssysteme aus Software bestehen, zielt die Modellierung im Rahmen der Anwendungssystementwicklung letztendlich auf formale, ausführbare Modelle ab (etwa die Abbildung von einfachen Abläufen in Form von Workflows, die direkt in Workflow-Management-Systemen verwendet werden können). In diesem Zusammenhang kann sich die Modellierung damit nicht in der Erstellung konzeptioneller Modelle erschöpfen, auf deren Basis die eigentliche Systementwicklung losgelöst erfolgt. Stattdessen sollten Entwurfsmodelle idealerweise automatisiert in ausführbare Implementierungsmodelle umgesetzt werden können (z. B. die Übertragung eines Datenmodells in eine konkrete Datenbank). Voraussetzung hierfür ist einerseits die Verwendung formaler und kompatibler Modellierungs- und Implementierungstechniken auf verschiedenen Ebenen. Andererseits ist eine effiziente Unterstützung entsprechender Entwicklungsprozesse durch zweckmäßige Softwarewerkzeuge erforderlich. Vor diesem Hintergrund kann sich ein Entwurfsmodell im Idealfall direkt in entsprechenden IT-Systemen widerspiegeln; vgl. z. B. Taylor (1995).

Im Zusammenhang mit der Entwicklung von Anwendungssystemen als Teil von Informations- und Kommunikationssystemen ist die Unterstützung betrieblicher Planungs- und Entscheidungsprozesse ein weiterer zentraler Zweckbereich der Modellierung. Dabei dienen *Simulationsmodelle* der experimentellen Analyse verschiedener Konfigurationsalternativen bzw. Szenarien für komplexe dynamische Systeme; vgl. Abschnitt 4.6. Sofern ein quantitativ abbildbares, analytisches Verständnis der Problemstellung vorliegt bzw.

über entsprechende Vereinfachungen angenommen wird, können mathematische *Optimierungsmodelle* zum Einsatz kommen; vgl. Abschnitt 4.7.

4.1 Unternehmensmodellierung

Die Bedeutung der Unternehmensmodellierung für die Wirtschaftsinformatik ergibt sich insbesondere im Rahmen der informationstechnischen Unterstützung der Abwicklung von Geschäftsprozessen. Hierfür ist ungeachtet der Vielfalt entsprechender Aufgaben eine Modellierung betrieblicher Strukturen und Abläufe unabdingbar. In den folgenden Abschnitten dieses Kapitels wird insbesondere darauf eingegangen, wie man hierbei systematisch zweckorientierte Teilmodelle bilden und nutzen kann und welche Modellierungsmethoden hierfür auf einer betriebswirtschaftlich-fachlichen Ebene zur Verfügung stehen.

Nicht näher eingegangen wird in diesem Kapitel auf einige der bereits in Kapitel 3 betrachteten Themen wie z. B. die Analyse von Informationsbedarfen, das Wissensmanagement und die Organisationsentwicklung. Nichtsdestotrotz ist nochmals zu betonen, dass die simultane Betrachtung der Gestaltung von Informationssystemen und entsprechender Unternehmensstrukturen und -abläufe erforderlich ist; vgl. Brynjolfsson und Hitt (2000).

4.1.1 Sichten, Ebenen und Integration

Bei der Unternehmensmodellierung definieren zweckorientierte *Sichten* die zu modellierenden Aspekte des Unternehmens(ausschnittes). Sichten bestimmen bei der Bildung von Teilmodellen den eingenommenen Blickwinkel (im Sinne einer Ähnlichkeit des semantischen Zusammenhangs zwischen Elementen des Objektsystems und Modellelementen). Vor dem Hintergrund der Entwicklung von Informationssystemen bilden die Datensicht, die (Aufbau-)Organisationssicht sowie die Funktions- und Prozesssicht (Verhaltenssicht) die grundlegenden Perspektiven einer Modellierung. Im Weiteren werden die Sichten und Ebenen der Unternehmensmodellierung sowie sich hieraus ergebende Integrationserfordernisse einführend dargestellt. In den folgenden Abschnitten dieses Kapitels erfolgt eine nähere Betrachtung gemäß einer sichtenorientierten Gliederung.

Aus der *Datensicht* bilden die im Unternehmen vorhandenen bzw. erzeugten Daten den zentralen Gegenstand der Unternehmensmodellierung. Es erfolgt eine Abbildung von Informationen über statische Sachverhalte.[2] Hierbei

[2] Demgemäß kann man auch von einer Informationssicht bzw. von Informationsobjekten sprechen. Wir folgen hier dagegen der üblichen begrifflichen Fokussierung auf Daten, wobei in diesem Zusammenhang eine synonyme Verwendung der Begriffe „Daten“ und „Informationen“ gebräuchlich ist.

unterscheidet man teilweise vereinfachend in die Beschreibung von längerfristig gültigen Zuständen und kurzfristigen oder zeitpunktbezogenen Ereignissen; erstere bezeichnet man auch als Stammdaten (z. B. Adressen von Kunden, Zusammensetzung von Produkten), letztere als Bewegungsdaten (z. B. Kundenaufträge, Lagerzugänge). Datenmodelle basieren insbesondere auf einer abstrahierenden Klassifikation und Typisierung relevanter Betrachtungsgegenstände über geeignete Datenstrukturen (z. B. werden Kunden durch eine achtstellige Kundennummer, einen Namen, eine Adresse usw. beschrieben). Da die wesentlichen Datenstrukturen – unabhängig von den eigentlichen Ausprägungen bzw. Inhalten – in einem Unternehmen im Zeitverlauf relativ stabil sind, können Datenmodelle die Grundlage für eine langfristig tragfähige, systematische Verwaltung von Unternehmensdaten in Datenbanksystemen bilden. Auf die Datenmodellierung wird in Abschnitt 4.2 näher eingegangen.

In der *Organisationssicht* steht die Abbildung statischer Unternehmensstrukturen im Mittelpunkt. Dies bezieht sich insbesondere auf aufbauorganisatorische Aspekte. Beispielsweise kann ein Modell die Gliederung einer Abteilung in elementare personelle Organisationseinheiten (Stellen) und die Besetzung von Stellen mit Personen, die damit entsprechende Rollen einnehmen, abbilden. Weiterhin können auch technische Organisationseinheiten betrachtet werden (z. B. Fertigungsanlagen oder Rechnersysteme). Die Organisationsmodellierung ist hochgradig relevant, da die informationstechnische Unterstützung der Abwicklung von Geschäftsprozessen – unabhängig von einer nur teilweisen oder einer vollständigen Automatisierung – Organisationseinheiten als Aufgabenträger voraussetzt. Auf die Organisationsmodellierung wird in Abschnitt 4.3 näher eingegangen.

In der *Funktionssicht* bilden Funktionen den primären Betrachtungsgegenstand der Modellierung. Funktionen stehen in einem engen Zusammenhang mit aus (Unternehmens-)Zielen abgeleiteten Aufgaben. Beispiele für Funktionen sind die Abwicklung eines Kundenauftrags oder die Erstellung des Jahresabschlusses. Entsprechende Verrichtungen lassen sich in einem abstrakten Sinne als eine Transformation von Objekten auffassen; dabei kann es sich um Material und/oder Informationen handeln. In Funktionsmodellen ist damit primär abzubilden, wie eine solche Transformation definiert ist und umgesetzt werden kann. Dabei erfolgt häufig einer Gliederung (Dekomposition) von Funktionen in Teilfunktionen. Sofern diese Gliederung gemäß des prinzipiellen zeitlichen bzw. sachlogischen Ablaufs erfolgt, spricht man auch von einer Phasengliederung. Entsprechende Modelle ermöglichen eine Abbildung des dynamischen Ablaufs von Prozessen, weshalb man dann auch von einer *Prozesssicht* bzw. einer prozessorientierten Modellierung spricht. In diesem Zusammenhang versteht man unter *Geschäftsprozessen* betriebswirtschaftlich relevante Prozesse im Sinne einer zusammengehörigen Abfolge von Funktionen bzw. Verrichtungen zum Zweck der Leistungserstellung. Im Hinblick auf eine informationstechnisch (teil-)automatisierte Abwicklung von Geschäftsprozessabläufen besitzen Prozessmodellierungstechniken eine hohe

Relevanz. Auf die funktions- und prozessorientierte Modellierung wird in Abschnitt 4.4 näher eingegangen.

Unabhängig von der eingenommenen Modellierungssicht können Modelle in Abhängigkeit von der Nähe zur Informationstechnik auf verschiedenen *(Betrachtungs-)Ebenen* gebildet werden. Gebräuchlich ist eine grobe Gliederung in drei Ebenen. Zunächst erfolgt eine Abbildung des Wirklichkeitsausschnittes auf einer betriebswirtschaftlich-fachlichen Ebene. Ein solches Modell (Fachkonzept) stellt häufig eine analytische Aufnahme der Ist-Situation bzw. Problemstellung dar; allerdings können auch idealisierte Strukturen bzw. Soll-Modelle entwickelt werden. Im Rahmen einer modellbasierten Entwicklung von Anwendungssystemen bestimmt das Fachkonzept das Problem und damit die primären Anforderungen an eine informationstechnische Lösung, die über konzeptionelle Entwurfsmodelle strukturiert wird (DV-Konzept), wobei soweit möglich noch von implementierungstechnischen Details abstrahiert wird. Auf dieser Grundlage erfolgt schließlich auf der Implementierungsebene eine Konkretisierung und Ausgestaltung im Detail (in Abhängigkeit von den verwendeten Softwarewerkzeugen sowie der gegebenen Informations- und Kommunikationsinfrastruktur).[3] Dementsprechend ergibt sich in der Regel vom Fachkonzept zum Implementierungsmodell ein steigender Formalisierungsgrad sowie eine Verschiebung des Modellcharakters von einer Nachbild- zu einer Vorbild-Rolle.

Die Entwicklung von Teilmodellen bezüglich der diskutierten Sichten und Ebenen, aber auch bezüglich verschiedener Gegenstandsbereichsausschnitte und Detaillierungs- bzw. Aggregationsstufen, erleichtert die Modellbildung über eine entsprechende Komplexitätsreduzierung. Andererseits ergeben sich Integrationserfordernisse. Es stellt sich beispielsweise die Aufgabe, Beziehungen zwischen unterschiedlichen Sichten abzubilden. So erfordert eine ganzheitliche Darstellung von Geschäftsprozessen die Abbildung der in eine Funktion ein- und ausgehenden Daten sowie der für die Ausführung verantwortlichen Organisationseinheiten (Aufgabenträger). Aus dem Blickwinkel des Informationsmanagements ergibt sich ebenfalls das Erfordernis der Abbildung von Zusammenhängen zwischen Daten-, Organisations- und Funktionssicht. Beispielsweise sind einerseits die Informationsbedarfe für bestimmte betriebliche Aufgaben bzw. Funktionen (vgl. Abschnitt 3.3.1) sowie andererseits organisatorische Verantwortlichkeiten bezüglich der Datenpflege abzubilden. Eine besondere Form der Integration von Funktions- und Datensicht ist bei der objektorientierten Modellierung zu konstatieren, bei der von vornherein in Objekten bzw. Objekttypen (Klassen) Datenstrukturen und hiermit

[3] Die Untergliederung hinsichtlich der Nähe zur Informationstechnik findet sich bereits im Ebenenmodell des Informationsmanagements; vgl. Abschnitt 3.2. Auch dort werden der oberen Ebene eher betriebswirtschaftlich-fachliche und der unteren Ebene eher technische Aufgaben mit Bezug zur verwendeten Informations- und Kommunikationsinfrastruktur zugeordnet. Die mittlere Ebene beschäftigt sich dort allerdings bereits mit der Software, wogegen hier noch von der konkreten Implementierung abstrahiert wird.

in direktem Zusammenhang stehende Funktionen gekapselt werden; vgl. Abschnitt 4.5.

Neben der Integration verschiedener Sichten ist auch die Integration innerhalb einer Sicht von Bedeutung. So sind insbesondere Zusammenhänge zwischen verschiedenen Detaillierungs- bzw. Aggregationsstufen darzustellen. Bezogen auf die Datenmodellierung sind außerdem beispielsweise Überdeckungen zwischen Modellen, die für bestimmte Funktionen bzw. Funktionsbereiche entwickelt wurden, aufzuzeigen. Eine entsprechende *Datenintegration*, die die Voraussetzung für die Nutzung derselben Datenbasis in verschiedenen betrieblichen Funktionsbereichen bildet, ist hinsichtlich verschiedener Zielsetzungen vorteilhaft:

- Verbesserung der Datenintegrität (Vollständigkeit und Richtigkeit von Daten) bzw. Vermeidung von Inkonsistenzen (Widersprüchen)
- Reduktion von überflüssigen Daten (Redundanzen)
- Erhöhung der Aktualität von Daten
- Verbesserung der Datenverfügbarkeit

Die Explizierung der Zusammenhänge zwischen Teil-Modellen über eine Integration verschiedener Sichten, Funktionsbereiche sowie Detaillierungs- bzw. Aggregationsstufen ist ein kritischer Aspekt der Modellierung betrieblicher Informationssysteme. Eine vollständige und detaillierte Integration führt in der Regel zu einem mächtigen, allerdings auch umfangreichen und komplizierten Unternehmensgesamtmodell. Die Handhabbarkeit solcher Modelle bedingt damit insbesondere softwarewerkzeuggestützte Mechanismen für eine Verwendung des Unternehmensmodells gemäß bestimmter Zwecke. Diese Anforderung bezieht sich beispielsweise auf eine Modelldekomposition gemäß verschiedener Sichtweisen und Abstraktionsebenen. Generell besteht die Problematik, dass die Erstellung und laufende Anpassung umfassender Unternehmensmodelle eine aufwändige Aufgabe darstellt. Ein entsprechender (Mehr-)Aufwand ist in Unternehmen nur dann zu rechtfertigen, wenn Unternehmensmodelle nicht als Selbstzweck betrachtet werden, sondern effektiv im Rahmen bestimmter Aufgaben wie z. B. der Anwendungssystementwicklung und Geschäftsprozessoptimierung eingesetzt werden.

4.1.2 Architektur integrierter Informationssysteme

Die von Scheer entwickelte *Architektur integrierter Informationssysteme* (ARIS; vgl. Scheer (1997, 2001, 2002)) ist ein Rahmenkonzept für die ganzheitliche Modellierung von betrieblichen Informationssystemen bzw. der gesamten Informationsverarbeitung eines Unternehmens vom Fachkonzept bis zur Implementierung. ARIS verfolgt dabei einen prozessorientierten Ansatz, indem die Modellierung von Geschäftsprozessen als Grundlage für die Gestaltung, Implementierung und Optimierung entsprechender Geschäftsprozesse in den Mittelpunkt gestellt wird.

Die Beschreibung von Geschäftsprozessen basiert auf einem allgemeinen Geschäftsprozessmodell, das auf der Metaebene die relevanten Modellierungskonstrukte festlegt; vgl. Abbildung 4.1. Zwischen Ausprägungen der Modellierungskonstrukte können verschiedene Zusammenhänge („Flüsse“) bestehen, die über entsprechende Kanten bzw. Pfeile dargestellt werden. In Abbildung 4.2 ist beispielhaft ein Ausschnitt eines anwendungsspezifischen Geschäftsprozessmodells dargestellt. Entsprechende Geschäftsprozessmodelle können auch mittels der von Scheer (1990a) beschriebenen *Vorgangskettendiagramme* veranschaulicht werden, wobei eine darstellungstechnisch tabellarische Orientierung an den verschiedenen Sichten erfolgt. Aufgrund der Vielfalt der modellierten Aspekte werden solche Geschäftsprozessmodelle jedoch relativ schnell kompliziert.

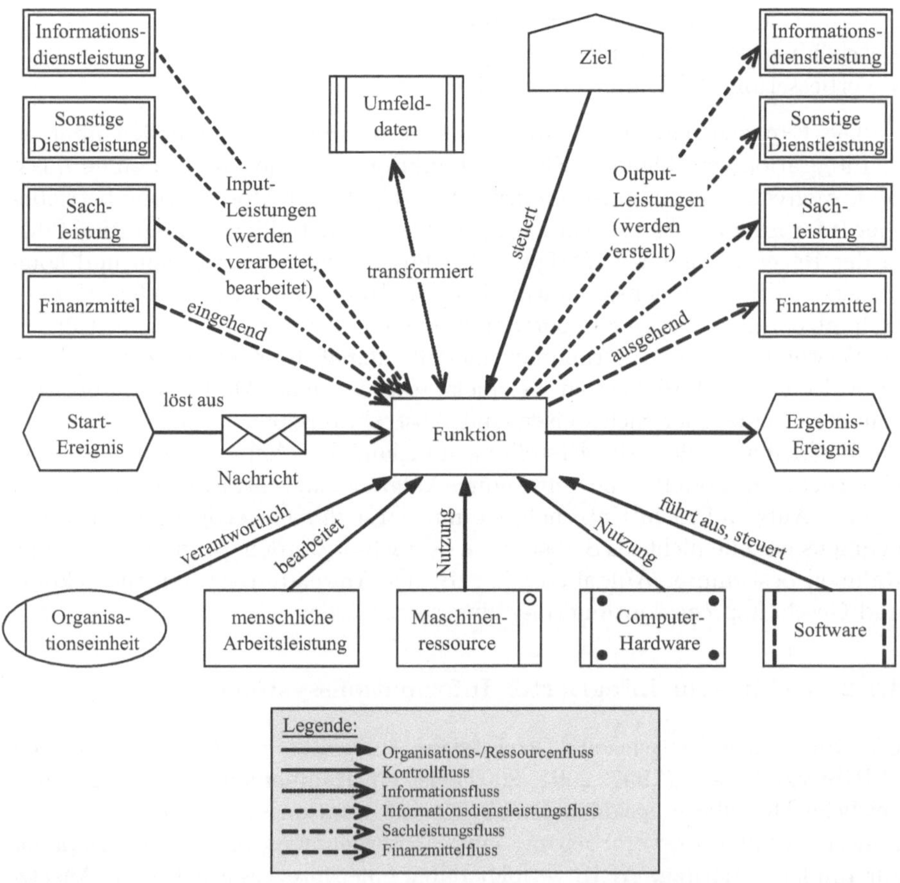

Abbildung 4.1. Allgemeines ARIS-Geschäftsprozessmodell; Quelle: Scheer (2002, S. 31)

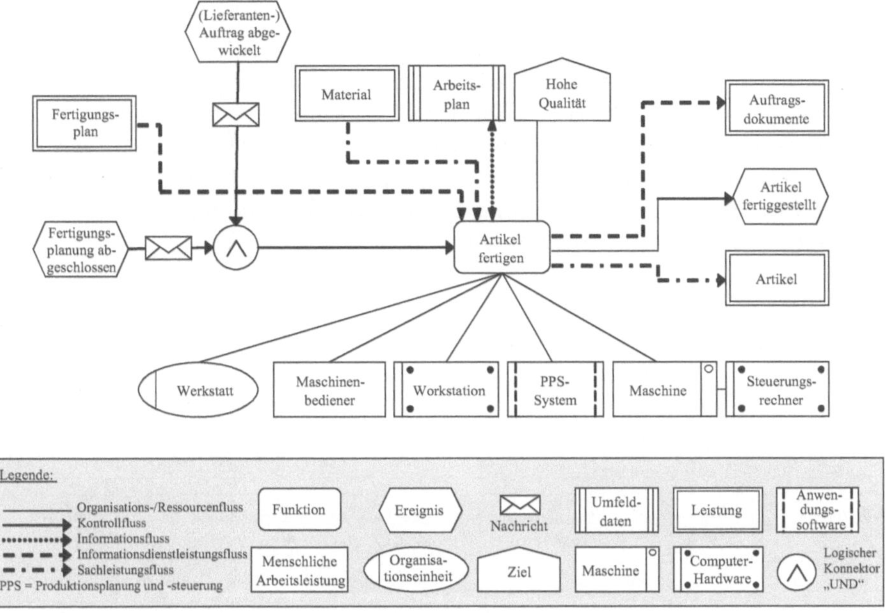

Abbildung 4.2. Beispiel für ein Geschäftsprozessmodell in ARIS (Ausschnitt); nach Scheer (2002, S. 28)

Kernelemente des ARIS-Geschäftsprozessmodells sind Funktionen. Funktionen werden durch Ereignisse bzw. entsprechende Nachrichten ausgelöst; die Verrichtung einer Funktion führt in der Regel zu Folgeereignissen bzw. zu entsprechenden Nachrichten. Die Zusammenhänge zwischen Funktionen, Nachrichten und Ereignissen bestimmen den Kontrollfluss von Geschäftsprozessen. Die Zuordnung von für Funktionen verantwortlichen Organisationseinheiten bzw. für die Funktionsausführung notwendigen Ressourcen verschiedener Art wird als Organisations- bzw. Ressourcenfluss bezeichnet. Die ein- und ausgehenden Daten von Funktionen bestimmen einen entsprechenden Informationsfluss. Hierbei kann es sich einerseits um ein- und ausgehende Nachrichten im Zusammenhang mit entsprechenden Ereignissen handeln, andererseits können im Rahmen der Funktionsausführung weitere (Umfeld-)Daten benötigt und gegebenenfalls verändert werden. Darüber hinaus können Funktionen eine zugeordnete Zielsetzung sowie eingehende und resultierende Leistungen verschiedener Art zugeordnet werden. Hierbei wird in Informationsdienstleistungen, sonstige immaterielle Dienstleistungen, Sachleistungen sowie in Finanzmittel unterschieden. Die Zusammenhänge zwischen Funktionen sowie eingehenden und resultierenden Leistungen bilden den Leistungsfluss eines Geschäftsprozesses, der in die verschiedenen Leistungsarten differenziert werden kann.

Da die Darstellung aller beschriebenen Modellaspekte relativ schnell zu unübersichtlichen und kaum handhabbaren Modellen führt, beinhaltet ARIS eine Strukturierung in verschiedene Sichten; vgl. das in Abbildung 4.3 gezeigte so genannte ARIS-Haus. Die Daten-, Organisations-, Funktions- und Leistungssicht werden in einer Steuerungssicht verknüpft. Diese Steuerungssicht beschreibt über den Kontrollfluss die eigentlichen dynamischen Aspekte eines Geschäftsprozessablaufes und stellt dabei Verbindungen zwischen den anderen, eher statischen Sichten her.

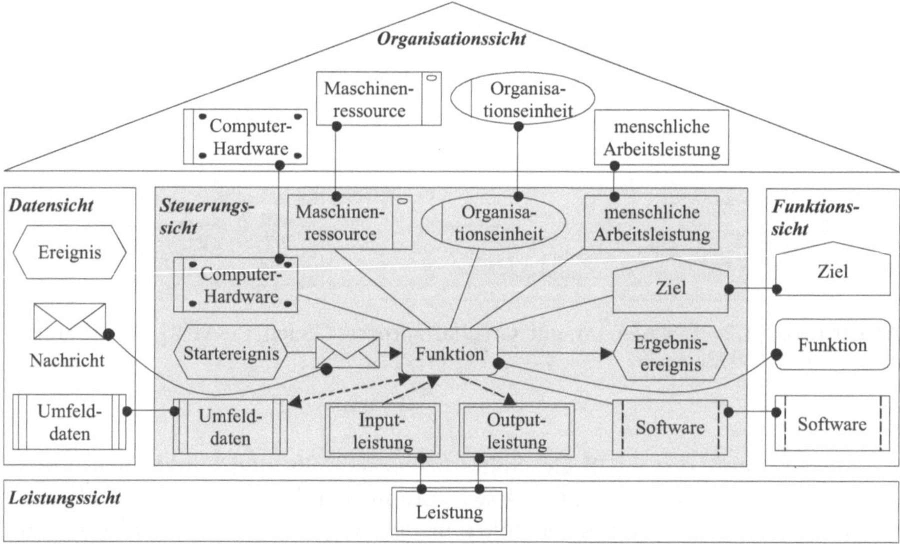

Abbildung 4.3. Die Sichten des so genannten ARIS-Hauses; nach Scheer (2002, S. 37)

Neben der Betrachtung gemäß verschiedener Sichten beinhaltet das ARIS-Rahmenkonzept ebenfalls eine Gliederung bezüglich der Nähe zur Informationstechnik über die Ebenen *Fachkonzept*, *DV-Konzept* und *Implementierung*; vgl. Abschnitt 4.1.1, S. 96. Das heißt, für jede Sicht können Modelle entsprechend der typischen Phasen des Entwicklungslebenszyklus auf den verschiedenen Ebenen gebildet werden.

Prinzipiell können in den verschiedenen Sichten und Ebenen im Sinne des Rahmenkonzept-Ansatzes von ARIS verschiedene Metamodelle bzw. konkrete Modellierungsmethoden Verwendung finden; vgl. die Abschnitte 4.2 bis 4.4. Eine entsprechende Auswahl ist abhängig vom verfolgten Modellierungszweck und den hierdurch implizierten Anforderungen. Weiterhin ist eine Unterstützung durch Softwarewerkzeuge wesentlich.[4] Im Zusammenhang

[4] Vgl. das ARIS Toolset der IDS Scheer AG.

mit ARIS kamen in der Vergangenheit insbesondere erweiterte Formen der Entity-Relationship-Modellierung (vgl. Abschnitt 4.2.1) für die Datensicht sowie Ereignisgesteuerte Prozessketten (vgl. Abschnitt 4.4.2) für die Steuerungssicht zum Einsatz, wobei hier jeweils der Schwerpunkt auf die Fachkonzeptebene gelegt wird. Inzwischen werden die verschiedenen Sichten teilweise auch auf der Grundlage der objektorientierten *Unified Modeling Language* modelliert; vgl. Abschnitt 4.5.

Das wesentliche Ziel eines ganzheitlichen Geschäftsprozessmanagements ist eine Unterstützung aller Entwicklungsphasen im Lebenszyklus von Geschäftsprozessen. Hierfür beschreibt Scheer (2002) unter dem Begriff ARIS HOBE (House of Business Engineering) vier miteinander verknüpfte Anwendungsfelder. Grundlegend geht es um die eigentliche Prozessgestaltung, die beispielsweise durch die simulative Bewertung von Prozessen auf der Basis entsprechender Prozessmodelle unterstützt werden kann. Eng hiermit verknüpft ist die operative Prozessplanung, -steuerung und -kontrolle, die eine entsprechende Rückkopplung auf die eigentliche Prozessgestaltung mit sich bringen kann. Wesentlich ist hierfür die direkte Nutzung von Geschäftsprozessmodellen zur Konfiguration und Steuerung von Workflow-Systemen; vgl. Abschnitt 7.1.4. Außerdem können Geschäftsprozessmodelle im Rahmen des Customizing von betriebswirtschaftlichen Standardsoftwaresystemen genutzt werden. Dies ist insbesondere dann zweckmäßig, wenn ein softwaregestützter und damit automatisierter Abgleich mit entsprechenden Referenzmodellen des Standardsoftwaresystems möglich ist.

4.1.3 Referenzmodelle

Konkrete, aber vom Einzelfall abstrahierte Modelle zur Darstellung eines standardisierten Wirklichkeitsausschnittes mit dem Gestaltungsanspruch eines Soll-Modells bezeichnet man als *Referenzmodell.* Referenzmodelle werden im Rahmen der Unternehmensmodellierung insbesondere zur Beschreibung idealtypischer betriebswirtschaftlicher Fachinhalte bzw. entsprechender Informationssysteme verwendet; vgl. Becker et al. (1999). Referenzmodelle zeigen etwa auf, wie ein Unternehmensmodell aufgebaut sein könnte, indem idealtypische Strukturen und Abläufe dargestellt werden (ggf. branchen- oder länderbezogen). Durch einen Vergleich vorhandener Unternehmensmodelle mit einem Referenzmodell können Unterschiede zu (vermeintlich?) idealen Strukturen oder Abläufen offenbar werden. Diese Unterschiede können dann ggf. im Sinne eines „Benchmarkings“ als Grundlage einer Entscheidung zu organisatorischen Veränderungen dienen. Damit können Referenzmodelle Erklärungscharakter besitzen, da Aspekte eines idealtypischen Unternehmens mit den relevanten technischen und betriebswirtschaftlichen Wirkungsbeziehungen abgebildet werden; vgl. Keller (1993, S. 55).

Referenzmodelle können zur Lösung bzw. Vereinfachung konkreter Gestaltungsaufgaben eingesetzt werden, indem die Unternehmensmodellierung über eine Anpassung der Referenzmodelle erfolgt. Ausgehend von den im Referenzmodell abgebildeten Objekten (wie Daten, Funktionen, Prozessen oder Organisationseinheiten) und deren Beziehungen zueinander kann durch Anpassungen ein spezielles Unternehmen modelliert werden. Eine diesbezügliche Vorgehensweise ist insbesondere im Zusammenhang mit dem Einsatz von betriebswirtschaftlichen Standardsoftwaresystemen zweckmäßig, sofern das Standardsoftwaresystem auf einem entsprechenden Referenzmodell basiert. Die notwendigen Anpassungen des Referenzmodells deuten dann auf Anpassungserfordernisse hin (*Customizing*).

Generell stellt sich jedoch die Frage, inwieweit sich ein spezifisches Unternehmen in ein Referenzmodell einordnen lässt. Die Unternehmensspezifität erscheint insbesondere hinsichtlich der prozessorientierten Sicht in der Regel erheblich. Bei der Verwendung nur eingeschränkt anpassbarer Referenzmodelle bzw. entsprechender Standardsoftwaresystemen stellt sich die Problematik hinsichtlich des möglichen Verlustes von Wettbewerbsvorteilen.

Aufgrund der unterschiedlichen Zielsetzungen und Anwendungsgebiete sind für die Abbildung eines Unternehmens verschiedenartige Referenzmodelle entwickelt worden. Im Folgenden sei kurz auf zwei bekannte Referenzmodelle hingewiesen.

Das so genannte Kölner Integrationsmodell von Grochla (1974) stellt die Funktionen in den Vordergrund, indem die sachlogischen Verknüpfungen zwischen unterschiedlichen Unternehmensaufgaben verdeutlicht werden; vgl. Abbildung 4.4. Aufgaben werden hierbei in Form von Rechtecken, in das Modell ein- oder ausgehende Daten in Form von abgerundeten Rechtecken und sonstige Daten als Parallelogramme graphisch modelliert. Beziehungen werden durch Pfeile (so genannte Kanäle) dargestellt. Um Unübersichtlichkeiten zu vermeiden, gibt es darüber hinaus Konnektoren (in Form von Quadraten bzw. Kreisen). Für die genauere Beschreibung dieser Elemente werden eine Aufgabenbeschreibungsliste, eine Kanalbeschreibungsliste und eine Konnektorenbeschreibungsliste verwendet. Eine Zuordnung von Elementen der Listen und der Graphik findet über das Koordinatensystem der Graphik (für Aufgaben und Daten) oder über eine gesonderte Nummerierung (für Kanäle und Konnektoren) statt.

Das wesentliche Ziel des Unternehmensdatenmodells (UDM) von Scheer (1990b) besteht darin, Datenverflechtungen innerhalb eines Unternehmens (insbesondere eines Industriebetriebes) über die Abteilungs- und Anwendungsebene hinweg aufzuzeigen. Somit ist die in Abschnitt 4.1.1 beschriebene Datenintegration ein wichtiges Ziel dieses Referenzmodells. Die graphische Darstellung erfolgt mit Hilfe eines erweiterten Entity-Relationship-Modells; vgl. hierzu Abschnitt 4.2.1.

4.1.4 Modellierungsprinzipien

Eine Modellbildung ist oftmals als ein komplexer, kreativer Prozess zu betrachten, der nur eingeschränkt auf der Basis objektiver, formaler Regeln

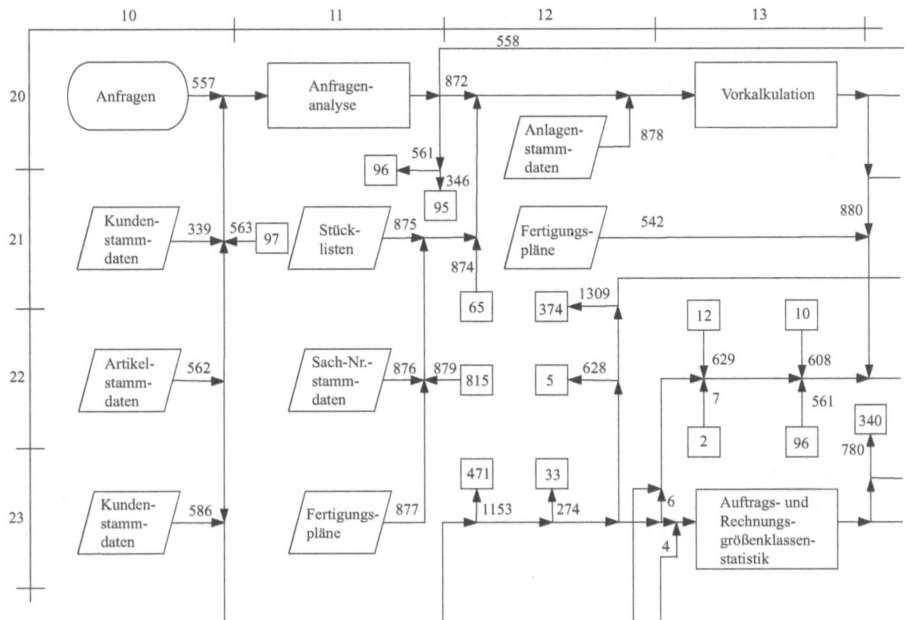

Abbildung 4.4. Integrationsmodell von Grochla; vgl. Grochla (1974), Faltblatt 3

abläuft und damit in der Regel nicht automatisierbar ist. Es stellt sich die Frage, inwieweit entsprechende methodeninhärente Freiheitsgrade über allgemeine Gestaltungsempfehlungen und Konventionen eingeschränkt werden können, um die Effizienz der Modellierung und die semantische Qualität resultierender Modelle zu steigern.

Becker et al. (1995) entwickeln *Grundsätze ordnungsmäßiger Modellierung* (GoM) im Hinblick auf sechs allgemeine Qualitätskategorien für die Modellierung bzw. entsprechende Modelle:

- *Richtigkeit*
  Die Richtigkeit eines Modells kann einerseits bezüglich der Konformität zu dem zugrunde gelegten Metamodell beurteilt werden. Neben diesem syntaktischen Kriterium stellt sich andererseits die Frage nach der semantischen Richtigkeit im Sinne eines Homomorphismus bezüglich Struktur und Verhalten des Modellierungsgegenstands. Während eine syntaktische Richtigkeit häufig relativ einfach verifiziert werden kann, stellt die semantische Validierung in der Regel ein komplexes Problem dar.
- *Relevanz*
  In einem Modell sollten nur relevante Aspekte abgebildet werden. Die Relevanz ist offensichtlich abhängig von dem Modellierungszweck.
- *Wirtschaftlichkeit*
  Die Wirtschaftlichkeit einer Modellierung ist ebenfalls von dem Modellie-

rungszweck und einem entsprechenden Nutzenpotenzial abhängig. Außerdem beeinflusst beispielsweise eine absehbare Veränderungshäufigkeit den zweckmäßigen Detaillierungsgrad eines Modells. Der Aufwand einer Modellerstellung kann durch die Verwendung geeigneter Softwarewerkzeuge und gegebenenfalls durch das Anpassen möglichst robuster Referenzmodelle gesenkt werden.
- *Klarheit*
  Über das Kriterium der Klarheit soll ein möglichst objektives Modellverständnis gewährleistet werden. Eine beispielhafte Maßnahme ist die Verwendung klarer Begrifflichkeiten (über entsprechende Namenskonventionen bzw. Fachterminologien) unter Berücksichtigung der angenommenen Modellnutzer. Außerdem ist auf ästhetische Kriterien wie Lesbarkeit, Anschaulichkeit und Layout zu achten.
- *Vergleichbarkeit*
  Die Vergleichbarkeit verschiedener Modelle wird durch die Verwendung desselben Metamodells bzw. kompatibler Modellierungsmethoden ermöglicht. Andernfalls sind entsprechende Transformationsregeln erforderlich.
- *Systematischer Aufbau*
  Zur Reduktion von Modellkomplexität erfolgt die Modellierung häufig über verschiedene Sichten sowie auf unterschiedlichen Detaillierungs- und Betrachtungsebenen. In diesem Zusammenhang ist ein systematischer Aufbau erforderlich, um eine strukturierte Integration der Modelle zu gewährleisten.

Diese allgemeinen Grundsätze können für spezifische Modellierungszwecke bzw. entsprechende Sichten und Methoden konkretisiert werden; vgl. z. B. Becker und Schütte (2004, Abschnitt 2.5).

Im Hinblick auf eine zielgerichtete und systematische Gestaltung von Systemen in verschiedenen Anwendungsbereichen stellen sich Maier und Rechtin (2000) der Aufgabe, unabhängig vom jeweiligen Anwendungsbereich Gemeinsamkeiten von Systemen zu identifizieren und auf dieser Basis generelle Erklärungs- und Gestaltungsmuster für Systemarchitekturen abzuleiten. Offensichtlich besteht ein enger Zusammenhang zur Modellierung entsprechender Systeme. Einige Beispiele für generelle Prinzipien der Systemgestaltung sind das kritische Hinterfragen des betrachteten Problems bzw. von Anforderungen, die Modularisierung des Systems, das Offenhalten von Gestaltungsoptionen sowie das Schaffen möglichst einfach strukturierter Modelle bzw. Systeme.

Pidd (2003) formuliert die folgenden schlagwortartigen Ratschläge für die Modellbildung:

- *Modelliere einfach – denke kompliziert!*
- *Beginne klein und erweitere!*
- *Teile und herrsche, vermeide Megamodelle!*
- *Nutze Metaphern, Analogien und Ähnlichkeiten!*

- *Verliebe dich nicht in Daten!*

Es wird deutlich, dass das Vermeiden unnötiger Kompliziertheit ein wesentliches Erfolgskriterium bei der Modellierung darzustellen scheint.

4.2 Datenmodellierung

Datenmodelle dienen der Herstellung einer Abstraktion zum Zwecke einer datenorientierten Beschreibung der Objekte eines Wirklichkeitsausschnittes. Datenstrukturen sind relativ beständige Elemente von Unternehmen und damit in der Regel eine vergleichsweise stabile Komponente von Anwendungssystemen. Daher ist die Modellierung der Unternehmensdaten ein grundlegender Teil der gesamten Unternehmensmodellierung. Durch die Schaffung eines einheitlichen und konsistenten Datenmodells und einer entsprechenden Umsetzung in Datenbanken sind verschiedene Sichtweisen und Zugriffe auf diese Daten möglich, so dass eine effiziente Verwaltung großer Datenbestände erreicht werden kann; vgl. Kapitel 5.

Aus einer historischen Sichtweise heraus wurden Datenstrukturen zunächst primär isoliert im Zusammenhang mit Algorithmen, die auf entsprechenden Daten operieren, definiert. Der wesentliche Nachteil dieser primär funktionsorientiert ausgerichteten Vorgehensweise besteht in der fehlenden integrativen Gesamtsicht auf die Unternehmensdaten, was zu Redundanzen und Inkonsistenzen in der Datenhaltung führen kann. Heute werden die Daten betriebswirtschaftlicher Anwendungssysteme zunehmend anwendungsübergreifend verwaltet und genutzt, was entsprechende integrierte Datenmodelle voraussetzt. In diesem Zusammenhang bietet sich ein primär datenorientierter Entwicklungsprozess an; vgl. Vetter (1998).

Eine semantische Datenmodellierung basiert im Wesentlichen auf der Anwendung einiger weniger grundlegender Abstraktionsmechanismen (Konstruktionsoperatoren), die im Folgenden kurz charakterisiert werden:

- Die *Klassifikation* (*Typisierung*) dient der Zusammenfassung von Objekten mit gleichartigen Eigenschaften (Attributen) zu einem Objekttyp (Klasse). Beispielsweise können die Objekte roter Golf, blauer Volvo, schwarzer Porsche zu einer Klasse `Auto` zusammengefasst werden, die u. a. die Attribute Farbe und Marke besitzt.
- Mit dem Konstrukt der *Generalisierung* (*Verallgemeinerung*) bzw. *Spezialisierung* werden Teilmengenbeziehungen zwischen verschiedenen Klassen definiert. Die Klassen `Fahrrad`, `Auto` und `Lastkraftwagen` sind z. B. jeweils ein Spezialfall der Klasse `Fahrzeug` (und diese Klasse eine Verallgemeinerung der anderen drei Klassen).
- Im Rahmen der *Gruppierung* (*Sammlung*) werden konkrete Objekte des gleichen Typs zu einer größeren Einheit zusammengefasst. Ein Beispiel ist die Zusammenfassung von Arbeitsplätzen zu einer Abteilung.

- Bei der *Aggregation* werden mehrere Objekte (verschiedener Klassen) zu einer neuen, komplexeren Klasse zusammengesetzt, wobei die eingehenden Objekte die Rolle von Komponenten übernehmen. Als Beispiel sei hier eine Aggregation im Zusammenhang mit den Klassen `Motor`, `Karosserie`, `Rad` und anderen zur Klasse `Auto` genannt. In diesem Sinne kann man die Aggregation als Transformation einer Beziehung in eine neue Klasse verstehen.

Entsprechende Zusammenhänge sollten in Datenmodellen geeignet abgebildet werden können. Für die Datenmodellierung gibt es unterschiedliche Modellierungsmethoden, wobei auf der Fachkonzeptebene insbesondere die Entity-Relationship-Modellierung und ihre Erweiterungen sowie in jüngerer Zeit entsprechende Teile der *Unified Modeling Language* (UML) von Bedeutung sind. In Folgenden wird das Entity-Relationship-Modell mit einigen Erweiterungen näher betrachtet; zur UML vgl. Abschnitt 4.5.

4.2.1 Das Entity-Relationship-Modell

> „This model incorporates some of the important semantic information about the real world. [...] The entity-relationship model adopts the [...] view that the real world consists of entities and relationships.“ (Chen (1976))

Das *Entity-Relationship-Modell* (ER-Modell) ist eine graphische Modellierungstechnik zur Darstellung von Objekten (*Entitys*) und ihrer Beziehungen (*Relationships*), das von Chen (1976) entwickelt wurde. Das ER-Modell ist damit ein Werkzeug zur semantischen, konzeptionellen Datenmodellierung (insbesondere im Rahmen des Entwurfs von Datenbanken oder der Unternehmensdatenmodellierung). Bis heute wurde es durch verschiedene Modifikationen und Ergänzungen weiterentwickelt. Die ER-Modellierung ist in der Praxis weit verbreitet, da es sich einerseits um eine einfach verständliche Modellierungstechnik handelt, mit der reale Gegenstandsbereiche in einer zweckmäßigen Form abgebildet werden können. Andererseits lassen sich ER-Modelle relativ einfach in relationale Datenmodelle überführen, die im Zusammenhang mit relationalen Datenbanksystemen zum Einsatz kommen; vgl. Abschnitt 5.3.

Entitys (Objekte) sind wohlunterscheidbare reale oder abstrakte Dinge, die für das betrachtete Objektsystem relevant sind. Synonym werden für den Begriff Entity auch die Begriffe Entität, Objekt, Objektausprägung, Exemplar oder Instanz verwendet. Entitys mit gleichartigen relevanten Eigenschaften werden zu Entitytypen (Objekttypen, Klassen) zusammengefasst (Klassifizierung). Entitys besitzen Eigenschaften (Attribute) mit einem Wertebereich (*Domain*). Zu jedem Entitytyp gehört ein (Primär-)Schlüssel, d. h. ein Attribut (oder eine Attributkombination), dessen Attributwert (bzw. deren Kombination von Attributwerten) ein Entity eindeutig identifiziert. In der graphischen Darstellung des ER-Modells werden Entitytypen durch Rechtecke, Attribute durch Ellipsen und Schlüsselattribute unterstrichen dargestellt. Als Beispiel betrachten wir den Entitytyp `Buch` eines Datenmodells einer Bibliothek, dargestellt in Abbildung 4.5. Jedes Objekt dieses Entitytyps, d. h. jedes konkrete Buch, besitzt Werte für die Attribute Inventarnummer, Erstautor, Titel, Verlag sowie (Erscheinungs-)Jahr, wobei die Identifikation durch die Inventarnummer erfolgt (d. h. diese muss für jedes einzelne Buch einen anderen Wert besitzen).

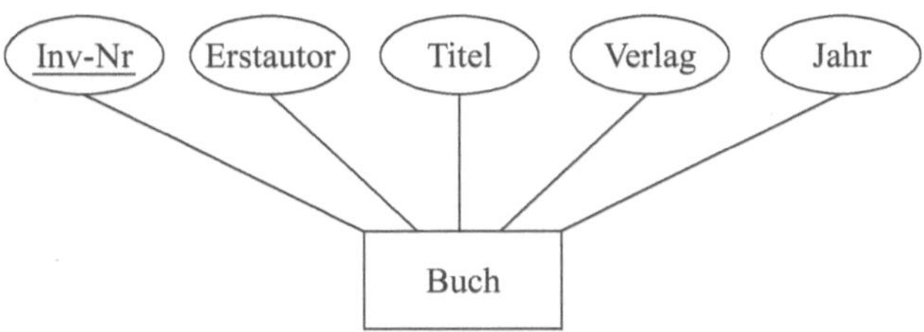

Abbildung 4.5. Entitytyp `Buch`

Mittels *Beziehungstypen* werden Beziehungen zwischen Entitys (bzw. Entitytypen) dargestellt. Dabei bezeichnet man die Anzahl beteiligter Entitytypen als den *Grad* eines Beziehungstyps. Die graphische Darstellung von Beziehungen geschieht mittels Rauten für Beziehungstypen. Auch hier werden Attribute durch Ellipsen dargestellt. Abbildung 4.6 zeigt den Beziehungstyp `Ausleihe`, der den entsprechenden Zusammenhang zwischen Büchern und Lesern (dargestellt durch die Entitytypen `Leser` und `Buch`) aufzeigt und das Attribut `Rückgabedatum` besitzt.

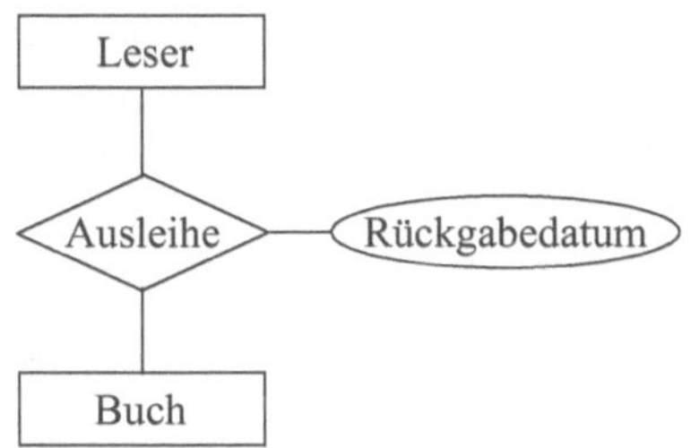

Abbildung 4.6. Beziehungstyp `Ausleihe`

Komplexe Beziehungstypen sind kontextabhängig auch als Entitytypen auffassbar und modellierbar. Dies gilt beispielsweise für Beziehungstypen höheren Grades sowie für attributierte Beziehungstypen (insbesondere bei identifizierenden Attributen). In der graphischen Darstellung wird ein als

Entitytyp uminterpretierter Beziehungstyp teilweise durch ein Rechteck mit eingeschlossener Raute kenntlich gemacht.

Entitytypen können in unterschiedlicher Beziehung zueinander stehen und je nach Beziehung verschiedene Rollen einnehmen. Dabei ist auch die Abbildung rekursiver Beziehungen möglich. So kann der Entitytyp `Person` sowohl im Rahmen einer Vater-Sohn-Beziehung als auch einer Chef-Angestellten-Beziehung verwendet werden, wobei in beiden Fällen der Entitytyp `Person` zweimal an der Beziehung beteiligt ist; siehe Abbildung 4.7 (zur eindeutigen Identifikation können die Kanten in der Abbildung durch die jeweilige Rolle bezeichnet werden).

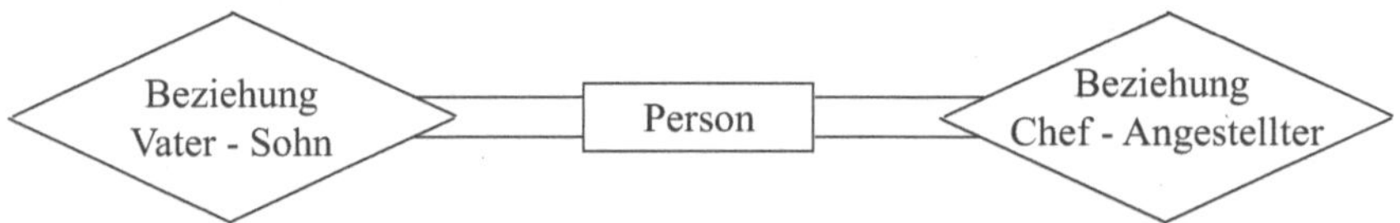

Abbildung 4.7. Beziehungstypen `Vater-Sohn` und `Chef-Angestellter`

Die *Kardinalität* eines Beziehungstyps sagt aus, mit wie vielen anderen Objekten ein Objekt eines bestimmten Typs in einer konkreten Beziehung stehen kann. Diese (so definierte) Kardinalität kann sinnvoll nur für binäre Beziehungen angegeben werden (d. h. nur für Beziehungen zwischen zwei Entitytypen). In Abhängigkeit von der Kardinalität kann man drei Arten von Beziehungstypen bilden:

- 1:1
  Jedes Entity des ersten Entitytyps steht mit genau einem Entity des zweiten Entitytyps in einer spezifizierten Beziehung und umgekehrt.
- 1:n
  Jedes Entity des ersten Entitytyps kann mit mehreren Entitys des zweiten Entitytyps in einer spezifizierten Beziehung stehen, jedes Entity des zweiten Entitytyps jedoch nur mit einem Entity des ersten Entitytyps.
- m:n
  Jedes Entity des ersten Entitytyps kann mit mehreren Entitys des zweiten Entitytyps in einer spezifizierten Beziehung stehen und umgekehrt (d. h. es gibt keine Restriktionen).

Die Abbildungen 4.8 und 4.9 veranschaulichen die Kardinalität von Beziehungstypen wiederum am Beispiel einer Bibliothek. Jeder Leser besitzt genau eine Magnetkarte und jede Magnetkarte ist exakt einem Leser zugeordnet, so dass sich ein 1:1-Beziehungstyp ergibt. Dagegen kann ein Leser mehrere Bücher gleichzeitig ausleihen, jedes Buch kann jedoch nur von höchstens einem Leser entliehen werden, so dass der Beziehungstyp `Ausleihe` die Kardinalität 1:n besitzt. Hierbei muss ein konkretes Entity nicht an einem Beziehungstyp beteiligt sein, was in Abbildung 4.9 verdeutlicht wird. Da ein Leser sowohl mehrere Bücher bestellen kann, wie auch ein Buch gleichzeitig von mehreren Lesern bestellt werden kann, liegt in diesem Fall ein m:n-Beziehungstyp vor.

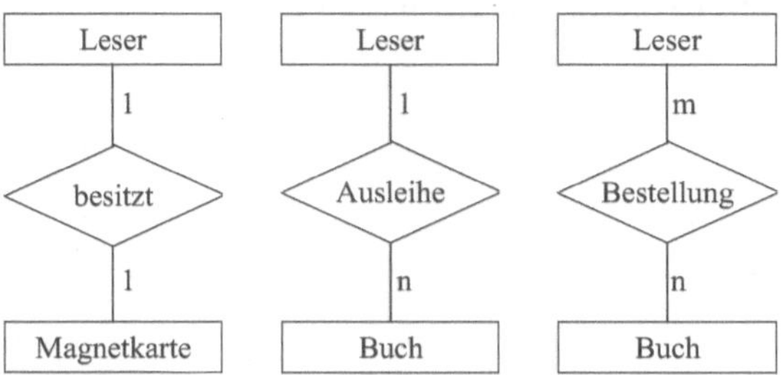

Abbildung 4.8. Kardinalitäten von Beziehungstypen, Teil 1

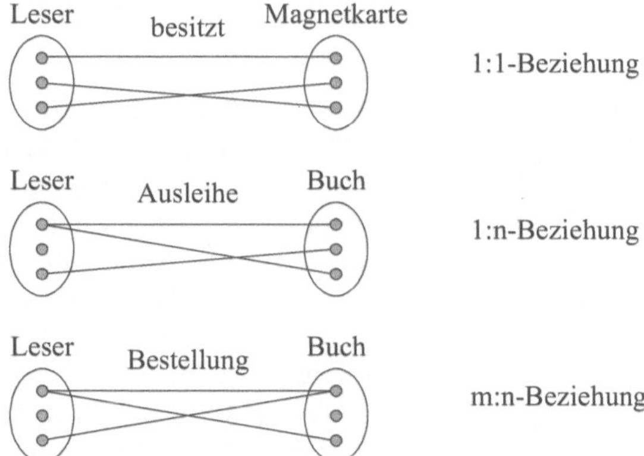

Abbildung 4.9. Kardinalitäten von Beziehungstypen, Teil 2

Neben der Kardinalität gibt es weitere gebräuchliche Formen der Spezifikation der zulässigen Anzahl beteiligter Entitys an einem Beziehungstyp. So bietet die Verwendung der (*min*,*max*)-Notation eine semantisch erweiterte Möglichkeit zur Festlegung der hier so genannten *Beziehungskomplexität*, was zu entsprechenden Integritätsbedingungen für die Datenbank- bzw. Anwendungssystementwicklung führen kann. Besitzt ein Entitytyp im Zusammenhang mit einem Beziehungstyp eine Beziehungskomplexität von (*min*,*max*), so wird hiermit ausgedrückt, dass ein Entity des Entitytyps an der Beziehung mindestens *min*-mal teilnehmen muss und höchstens *max*-mal teilnehmen darf. Falls der Wert *max* nicht bekannt ist (bzw. beliebig groß werden kann), so wird dies durch das Sternsymbol („*“) dargestellt. Für die aus Abbildung 4.8 bekannten Beziehungstypen werden die Beziehungskomplexitäten in Abbildung 4.10 veranschaulicht.[5] Durch diese Darstellung kann auch gezeigt werden, ob ein Entity in einer Beziehung unbedingt vorkommen muss, indem der Wert *min* größer als Null gesetzt wird (wie im Beispiel für den Beziehungstyp `besitzt` und den Entitytyp `Leser`).

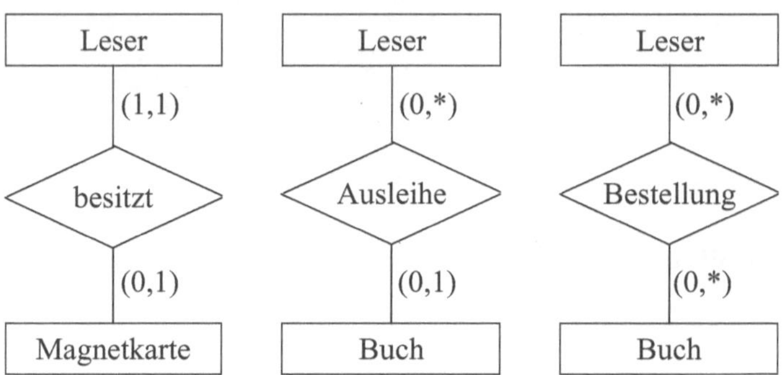

Abbildung 4.10. Komplexitäten von Beziehungstypen

In der Abbildung 4.11 ist ein Beispiel für einen ternären Beziehungstyp dargestellt; vgl. Heuer und Saake (2000). Das Modell bildet Buchempfehlungen von Professoren für Vorlesungen ab. Ein Ersetzen des ternären Beziehungstyps durch drei binäre Beziehungstypen zwischen jeweils zwei der beteiligten Entitytypen ist nicht sinnvoll, da dies zu einem Informationsverlust führen würde (der Zusammenhang, welches Buch für welche Vorlesung von wem empfohlen wird, ginge verloren). Möglich wäre dagegen die Interpretation des Beziehungstyps `Empfehlung` als Entityttyp mit drei binären Beziehungstypen in Verbindung mit den jeweiligen Entityttypen. Die Semantik der Modellierung von Kardinalitäten bzw. Beziehungskomplexitäten für ternäre Beziehungstypen (bzw. allgemein für Beziehungstypen mit einem Grad größer als zwei) ist interpretationsbedürftig; vgl. Genova et al. (2001). Die angegebenen Beziehungskomplexitäten drücken aus, wie häufig ein Entity des jeweiligen Entitytyps an einer Beziehung teilnehmen muss und kann. Die einzige modellierte Einschränkung bezieht sich darauf, dass für jede Vorlesung mindestens eine Buchempfehlung vorliegen muss. Die eingeführte Form der Beziehungskomplexitäten ermöglicht es dagegen beispielsweise nicht, Bedingungen der Art „Ein Professor muss für eine Vorlesung zwei bis fünf Bücher empfehlen“ abzubilden; hierfür wäre ein erweitertes Konzept erforderlich; vgl. McAllister (1998).

[5] Es sei darauf hingewiesen, dass neben der hier verwendeten, so genannten beziehungszählenden graphischen Darstellung (zurückgehend auf Rochfeld und Tardieu (1983)) auch die objektzählende Darstellung gebräuchlich ist, bei der die

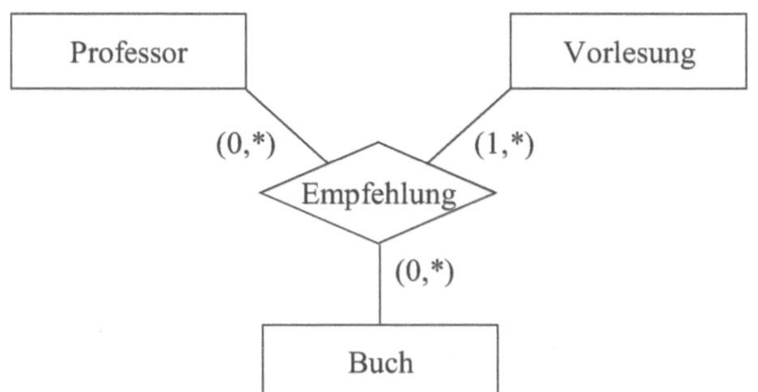

Abbildung 4.11. Ternärer Beziehungstyp `Empfehlung`

4.2.2 Erweiterungen des Entity-Relationship-Modells

Aufbauend auf den bisher vorgestellten Basiskonstrukten des ER-Modells, die im Wesentlichen zwei Formen der Klassifikation (Typisierung) – nämlich von Entitys und Beziehungen – ermöglichen, wurden diverse Erweiterungen entwickelt, durch die die semantischen Ausdrucksmöglichkeiten erweitert werden sollen. Eine derartige Erweiterung ist die *IS-A-Beziehung*, die zur Darstellung der Generalisierung bzw. Spezialisierung und somit zur Beschreibung von Teilmengenbeziehungen zwischen Entitytypen verwendet werden kann. Graphisch wird eine IS-A-Beziehung wie ein einfacher Beziehungstyp mittels einer Raute mit dem Eintrag „IS-A" dargestellt, wobei ein Pfeil zum allgemeineren Entitytyp führt. Die Entitytypen `Pilot` und `Techniker` sind bei der Modellierung einer Fluggesellschaft deren Angestellte, so dass der Entitytyp `Fluggesellschaftsangestellter` eine Verallgemeinerung der Typen `Pilot` und `Techniker` darstellt; vgl. Abbildung 4.12.

Bei einer IS-A-Beziehung werden die Attribute vom allgemeinen auf spezialisierte Entitytypen vererbt. Dies bedeutet, dass alle generell vorhandenen Attribute beim allgemeineren Entitytypen angesiedelt werden, wohingegen die spezialisierten Entitytypen nur die genau für diesen Typ spezifischen Attribute besitzen. Auch der Schlüssel kann vom allgemeineren auf die spezielleren Entitytypen vererbt werden, so dass diese keinen eigenen Schlüssel benötigen, da jedes Objekt eines spezialisierten Typs ebenfalls ein Objekt des generalisierten Typs ist. Im Beispiel aus Abbildung 4.12 bedeutet dies, dass ein Pilot bzw. ein Techniker nicht nur die Attribute `Stunden` und `Lizenz` bzw. `Team-Nr` besitzt, sondern aufgrund der IS-A-Beziehung zusätzlich auch die Attribute `Pers-Nr`, `Name`, `Adresse` sowie `Beruf`. Somit benötigen die beiden spezialisierten Entitytypen kein eigenes Schlüsselattribut, da der Schlüssel `Pers-Nr` infolge der IS-A-Beziehung auch auf diese beiden Entitytypen vererbt wird.

Anordnung der Beziehungskomplexitäten vertauscht ist (was der oben verwendeten Darstellung der Kardinalitäten gemäß Chen (1976) näher kommt).

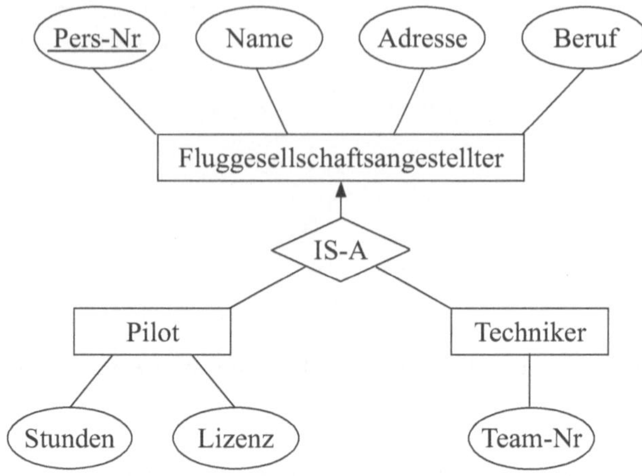

Abbildung 4.12. Spezialisierung

Eine Spezialisierung kann einerseits dahingehend klassifiziert werden, ob alle Spezialfälle zusammen den allgemeineren Entitytyp vollständig umfassen (*totale Spezialisierung*) oder nicht (*partielle Spezialisierung*). Andererseits kann eine Spezialisierung danach klassifiziert werden, ob ein konkretes Entity in höchstens einem spezialisierten Entitytypen enthalten sein kann (*disjunkte Spezialisierung*) oder nicht. Eine totale Spezialisierung ist in den Abbildungen 4.13(a) und 4.14(b) dargestellt, wohingegen die Abbildungen 4.13(b) und 4.14(a) jeweils partielle Spezialisierungen veranschaulichen. Die Buchstaben t bzw. p neben der IS-A-Beziehung symbolisieren eine totale bzw. partielle Spezialisierung, die disjunkt ist (d) oder nicht (n). Eine konkrete Person kann nur Mann oder Frau sein, nie jedoch beides, so dass die IS-A-Beziehung aus Abbildung 4.13(a) disjunkt ist (wie auch die Beziehung aus Abbildung 4.14(a)). Dagegen kann eine konkrete Person sowohl zum Entitytypen `Junge` als auch zum Entitytypen `Kind` gehören, so dass diese Beziehung (Abbildung 4.13(b)) nicht disjunkt ist, ebenso wie die in Abbildung 4.14(b) dargestellte Beziehung.

Eine andere Erweiterung des ER-Modells ist die *existenzielle Abhängigkeit*. Diese wird verwendet, wenn so genannte schwache Objekte ohne die zugehörigen starken Objekte nicht existieren können. Die graphische Darstellung erfolgt mit einem dicken Pfeil vom starken zum schwachen Objekt. Ein Spezialfall der existenziellen Abhängigkeit ist die *identifikatorische Abhängigkeit*, die zusätzlich ausdrückt, dass zur eindeutigen Identifizierung des schwachen Objektes der Schlüssel des zugehörigen starken Objektes benötigt wird. Beim Beispiel einer Rechnung, die aus einem Rechnungskopf und mehreren Rechnungspositionen besteht, kann eine Rechnungsposition nicht ohne den Rechnungskopf existieren und benötigt zur eindeutigen Identifizierung auch dessen Attribut `Rechnungs-Nr`; vgl. Abbildung 4.15.

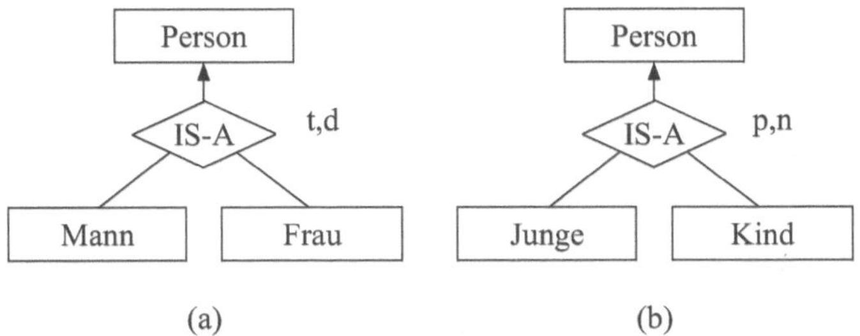

Abbildung 4.13. Spezialisierungstypen, Teil 1

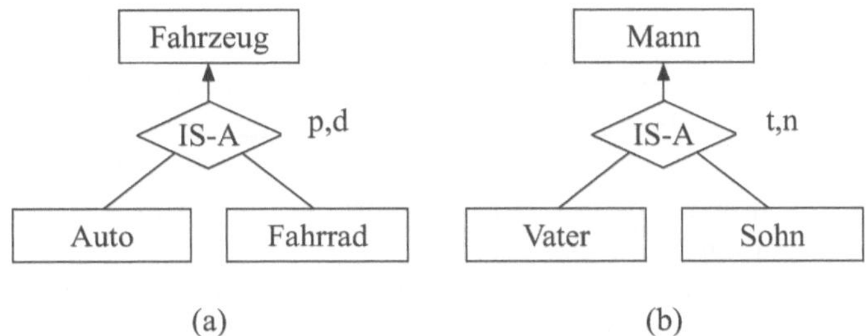

Abbildung 4.14. Spezialisierungstypen, Teil 2

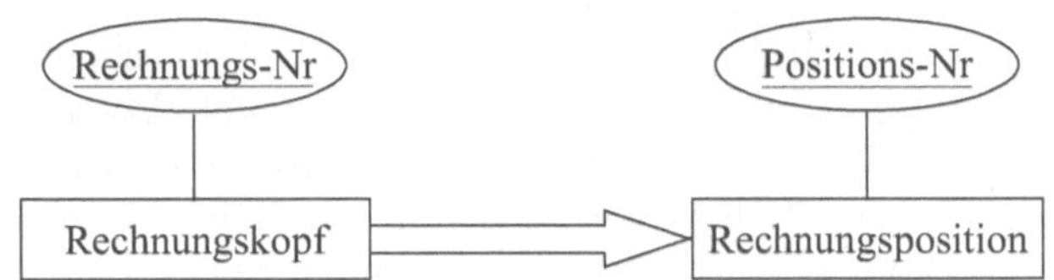

Abbildung 4.15. Identifikatorische Abhängigkeit

Zur expliziten Abbildung des Abstraktionsmechanismus *Aggregation*, d. h. der Zusammenfassung von bestimmten Entitys zu einer größeren Einheit, sind verschiedene Erweiterungen des ER-Modells vorgeschlagen worden. In der Abbildung 4.16 sind zwei alternative Darstellungsformen veranschaulicht, die jeweils die Bildung eines Entitytyps `Rechnung` mit entsprechenden Komponenten ausdrücken.

Zusammenfassend ist festzuhalten, dass das ER-Modell eine graphische Darstellungsform zur konzeptionellen Beschreibung der Datensicht auf der Fachkonzeptebene ist.[6] Basiskonstrukte dieser Methode sind einerseits Entitys bzw. Entitytypen, die eine Bezeichnung, Attribute und hierunter einen identifizierenden Schlüssel (gegebenenfalls aus mehreren Attributen beste-

[6] Die Umsetzung von ER-Modellen in implementierungstechnische Datenbankmodelle wird in Kapitel 5 betrachtet.

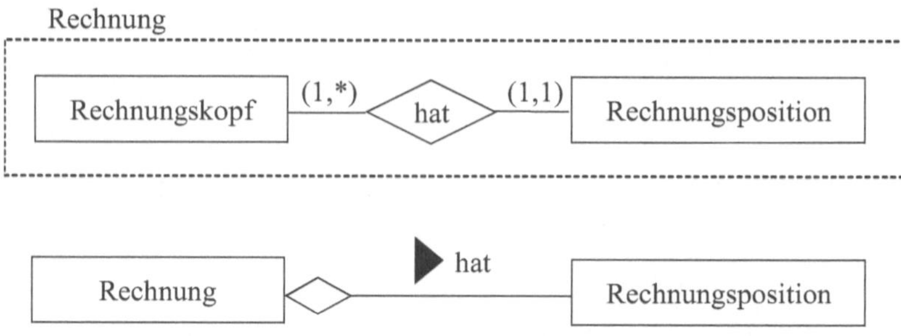

Abbildung 4.16. Aggregation

hend) besitzen müssen und andererseits Beziehungen bzw. Beziehungstypen mit einer Deklaration einer Bezeichnung, der beteiligten Entitytypen, der Attribute (soweit vorhanden) sowie von Kardinalitäten bzw. Beziehungskomplexitäten. Erweiterungen sind z. B. Spezialisierungen von Entity-Deklarationen über IS-A-Beziehungen, die Aggregation sowie die Darstellung von existenziellen oder identifikatorischen Abhängigkeiten. Problematisch ist, dass eine Reihe verschiedener Erweiterungen existieren, die sich sowohl bezüglich der Semantik als auch hinsichtlich der graphischen Darstellung teilweise unterscheiden, was zu verschiedenen *Erweiterten Entity-Relationship-Modellen* geführt hat; vgl. z. B. Thalheim (2000).

Als Beispiel für ein umfangreicheres ER-Modell betrachten wir ein ausschnittsweises Datenmodell einer Fluggesellschaft; vgl. Vossen (2000). Als Objekte in diesem Realitätsausschnitt existieren Flugzeuge, Flugzeugtypen, Angestellte der Fluggesellschaft (mit bestimmten Kenntnissen bzw. Aufgaben), Piloten, Techniker, Flüge, konkrete Abflüge und Passagiere. Die Zusammenhänge zwischen diesen Objekten sind in Abbildung 4.17 dargestellt, wobei Kardinalitäten sowie die meisten Attribute aus Gründen der Übersichtlichkeit nicht angegeben wurden. Mit Hilfe dieser Abbildung wird deutlich, dass es oftmals sinnvoll ist, zweckabhängig auch vereinfachte Ausschnitte der Realität zu betrachten, da das ER-Modell ansonsten sehr umfangreich und damit unübersichtlich werden kann.

Eine Besonderheit dieses Modells besteht darin, dass die Wartung eines Flugzeuges durch Techniker nicht als Beziehungstyp dargestellt wird (wie z. B. die Tätigkeiten „Passagier bucht Flug“ und „Pilot fliegt Abflug“), sondern als Entitytyp modelliert wird. Der Grund hierfür ist, dass die Wartung nicht eindeutig durch den (bzw. die) Techniker und das zu wartende Flugzeug identifiziert werden kann, wenn man davon ausgeht, dass ein Techniker ein Flugzeug innerhalb mehrerer Zeiträume warten kann (z. B. im Januar und, nach einer Pause im Februar, dann wieder im März) und entsprechende historische Informationen abgebildet werden sollen. Zur Identifikation einer konkreten Wartung wird eine eindeutige Wartungsnummer verwendet. Eine weitere Besonderheit dieses ER-Modells ergibt sich dadurch, dass der En-

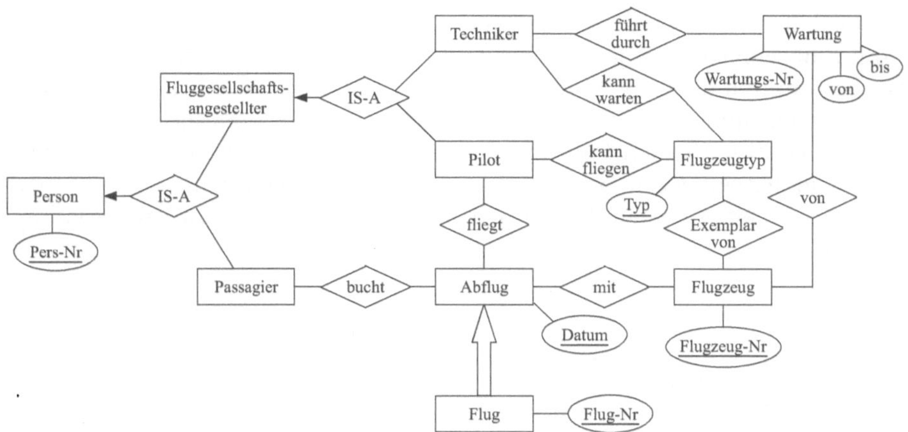

Abbildung 4.17. Datenmodell einer Fluggesellschaft (Ausschnitt)

titytyp `Abflug` identifikatorisch vom Entitytyp `Flug` abhängt, da allein das Datum des Abfluges nicht zur eindeutigen Identifizierung ausreicht (wenn man sinnvollerweise davon ausgeht, dass an einem Tag mehr als ein einziger Start der Fluggesellschaft stattfinden kann).

4.3 Organisationsmodellierung

Im Rahmen der Organisationsmodellierung werden im Wesentlichen statische Unternehmensstrukturen im Sinne der Aufbauorganisation betrachtet (zur Ablauforganisation siehe den folgenden Abschnitt 4.4). Das heißt, ausgehend vom institutionalen Organisationsbegriff bildet die Organisation als soziotechnisches System das Objektsystem der Modellierung. Die Organisationssicht umfasst damit insbesondere die Gliederung von Organisationseinheiten eines Unternehmens in kleinere Organisationseinheiten. Hinsichtlich personeller Aspekte führt dies zu elementaren Stellen im Sinne kleinster Organisationseinheiten und deren Besetzung mit Personen, die entsprechende Rollen einnehmen. Vor dem Hintergrund der Abwicklung von Geschäftsprozessen kann über Organisationsmodelle ausgedrückt werden, welche Organisationseinheiten bzw. Rollen einzelnen Funktionen als Aufgabenträger zugeordnet werden. Dies ist beispielsweise im Zusammenhang mit Workflow-Management-Systemen von großer Relevanz; vgl. Abschnitt 7.1.4.

Für die Darstellung der reinen Gliederung von Organisationseinheiten sind *Organigramme* weit verbreitet. Einer Gliederung liegt jeweils ein bestimmtes Gliederungsprinzip zugrunde. In Abhängigkeit von dem verfolgten Zweck kommen insbesondere das funktionale, das objektbezogene sowie das phasenbezogene Gliederungsprinzip zum Einsatz. Dies ist in Abbildung 4.18

beispielhaft veranschaulicht. Bei einer funktionalen Gliederung werden Organisationseinheiten primär hinsichtlich disjunkter Tätigkeiten abgegrenzt. Dagegen führen objektbezogen gegliederte Organisationseinheiten prinzipiell gleiche oder ähnliche Tätigkeiten aus, dies jedoch für verschiedene Objekte (z. B. Vertriebsaufgaben für Produktgruppen, regional abgegrenzte Gebiete oder Kundensegmente). Bei der phasenbezogenen Gliederung werden Organisationseinheiten gemäß des zeitlichen Ablaufs von Geschäftsprozessen angeordnet.

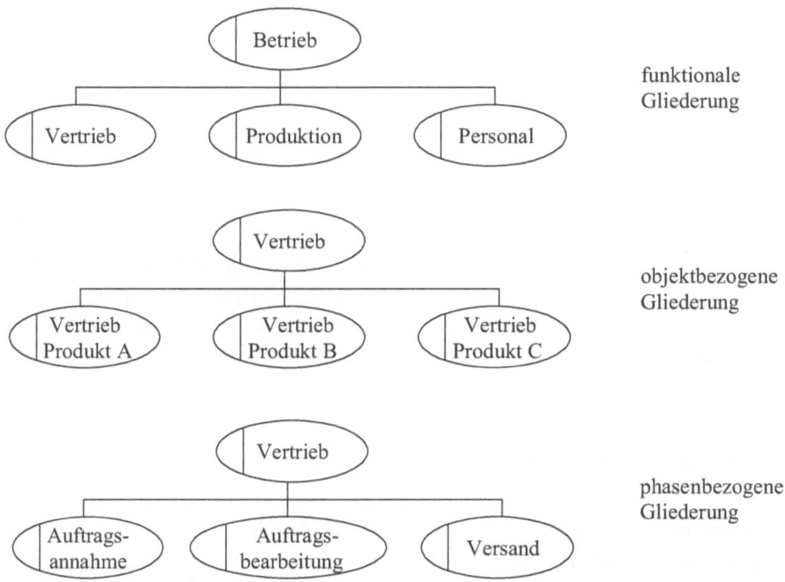

Abbildung 4.18. Organigramme gemäß verschiedener Gliederungsprinzipien

In weitergehenden Organisationsmodellen kann beispielsweise abgebildet werden, an welchen Standorten Organisationseinheiten angesiedelt sind, welche Organisationseinheiten Stellen entsprechen und wie diese personell unter Beachtung von Anforderungsprofilen durch entsprechende Rollen einnehmende Mitarbeiter besetzt sind. Weiterhin können auch technische Aufgabenträger und eine entsprechende Zuordnung von Ressourcen zu Organisationseinheiten einbezogen werden. Für eine nähere Betrachtung der Organisationsmodellierung sei z. B. auf Scheer (2001, Kapitel A.II.2) verwiesen.

Im Hinblick auf die Gestaltung von Informationssystemen ist zu berücksichtigen, dass sich ein Unternehmen nur teilweise durch die formalen Regelungen einer Organisationsstruktur bzw. entsprechende Modelle abbilden lässt. Häufig spielt die so genannte informelle Organisationskultur eine entscheidende Rolle für das Funktionieren eines Unternehmens. Dies muss in

Informationssystemen beispielsweise durch flexible Formen der Kommunikation und Prozessabwicklung Berücksichtigung finden.

4.4 Funktions- und prozessorientierte Modellierung

Unter einer *Funktion* wird in einem abstrakten Sinne eine Transformation von Objekten über eine entsprechende Verrichtung im Hinblick auf eine Zielsetzung verstanden. Als Objekte kommen grundsätzlich materielle Werkstoffe, Informationen sowie Personen in Frage. Synonym zum Funktionsbegriff werden auch die Begriffe Aufgabe (aus dem Blickwinkel der Zielsetzung) oder Tätigkeit, Aktivität und Vorgang (aus dem Blickwinkel der Verrichtung) verwendet. Funktionen können auf verschiedenen Detaillierungs- und Abstraktionsstufen betrachtet werden. Eine in einem bestimmten Kontext (z. B. betriebswirtschaftlich oder informationstechnisch) nicht mehr weiter sinnvoll untergliederbare Funktion wird als Elementarfunktion bezeichnet.

Im Zusammenhang mit Funktionen versteht man unter einem *(Geschäfts-)Prozess* eine zusammengehörige Abfolge von zeitlich und sachlogisch gegliederten Funktionen zum Zwecke einer Leistungserstellung. In einer entsprechenden *Prozesssicht* steht der dynamische Ablauf (das Systemverhalten) im Mittelpunkt der Betrachtung. Die Modellierungskonstrukte *Funktion* und *Prozess* unterscheiden sich damit nur in der Art der Abstraktion. Einerseits können (Elementar-)Funktionen Elemente eines Geschäftsprozesses darstellen. Andererseits können Funktionen als zusammenfassende und statische Betrachtung eines Geschäftsprozesses aufgefasst werden.

In Abschnitt 4.4.1 werden verschiedene gebräuchliche Formen der Funktionsspezifikation dargestellt (ohne Berücksichtigung der Prozesssicht). In Abschnitt 4.4.2 werden Ereignisgesteuerte Prozessketten als eine semiformale Modellierungsmethode für die Geschäftsprozessmodellierung dargestellt, während anschließend mittels Petri-Netzen eine formale Modellierungsmethode für die Prozesssicht betrachtet wird (Abschnitt 4.4.3). Im Zusammenhang mit der objektorientierten Modellierung werden in Abschnitt 4.5.2 weitere prozessorientierte Modellierungstechniken betrachtet. In diesem Zusammenhang ist anzumerken, dass sich bisher keine universelle Methode herausgebildet hat, die für alle möglichen Anwendungsbereiche der Geschäftsprozessmodellierung (sei es die Anwendungssystementwicklung im engeren Sinne, das Workflow Management, das Customizing von Standardsoftware, die Geschäftsprozessoptimierung oder die Prozesskostenrechnung) uneingeschränkt zweckmäßig ist. Offensichtlich ergeben sich sowohl in den verschiedenen Anwendungsbereichen als auch in den verschiedenen Phasen des Entwicklungs- bzw. Lebenszyklus von Systemen deutlich unterschiedliche Anforderungen, die hierauf abgestimmte Methoden erfordern.

4.4.1 Formen der Funktionsspezifikation

Im Sinne der obigen Definition des Funktionsbegriffs bestimmt eine Funktionsspezifikation die Transformation von Objekten. Eine solche Spezifikation beschreibt damit auf der Fachkonzeptebene primär das Problem („Was?"), während entsprechende Anforderungen in eine Umsetzung bzw. Implementierung im Sinne der Problemlösung („Wie?") überführt werden müssen.[7]

Die Spezifikation komplexer Funktionen beinhaltet im Sinne der Problemdekomposition häufig eine Gliederung von Funktionen in Teilfunktionen. In Abbildung 4.19 ist eine dreistufige Funktionsgliederung über ein *Funktionshierarchiediagramm* beispielhaft dargestellt. Bei der Erstellung eines entsprechenden Modells kann sich sowohl eine *Top-Down-* als auch eine *Bottom-Up*-Vorgehensweise eignen. Neben der funktionsorientierten Gliederung kann analog zur Organisationsmodellierung ebenfalls das objektbezogene sowie das phasenbezogene Gliederungsprinzip zugrunde gelegt werden. So können die in Abbildung 4.18 dargestellten Zusammenhänge unter Anpassung der Symbolik gleichfalls auch als Funktionsgliederungen aufgefasst werden. Eine phasenbezogene Gliederung führt dabei bereits zu grundlegenden Teilstrukturen eines Prozessmodells.

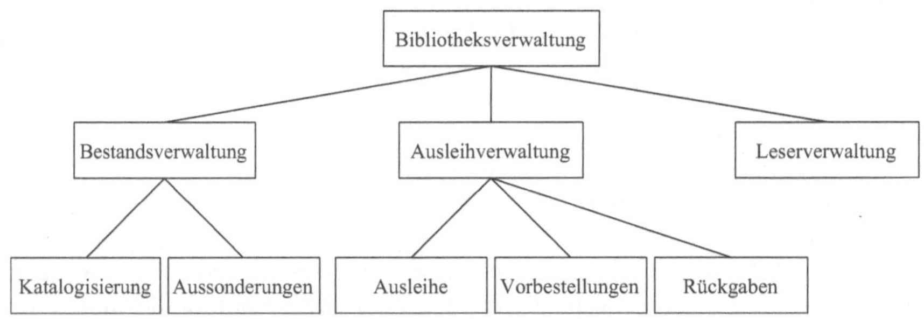

Abbildung 4.19. Funktionshierarchiediagramm

[7] Die Trennung zwischen Spezifikation und Implementierung ist bei den hier vornehmlich betrachteten informationstransformierenden Funktionen nicht immer deutlich, da insbesondere algorithmische Formen der Funktionsspezifikation einer Implementierung als Software nahe kommen können. Dieser Zusammenhang ist so bei materialtransformierenden Funktionen nicht gegeben; beispielsweise ist die Spezifikation der Funktion „Bau eines bestimmten Gebäudes" über einen Bauplan klar von der „Implementierung" durch das fertig gestellte Gebäude zu trennen. Der enge Zusammenhang zwischen Spezifikation und Implementierung – und die sich hieraus ergebende unscharfe Trennung zwischen den Entwicklungsphasen Anforderungsanalyse, Lösungsentwurf und Implementierung – ist als eine zentrale Besonderheit der Informationsverarbeitung bzw. der Informatik im Vergleich zu traditionellen Ingenieurwissenschaften zu betrachten.

Eine Funktionsspezifikation kann prinzipiell auch in *natürlichsprachiger Form* erfolgen. Beispielsweise charakterisiert der folgende Textausschnitt die Funktion der Kundenbedienung bei einer Autovermietung:

> „Ein Mietvorgang beginnt mit dem Check-Out, bei dem der Kunde den Mietvertrag unterschreibt und dann ein Fahrzeug erhält. Ziel ist eine qualitativ hochwertige Bedienung von Kundenwünschen hinsichtlich der Bereitstellung des gewünschten Fahrzeugtyps. Sofern eine vorausgehende Reservierung vorliegt, ... "

Diese Beschreibung ist noch relativ grob, so dass in einem nächsten Schritt ebenfalls noch natürlichsprachig eine detaillierte Beschreibung erfolgen könnte. Auch wenn eine solche Darstellung auf den ersten Blick einfach zugänglich erscheint, können umfangreiche natürlichsprachige Beschreibungen relativ schnell unübersichtlich und kompliziert werden und darüber hinaus aufgrund der fehlenden Exaktheit der Sprache verschiedene Interpretationen zulassen.

In bestimmten Situationen kann der einer Funktion zugrunde liegende Sachverhalt über *mathematische Modelle* formal dargestellt werden. Dies bezieht sich insbesondere auf quantitativ formulierbare Entscheidungsmodelle, bei denen in Abhängigkeit von gewissen Eingangsdaten eine Problemstellung über die Ermittlung einer optimalen Handlungsalternative gelöst werden soll. Beispielsweise kann sich die Aufgabe einer ertragsmaximierenden Zuordnung von Fahrzeugen zu Kunden der Autovermietung als Teilfunktion des vorausgehend betrachteten Beispiels ergeben. Unter Annahme bestimmter Vereinfachungen kann dies über ein mathematisches Optimierungsmodell formuliert werden. Auf die mathematische Modellierung wird in Abschnitt 4.7 näher eingegangen.

Zur regelorientierten Spezifikation einfach strukturierter Entscheidungsfunktionen können *Entscheidungstabellen* und *Entscheidungsbäume* verwendet werden. In einer Entscheidungstabelle werden Bedingungen mit Entscheidungen bzw. Aktionen im Sinne von Wenn-Dann-Regeln verknüpft; vgl. das Beispiel einer Scheckeinlösung in Abbildung 4.20. In Abbildung 4.21 erfolgt eine alternative Darstellung des gleichen Sachverhalts über einen Entscheidungsbaum.

Die Ablauflogik von nicht zu komplexen Funktionen kann über *Struktogramme* und *Programmablaufpläne* in graphischer Form spezifiziert werden; vgl. Abbildung 4.22. Diese Darstellungsformen orientieren sich an den typischen Konstrukten der Strukturierten Programmierung wie Sequenz (Reihung), bedingte Anweisung und bedingte Iteration (Wiederholung); vgl. Abschnitt 2.4.2. Struktogramme und Programmablaufpläne bilden häufig den Ausgangspunkt für eine detailliertere algorithmische Spezifikation direkt über programmiersprachliche Konstrukte oder einen hieran angelehnten Pseudo-Code. Im Rahmen der Informatik wurden außerdem verschiedene deklarative, formale Spezifikationsformen entwickelt, die allerdings für den Ge-

Scheckeinlösung		R1	R2	R3	R4	R5	R6	R7	R8	
B1	Kreditgrenze überschritten ?	J	J	J	J	N	N	N	N	$2^3 = 8$ Bedingungskombinationen
B2	Zahlungsverhalten einwandfrei ?	J	J	N	N	J	J	N	N	
B3	Überschreitungsbetrag kleiner € 500 ?	J	N	J	N	J	N	J	N	
A1	Scheck einlösen	x	x			x		x		Aktionen
A2	Scheck nicht einlösen			x	x					
A3	neue Konditionen vorlegen		x							
A4	unlogisch						x		x	

Abbildung 4.20. Entscheidungstabelle; Quelle: Balzert (2000), S. 271

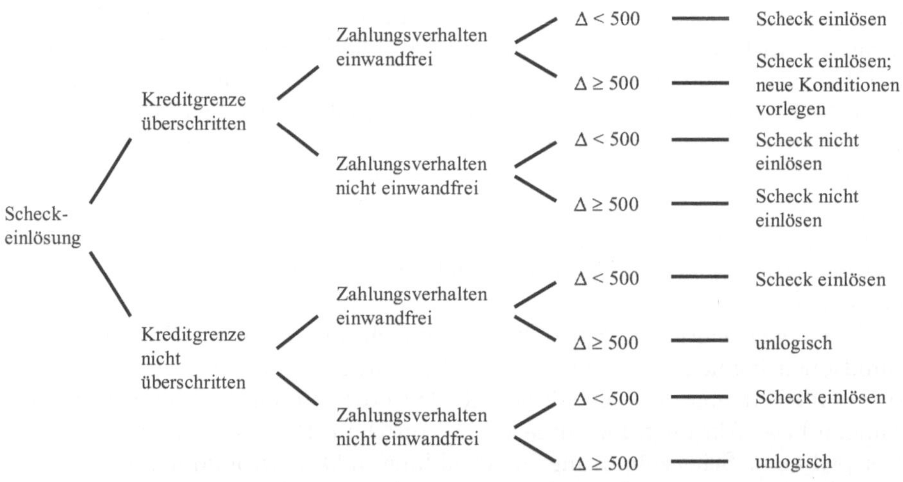

Abbildung 4.21. Entscheidungsbaum; Quelle: Balzert (2000), S. 276

genstandsbereich der betriebswirtschaftlichen Praxis nur sehr eingeschränkt zweckmäßig und kaum gebräuchlich sind.

Da sich informationstransformierende Funktionen insbesondere über die Transformation von Eingangsdaten in Ausgangsdaten ergeben, stellt sich die entsprechende Aufgabe einer Verknüpfung von Funktionen mit Daten. *Datenflussdiagramme* ermöglichen eine einfache Form der Integration von Daten in funktionsorientierte Modelle. In Form eines gerichteten Graphen werden hierbei Funktionen und so genannte Datenspeicher als Knoten sowie Datenflüsse als Pfeile dargestellt; vgl. das vereinfachte Beispiel in Abbildung 4.23. Suk-

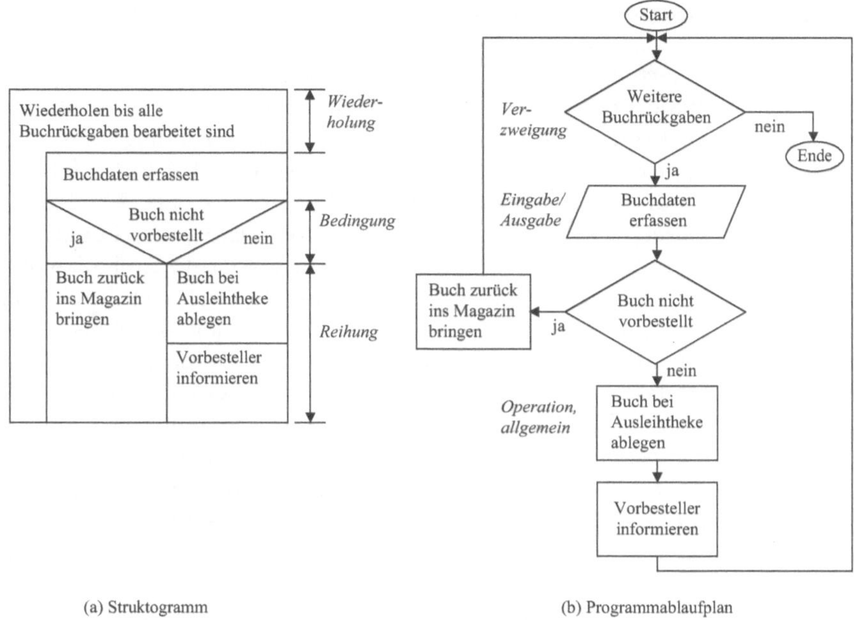

(a) Struktogramm (b) Programmablaufplan

Abbildung 4.22. Struktogramm und Programmablaufplan

zessiv verfeinerbare Datenflussdiagramme bilden einen zentralen Bestandteil der so genannten *Strukturierten Analyse*, die in der Vergangenheit eine populäre Methode der Systemanalyse darstellte; vgl. DeMarco (1979); Raasch (1993).

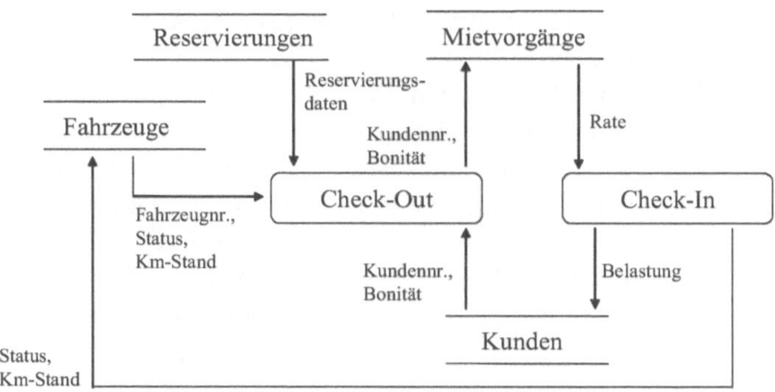

Abbildung 4.23. Datenflussdiagramm

4.4.2 Ereignisgesteuerte Prozessketten

Die *Ereignisgesteuerten Prozessketten* (EPK) wurden von Keller et al. (1992) als eine semi-formale, graphische Technik zur Modellierung von Geschäftsprozessen auf der Fachkonzeptebene konzipiert.[8] Auf der Grundlage des allgemeinen Geschäftsprozessmodells von ARIS (vgl. Abschnitt 4.1.2) erfolgt eine Fokussierung auf die Ablauflogik, indem Prozesse als eine Abfolge von Funktionen und Ereignissen betrachtet werden, wobei Ereignisse Funktionen auslösen können und als Ergebnis von Funktionen wiederum Ereignisse entstehen. Das heißt, Ereignisse repräsentieren in der Regel je nach ihrer Rolle das Auslösen (z. B. „Auftrag ist zu bearbeiten") oder den Abschluss (z. B. „Auftrag wurde bearbeitet") einer Tätigkeit, während eine Funktion eine solche aktive Tätigkeit im Kontext des Modellierungszweckes darstellt (z. B. „Auftrag bearbeiten"); damit ist jeweils im Sinne der Modellklarheit auf eine grammatikalisch zweckmäßige Ereignis- bzw. Funktionsbenennung zu achten.

Die graphische Symbolik der wichtigsten EPK-Modellierungskonstrukte ist in Abbildung 4.24 dargestellt. Darüber hinaus existieren noch Notationselemente zum Verweis auf eine Fortsetzung eines Geschäftsprozessmodells in einem anderen Geschäftsprozessmodell (Prozessschnittstelle/-wegweiser) sowie auf die Detaillierung einer Funktion in einem anderen Geschäftsprozessmodell (Prozessverfeinerung). In einer erweiterten Form können Funktionen auch ein- und ausgehende Daten sowie Organisationseinheiten als Aufgabenträger zugeordnet werden (erweiterte Ereignisgesteuerte Prozessketten, eEPK).

In Abbildung 4.25 ist die Struktur von EPK-Modellen beispielhaft veranschaulicht. Ereignisse und Funktionen werden als Knoten eines Graphen betrachtet. Ablaufzusammenhänge werden über Pfeile hergestellt, wobei über Konnektoren Verknüpfungen im Sinne einer Prozessverzweigung oder -zusammenführung hergestellt werden können. Das links dargestellte EPK-Modell könnte auf einer sehr groben Ebene eine erste Annäherung an die Abbildung eines Auftragsabwicklungsprozesses darstellen; dargestellt ist die einfache Abfolge von `Ereignis 1` („Auftrag eingetroffen"), `Funktion 1` („Auftrag bearbeiten") und `Ereignis 4` („Auftrag bearbeitet"). Eine Modellverfeinerung könnte zu dem rechts dargestellten EPK-Modell führen, bei dem das Auftreten von entweder `Ereignis 1a` („Auftrag telefonisch eingetroffen") oder `Ereignis 1b` („Auftrag per E-Mail eingetroffen") die `Funktion 1a` auslöst („informationstechnische Erfassung des Auftrags"). Nach Abschluss der entsprechenden Verrichtung verzweigt ein nun differenzierter dargestellter Kontrollfluss in zwei parallele (nebenläufige) Prozesszweige, die über

---

[8] Ereignisgesteuerte Prozessketten sind insbesondere im deutschsprachigen Raum weit verbreitet, da zum einen die Geschäftsprozesse der betriebswirtschaftlichen Standardsoftware SAP R/3 in Anlehnung an Ereignisgesteuerte Prozessketten dokumentiert sind, und zum anderen mit dem ARIS Toolset der IDS Scheer AG eine effektive Unterstützung durch Softwarewerkzeuge zur Verfügung steht.

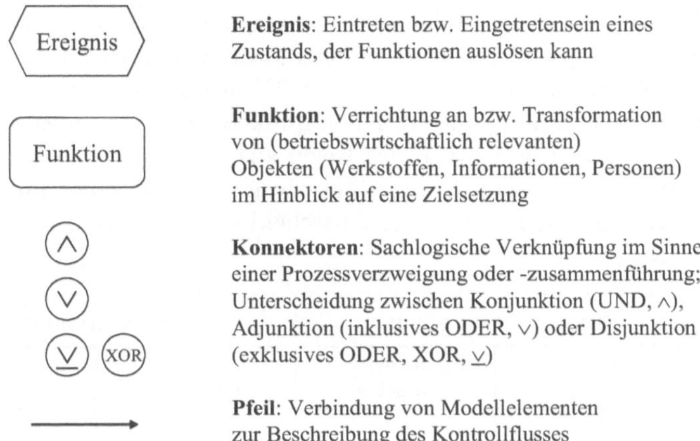

Abbildung 4.24. Grundlegende EPK-Modellierungskonstrukte

`Ereignis 2` bzw. `Ereignis 3` angestoßen werden (z. B. die parallel durchzuführende technische und kaufmännische Überprüfung des Auftrags).

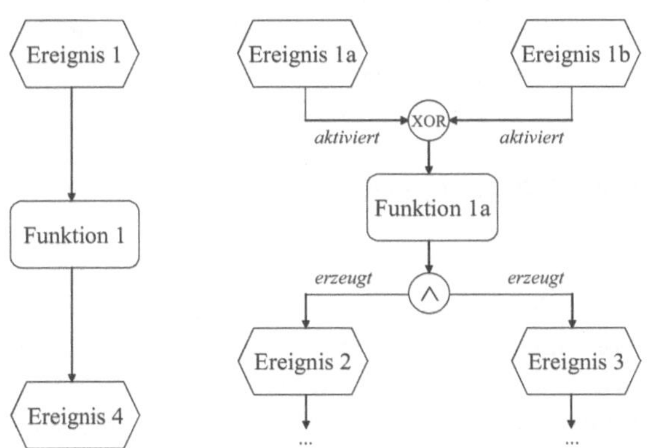

Abbildung 4.25. Beispiele für EPK-Modelle

Für Ereignisgesteuerte Prozessketten wurden verschiedene Regeln hinsichtlich der Einschränkung zulässiger Modelle vorgeschlagen. So ist es insbesondere üblich, Start und Ende des Kontrollflusses von EPK-Modellen über Ereignisse abzubilden sowie Ereignisse und Funktionen alternierend anzuordnen (gegebenenfalls mit dazwischen angeordneten Konnektoren). Bezüglich der Verwendung von Konnektoren ist eine Einschränkung auf die Rolle einer binären Prozessverzweigung oder -zusammenführung möglich, ohne dass die Ausdruckskraft von EPK-Modellen hierdurch eingeschränkt würde, da sich komplexere Kontrollflusszusammenhänge über die Kombination entsprechender einfacher Strukturen nachbilden lassen. Vor diesem Hintergrund ergeben sich die in Abbildung 4.26 dargestellten grundsätzlichen Strukturen zur Verknüpfung von Funktionen und Ereignissen (Kontrollfluss entsprechend der Leserichtung von oben nach unten). Die adjunktive und disjunktive Verzweigung nach einem Ereignis wird in der Regel ausgeschlossen, da eine gezielte Auswahl unter verschiedenen Kontrollflusszweigen nur in einer Funktion erfolgen kann („Ereignisse haben keine Entscheidungskompetenz“).

Operator	Ereignisverknüpfung		Funktionsverknüpfung	
	Auslöse-Ereignisse	Bereitstellungs-Ereignisse	Auslöse-Ereignisse	Bereitstellungs-ereignisse
Konjunktion (UND)				
Adjunktion (Inklusives-ODER)				
Disjunktion (Exklusives-ODER)	XOR	XOR	XOR	XOR

Abbildung 4.26. Zulässige Verknüpfungen in EPK-Modellen

Generell werden Ereignisgesteuerte Prozessketten primär als semiformale Modellierungstechnik eingesetzt, die es erlaubt, auf einer betriebswirtschaftlich-fachlichen Ebene Geschäftsprozesse in einer ersten Annäherung anschaulich zu modellieren; vgl. z. B. die Beispiele in Scheer (1997) und Staud (2001). Allerdings ist zu konstatieren, dass die fehlende Definition einer allgemeingültig akzeptierten formalen Syntax und verhaltensbezogenen Semantik (insbesondere hinsichtlich eindeutiger Regeln für die Zustandsänderungen einer Prozessinstanz im Sinne eines echten dynamischen Prozessmodells) zwar die Erstellung von EPK-Modellen für den „Nicht-Fachmann“ auf den ersten Blick vereinfacht, allerdings die Interpretation und Nutzung entsprechender Modelle erschwert. Dies bezieht sich insbesondere darauf, dass gebräuchliche Vorgehensweisen für die Erstellung von EPK-Modellen zu Mehrdeutigkeiten und Unklarheiten führen können, die es erschweren, die Konsistenz von EPK-Modellen hinsichtlich verschiedener Kriterien zu verifizieren und zulässige Kontrollflussabläufe zu analysieren. Problematisch ist beispielsweise die Semantik der adjunktiven Verknüpfung im Zusammenhang mit der Zusammenführung nicht klar aufeinander bezogener Kontrollflusszweige. Dementsprechend wurden verschiedene Formalisierungen der EPK-Methodik entwickelt, die teilweise auf der Definition von Transformationen in die im folgenden Abschnitt behandelten Petri-Netze basieren; vgl. van der Aalst (1999), Chen und Scheer (1994), Langner et al. (1997), Rittgen (2000), Nüttgens und Rump (2002), van der Aalst et al. (2002) sowie Kindler (2004).

4.4.3 Petri-Netze

Petri-Netze dienen der Modellierung, Analyse und Simulation von verteilten, dynamischen Systemen mit nebenläufigen und nicht-deterministischen Vorgängen. Zurückgehend auf das grundlegende Konzept von Petri (1962) wurden diverse Petri-Netz-Varianten entwickelt, die zur prozessorientierten Modellierung in unterschiedlichsten Anwendungsbereichen eingesetzt werden; vgl. z. B. Baumgarten (1996) sowie Schnieder (1999, Kapitel 5). Wesentliche Vorteile von Petri-Netzen sind zum einen ihre formale mathematische Fundierung sowie zum anderen die explizite Abbildung des Prozessinstanzzustandes über ein Markierungskonzept; vgl. die folgenden Abschnitte. Petri-Netze beinhalten über ihre verhaltensbezogene Semantik klare Regeln für Zustandsänderungen von Prozessinstanzen im Sinne eines echten dynamischen Prozessmodells, was die Grundlage für entsprechende analytische und simulative Untersuchungen bildet.

Petri-Netze basieren auf zwei grundlegenden Abstraktionsmechanismen: Stellen und Transitionen. *Stellen* repräsentieren Zustände in einem passiven Sinne, indem das Vorliegen gewisser Objekte, Bedingungen oder Informationen abgebildet wird. *Transitionen* repräsentieren Zustandsveränderungen in einem aktiven Sinne, indem der Zustand involvierter Stellen verändert wird (etwa im Sinne eines Verbrauchs oder einer Erzeugung von Objekten). In der graphischen Darstellung werden Stellen als Kreise sowie Transitionen als Rechtecke repräsentiert. Pfeile verbinden Stellen mit Transitionen oder umgekehrt. Der (lokale) Zustand einer Stelle wird über Marken (Tokens) abgebildet; der (globale) Zustand eines Petri-Netzes ergibt sich damit über die kombinierte Markierung aller Stellen. In Abbildung 4.27 ist ein einfaches Petri-Netz dargestellt (in zwei verschiedenen Zuständen). Zwei (Eingabe-)Stellen S_1 und S_2 sind Vorgänger einer Transition T mit einer (Ausgabe-)Stelle S_3. In dem dargestellten (Anfangs-)Zustand sind die Stellen S_1 und S_2 mit zwei bzw. einer Marke belegt.

Die dynamische Entwicklung einer über ein markiertes Petri-Netz repräsentierten Prozessinstanz erfolgt auf der Basis so genannter Schaltregeln. Eine Transition bewirkt eine Zustandsveränderung (sie schaltet), indem von allen ihren Eingabestellen jeweils eine Marke entfernt wird, und zu allen ihren Ausgabestellen jeweils eine Marke hinzugefügt wird. Ein Schalten der Transition T aus Abbildung 4.27 führt damit ausgehend von dem links dargestellten Zustand zu dem rechts dargestellten Zustand. Vor einem möglichen Schalten

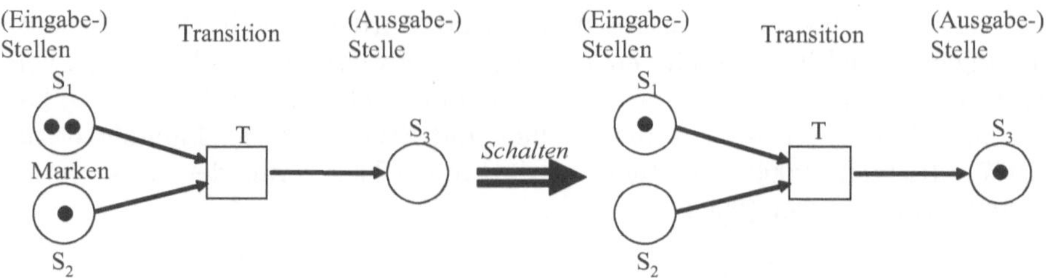

Abbildung 4.27. Einfaches Petri-Netz-Beispiel

einer Transition müssen in Abhängigkeit von der zugrunde gelegten Petri-Netz-Variante gewisse Vorbedingungen bezüglich der Markierung involvierter Stellen erfüllt sein. Sind diese Vorbedingungen für eine Transition erfüllt, so spricht man auch von einer aktivierten Transition. Sind gleichzeitig mehrere Transitionen aktiviert (d. h., es liegt ein Konflikt vor), ist die Auswahl der zunächst schaltenden Transition unbestimmt (und die durch das Petri-Netz ausgedrückte Spezifikation damit in einem gewissen Sinne unvollständig).

Die einfachste Petri-Netz-Variante sind die *Bedingungs-Ereignis-Netze*. Hierbei repräsentieren Stellen Bedingungen, die entweder erfüllt sind oder nicht; dementsprechend enthält eine Stelle genau eine oder keine Marke. Die Schaltregel der in diesem Zusammenhang als Ereignis bezeichneten Transitionen entspricht der obigen Beschreibung. Damit ergibt sich als Vorbedingung für eine Aktivierung einer Transition das Vorliegen von jeweils einer Marke in allen Eingabestellen der Transition sowie ein Fehlen einer Marke in allen Ausgabestellen. In Abbildung 4.28 ist als ein klassisches Beispiel die Synchronisation von zwei Robotern, die auf gegenüberliegenden Montageplätzen Leiterplatten bestücken, die auf einem gemeinsam genutzten Fließband angeliefert werden, als ein Bedingungs-Ereignis-Netz dargestellt; vgl. z. B. Balzert (2000) oder Schnieder (1999). Bei dem gezeigten Anfangszustand sind beide Transitionen, die das Ergreifen von angelieferten Leiterplatten repräsentieren, aktiviert. Aufgrund des vorliegenden Konflikts kann nur eine dieser beiden Transitionen schalten, was zu einer Bestückung durch den entsprechenden Roboter führt, der damit zunächst keine weiteren angelieferten Leiterplatten übernehmen kann. Das dargestellte Bedingungs-Ereignis-Netz stellt damit sicher, dass die Vorgangsabwicklung in dem modellierten Fertigungssystem entsprechend technolgischer Reihenfolgebedingungen abläuft.

Als Verallgemeinerung von Bedingungs-Ereignis-Netzen kann ein *Stellen-Transitions-Netz* prinzipiell beliebig viele Marken je Stelle aufnehmen. Dabei kann die Kapazität von Stellen individuell nach oben beschränkt werden (in der graphischen Darstellung über das Hinzufügen von „$k = \ldots$“ an der jeweiligen Stelle). Außerdem können Kantengewichte definiert werden (in der graphischen Darstellung über das Hinzufügen einer positiven ganzen Zahl an der jeweiligen Kante bzw. dem jeweiligen Pfeil), die angeben, wie viele

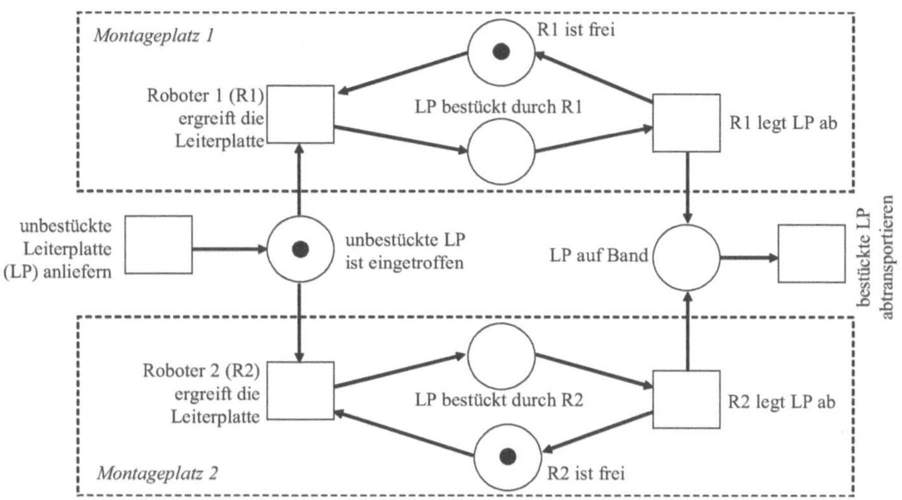

Abbildung 4.28. Petri-Netz für die Leiterplattenbestückung durch zwei Roboter

Marken einer Stelle entnommen oder hinzugefügt werden, wenn die entsprechende nach- bzw. vorgelagerte Transition schaltet (im Zusammenhang mit einer analogen Aktivierungsregel).

Im Hinblick auf die Abbildung elementarer Zusammenhänge sind in Abbildung 4.29 die grundsätzlichen Strukturelemente von Petri-Netzen aufgeführt; vgl. Balzert (2000). Über zweckmäßige Kombinationen dieser Elemente können komplexere Strukturen gebildet werden; vgl. die einfachen Muster in Abbildung 4.30.

Struktur und Verhalten von Petri-Netzen können in algebraischer Form formal definiert werden; vgl. z. B. Baumgarten (1996). Auf dieser Basis sind in Abhängigkeit von der Petri-Netz-Variante verschiedene Analysemethoden entwickelt worden, mit denen ausgehend von einem Anfangszustand beispielsweise untersucht werden kann,

- welche Folgezustände erreicht werden können (Erreichbarkeit),
- ob eine kritische Markenzahl für eine bestimmte Stelle in einem Prozessablauf nicht überschritten werden kann (Sicherheit),
- ob für jede Transition gilt, dass von jedem erreichbaren Zustand ein Zustand erreicht werden kann, in dem die Transition aktiviert ist (Lebendigkeit)
- ob jeder erreichbare Zustand mindestens eine aktivierte Transition besitzt (Verklemmungsfreiheit, schwache Lebendigkeit).

Die Überprüfung eines Petri-Netzes hinsichtlich solcher Kriterien kann insbesondere dazu beitragen, mögliche Modellierungsfehler aufzudecken.

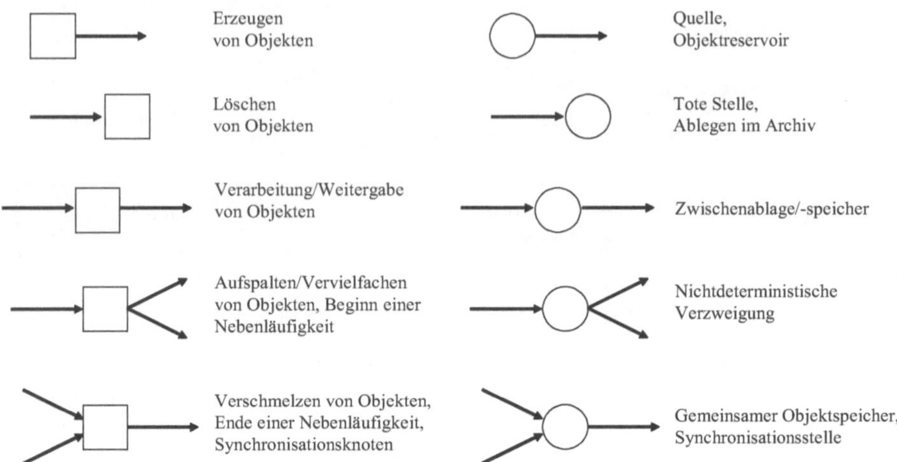

Abbildung 4.29. Elementare Strukturelemente von Petri-Netzen

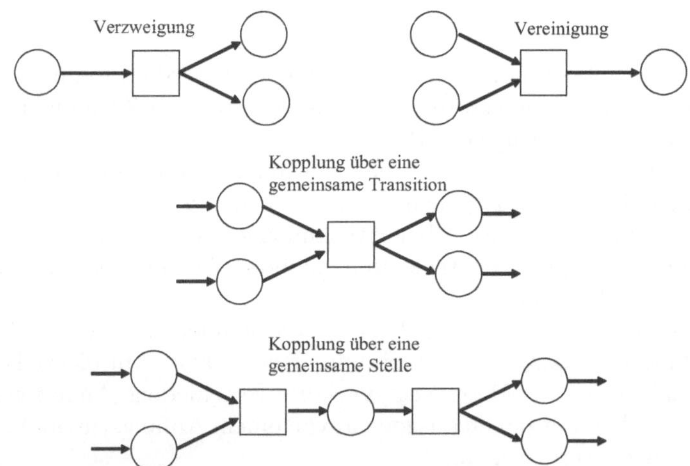

Abbildung 4.30. Typische Muster in Petri-Netzen

Neben den oben dargestellten Petri-Netz-Grundformen existieren verschiedene erweiterte Petri-Netze-Varianten; vgl. z. B. Baumgarten (1996) sowie Schnieder (1999, Kapitel 5).

- *Prädikat-Transitions-Netze* bzw. *Petri-Netze mit individuellen Marken* ermöglichen die direkte Abbildung komplexer Zustände über ein flexibleres Markierungskonzept, was im Zusammenhang mit erweiterten Schaltregeln steht. Gegebenenfalls können hierbei auch nicht diskrete Zustände bzw. Zustandsveränderungen abgebildet werden.

- *Hierarchische Petri-Netze* ermöglichen die Verfeinerung von Teilprozessen in separaten Petri-Netzen, was entsprechende Regeln zur Konsistenzerhaltung („komplementäre Schnittstellen") voraussetzt. Auf einer groben Ebene können hierbei *Kanal-Instanzen-Netze*, bei denen die Systemdynamik noch nicht formal spezifiziert ist, den Ausgangspunkt bilden.
- *Zeitbehaftete Petri-Netze* ermöglichen die Abbildung von Zeitpunkten und -dauern, wodurch etwa die Reihenfolge des Schaltens sowie des Markenverbrauchs gesteuert werden kann.
- In *stochastischen Petri-Netzen* können auch nicht-deterministische Zustände bzw. Zustandsveränderungen explizit abgebildet werden.

Solche Erweiterungen unterstützen eine problemadäquate, kompakte Modellierung in verschiedenen Anwendungsbereichen. Allerdings sind Petri-Netze trotz ihrer Ausdruckskraft, mathematischen Fundierung, graphischen Veranschaulichung von Prozessstruktur und -dynamik und weitreichenden Analysierbarkeit für die Geschäftsprozessmodellierung in der Praxis nur mäßig verbreitet. Dies kann zumindest teilweise auf ihren hohen Abstraktionsgrad im Sinne von geschäftsprozessunspezifischen Modellierungskonstrukten zurückgeführt werden.

4.5 Objektorientierte Modellierung

Objektorientierung ist ein grundlegender Ansatz zur Systemmodellierung und -gestaltung, der heute in umfassendem Maße verwendet wird. Das wesentliche Prinzip besteht darin, dass bei der Modellierung bzw. der Systemarchitektur *Objekte* die Basiskonstrukte bilden. Unter einem Objekt versteht man einen identifizierbaren Gegenstand der Erkenntnis und Wahrnehmung, des Denkens und Handelns. Objekte stellen eine Einheit dar, sind gegebenenfalls über Beziehungen verbunden und nach außen über Operationen bzw. entsprechendes Verhalten sichtbar.

Das wesentliche Konzept der Objektorientierung ist die Zusammenfassung bezüglich Struktur und Verhalten gleichartiger Objekte bzw. entsprechender Abstraktionen des Anwendungsbereiches durch *Klassen.* Eine Klasse kann man folglich auch als einen (Objekt-)Typ oder eine Kategorie bezeichnen. Ein Objekt einer Klasse wird auch als Exemplar (oder, als sprachlich unglückliche Übersetzung des englischen Begriffes *Instance*, „Instanz") dieser Klasse bezeichnet. In diesem Sinne können Klassen als Erweiterung der in Abschnitt 4.2.1 betrachteten Entity-Typen um den Verhaltensaspekt angesehen werden.

Der objektorientierte Ansatz kann relativ durchgängig in verschiedenen Phasen der Systementwicklung angewendet werden. Typischerweise unterscheidet man hier in

1. objektorientierte Analyse (die Entwicklung eines entsprechenden fachlichen Modells des Anwendungsbereiches),

2. objektorientierten Entwurf (die Umsetzung dieses Modells in eine Systemarchitektur, die das grundsätzliche Zusammenwirken von Komponenten bestimmt) sowie
3. objektorientierte Implementierung (Programmierung).

Aus dem Blickwinkel der Softwareentwicklung kann die objektorientierte Methode als evolutionäre Weiterentwicklung des Konzeptes des *abstrakten Datentyps* aufgefasst werden. Unter einem abstrakten Datentyp versteht man eine formale Beschreibung einer Menge gleichartiger Objekte über die Spezifikation der auf solche Objekte anwendbaren Methoden; vgl. z. B. Meyer (1997, Kapitel 6). Hierauf aufbauend strukturiert eine Klasse gleichartige Objekte mittels Eigenschaften (mit Wertebereichen) und Methoden (Operationen). Ein Objekt ist charakterisiert durch

- seine Identität,
- seine durch seine Klasse strukturierten Eigenschaften (d. h. einen Zustand, der sich ändern kann) sowie
- ein von seinem aktuellen Zustand abhängiges Verhalten, was sich über entsprechende Methoden der Klasse ergibt.

Dabei kapselt eine Klasse interne Details wie die Datenstruktur und die Implementierung des Verhaltens. Die Funktionalität einer Klasse kann dann nur über eine spezifizierte Schnittstelle genutzt werden. Dieses Verbergen von für den Nutzer nicht relevanten Realisierungsdetails bezeichnet man als das Prinzip des *Information Hiding*; vgl. Parnas (1972a,b).

Im Rahmen der objektorientierten Modellierung werden verschiedene Aspekte bzw. Sichten in verschiedenen Phasen der Systementwicklung betrachtet. Hier kann vereinfachend in die Abbildung statisch-struktureller sowie dynamisch-verhaltensbezogener Zusammenhänge unterschieden werden, die in den beiden folgenden Abschnitten kurz betrachtet werden. Hierbei legen wir die *Unified Modeling Language* (UML) zugrunde. Die UML ist eine objektorientierte, graphische Beschreibungssprache zur Visualisierung, Spezifikation, Konstruktion und Dokumentation der Artefakte von primär aus Software bestehenden Systemen; vgl. Booch et al. (2005). Das heißt, die UML kann in verschiedenen Betrachtungsebenen der Modellierung und Phasen der Softwareentwicklung eingesetzt werden. Die UML hat sich als Standardmodellierungssprache der OMG (*Object Management Group*) in der Praxis durchgesetzt und wird inzwischen verbreitet von CASE-Tools (CASE: *Computer Aided Software Engineering*) unterstützt. Zur weiteren Vertiefung in die objektorientierte Modellierung auf Basis der UML sei z. B. auf Booch et al. (2005), Balzert (2004), Jacobson et al. (1999) sowie Fowler (2004) verwiesen.

4.5.1 Statisch-strukturelle Modelle

Über statisch-strukturelle Modelle werden insbesondere Gemeinsamkeiten, Unterschiede und Beziehungen zwischen Klassen bzw. Objekten abgebildet.

Es ist offensichtlich, dass es Objekte gibt, die wesentliche Gemeinsamkeiten besitzen, sich aber andererseits in gewissen Aspekten unterscheiden. Das heißt, solche Objekte haben einen gleichartigen, nicht aber einen identischen Typ. Folglich ist es zweckmäßig, für eine Menge von Objekten eine Gemeinsamkeit wesentlicher Charakteristika bei einer Variabilität spezieller Charakteristika abbilden zu können. Hierfür wurde das Konzept der *Vererbung* entwickelt. Die grundlegende Idee der Vererbung besteht darin, Gemeinsamkeiten in einer entsprechend allgemeinen (Ober-)Klasse sowie differierende Charakteristika mittels spezialisierender (Unter-)Klassen abzubilden. Dabei *erbt* die spezialisierende (abgeleitete) Klasse die Eigenschaften und Methoden der allgemeinen Klasse und besitzt damit automatisch auch deren Eigenschaften und Methoden. Die Beziehung zwischen allgemeinen Klassen und spezialisierenden Klassen bezeichnet man auch als Spezialisierung bzw. Generalisierung.

Zur Veranschaulichung des Klassen- und Vererbungskonzeptes greifen wir das im ersten Kapitel kurz charakterisierte Anwendungsbeispiel des Containerterminals wieder auf. Ziel sei die Abbildung eines solchen Containerterminals über ein objektorientiertes Modell, welches als Grundlage für ein Simulationsmodell (vgl. Abschnitt 4.6) sowie ein Ablaufdispositionssystem dienen soll. Hier betrachten wir beispielhaft die Abbildung von so genannten Containerumschlaggeräten, die zum Transport von Containern auf dem Containerterminal bzw. vom und zum Schiff dienen. Vereinfachend nehmen wir an, dass lediglich zwei verschiedene Geräte zum Einsatz kommen: horizontal zur Kaimauer bewegliche Verladebrücken (zum Transport aus dem Schiff auf einen Pufferlagerplatz unter der Verladebrücke und umgekehrt) und frei auf dem Yard bewegliche Portalhubfahrzeuge (zum Transport der Container vom Containerterminal zum Pufferlagerplatz einer Verladebrücke und umgekehrt).

In Abbildung 4.31 ist ein so genanntes *Klassendiagramm* für Containerumschlaggeräte dargestellt. Klassen werden über Rechtecke dargestellt, die in verschiedene Bereiche untergliedert werden können (typischerweise: Bezeichnung, Eigenschaften, Methoden). Die Gemeinsamkeiten von Verladebrücken und Portalhubfahrzeugen sind in einer abstrakten Klasse zusammengefasst. Dies betrifft die gemeinsame Eigenschaft Inventarnummer sowie zwei Methoden zum Aktivieren bzw. Deaktivieren eines Gerätes. Andererseits ergeben sich Unterschiede; beispielsweise könnte für eine Verladebrücke der Maximaldurchsatz (bewertet in Anzahl Container pro Stunde) relevant sein, während für ein Portalhubfahrzeug die maximale Fahrgeschwindigkeit und die maximale Hubhöhe wichtige Attribute darstellen. Die Tätigkeiten einer Verladebrücke erstrecken sich auf das Laden oder Entladen eines Containers auf das Schiff bzw. vom Schiff. Ein Portalhubfahrzeug transportiert jeweils einen Container von einer Position zu einer anderen Position auf dem Yard.

Klassendiagramme können damit über die Klassenbildung und den Vererbungsmechanismus Gemeinsamkeiten und Unterschiede von Objekten bzw.

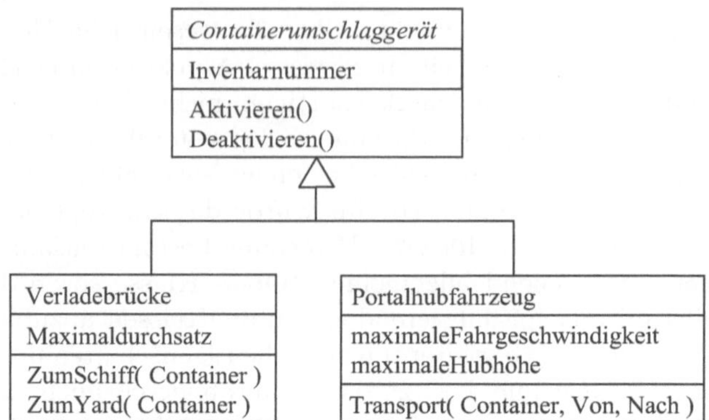

Abbildung 4.31. Beispiel für ein Klassendiagramm mit Vererbungsbeziehungen

Objekttypen strukturieren. Eine Abbildung der Konzepte eines Anwendungsbereiches über entsprechende Klassenhierarchien ermöglicht eine strukturierte (modellbasierte) Form der Wiederverwendung über eine Erweiterung und Anpassung entsprechender Klassen. Dieser Aspekt wird in Abschnitt 6.4.1 näher erläutert.

In Klassendiagrammen können neben Vererbungsbeziehungen auch vielfältige andere Beziehungen abgebildet werden. So können ähnlich wie in Entity-Relationship-Modellen (vgl. Abschnitt 4.2.1) über so genannte Assoziationen mögliche Beziehungen zwischen Objekten bestimmter Klassen abgebildet werden. Zur Veranschaulichung der Notation ist in Abbildung 4.32 der Gegenstandsausschnitt aus Abbildung 4.6 (S. 107) dargestellt. Die in dem Beispiel mit der Assoziation verknüpfte anonyme Klasse ist nur erforderlich, da es sich um einen attributierten Beziehungstyp handelt.

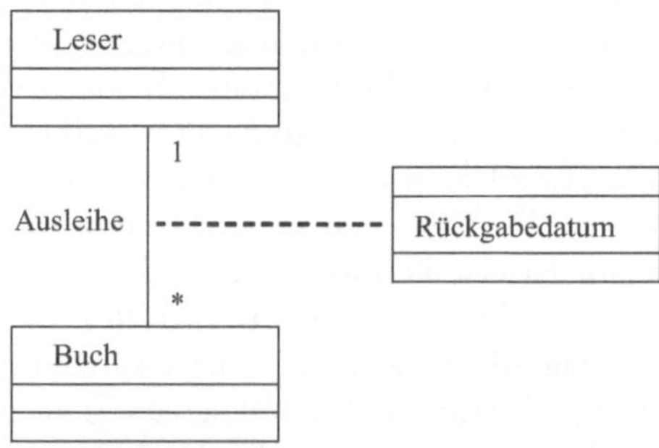

Abbildung 4.32. Beispiel für ein Klassendiagramm zur Abbildung eines Datenmodells

Neben Klassendiagrammen besitzt die UML weitere Diagrammtypen zur Modellierung statisch-struktureller Zusammenhänge. In *Objektdiagrammen* werden auf Ausprägungsebene Objekte abgebildet und miteinander in Beziehung gesetzt; Objekte werden als Rechtecke dargestellt, wobei zur Unterscheidung von Klassen die Bezeichnung unterstrichen wird. *Komponentendiagramme* bilden die Architektur von Softwaresystemen auf der Implementierungsebene ab, wobei Komponenten implementierungstechnisch zusammengefasste Softwaremodule darstellen. So können beispielsweise Abhängigkeiten bzw. Schnittstellen zwischen verschiedenen Komponenten veranschaulicht werden. *Verteilungsdiagramme* dienen der Darstellung der Architektur von Softwaresystemen in einem verteilten Rechnersystem.

4.5.2 Dynamisch-verhaltensbezogene Modelle

Die UML umfasst verschiedene Diagrammtypen für die Modellierung dynamisch-verhaltensbezogener Aspekte. Dementsprechend überdeckt sich der Anwendungsbereich stark mit einigen der in Abschnitt 4.4 beschriebenen Modellierungsmethoden.

Anwendungsfalldiagramme (*Use-Case-Diagramme*) dienen der Grobbeschreibung typischer Szenarien der Interaktion von Aktoren (Organisationseinheiten) mit Systemelementen (Funktionen) im Rahmen so genannter Anwendungsfälle (*Use Cases*). Entsprechende Darstellungen (vgl. das einfache Beispiel in Abbildung 4.33), die in natürlichsprachiger Form ergänzt werden können, bilden damit einen möglichen Ausgangspunkt für eine nachfolgende genauere Funktions- und Prozessbeschreibung mittels weiter gehender Modellierungstechniken.

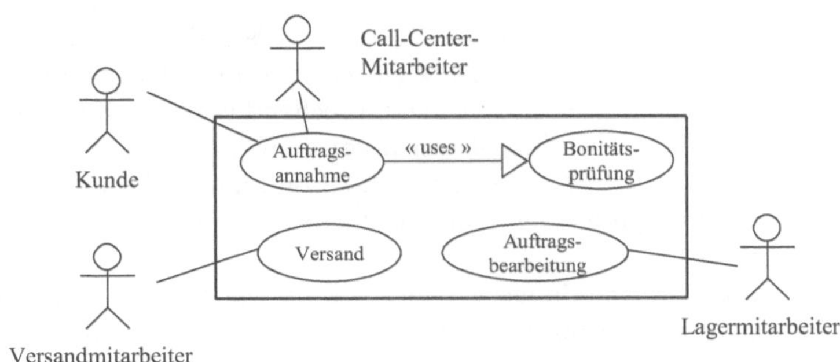

Abbildung 4.33. Beispiel für ein Anwendungsfalldiagramm

Zustandsdiagramme dienen der Beschreibung möglicher System- oder Objektzustände in der dynamischen Entwicklung. Die UML stützt sich hierbei im Wesentlichen auf die so genannten *Statecharts* von Harel (1987). In Abbildung 4.34 ist als Beispiel für ein einfaches Zustandsdiagramm der Objektlebenszyklus eines Buches veranschaulicht. In abgerundeten Rechtecken sind die möglichen Zustände dargestellt. Anfangs- und Endzustand sind durch einen ausgefüllten bzw. einen halb ausgefüllten Kreis spezifiziert. Mögliche Zustandsübergänge ergeben sich über Pfeile, die über Angaben der Form `Ereignis [Bedingung] / Aktion` näher beschrieben sind. Beispielsweise führt für ein präsentes Buch das Ereignis eines Ausleihwunsches ohne weitere Bedingung zum Aufruf der entsprechenden Methode `ausleihen()` und einem Übergang in den Zustand ausgeliehen. Zustandsdiagramme können hierarchisch gegliedert werden und auch nebenläufige Zustände abbilden.

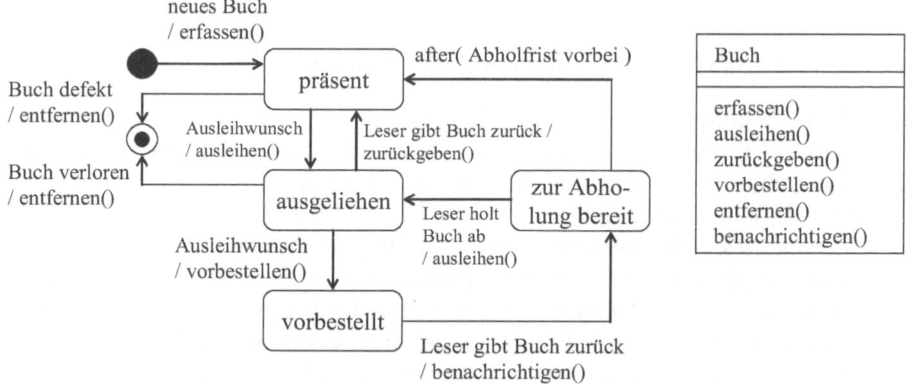

Abbildung 4.34. Beispiel für ein Zustandsdiagramm

Aktivitätsdiagramme können als Spezialfall von Zustandsdiagrammen angesehen werden. Die abgebildeten Zustände (Aktivitäten im Sinne von „Aktions-Zuständen“) stellen hier Zwischenschritte eines algorithmischen Ablaufs oder Geschäftsprozesses dar. Dementsprechend ergibt sich eine teilweise Überdeckung zu dem Anwendungsbereich von Ereignisgesteuertern Prozessketten und Petri-Netzen; vgl. Abschnitt 4.4. Abbildung 4.35 zeigt ein Beispiel für ein Aktivitätsdiagramm, bei dem verschiedene Verzweigungsformen dargestellt sind.

Im Rahmen des Anwendungssystementwicklungsprozesses können Aktivitätsdiagramme den Ausgangspunkt für implementierungsnähere Modelle bilden, in denen die Interaktion zwischen Objekten abgebildet wird (d. h. mögliche Abfolgen des Nachrichtenaustausches bzw. Methodenaufrufes). In Abhängigkeit von der Darstellungsform unterscheidet man entsprechende *Interaktionsdiagramme* in Sequenz- und Kollaborationsdiagramme; vgl. Abbildung 4.36. Bei *Sequenzdiagrammen* steht der Kontrollfluss im zeitlichen Ablauf im Mittelpunkt, während *Kollaborationsdiagramme* eher die strukturellen Beziehungen zwischen Objekten im Interaktionszusammenhang hervorheben.

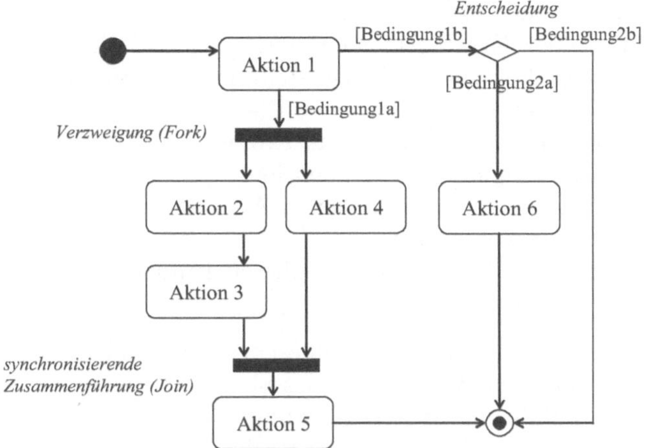

Abbildung 4.35. Beispiel für ein Aktivitätsdiagramm

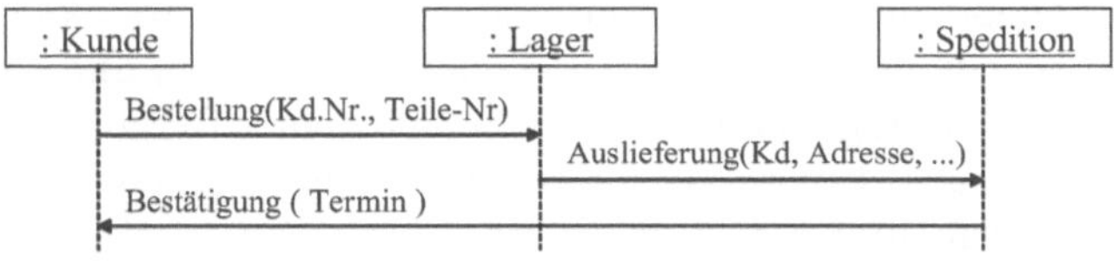

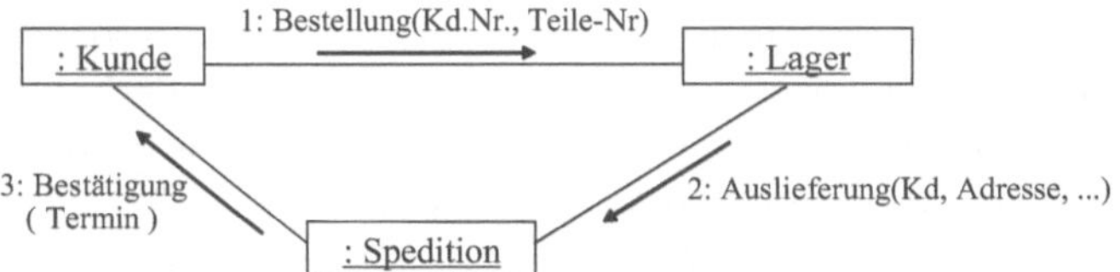

Abbildung 4.36. Beispiel für Interaktionsdiagramme

4.6 Simulation

Gemäß der VDI-Richtlinie 3633 ist *Simulation* das Nachbilden eines dynamischen Prozesses in einem System mit Hilfe eines experimentierfähigen Modells, um zu Erkenntnissen zu gelangen, die auf die Wirklichkeit übertragbar sind. Eine Simulation wird oftmals dann durchgeführt, wenn Experimente am realen System zu aufwändig, zu teuer, zu gefährlich, nicht replizierbar oder nicht durchführbar sind und andererseits eine geschlossene mathematische Formulierung und analytische Lösung eines Problems nicht möglich ist.

Allgemeine Beispiele für Anwendungen der Simulation sind Flugsimulationen für Flugschüler, Crashtests, die Berechnung der Folgen globaler Klimaveränderungen oder die dynamische Darstellung der Entwicklung einer Volkswirtschaft. Im Rahmen der betrieblichen Planung ergeben sich insbesondere Einsatzmöglichkeiten der Simulation zur explorativen Bewertung verschiedener Szenarien. Ein Beispiel ist die Dimensionierung von Fertigungssystemen, deren Leistungsfähigkeit in verschiedenen Ausgestaltungsformen mittels Simulation abgeschätzt werden kann.

Der grundlegende Ablauf beim Simulieren kann folgendermaßen dargestellt werden:[9]

1. Erstellung einer Simulationsmodellbeschreibung und Datenerhebung
2. Implementierung und Validierung des Simulationsmodells
3. Iterative Durchführung und Auswertung von Experimenten
4. Übertragung der Ergebnisse auf die Realität

Im Kontext der Betriebswirtschaftslehre (insbesondere in den Bereichen Produktion und Logistik) wird in der Regel die *diskrete, ereignisorientierte Simulation* verwendet. Das heißt, es werden diskrete Zeitpunkte betrachtet, zu denen Ereignisse auftreten. Diese Ereignisse werden chronologisch abgearbeitet, wobei jeweils Zustandsübergänge oder -änderungen über Änderungen von Modellvariablen abgebildet werden. Dabei ziehen Ereignisse häufig Folgeereignisse nach sich. Ereignisse werden, geordnet nach dem Zeitpunkt, zu dem sie stattfinden, in einer so genannten *Ereignisliste* (*Ereigniskalender*) verwaltet. Der grundlegende Ablauf bei der Ausführung eines entsprechenden Simulationslaufes ergibt sich folgendermaßen:

1. Initialisiere die Ereignisliste chronologisch mit den Startereignissen.
2. Solange das Simulationsende nicht erreicht ist, wiederhole:
   a) Hole das nächste Ereignis E aus der Ereignisliste und setze den aktuellen Simulationszeitpunkt entsprechend;
   b) arbeite das Ereignis E ab;
   c) füge die Folgeereignisse chronologisch sortiert zur Ereignisliste hinzu.

Prinzipiell könnte man einen Simulationslauf manuell durchspielen. Normalerweise verwendet man hierzu aber *Simulationssysteme* (*Simulatoren*), die die Erstellung von Simulationsmodellen und das Durchführen entsprechender Simulationsläufe unter Berücksichtigung komplexer dynamischer Abläufe und eines stochastischen Systemverhaltens erst effektiv ermöglichen.[10] Hierzu bieten Simulatoren in der Regel verschiedene vordefinierte Komponenten, die z. B. für die Abbildung von Fertigungssystemen verwendet

[9] Als weiterführende Literatur zur Simulation vgl. z. B. Kostouriak und Gregor (1995) sowie Law und Kelton (2000).

[10] Die theoretische Grundlage entsprechender Simulationsmodelle bilden insbesondere die in Abschnitt 4.4.3 betrachteten Petri-Netze (in einer zeitbehafteten, stochastischen Variante mit individuellen Marken).

werden können (Maschinen, Puffer, Förderbänder, Fahrzeuge, Paletten usw.). Moderne Simulationssysteme sind häufig objektorientiert gestaltet und erlauben dann in Verbindung mit einer integrierten Programmiersprache die Erweiterung und Anpassung solcher Komponenten. Zur Veranschaulichung der Simulation bieten Simulationssysteme typischerweise eine graphische Benutzeroberfläche, die sowohl die Erstellung von Simulationsmodellen unterstützt als auch die Visualisierung von Simulationsläufen ermöglicht.

Im Folgenden soll das Vorgehen bei einer Simulation am Beispiel der Gestaltung einer Tankstelle erläutert werden. Diese soll aus einer Kombizapfsäule für Normal- und Superbenzin und einer Superzapfsäule nur für Superbenzin bestehen. Erfahrungsgemäß benötigen Kunden 3,5 Minuten pro Tankvorgang bei Superbenzin und 3 Minuten pro Tankvorgang bei Normalbenzin. Weiterhin sind Erwartungswerte für Eintreffzeitpunkte von Kunden gegeben. Ziel der Simulation ist die Überprüfung der anforderungsgerechten Dimensionierung der Tankstelle sowie gegebenenfalls das Aufzeigen verbesserter Gestaltungsoptionen.

Der erste Schritt besteht in der Modellierung des Problems unter Berücksichtigung der Modellgrenzen des abzubildenden Wirklichkeitsausschnittes (Systemgrenzen). Es müssen die unbeweglichen und beweglichen Objekte, die möglichen Zustände sowie Entscheidungsregeln bestimmt werden. Unbewegliche Objekte sind in unserem Beispiel die Kombizapfsäule K, die Superzapfsäule S, die Warteschlange vor der Kombizapfsäule WK und die Warteschlange vor der Superzapfsäule WS. Bewegliche Objekte sind nur die Kunden (bzw. deren Kraftfahrzeuge). Mögliche Zustände betreffen die Zapfsäulen (frei oder belegt), die Warteschlangen (frei oder belegt; wenn belegt, dann die Länge der Warteschlange) und die Kraftfahrzeuge (wartend oder in Bedienung).

Entscheidungen müssen dahingehend getroffen werden, an welcher Zapfsäule sich ein Kunde (bzw. Kraftfahrzeug) zum Tanken anstellt. Kunden für Normalbenzin haben aufgrund der Konzeption der Tankstelle keine Wahl und reihen sich in die Warteschlange WK ein. Für Kunden von Superbenzin dagegen werden folgende Regeln aufgestellt:

1. Sind beide Zapfsäulen frei, so belege S.
2. Ist nur eine Zapfsäule frei, so belege die freie Säule.
3. Ist keine Zapfsäule frei, so wähle die kürzere Warteschlange.

Im zweiten Schritt erfolgt die Umsetzung des Modells in ein Simulationssystem. Die Entscheidungsregeln werden hierbei in der Regel mittels einer in das Simulationssystem integrierten Simulationssprache programmiert. Die Eingangsdaten (z. B. die Ankunftszeitpunkte von Kunden) können über Tabellen zur Verfügung gestellt oder auf der Basis von Wahrscheinlichkeitsverteilungen erzeugt werden.

Im dritten Schritt erfolgt die Ausführung und Auswertung von Simulationsexperimenten. In diesem Beispiel kann die Durchführung von Simulationsläufen gegebenenfalls auch manuell erfolgen, während umfassende Simulationsexperimente normalerweise per Rechner erfolgen. Moderne Simulationssysteme ermöglichen meist eine graphische Visualisierung des Prozessablaufes, die es u. a. erlaubt, das Experiment in Realzeit, zeitlich gerafft oder verzögert zu verfolgen.

Als Ergebnisgrößen der Simulationsexperimente sind hier etwa die Kundenwartezeiten (Maximum, Minimum und Durchschnitt), die Warteschlangenlängen (Maximum, Minimum und Durchschnitt) und die Auslastung der Zapfsäulen relevant.

Tabelle 4.1 stellt ein Beispiel für den konkreten Ablauf einer manuellen Simulation der Tankstelle dar, wobei die Eintreffzeitpunkte fest vorgegeben seien. Jedes Ereignis (d. h. Eintreffen oder Wegfahren eines Kunden) wird in einer Zeile der Tabelle dargestellt. Die Ereignisliste enthält jeweils alle Ereignisse (mit Zeitpunkt des Eintreffens des Ereignisses, Ereignistyp und einer Nummer zur Identifikation), die zu einem Zeitpunkt bekannt und noch nicht abgearbeitet sind. Die 5. Zeile gehört zum Ereignis „Weggang des Kunden 1 von der Superzapfsäule S zum Zeitpunkt 4,5“. Dadurch ist der Zustand der Zapfsäule S und die Ereignisliste gegenüber der vorigen Zeile verändert. Zum gleichen Zeitpunkt tritt auch das Ereignis „Weggang des Kunden 2 von der Kombizapfsäule K“ ein. Somit hat Kunde 3 die Möglichkeit, von der Warteschlange WK zur Zapfsäule K zu wechseln, wodurch der Zustand von K gegenüber der vorigen Zeile unverändert ist, die Warteschlange WK jedoch leer wird. Gleichzeitig ist dadurch in die Ereignisliste ein weiteres Ereignis aufgenommen worden, nämlich der Weggang von Kunde 3 von der soeben betretenen Zapfsäule K.

Zeit t	S	K	WS	WK	**Ereignisliste** (t**; Typ; Nr.)**
0	leer	leer	leer	leer	(1; Zugang Superbenzin; 1)
1	belegt	leer	leer	leer	(1,5; Zugang Normalbenzin; 2) (4,5; Austritt S; 1)
1,5	belegt	belegt	leer	leer	(4; Zugang Normalbenzin; 3) (4,5; Austritt S; 1) (4,5; Austritt K; 2)
4	belegt	belegt	leer	$<$ 3]	(4,5; Austritt S; 1) (4,5; Austritt K; 2) (6,5; Zugang Superbenzin; 4)
4,5	leer	belegt	leer	$<$ 3]	(4,5; Austritt K; 2) (6,5; Zugang Superbenzin; 4)
4,5	leer	belegt	leer	leer	(6,5; Zugang Superbenzin; 4) (7,5; Austritt K; 3)
...	...	...	...	...	...

Tabelle 4.1. Simulation einer Tankstelle

Aus einer derartigen Simulation kann man beispielsweise schließen, dass die Zapfsäule K zu 90%, die Zapfsäule S zu 70% ausgelastet ist und dass nur die Warteschlange WK für 10% der Zeit mit einem Fahrzeug belegt ist, so dass Kunden für Normalbenzin durchschnittlich eine halbe Minute warten müssen.[11]

Vor einer Übertragung der Ergebnisse auf die Realität sollte nochmals rückblickend überprüft werden, ob die Prämissen korrekt und praxisnah und die zu Grunde gelegten Eingabedaten realistisch sind. Dies betrifft in unserem Beispiel insbesondere die angenommenen Ankunftszeiten. Ein weiterer Kritikpunkt könnte die deterministische Zapfstellenauswahl der Kunden für Superbenzin sein. Ebenso erscheint ein Weiterfahren von Kunden bei langer Schlange realistisch, wurde jedoch nicht berücksichtigt. Mögliche Modellmodifikationen könnten daher einerseits die Einführung stochastischer Ankunftszeiten (z. B. negativexponentialverteilte Zwischenankunftszeiten von durchschnittlich zwei Minuten bei einer Wahrscheinlichkeit von 60% für Kunden von Superbenzin) sein, andererseits könnte die erste Entscheidungsregel für Superbenzinkunden dahingehend geändert werden, dass sie zufällig aus den beiden Zapfsäulen auswählen, wenn beide frei sind.

In dem diskutierten Beispiel ist eine Simulation relativ einfach durchführbar, da die Freiheitsgrade der Systemkonfiguration (wie z. B. Layout, Geräteauslegung und -anzahl) vergleichsweise gering sind. Dagegen stellt sich in komplexeren Systemen darüber hinaus typischerweise ein simultan zu lösendes Problem der Ermittlung zweckmäßiger Dispositions- bzw. Steuerungsstrategien. Dies kann an dem Beispiel des Containerterminals verdeutlicht werden. In Abbildung 4.37 ist ein solches Terminal ausschnittsweise dargestellt.

Ein mögliches Ziel bei der Neugestaltung eines Containerterminals könnte darin bestehen, die Anlage so auszulegen, dass ein Containerschiff in einer vorgegebenen Höchstzeit ent- bzw. beladen werden kann, wobei die Investitions- und Betriebskosten des Terminals zu minimieren sind. In diesem Zusammenhang sind eine Vielzahl interdependenter Entscheidungen zu treffen; typische Entscheidungsfelder sind im Folgenden genannt:

- Statische Systemstruktur
  - Layout des Containerterminals
  - Art und Anzahl der Verladebrücken und Portalhubfahrzeuge
- Dynamische Steuerungsstrategien
  - Zuordnung von Containern zu Stellplätzen auf dem Yard (und gegebenenfalls auch auf dem Schiff)
  - Zuweisung von Transportaufträgen an die Portalhubfahrzeuge und Festlegung der jeweiligen Fahrwege

[11] Dabei ist zu beachten, dass zur Bewertung eines dynamischen Systems, welches über Wahrscheinlichkeitsverteilungen modelliert wird, eine hinreichende Anzahl von Simulationsläufen durchzuführen ist, um eine bestimmte statistische Sicherheit über die erzielten Ergebnisse zu erlangen.

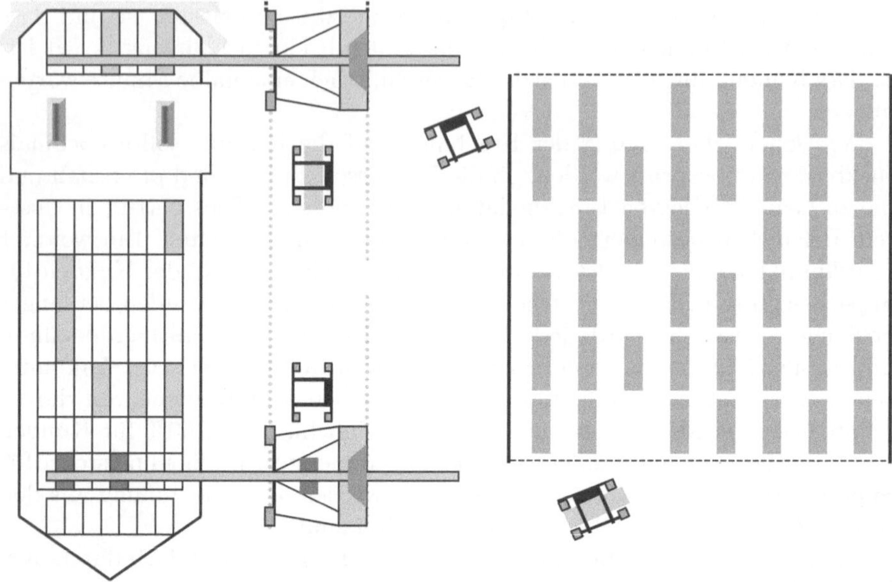

Abbildung 4.37. Containerterminal

Für eine solche Problemstellung ist in der Regel keine optimale Lösung analytisch ableitbar, sondern es sind schrittweise verbesserte Gestaltungsalternativen zu entwickeln. Zweckmäßigerweise findet hierzu auf der Grundlage logischer Vorüberlegungen zunächst eine Eingrenzung der betrachteten Alternativen statt. Hieraufhin können auf Basis (gegebenenfalls noch relativ grober) Simulationsmodelle mögliche Engpässe identifiziert werden. Mit einem damit gewonnenen Verständnis zum Systemverhalten können gegebenenfalls mittels verbesserter Dispositions- bzw. Steuerungsstrategien schrittweise bessere Systemkonfigurationen ermittelt werden. Die hierbei konzipierten Strategien können den Kern eines zu entwickelnden realen Ablaufdispositionssystems bilden.

4.7 Mathematische Modellierung

In *mathematischen Modellen* werden Sachverhalte mit mathematischen Mitteln (Formeln) dargestellt. Innerhalb der Unternehmensmodellierung sind insbesondere Optimierungsmodelle von Interesse, da mit ihnen eine quantitative Darstellung von Optimierungsproblemen möglich ist. Ziel der Lösung solcher Optimierungsprobleme ist die Entscheidungsunterstützung über die Ermittlung einer möglichst guten, im Idealfall optimalen Handlungsmöglichkeit

(z. B. die Entscheidung über Produktionsmengen im Rahmen der Produktionsplanung); vgl. z. B. Williams (2000).

Ein Optimierungsmodell enthält eine Menge von *Handlungsalternativen*, eine diese Alternativen bewertende *Zielfunktion* sowie eine Angabe darüber, ob die Alternative mit dem kleinsten oder diejenige mit dem größten Zielfunktionswert die beste, d. h. optimale Alternative ist (Minimierung bzw. Maximierung). Bei der entsprechenden Erstellung von Optimierungsmodellen werden typischerweise mehr oder weniger starke Vereinfachungen vorgenommen. So wird normalerweise angenommen, dass alle Alternativen und ihre Auswirkungen vollständig bekannt und quantifizierbar sind und die Präferenzen des Entscheidungsträgers über eine skalare Zielfunktion abgebildet werden können. Darüber hinaus wird z. B. häufig dahingehend abstrahiert, dass die verschiedenen Zusammenhänge mittels linearer Funktionen dargestellt werden, da die daraus resultierenden *linearen Optimierungsprobleme* bei der Einschränkung auf kontinuierliche Entscheidungsvariablen effizient exakt gelöst werden können; vgl. Abschnitt 2.1.2.

Ein (mathematisches) Modell eines linearen Optimierungsproblems (LOP) sieht in der Regel wie folgt aus:

Maximierung (oder Minimierung) einer *linearen Zielfunktion*

$$F(\mathbf{x}) = \sum_{j=1}^{n} c_j \cdot x_j \; (= c_1 \cdot x_1 + c_2 \cdot x_2 + \ldots + c_n \cdot x_n)$$

unter Beachtung linearer Nebenbedingungen

$$\sum_{j=1}^{n} a_{ij} \cdot x_j \leq b_i \qquad \text{für } i = 1, \ldots, m_1$$

$$\sum_{j=1}^{n} a_{ij} \cdot x_j \geq b_i \qquad \text{für } i = m_1 + 1, \ldots, m_2$$

$$\sum_{j=1}^{n} a_{ij} \cdot x_j = b_i \qquad \text{für } i = m_2 + 1, \ldots, m$$

und meistens unter Beachtung von *Nichtnegativitätsbedingungen*

$$x_j \geq 0 \qquad \text{für (einige oder alle) } j = 1, 2, \ldots, n.$$

Ein Beispiel für ein lineares Optimierungsproblem ist das so genannte *klassische Transportproblem.* Hierbei bieten mehrere Anbieter A_i $(i = 1, 2, \ldots, m)$ ein bestimmtes Gut in unterschiedlichen Mengen (a_i Mengeneinheiten) an, von dem mehrere Nachfrager B_j $(j = 1, 2, \ldots, n)$ jeweils die Menge b_j benötigen. Es wird vorausgesetzt, dass $\sum_{i=1}^{m} a_i = \sum_{j=1}^{n} b_j$ gilt, d. h. die gesamte angebotene Menge des Gutes entspricht der Menge aller Nachfragen (Bedarfe). Daneben sind die Kosten c_{ij} für den Transport von einer Mengeneinheit des Gutes von A_i nach B_j bekannt. Gesucht ist ein kostenminimaler Transportplan, so dass alle Bedarfe b_j befriedigt werden.

Ein mathematisches Modell dieses Problems sieht wie folgt aus:

$$\text{Minimiere} \qquad F(x) = \sum_{i=1}^{m} \sum_{j=1}^{n} c_{ij} \cdot x_{ij}$$

unter den Nebenbedingungen

$$\begin{aligned} \sum_{j=1}^{n} x_{ij} &= a_i \qquad && \text{für } i = 1, 2, \ldots, m \\ \sum_{i=1}^{m} x_{ij} &= b_j \qquad && \text{für } j = 1, 2, \ldots, n \\ x_{ij} &\geq 0 \qquad && \text{für alle } i \text{ und } j, \end{aligned}$$

wobei die Variable x_{ij} die Transportmenge von A_i nach B_j bezeichnet.

Ein Spezialfall des Transportproblems mit $m = n$ sowie $a_i = 1$ und $b_j = 1$ für alle i und j ist das so genannte lineare *Zuordnungsproblem*. Ein stark idealisierter und vereinfachter Anwendungsfall dieses Problems ist die Zuordnung von Export-Containern zu Import-Containern, die als Paar jeweils einen Transportauftrag für ein Portalhubfahrzeug definieren. Jeder Transportauftrag wird über die zurückzulegende Entfernung (der Leerfahrt zwischen dem Abladen des Export-Containers und der Aufnahme des Import-Containers) bewertet. Hierbei muss beachtet werden, dass jedem Export-Container genau ein Import-Container zuzuordnen ist. Ziel ist die Minimierung der Summe aller zurückzulegenden Entfernungen.

Ein mathematisches Modell für dieses Problem kann folgendermaßen formuliert werden:

$$\text{Minimiere} \qquad F(x) = \sum_{i=1}^{n} \sum_{j=1}^{n} c_{ij} \cdot x_{ij}$$

unter den Nebenbedingungen

$$\begin{aligned} \sum_{j=1}^{n} x_{ij} &= 1 \qquad && \text{für } i = 1, 2, \ldots, n \\ \sum_{i=1}^{n} x_{ij} &= 1 \qquad && \text{für } j = 1, 2, \ldots, n \\ x_{ij} &\in \{0, 1\} \qquad && \text{für alle } i \text{ und } j, \end{aligned}$$

wobei die Variable x_{ij} genau dann den Wert 1 annimmt, wenn eine Zuordnung von Export-Container A_i zu Import-Container B_j erfolgt. Dieses Zuordnungsproblem wird als linear bezeichnet, obwohl die dritte Nebenbedingungsgruppe zu einem binären Optimierungsmodell führt (d. h., es wird von binären Variablen $x_{ij} \in \{0, 1\}$ ausgegangen), da es aufgrund seiner speziellen Struktur effizient exakt gelöst werden kann.

Ein weiteres Beispiel aus der Klasse der binären Optimierungsmodelle ist das in Abschnitt 2.1.2 eingeführte *Investitionsauswahlproblem*: Jedes Investitionsvorhaben i, $1 \leq i \leq n$, besitzt einen bestimmten Kapitalwert e_i und verursacht Nettoauszahlungen a_{it}, die in Periode t, $1 \leq t \leq T$, anfallen, wenn die jeweilige Investition i durchgeführt wird. Für jede Periode t ist ein maximales Budget b_t vorgegeben. Ziel ist es, die Summe der Kapitalwerte aller ausgewählten Investitionen zu maximieren, wobei die Budgets in den einzelnen Perioden nicht überschritten werden dürfen.

Dieses Problem kann folgendermaßen als mathematisches Modell abgebildet werden:

$$\text{Maximiere} \qquad F(x) = \sum_{i=1}^{n} e_i \cdot x_i$$

unter den Nebenbedingungen

$$\sum_{i=1}^{n} a_{it} \cdot x_i \leq b_t \qquad \text{für } t = 1, 2, \ldots, T$$

$$x_i \in \{0, 1\} \qquad \text{für } i = 1, 2, \ldots, n,$$

wobei die Variable x_i den Wert 1 annimmt, wenn die Investition i ausgewählt wird, ansonsten gilt $x_i = 0$. Da dieses Problem $\mathcal{NP}$-schwer ist, sind keine effizienten exakten Verfahren zur Bestimmung einer optimalen Lösung bekannt, weshalb gegebenenfalls heuristische Lösungsverfahren eingesetzt werden müssen; vgl. Abschnitt 2.1.3.

4.8 Übungen

4.8.1 Unternehmensmodellierung

1. Stellen Sie Zusammenhänge zwischen den Grundsätzen ordnungsmäßiger Modellierung und Meta-Modellen her!

4.8.2 Entity-Relationship-Modellierung

1. Ergänzen Sie das Entity-Relationship-Modell aus Abbildung 4.17 auf S. 115 durch (min,max)-Beziehungskomplexitäten!

2. Zur Zeit finanzieren Sie Ihr Studium als EDV-Berater bei einem Pizzabringdienst. Aufgrund seiner guten Pizzen fallen immer mehr Bestellungen an, so dass die wachsende Zahl an Zetteln zu einem Chaos in der Küche geführt hat. Eine Lösung verspricht sich der Inhaber des Pizzabringdienstes durch die Verwendung einer Datenbank, mit der

alle Bestellungen und Lieferungen verwaltet werden können. Dazu liegt Ihnen folgender zu modellierender Wirklichkeitsausschnitt vor:
Der Pizzabringdienst bietet verschiedene Pizzen an (gekennzeichnet durch eine Nummer). Jede Pizza besteht aus Teig, Tomaten, Käse und diversen Zutaten (Salami, Schinken, Pilze usw.). Die Zutaten zu einer Pizza sind fest vorgegeben; eine maximale Anzahl an (möglichen) Zutaten ist jedoch nicht vorgegeben. Es gibt eine Kundendatei, in der die Kunden vermöge ihrer Telefonnummern eindeutig identifiziert werden. Jede Bestellung kommt von genau einem Kunden, umfasst beliebig viele Pizzen (aber mindestens eine) und wird von einem Fahrer ausgeliefert. Die Bestellungen werden durch eine fortlaufende Bestellnummer identifiziert. Auf einer Tour kann ein Fahrer mehrere Bestellungen ausliefern.
Erstellen Sie ein ER-Modell mit den wesentlichen Informationen Objekttypen, Beziehungstypen, (Schlüssel-)Attribute, (min,max)-Beziehungskomplexitäten! Beschränken Sie sich dabei auf das einfache ER-Modell ohne IS-A-Beziehungen und existenzielle/identifikatorische Abhängigkeiten!

3. Ein Kommilitone von Ihnen – Student im 9. Semester, Entrepreneur und angehender Top-Manager – hat folgende geniale Geschäftsidee: ein Verleih von Computersystemen an (wegen der eingeschränkten Rechnerausstattung der Universität leidgeprüfte) Studenten. Aufgrund der attraktiven Zielgruppe kann er Hard- und Softwarehersteller dafür gewinnen, hierbei Werbemaßnahmen durchzuführen, was es ihm ermöglicht, die Computersysteme zu sehr attraktiven Konditionen zu verleihen. Nachdem Finanzierung, Marketing und Beschaffung der Computersysteme geklärt sind, wächst ihm die Aufgabe über den Kopf, weshalb er Sie aufgrund Ihrer Wirtschaftsinformatikkenntnisse für die organisatorische und informationstechnische Abwicklung einstellt. Er schildert Ihnen folgenden Realitätsausschnitt, der in einer Datenbank abgebildet werden soll:
Es werden verschiedene Arten kompletter (nicht variierbarer) Computersystemtypen zum Verleih angeboten. Ein Computersystemtyp ist durch eine Typnummer gekennzeichnet und besitzt Eigenschaften wie insbesondere Prozessor und Monitor. Von einem Computersystemtyp sind in der Regel mehrere Exemplare vorhanden, die durch eine Exemplarnummer identifiziert sind. Die Geschäftsidee soll in allen deutschen Universitäten umgesetzt werden. Ein konkretes Computersystem (Exemplar) ist immer genau einer Universität zugeordnet, bei der es zur Ausleihe bereit steht. Ein Entleiher (Student) soll in die Datenbank mit seinem Namen, seiner Telefonnummer sowie seiner Kreditkartennummer aufgenommen werden (von diesen Eigenschaften ist ausschließlich die Kreditkartennummer kennzeichnend und damit als Schlüssel zu verwenden). Ferner muss abgebildet werden, an welcher (genau einer)

Universität der Student studiert. Für jede Universität ist neben dem eindeutigen Namen die Studierendenanzahl als Eigenschaft in das Modell zu übernehmen. Bei einem Entleihvorgang muss festgehalten werden, welcher Student welches Computersystem bis wann ausgeliehen hat. Sofern alle Computersysteme eines gewünschten Typs ausgeliehen sind, kann der Student den entsprechenden Computersystemtyp vorbestellen; hierbei ist abzubilden, in welcher Reihenfolge die Wünsche eingehen, um das erneute Verleihen zurückgegebener Computersysteme entsprechend dieser Reihenfolge vornehmen zu können.
Erstellen Sie ein ER-Modell mit den wesentlichen Informationen Objekttypen, Beziehungstypen, (Schlüssel-)Attribute, (min,max)-Beziehungskomplexitäten! Beschränken Sie sich dabei auf das einfache ER-Modell ohne IS-A-Beziehungen und existenzielle/identifikatorische Abhängigkeiten!

4. Ein möglicher Organisationstyp der Fertigung ist die Fließfertigung.[12] Hierbei werden die Produktiveinheiten entsprechend der Reihenfolge der an einem Produkt durchzuführenden Arbeitsgänge hintereinander angeordnet. Die Produktiveinheiten bezeichnet man in diesem Zusammenhang als (Bearbeitungs-)Stationen.
Gehen Sie davon aus, dass der (mehrstufige) Produktionsprozess für jedes in der Fließfertigung herzustellende Produkt (Auftrag) in mehrere Arbeitsgänge zerlegt werden kann, die jeweils als unteilbar angesehen werden. Jedem Arbeitsgang ist eine Bearbeitungszeit zugeordnet. Aufgrund technologischer Restriktionen können zwischen Arbeitsgängen zeitliche Vorrangrestriktionen (Reihenfolgebeziehungen) bestehen, die mittels eines Vorranggraphen dargestellt werden können.
Zur Verdeutlichung sei als vereinfachtes Beispiel die Produktion verschiedener Autotypen an einem Fließband genannt. Es gibt produktspezifisch jeweils verschiedene Arbeitsgänge, die gewissen Reihenfolgerestriktionen unterliegen (z. B. erst Rahmen lackieren, dann Räder montieren). Die Autos sollen an einem Fließband gefertigt werden, das sich jeweils nach einer festzulegenden Taktzeit vorwärts bewegt; an dem Fließband werden verschiedene Arbeitsstationen angeordnet.
Das grundlegende Fließbandabstimmungsproblem (*Assembly Line Balancing Problem*) besteht darin, eine Fließbandproduktion so zu konfigurieren, dass bestimmte Zielsetzungen erreicht werden. Unter Konfiguration sei hier die Bildung einer Menge von Arbeitsstationen und die entsprechende Zuordnung von Arbeitsgängen zu Arbeitsstationen im Rahmen einer Produktionsplanung verstanden.
Um diese Problemstellung mit entsprechenden Optimierungsverfahren „lösen“ zu können, benötigt man zunächst die grundlegenden relevanten Daten; weiterhin sollen „Lösungen“ (d. h. z. B. die Zuordnung von Ar-

[12] Vgl. u. a. Domschke et al. (1997).

beitsgängen zu Stationen) abgebildet werden. Hierzu sind im Folgenden die wesentlichen Informationen zusammengefasst, die abgebildet werden sollen.

- Es gibt verschiedene Produkte. Zu jedem Produkt existiert eine spezifische Menge von Arbeitsgängen, die ausgeführt werden müssen. Es gibt Reihenfolgerestriktionen derart, dass für bestimmte Arbeitsgangpaare eine Reihenfolge vorgegeben ist.
- Für Produkte und Arbeitsgänge gibt es textuelle Bezeichnungen und (als Schlüssel verwendbare) Zahlencodes. Jeder Arbeitsgang ist genau einem Produkt zugeordnet und benötigt eine bestimmte Bearbeitungszeit.
- Für eine Lösung ist insbesondere die Zuordnung von Arbeitsgängen zu Stationen relevant. Stationen seien durch eindeutige Nummern identifiziert.
- Es gibt verschiedene Maschinentypen (gekennzeichnet durch Namen, produziert von einem Hersteller). Von diesen existieren gegebenenfalls mehrere Exemplare (gekennzeichnet durch Inventarnummern), die bei einer „Lösung“ Stationen zugeordnet werden. Zur Durchführung von Arbeitsgängen werden in der Regel Maschinen bestimmter Typen benötigt.

Erstellen Sie ein ER-Modell mit den wesentlichen Informationen Objekttypen, Beziehungstypen, (Schlüssel-)Attribute, (min,max)-Beziehungskomplexitäten! Beschränken Sie sich dabei auf das einfache ER-Modell ohne IS-A-Beziehungen und existenzielle/identifikatorische Abhängigkeiten!

4.8.3 Prozessmodellierung

1. Bilden Sie den folgenden Ablauf bei der Mobilfunkantragsprüfung eines Mobilfunkproviders als eine Ereignisgesteuerte Prozesskette ab!
   Da das Unternehmen eine Kostenführerschaft im Markt anstrebt, ist der Antragseingang auf das Internet beschränkt. Eingegangene Anträge werden zunächst auf Konsistenz und Vollständigkeit geprüft; ergeben sich hierbei Defizite, wird der Antrag abgelehnt. Ansonsten erfolgen die im Weiteren beschriebenen Prüfungen, die jeweils parallel zueinander ablaufen: Sofern es sich um einen Mobilfunkvertrag mit einer Monatsgrundgebühr handelt, muss eine Kreditwürdigkeitsprüfung stattfinden, die bei Verträgen ohne Monatsgrundgebühr („Prepaid“) entfällt. Sofern die Kreditwürdigkeit als nicht ausreichend bewertet wird, wird der Auftrag abgelehnt. Es wird immer geprüft, ob der Antragsteller bereits einen aktuell bestehenden Mobilfunkvertrag bei dem Unternehmen besitzt; in einem solchen Fall wird der Antrag abgelehnt. Abschließend wird dem Kunden per E-Mail die Ablehnung oder Akzeptanz des

Antrags mitgeteilt.

2. Bilden Sie den folgenden Ablauf in einer Kantine in einem Stellen-Transitions-Petri-Netz ab! (Ergänzen Sie hierbei das Diagramm durch kurze Bezeichnungen, so dass deutlich wird, was die Stellen bzw. Transitionen abbilden!)
   Neue Kunden kommen durch eine Eingangstür, die als Systemgrenze betrachtet wird, und damit als eine objekterzeugende Transition abgebildet werden kann. Dieses gilt in umgekehrter Form analog für die Ausgangstür zum Verlassen der Kantine. Die Kunden entscheiden sich für eines von zwei Komplettgerichten, für die jeweils eine eigene Warteschlange existiert, die jeweils maximal 10 Kunden aufnehmen kann. Der Vorrat an auszugebenden Komplettgerichten ist durch jeweilige Objektreservoirs abzubilden. Die zwei Ausgaben für die Gerichte werden durch lediglich eine Bedienstete betreut, die je nach Andrang an den einzelnen Ausgaben tätig wird. Nach Empfang des Hauptgerichtes reihen sich die Kunden in eine einzige Kassenwarteschlange ein (Kapazität 15 Kunden). Nach der Kasse nehmen die Kunden ihre Mahlzeit in einem Essensraum mit 150 Plätzen ein und verlassen anschließend die Kantine.

3. Transformieren Sie die in Abbildung 4.25 (S. 123) dargestellten Ereignisgesteuerten Prozessketten in entsprechende Petri-Netze!

4.8.4 Simulation

1. Der Vorsitzende des IOC befürchtet, dass bei den kommenden Olympischen Spielen zu den Wettkämpfen im Olympiastadion die Anzahl der Einlassmöglichkeiten nicht ausreichend ist, so dass möglicherweise ein Teil der Zuschauer erst nach Beginn der Wettkämpfe ins Stadion gelangen kann. Er gibt Ihnen daher den Auftrag, dies zu überprüfen. Sie entscheiden sich, die Einlasskontrolle zu simulieren.
   Vorhanden sind 20 Eingänge, wovon einer für Rollstuhlfahrer ausgewiesen ist. Es ist ferner bekannt, dass die Kontrolle einer Eintrittskarte zwei Sekunden dauert. Weiterhin sind Erwartungswerte für die Eintreffzeitpunkte der Zuschauer bekannt.
   Erläutern Sie anhand des obigen Beispieles die vier wesentlichen Schritte bei der Simulation!

2. Im Vorfeld einer Großveranstaltung in Ihrer Stadt wird aufgrund der nicht ausreichenden Hotelkapazität ein Zimmervermittlungssystem aufgebaut, wodurch über ein Informationssystem Gäste an von privaten Gastgebern zur Verfügung gestellte Zimmer vermittelt werden sollen. Hierzu ist eine Strategie zur Zuordnung von Gästen zu Zimmern (und somit zu Gastgebern) zu entwickeln bzw. zu bewerten. Die Vermittlung soll auf Basis von Fragebögen stattfinden, die zuvor von Gastgebern

und Gästen auszufüllen sind. Sowohl die Gäste wie auch die Gastgeber müssen ihren Fragebogen (und somit ihre Übernachtungswünsche bzw. Zimmerangebote) spätestens zwei Monate vor Beginn der Großveranstaltung abgegeben haben; anderenfalls werden die Anmeldungen nicht mehr berücksichtigt. Eine Zuordnung von Gästen zu Zimmern erfolgt von dem Moment an, zu dem die ersten Anmeldungen vorliegen. Somit ist die Zuordnung der Gäste zu den Zimmern abgeschlossen, bevor die Großveranstaltung beginnt, so dass die Gäste, die nicht zugeordnet werden konnten, noch etwas Zeit haben, sich eine andere Übernachtungsmöglichkeit zu suchen.
Gemeinsam mit Ihrem Chef nehmen Sie sich des Zimmervermittlungssystems an. Ihr Chef hat sich für die Zuordnung die folgenden drei Regeln ausgedacht.

i. Die Zuordnung von Gästen zu Zimmern erfolgt, sobald sich ein neuer Gast beim Informationssystem anmeldet bzw. ein Gastgeber ein neues Zimmer beim Informationssystem zur Verfügung stellt.
ii. Steht für den neuen Gast ein (geeignetes) Zimmer zur Verfügung bzw. existiert für das neue Zimmer ein (geeigneter) Gast, so erfolgt die Zuordnung; ansonsten wird der neue Gast bzw. das neue Zimmer in eine Warteschlange eingetragen.
iii. Existieren mehrere Zuordnungsmöglichkeiten, so wird dem am längsten wartenden Gast oder Zimmer der Vorrang gegeben.

Um die Güte dieser Regeln festzustellen, haben Sie sich überlegt, einige Simulationsexperimente durchzuführen, um Ihren Chef dann mit den Ergebnissen zufrieden zu stellen oder dessen Chef davon zu überzeugen, dass die Planung in andere (Ihre) Hände gehört. Für die Experimente stehen Ihnen folgende Daten zur Verfügung.
Die Anzahl zu erwartender Gäste und zur Verfügung stehender Zimmer wurde durch Voruntersuchungen in einer früheren Phase des Projektes bestimmt, ebenso Wahrscheinlichkeitsverteilungen bzgl. der Zeitpunkte, zu denen sich Gäste frühestens anmelden oder Gastgeber ein Zimmer zur Verfügung stellen. Gehen Sie für Ihr erstes Experiment vom folgenden (vereinfachten) Beispieldatensatz aus:
Es werden zuerst nur diejenigen Gäste und Zimmer zugeordnet, die für die gesamte Dauer der Großveranstaltung angemeldet werden. Somit müssen zeitliche Begrenzungen nicht berücksichtigt werden. Es existieren hiervon vier Gäste (mit G1, G2, G3 und G4 bezeichnet) sowie vier Zimmer (mit Z1, Z2, Z3 und Z4 bezeichnet).
Die Anmeldezeitpunkte an das Informationssystem (d. h. die Zeitpunkte, zu denen die Fragebögen ankommen) können der folgenden Tabelle entnommen werden:

Person/Zimmer	G1	G2	Z1	Z2	G3	Z3	G4	Z4
Anmeldezeitpunkt	1	3	7	8	19	20	23	29

Aufgrund der Fragebögen sind in unserem Beispiel (z. B. wegen der Rauchgewohnheiten, des Alters usw.) nur folgende Zuordnungen möglich:
G1 - Z2, G1 - Z3, G1 - Z4,
G2 - Z1, G2 - Z2, G2 - Z3,
G3 - Z1, G3 - Z3,
G4 - Z3.

a) Geben Sie alle für die ereignisorientierte Simulation relevanten Zeitpunkte an und stellen Sie eine Ereignisliste auf (z. B. gemäß nachstehender Tabelle)!

Zeitpunkt	Aktion	Warteschlange G	Warteschlange Z
1	Eintritt G1	G1	–
...	...	...	...

b) Können alle Gäste zugeordnet werden?

c) Eine Reihe von Simulationsexperimenten hat aufgezeigt, dass die oben angegebenen Regeln zur Bestimmung von Zuordnungen zu suboptimalen Zuordnungen führen (vgl. hierzu auch das Ergebnis des von Ihnen durchgeführten Experimentes). Im Rahmen von Simulationsstudien schließt sich an die Experimentierphase in der Regel die Ergebnisanalyse sowie eine Modellbewertung und die Verbesserung eingesetzter Strategien an.
Welche Regel ist zu verändern, um generell eine breitere Entscheidungsgrundlage für das Zuordnungsproblem zu erhalten? Hilfestellung: Bis zu welchem Zeitpunkt muss die Zuordnung von Gästen zu Zimmern mindestens hinausgezögert werden, damit G4 überhaupt zugeordnet werden kann (unter der Annahme, dass keine weiteren Zimmer gemeldet werden)?

d) Welche zusätzliche(n) Regel(n) ist (sind) denkbar, um möglichst viele Paare bilden zu können (damit z. B. auch G4 ein Zimmer erhält)? Hier genügt die Beschreibung eines einfachen Algorithmus bzw. einer einfachen Vorgehensweise.

e) Zeigen Sie anhand der von ihnen aufgestellten Regeln, dass alle Gäste im Beispiel ein Zimmer bekommen! Erzeugen Sie hierzu ebenfalls eine Ereignisliste in Tabellenform wie in Teilaufgabe a)!

3. Um zu überprüfen, ob seine Mitarbeiter(innen) wirklich so überlastet sind, wie diese immer behaupten und somit die Betreuungsqualität für Studierende leidet, beschließt Professor X, dies mittels eines (diskre-

ten, ereignisorientierten) Simulationsmodells bzw. -experimentes zu überprüfen. Damit soll zunächst der Ablauf der normalen Mitarbeitersprechzeiten (Do., 11–12 Uhr) simuliert werden.
Die Ankünfte der Studierenden werden über Zufallszahlenströme abgebildet. Dabei werden 3er-Tupel (a,b,c) verwendet, denen folgende Bedeutung zugeordnet ist:

a: Ankunftszeitpunkt (ab 11 Uhr, zwischen 0 und 60 [Minuten])
b: Sprechzeitbedarf (zwischen 5 und 60 [Minuten])
c: Geschlecht (m=männlich, w=weiblich)

Vereinfachenderweise seien Annahmen getroffen, dass Studierende immer einzeln zur Sprechzeit kommen und die beiden Mitarbeiter von Professor X (ein männlicher Mitarbeiter M, eine weibliche Mitarbeiterin W) identische Kenntnisse besitzen. Studierende entscheiden sich bei Ankunft nach folgender Entscheidungsregel, zu wem sie gehen:

- Wenn eine Warteschlange kürzer ist, gehen Studierende dorthin.
- Wenn beide Warteschlangen gleich lang sind, gehen Studentinnen zum Mitarbeiter M und Studenten zur Mitarbeiterin W.

(Zu Professor X trauen sich die Studierenden (noch) nicht.)
Hierbei sei die Länge von Warteschlangen als die Anzahl wartender Studierender inklusive des/der gegebenenfalls gerade beratenen Studierenden definiert. Weiterhin wird angenommen, dass die Warteschlangen (WM und WW) streng nach dem FIFO-Prinzip (First In, First Out) „abgearbeitet“ werden. Außerdem sei angenommen, dass auf jeden Fall alle Studierenden, die vor 12 Uhr eintreffen, auch noch „abgearbeitet“ werden.

a) Simulieren Sie manuell den Ablauf einer Mitarbeitersprechzeit am Lehrstuhl von Professor X unter Verwendung des folgenden Zufallszahlenstromes, der die eintreffenden Studierenden abbildet (Ankunftszeit in Minuten nach 11 Uhr):

Ankunftszeit	0	10	25	35	40	50	55
Dauer	30	10	50	10	60	20	5
Geschlecht	m1	m2	w3	w4	m5	w6	w7

(Die Ziffer nach m bzw. w dient zur einfacheren Identifizierung der Studierenden.) Geben Sie den aktuellen Zustand zu jedem diskreten Zeitpunkt, an dem ein abgebildetes Ereignis stattfindet (d. h. eine Veränderung einer Warteschlange über einen Zu- oder Abgang), über die Vervollständigung der vorgegebenen untenstehenden Tabelle an! Bei Bedarf können Sie das nachfolgende Diagramm verwenden.

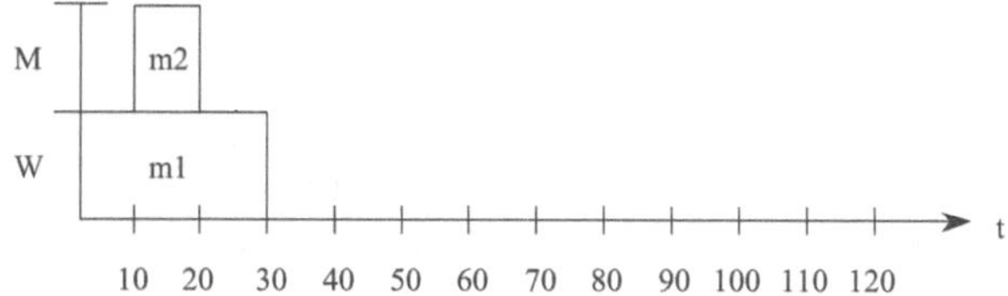

Zeit	Ereignis	WM	WW
0	Ankunft m1, Zugang WW	–	m1
10	Ankunft m2, Zugang WM	m2	m1
...	...	...	...

b) Schafft es Mitarbeiter M, rechtzeitig um 12:30 Uhr in der Mensa zu sein, wo er sich verabredet hat?

4.8.5 Mathematische Modellierung

1. Ein Handwerksbetrieb, der bisher alle Nachrichten (an Kunden, Lieferanten usw.) immer mittels Briefpost verschickt hat, überlegt, ob sich die Anschaffung eines Faxgerätes oder eines Internetzuganges zur Versendung von Faxen bzw. E-Mails lohnen würde. Der Geschäftsführer bittet Sie, ihm „die beste Lösung“ (Zitat) für diese Entscheidung zu präsentieren. Das Problem stellt sich demnach (stark vereinfacht) folgendermaßen dar:
   Es stehen drei Kommunikationsmittel zur Auswahl (Briefpost, Fax, E-Mail). Für diese Kommunikationsmittel fallen gegebenenfalls Fixkosten (für Anschaffung, Installation und Betrieb, z. B. monatliche Grundgebühr für den Internetzugang) an, dies jedoch nur, falls das Kommunikationsmittel tatsächlich genutzt werden soll (und damit angeschafft werden muss). Weiterhin ist bekannt, welche Nachrichten in welchem Umfang gesendet werden müssen und welche Kommunikationsmittel dafür in Frage kommen (hinsichtlich der vorhandenen Endgeräte bei den Empfängern). Das heißt, es gibt eine Menge von zu versendenden Nachrichten; zu jeder dieser Nachrichten sind der Umfang und die möglichen Kommunikationsmittel gegeben. Außerdem sind die variablen Kosten für die Versendung einer Nachricht bekannt, die vom Umfang der Nachricht und dem verwendeten Kommunikationsmittel abhängen (z. B. Briefporto in Abhängigkeit vom Gewicht, d. h. dem Umfang der Nachricht).
   Erstellen Sie für dieses Problem ein mathematisches Optimierungsmodell, bei dem die Zielsetzung darin besteht, die Gesamtkosten (d. h. die Summe aller variablen Kosten für die Versendung der Nachrichten

zuzüglich der Summe der Fixkosten für die tatsächlich verwendeten Kommunikationsmittel) zu minimieren!

2. Im Gallien des Jahres 50 v. Chr. gründet Obelix eine Hinkelstein-Fabrik: die Obelix GmbH & Co. KG; siehe hierzu Scholl und Klein (1997). Dabei steht er vor einem Investitionsauswahlproblem, da er Kundenanfragen für sechs unterschiedliche Hinkelsteintypen bekommen hat, die jeweils einer Investition (z. B. in Werkzeuge) entsprechen. Hätte es zu dieser Zeit bereits die Rechentechnik von heute gegeben, hätte Obelix vermutlich versucht, sich die Investitionsentscheidung durch eine Softwareunterstützung zu erleichtern:

   a) Erstellen Sie mittels einer Tabellenkalkulationssoftware (z. B. Microsoft Excel) ein Datenblatt, das das Investitionsauswahlproblem widerspiegelt! Insbesondere sollte eine variable Eingabe der Investitionsentscheidung möglich sein und auf deren Basis die Berechnung der Summe der Kapitalwerte sowie der mit den Investitionen verbundenen Nettoauszahlungen in allen Perioden automatisiert durchgeführt werden. Falls die von Ihnen verwendete Tabellenkalkulationssoftware eine Optimierungsfunktionalität besitzt (bei Microsoft Excel wäre dies der „Solver"), dann verwenden Sie diese, um zu versuchen, eine optimale Lösung für das Problem zu bestimmen.

   b) Da mit Hilfe einer Tabellenkalkulationssoftware nur ein konkretes Investitionsauswahlproblem modelliert werden kann, derartige Probleme jedoch immer wieder auftreten, bietet es sich an, ein allgemeines Modell zu erstellen, bei dem von den konkreten Eingabewerten (Parametern, z. B. Anzahl möglicher Investitionen oder Werte für Nettoauszahlungen) abstrahiert wird. Ein derartiges Modell könnte dann im Zusammenhang mit einer speziellen Optimierungssoftware (z. B. der ILOG Optimization Suite; vgl. `http://www.ilog.com`) verwendet werden, so dass bei anderen Investitionsauswahlproblemen jeweils nur die konkreten Eingabedaten, nicht jedoch die Struktur des Problems in die Software eingegeben werden müssten.
   Erstellen Sie deshalb mit Hilfe einer mathematischen Modellierungssprache (z. B. einer Demoversion von AMPL; siehe `http://www.ampl.com`) ein Modell für ein allgemeines Investitionsauswahlproblem!

5. Datenbanken

Datenbanksysteme bilden einen zentralen Bestandteil typischer betrieblicher Anwendungssysteme. Im Folgenden werden zunächst die typische Architektur von Datenbanken bzw. Datenbanksystemen sowie das Transaktionskonzept erläutert. Daraufhin werden relationale Datenbanken sowie die hierauf basierende Datenbankabfragesprache SQL dargestellt. Abschließend wird auf das Data-Warehouse-Konzept sowie auf weitere Aspekte des Datenmanagements eingegangen.[1]

5.1 Architektur

Ein *Datenbanksystem* besteht aus einem einheitlich definierten Datenbestand (*Datenbank*) und einem *Datenbankmanagementsystem* (DBMS), das diesen Datenbestand verwaltet. Ein Zugriff auf die Daten ist nur über das DBMS nach dessen Kriterien (hinsichtlich Datenintegrität und -sicherheit, Synchronisation usw.) möglich. Der Zugriff von Anwendungsprogrammen bzw. Nutzern auf die Datenbank kann damit gemäß des Client-Server-Konzeptes strukturiert werden; vgl. Abbildung 5.1 sowie Abschnitt 2.5.1.

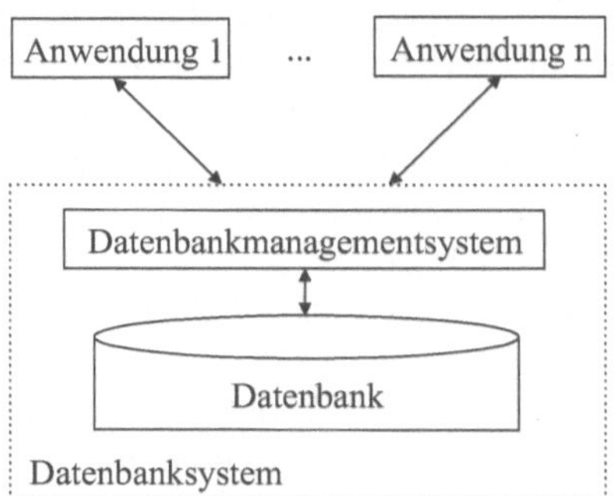

Abbildung 5.1. Zugriff auf Datenbanken

[1] Für detaillierte Darstellungen zum Thema Datenbanken verweisen wir auf z. B. Elmasri und Navathe (2003), Heuer und Saake (2000) sowie Vossen (2000).

Für die Strukturierung der eigentlichen Datenbank hat sich das ANSI/X3/SPARC-Architekturmodell[2] durchgesetzt. Hierbei wird die Datenbank in drei Abstraktionsebenen unterteilt: die interne, die konzeptionelle und die externe Ebene. Diese Ebenen sind in Abbildung 5.2 im Zusammenhang mit entsprechenden Datenbankmanagementoperationen schematisch dargestellt.

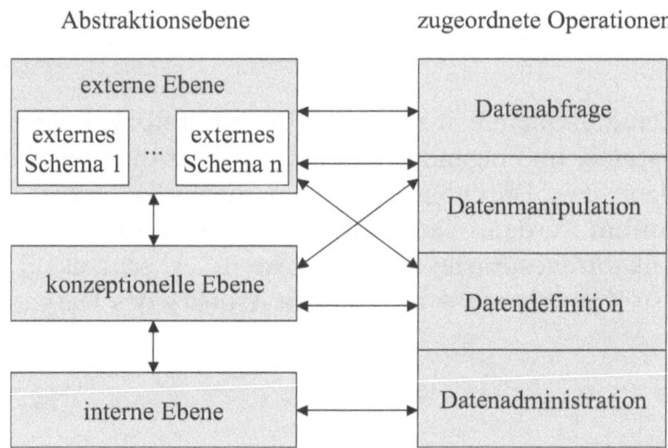

Abbildung 5.2. Datenbankarchitekturmodell

In der *internen Ebene* sind die eigentlichen Datenstrukturen zur physischen Speicherung der Daten auf Speichermedien festgelegt. Hierzu gehören z. B. die interne Sortierung der Daten sowie Zugriffspfade für einen effizienten Datenzugriff. Die in diesem Rahmen zu treffenden Festlegungen erfolgen im Rahmen der Datenadministration, die in der Regel abhängig von dem verwendeten Datenbankmanagementsystem ist.

Auf der *konzeptionellen (konzeptuellen) Ebene* ist in einem entsprechenden logischen Datenmodell (Schema) eine abstrakte Gesamtsicht auf die Daten definiert. Die konkrete Art der Datendefinition ist abhängig vom zu Grunde gelegten Metadatenmodell. Hier dominieren in der Praxis die in Abschnitt 5.3 beschriebenen relationalen Datenbanken bzw. das entsprechende Relationenmodell. Im Rahmen der Entwicklung von Datenmodellen kann man insbesondere das in Abschnitt 4.2 dargestellte Entity-Relationship-Modell verwenden.

Durch externe Schemata werden auf der *externen Ebene* spezifische *Sichten* (*Views*) auf das logische Datenmodell definiert. Hiermit werden verschiedenen Anwendungen die jeweils relevanten Ausschnitte der Datenbasis zur Verfügung gestellt. Beispielsweise benötigt eine Personalverwaltungsanwen-

[2] ANSI: American National Standards Institute; SPARC: Standards Planning and Requirements Committee.

dung einer Fluggesellschaft Daten der Fluggesellschaftsangestellten, nicht jedoch Daten zu Passagieren und Flugzeugtypen.

Durch die Strukturierung von Datenbanken in drei aufeinander aufbauende Schichten erreicht man eine gewisse Trennung zwischen den Anforderungen spezifischer Anwendungen, dem logischen Gesamtmodell und der physischen Speicherung der Daten (logische und physische Datenunabhängigkeit). Die eigentliche Umsetzung zwischen den verschiedenen Ebenen wird durch das DBMS auf der Grundlage von in einem zentralen Datenkatalog (*Data Dictionary*) abgebildeten Metainformationen über den Datenbestand durchgeführt.

5.2 Transaktionskonzept

Auf den in einer Datenbank enthaltenen Daten können so genannte *Transaktionen* durchgeführt werden. Unter einer Transaktion versteht man eine Folge von Datenbankoperationen, die hinsichtlich gewisser Integritätsanforderungen als atomare Einheit anzusehen sind. Datenbanken müssen vor und nach der Ausführung von Transaktionen in einem konsistenten Zustand sein.

Als Beispiel für eine Transaktion sei die Ausführung einer Umbuchung eines Betrages Δ zwischen zwei Konten A und B genannt. Hierfür werden folgende Datenbankoperationen durchgeführt:

1. Lesen des Kontostandes von A: K_A
2. Schreiben des neuen Kontostandes $K_A - \Delta$
3. Lesen des Kontostandes von B: K_B
4. Schreiben des neuen Kontostandes $K_B + \Delta$

Nach der zweiten Datenbankoperation (Schreiben des neuen Kontostandes von A) ist der Zustand der Datenbank temporär inkonsistent, da nur ein Teil der Transaktion durchgeführt wurde. Die Konsistenz der Datenbank ist erst wieder nach der letzten Datenbankoperation hergestellt, weshalb sicherzustellen ist, dass die vier Datenbankoperationen der Transaktion logisch zusammen ausgeführt werden.

Ein DBMS hat – unter Berücksichtigung der Möglichkeit des Auftretens von Fehlern – folgende Bedingungen zu gewährleisten, die einen konsistenten Zustand der Daten über eine korrekte Ausführung von Transaktionen garantieren (*ACID-Prinzip*):

- **Atomarität (Atomarity):**
  Transaktionen werden entweder vollständig oder gar nicht durchgeführt. Somit darf z. B. die obige Umbuchung zwischen Konten nicht unvollständig ausgeführt werden.
- **Konsistenz (Consistency):**
  Alle Integritätsbedingungen der Datenbank werden nach der Ausführung einer Transaktion eingehalten. Beispielsweise ist eine doppelte Vergabe von Schlüsselattributen nicht möglich.

- **Isolation:**
Transaktionen laufen isoliert von anderen (potenziell parallelen) Transaktionen ab. Wenn z. B. zwei Programme P_1 und P_2 direkt hintereinander einen Kontostand K ablesen, um eine Gutschrift zu verbuchen (P_1 mit einer Gutschrift von 100 €, P_2 mit einer Gutschrift von 200 €), dann ergeben sich zwei Schreiboperationen, nämlich $K + 100$ und $K + 200$. Das DBMS muss über eine geeignete Synchronisation sicherstellen, dass am Ende $K + 300$ als Kontostand resultiert.
- **Persistenz (Durability):**
Abgeschlossene Transaktionen müssen alle nachfolgenden Fehler überleben (auch wenn die Daten nur in einem Zwischenpuffer (Cache) liegen).

5.3 Relationale Datenbanken

Relationale Datenbanken basieren auf dem relationalen Datenmodell von Codd (1970). Dessen Grundidee besteht darin, zur Darstellung der zu modellierenden Wirklichkeit ein einziges Konstrukt zu verwenden: *Relationen.* Eine Relation R bezeichnet eine Teilmenge des kartesischen Produktes einer Liste von Wertebereichen: $R \subseteq D_1 \times D_2 \times \ldots \times D_n$, wobei $D_1 \times D_2 \times \ldots \times D_n$ die Menge aller Tupel $(v_1, v_2, \ldots, v_n)$ mit Grad n ist, bei denen v_1 ein Wert aus D_1, v_2 ein Wert aus D_2 usw. ist.

Relationen können als Tabellen betrachtet werden. Ein Tabellenkopf gibt dann die Bezeichnung der Attribute an (d. h. die Bedeutung der Wertebereiche $D_1, D_2, \ldots, D_n$). Die Zeilen (Tupel) entsprechen konkreten Ausprägungen dieser Wertebereiche. Tabelle 5.1 zeigt ein Beispiel für eine Relation.

`Personen-Nr`	`Nachname`	`Vorname`
457843	Kammerer	Kai
324903	Mies	Andreas
320444	Reiners	Torsten
230243	Haller	Oliver
324434	Loos	Nicole

Tabelle 5.1. Relation PERSONEN

Auf Relationen können mittels einer *Relationenalgebra* Operationen durchgeführt werden. Diese nehmen einige Relationen als Input und erzeugen als Output neue Relationen.[3] Für eine vollständige Ausdruckskraft werden die folgenden fünf Basisoperationen benötigt:[4]

- Kartesisches Produkt (von Relationen)
- Projektion (von bestimmten Attributen einer Relation)
- Selektion (bestimmter Tupel einer Relation über eine Bedingung)
- Vereinigung (von Relationen)
- Differenz (von Relationen)

Aus diesen Basisoperationen können andere Operationen abgeleitet werden.

Zur Erläuterung der Basisoperationen soll das Beispiel eines Kreditinstitutes mit mehreren Filialen, Kunden und (natürlich) Krediten dienen. Als Relationen (Tabellen) seien gegeben:

```
KUNDE (KName, KStraße, KStadt)
KREDIT (Filiale, Kredit#, KName, Betrag)
```

Die unterstrichenen Attribute stellen hierbei so genannte Schlüsselattribute dar, die der eindeutigen Identifizierung eines Objektes dienen. Schlüssel können sich auch aus mehreren Attributen zusammensetzen.

Über eine Selektion z. B. kann man Abfragen der Art „Finde alle Kunden aus der Stadt Hamburg“ beantworten: $\text{Selektion}_{\texttt{KStadt=Hamburg}}$ (`KUNDE`). Hierdurch werden aus der Relation (Tabelle) `KUNDE` alle Tupel (Zeilen) ermittelt, bei denen das Attribut (die Spalte) `KStadt` die Ausprägung Hamburg besitzt.

Sollen nicht alle Attribute der Kunden, sondern z. B. nur ihre Namen ermittelt werden („Finde alle Namen von Kunden aus der Stadt Hamburg“), so muss zusätzlich zur Selektion eine Projektion durchgeführt werden: $\text{Projektion}_{\texttt{KName}}$ ($\text{Selektion}_{\texttt{KStadt=Hamburg}}$ (`KUNDE`)).

Die Abfrage „Finde alle Kunden, die einen Kredit besitzen, und gebe jeweils den Kundennamen, dessen Stadt sowie die Kreditsumme aus“ kann durch eine Verknüpfung mehrerer Basisoperationen beantwortet werden:

1. Verknüpfung der Relationen `KUNDE` und `KREDIT` über ein kartesisches Produkt: `KUNDE` × `KREDIT`
2. Selektion solcher Verknüpfungen, bei denen `KName` übereinstimmt:
   $\text{Selektion}_{\texttt{KUNDE.KName=KREDIT.KName}}$ (`KUNDE` × `KREDIT`)
3. Projektion der Attribute `KName`, `KStadt` und `Betrag`:
   $\text{Projektion}_{\texttt{KUNDE.KName,KUNDE.KStadt,KREDIT.Betrag}}$
   ($\text{Selektion}_{\texttt{KUNDE.KName=KREDIT.KName}}$ (`KUNDE` × `KREDIT`))

Hierbei wird die Kombination der ersten beiden Schritte (Bilden des kartesischen Produktes und Selektion bezüglich der Identität korrespondierender Attribute) als *Join* bezeichnet.

[3] Die in Abschnitt 5.4 behandelte relationale Datenbanksprache SQL basiert auf der Relationenalgebra (d. h. in SQL existieren den Operationen entsprechende Befehle).

[4] Hierbei vereinfachen wir leicht hinsichtlich der Vernachlässigung der Problematik der (eindeutigen) Benennung von Attributen.

5.3.1 Normalisierung

Es gibt verschiedene Möglichkeiten, eine zweckmäßige relationale Datenbankstruktur (Tabellen, Attribute) für ein Anwendungsfeld zu entwerfen. Zum einen kann ausgehend von allen ermittelten Attributen (die innerhalb einer einzigen Relation, der so genannten *Universalrelation* enthalten sind) eine Normalisierungsprozedur angewendet werden, mittels derer Tabellen erzeugt werden, die gewissen Bedingungen genügen. Andererseits kann eine Transformation bereits sinnvoll strukturierter Entity-Relationship-Modelle erfolgen; vgl. Abschnitt 5.3.2. Primäres Ziel ist es jeweils, Daten weitgehend nichtredundant darzustellen bzw. gewisse Abhängigkeiten zu reduzieren, um insbesondere Datenänderungen (Update-Operationen) zu vereinfachen.

Die *Normalisierung* soll wiederum am Beispiel eines Kreditinstitutes erläutert werden. Dabei ist von folgenden Gegebenheiten auszugehen:

- Zu jedem Konto müssen Name, Straße und Stadt des Kunden sowie Kontonummer, Saldo und die Filiale gespeichert werden.
- Zu jedem Kredit müssen Name, Straße und Stadt des Kunden sowie Kreditnummer, Kreditbetrag und die Filiale gespeichert werden.
- Jede Filiale soll durch den Ort und eine Nummer identifiziert werden.

Die Universalrelation, die alle Attribute beinhaltet, kann aus diesen Gegebenheiten (und den vorhandenen Daten, d. h. konkreten Ausprägungen der Attribute) ermittelt werden und ist in Tabelle 5.2 dargestellt.

Name	Straße	Stadt	Kto#	Saldo	Fil#	FilOrt	Kredit#	Betrag	Fil#	FilOrt
Voß	Abtweg	Potsdam	9644 9611	193,69 128,70	1 1	City City	1737	1811,40	1	City
Fink	Barstr.	Hamburg					1662	1011,67	2	Forum
⋮										

Tabelle 5.2. Tabelle der Universalrelation KREDITINSTITUT

Das Hauptproblem einer solchen Universalrelation besteht darin, dass keine Homogenität gegeben ist, da in einigen Zellen mehrere Einträge vorhanden sein können (d. h. einige Attribute können mehrere Ausprägungen besitzen). Um diesen Missstand zu beseitigen, wird die Universalrelation in die 1. Normalform überführt.

Erste Normalform: Eine Relation ist in der 1. Normalform, wenn sie nur aus atomaren Attributen besteht, d. h. nur Attribute mit einfacher Datenausprägung besitzt.

Die Darstellung aus Tabelle 5.2 ändert sich bei einer Überführung in die 1. Normalform entsprechend der Struktur in Tabelle 5.3. Bei dieser Darstellung entsteht jedoch das Problem, dass viele redundante Daten auftreten,

d. h. gleiche Datenausprägungen sind mehrfach gespeichert. Dies kann insbesondere Probleme bei Datenänderungen bereiten, z. B. müssen bei einem Umzug eines Kunden, der mehrere Konten oder Kredite besitzt, dessen Straße und Stadt mehrfach geändert werden. Hier hilft eine Transformation in die 2. Normalform.

Name	Straße	Stadt	Kto#	Saldo	Fil#	FilOrt	Kredit#	Betrag	Fil#	FilOrt
Voß	Abtweg	Potsdam	9644	193,69	1	City	1737	1811,40	1	City
Voß	Abtweg	Potsdam	9611	128,70	1	City	—	—	—	—
Fink	Barstr.	Hamburg	—	—	—	—	1662	1011,67	2	Forum

⋮

Tabelle 5.3. Tabelle der 1. Normalform der Relation KREDITINSTITUT

Zweite Normalform: Eine Relation ist in der 2. Normalform, wenn sie in der 1. Normalform ist und alle Attribute voll funktional von allen Schlüsseln abhängen, d. h. jedes (Nichtschlüssel-)Attribut benötigt alle Schlüssel zur Identifikation.

Die Transformation von der 1. in die 2. Normalform erfolgt durch das Aufsplitten der Tabelle in mehrere Tabellen, wie Tabelle 5.4 am Beispiel verdeutlicht. Jedoch kann auch diese Darstellung Anomalien nach sich ziehen, da transitive Abhängigkeiten existieren. Wenn z. B. der Kredit Nr. 1662 gelöscht wird, werden auch die Daten der Filiale 2 (nämlich die Ortsangabe „Forum“) gelöscht.

Name	Straße	Stadt
Voß	Abtweg	Potsdam
Fink	Barstr.	Hamburg

⋮

Kto#	Name	Saldo	Fil#	FilOrt
9644	Voß	193,69	1	City
9611	Voß	128,70	1	City

⋮

Kredit#	Name	Betrag	Fil#	FilOrt
1737	Voß	1811,40	1	City
1662	Fink	1011,67	2	Forum

⋮

Tabelle 5.4. Tabellen der 2. Normalform der Relation KREDITINSTITUT

Dritte Normalform: Eine Relation ist in der 3. Normalform, wenn sie in der 2. Normalform ist und keine transitiven Abhängigkeiten existieren.

Bei der Transformation in die 3. Normalform werden die abhängigen Relationen (in unserem Beispiel die Filiale) aus den Tabellen herausgetrennt und in eine neue Tabelle übernommen. Das Ergebnis der Transformation unseres Beispieles zur 3. Normalform zeigt Tabelle 5.5.

Name	Straße	Stadt
Voß	Abtweg	Potsdam
Fink	Barstr.	Hamburg
⋮		

Kto#	Name	Saldo	Fil#
9644	Voß	193,69	1
9611	Voß	128,70	1
⋮			

Kredit#	Name	Betrag	Fil#
1737	Voß	1811,40	1
1662	Fink	1011,67	2
⋮			

Fil#	FilOrt
1	City
2	Forum
⋮	

Tabelle 5.5. Tabellen der 3. Normalform der Relation KREDITINSTITUT

Es gibt weitere (weniger gebräuchliche) Normalformen, die zu einer fortschreitenden Zerlegung der Daten in elementare Relationen führen, was spezielle Anomalien bei Änderungsoperationen verhindern kann. Andererseits ergibt sich hierdurch bei Abfragen in der Regel ein größerer Aufwand, da Daten aus zunehmend mehr Tabellen integriert werden müssen.

5.3.2 Transformation von Entity-Relationship-Modellen

Eine weitere Möglichkeit zum Entwurf einer relationalen Tabellenstruktur besteht in der Transformation eines (bereits stark strukturierten) Entity-Relationship-Modells (vgl. Abschnitt 4.2.1) in Tabellendefinitionen. Bei einer solchen Überführung kann nach folgendem Schema vorgegangen werden:

1. Jeder Entitytyp wird in eine Tabelle (Relation) transformiert.
2. Ein 1:1-Beziehungstyp wird durch Aufnahme eines (Fremd-)Schlüssels in eine der beiden Tabellen abgebildet.
3. Ein 1:n-Beziehungstyp wird durch Aufnahme des Schlüssels des Entitytyps, der in der Beziehung n-mal auftreten kann, in die dem anderen Entitytyp entsprechende Tabelle abgebildet.[5]

[5] Im Beispiel des Beziehungstyps `LESER-Ausleihe-BUCH` kann ein Leser mehrere Bücher ausleihen, d. h. mehrmals in der Beziehung auftreten, so dass der Schlüssel des Lesers in die Tabelle `BUCH` aufgenommen werden muss.

4. Ein $m{:}n$-Beziehungstyp wird durch die Definition einer zusätzlichen Tabelle, in der die Schlüssel aller beteiligten Entitytypen enthalten sind, abgebildet.
5. Bei attributierten Beziehungen werden die Attribute des Beziehungstyps in die Tabelle, in der die Beziehung abgebildet ist, aufgenommen.

Dieses Vorgehen ist jedoch nur für binäre Beziehungen möglich, da die in Abschnitt 4.2.1 beschriebene und diesen Regeln zu Grunde liegende Kardinalität nicht für höherwertige Beziehungen definiert ist. Höherwertige Beziehungen können jedoch analog in eine Tabellenstruktur überführt werden:

6. Ein Beziehungstyp höheren Grades, bei dem (mindestens) ein Entitytyp eine Komplexität (min,max) mit max ≤ 1 besitzt, wird durch Aufnahme des Schlüssels dieses Entitytyps in die den anderen Entitytypen entsprechenden Tabellen abgebildet.[6]
7. Ein Beziehungstyp höheren Grades, bei der jeder Entitytyp eine Komplexität (min,max) mit max $= *$ besitzt, wird durch die Definition einer zusätzlichen Tabelle, in der die Schlüssel aller beteiligten Entitytypen enthalten sind, abgebildet.

Zur Veranschaulichung greifen wir wiederum auf das (vereinfachte) Beispiel einer Bibliothek zurück. In Abbildung 4.10 auf S. 110 sind bereits drei Beziehungstypen zwischen den Objekttypen `Leser`, `Buch` und `Magnetkarte` definiert worden. Wenn man diese Beziehungstypen zusammenführt und (wesentliche) Attribute hinzufügt, ergibt sich das ER-Modell in Abbildung 5.3.

Bei der Transformation dieses ER-Modells in die Tabellenstruktur einer relationalen Datenbank wird in einem ersten Schritt für jeden Entitytyp eine Tabelle angelegt. Diese Tabellen müssen alle Attribute des jeweiligen Entitytyps enthalten:

```
LESER       (Name, Leser-Nr, ...)
BUCH        (Inv-Nr, Autor, Titel, ...)
MAGNETKARTE (Karten-Nr, ...)
```

Die Punkte in den Tabellen sollen andeuten, dass weitere Attribute (und somit weitere Spalten in den Tabellen) möglich sind (je nachdem, wie genau das ER-Modell die Realität abbildet). Nach dieser Transformation besitzen alle Tabellen einen Schlüssel.

Im nächsten Schritt werden die 1:1-Beziehungen, d. h. in unserem Beispiel der Beziehungstyp `besitzt`, in die vorhandenen Tabellen integriert. Hierbei muss man sich zuerst entscheiden, ob man das Attribut `Leser-Nr` in die Tabelle `MAGNETKARTE` oder die Nummer der Magnetkarte in die Tabelle `LESER` aufnehmen möchte. Da der Leser noch an weiteren Beziehungstypen beteiligt

[6] Diese Regel kann auch bei einer IS-A-Beziehung angewendet werden, indem der Schlüssel des allgemeinen Entitytyps in die Tabellen der spezialisierten Entitytypen aufgenommen wird.

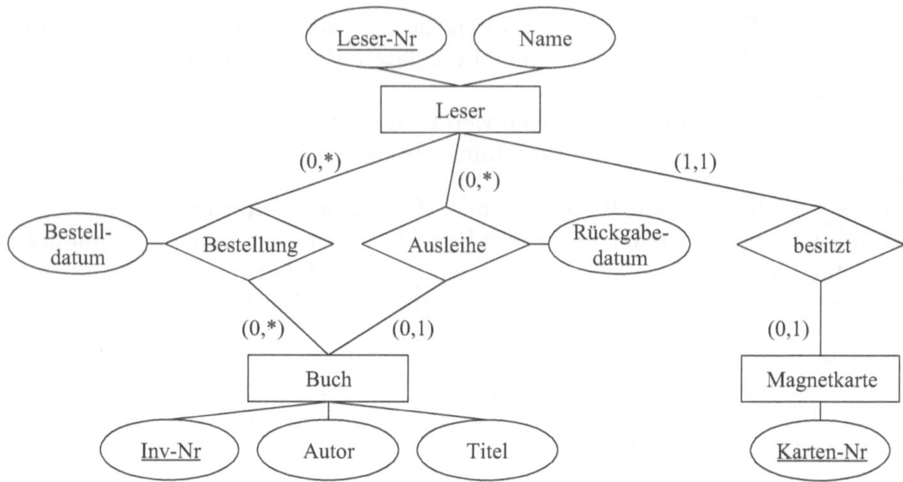

Abbildung 5.3. Vereinfachtes ER-Modell einer Bibliothek

ist, entscheiden wir uns für Letzteres. Dadurch sind z. B. bei einer späteren Abfrage nach den Büchern, die auf eine bestimmte Magnetkartennummer ausgeliehen sind, weniger Verknüpfungen zwischen verschiedenen Tabellen notwendig, was Antwortzeiten verkürzen kann. Demnach ändert sich nur die Tabelle `LESER`:

```
LESER       (Name, Leser-Nr, Karten-Nr, ...)
BUCH        (Inv-Nr, Autor, Titel, ...)
MAGNETKARTE (Karten-Nr, ...)
```

Anschließend erfolgt die Transformation der 1:n-Beziehung `Ausleihe`. Wichtig ist hierbei, dass neben dem (dann auch als Fremdschlüssel bezeichneten) Schlüssel `Leser-Nr` der Tabelle `LESER` auch das Attribut `Rückgabedatum` des Beziehungstyps der Tabelle `BUCH` hinzugefügt wird:

```
LESER       (Name, Leser-Nr, Karten-Nr, ...)
BUCH        (Inv-Nr, Autor, Titel, Leser-Nr, Rückgabedatum, ...)
MAGNETKARTE (Karten-Nr, ...)
```

Die Transformation der m:n-Beziehung `Bestellung` des ER-Modells der Bibliothek führt zu einer zusätzlichen Tabelle, deren Spalten den Schlüsseln der an dem Beziehungstyp beteiligten Entitytypen und dem Attribut `Bestelldatum` entsprechen. In dieser neuen Tabelle ist die eindeutige Identifikation einzelner Zeilen nur durch die Kombination aller (Fremd-) Schlüssel möglich. Am Ende einer vollständigen Transformation des ER-Modells aus Abbildung 5.3 in eine relationale Datenbankstruktur stehen somit vier Tabellen:

```
LESER        (Name, Leser-Nr, Karten-Nr, ...)
BUCH         (Inv-Nr, Autor, Titel, Leser-Nr, Rückgabedatum, ...)
MAGNETKARTE  (Karten-Nr, ...)
BESTELLUNG   (Leser-Nr, Inv-Nr, Bestelldatum)
```

Zur weiteren Veranschaulichung transformieren wir das komplexere ER-Modell der Fluggesellschaft aus Abbildung 4.17 auf S. 115 (bzw. das umfangreichere ER-Modell aus der Lösung zur Übungsaufgabe 1 aus Abschnitt 4.8.2; vgl. S. 280) in die Tabellenstruktur einer relationalen Datenbank. Zuerst wird für jeden Entitytyp eine Tabelle angelegt, die alle Attribute des Typs enthält. Demzufolge ergeben sich folgende Tabellen:

```
PERSON        (Name, Geburtsdatum, Pers-Nr, Adresse, ...)
ANGESTELLTER  (Beruf, Aufgaben, Ang-Nr, ...)
PASSAGIER     (Nationalität, ...)
TECHNIKER     (Team-Nr, ...)
PILOT         (Lizenz, Stunden, ...)
ABFLUG        (Datum, Zeit, ...)
FLUG          (Flug-Nr, Start, Ziel, ...)
FLUGZEUG      (Flugzeug-Nr, Nächste-Wartung, ...)
FLUGZEUGTYP   (Typ, Bezeichnung, Anzahl-Plätze, ...)
WARTUNG       (Wartungs-Nr, von, bis, ...)
```

Es ist zu beachten, dass in diesem Beispiel aufgrund der enthaltenen IS-A-Beziehungen und der identifikatorischen Abhängigkeit bisher nicht alle Tabellen über einen Schlüssel verfügen. Deshalb ist eine entsprechende Übertragung der Schlüsselattribute der übergeordneten Entitytypen erforderlich:

```
PERSON        (Name, Geburtsdatum, Pers-Nr, Adresse, ...)
ANGESTELLTER  (Beruf, Aufgaben, Ang-Nr, Pers-Nr, ...)
PASSAGIER     (Nationalität, Pers-Nr, ...)
TECHNIKER     (Team-Nr, Ang-Nr, ...)
PILOT         (Lizenz, Stunden, Ang-Nr, ...)
ABFLUG        (Datum, Zeit, Flug-Nr, ...)
FLUG          (Flug-Nr, Start, Ziel, ...)
FLUGZEUG      (Flugzeug-Nr, Nächste-Wartung, ...)
FLUGZEUGTYP   (Typ, Bezeichnung, Anzahl-Plätze, ...)
WARTUNG       (Wartungs-Nr, von, bis, ...)
```

Nach dieser Transformation müssen alle Tabellen einen Schlüssel besitzen. Da dies der Fall ist (und damit alle Entitytypen einen Schlüssel besitzen), kann jetzt die Transformation der anderen Beziehungen vorgenommen werden. 1:1-Beziehungen sind in diesem ER-Modell nicht vorhanden. Als Nächstes erfolgt die Transformation der 1:n-Beziehungen (`PILOT-fliegt-ABFLUG`, `FLUGZEUG-Exemplar-von-FLUGZEUGTYP`, `WARTUNG-von-FLUGZEUG` und `ABFLUG-mit-FLUGZEUG`). Dies führt zu folgenden Veränderungen der Tabellen:

```
PERSON         (Name, Geburtsdatum, Pers-Nr, Adresse, ...)
ANGESTELLTER   (Beruf, Aufgaben, Ang-Nr, Pers-Nr, ...)
PASSAGIER      (Nationalität, Pers-Nr, ...)
TECHNIKER      (Team-Nr, Ang-Nr, ...)
PILOT          (Lizenz, Stunden, Ang-Nr, ...)
ABFLUG         (Datum, Zeit, Flug-Nr, Flugzeug-Nr, Ang-Nr, ...)
FLUG           (Flug-Nr, Start, Ziel, ...)
FLUGZEUG       (Flugzeug-Nr, Nächste-Wartung, Typ, ...)
FLUGZEUGTYP    (Typ, Bezeichnung, Anzahl-Plätze, ...)
WARTUNG        (Wartungs-Nr, von, bis, Flugzeug-Nr, ...)
```

Die Transformation der vier $m{:}n$-Beziehungen des ER-Modells der Fluggesellschaft führt zu folgenden zusätzlichen Tabellen, die als Spalten die Schlüssel der an der jeweiligen Beziehung beteiligten Entitytypen besitzen:

```
KANN-WARTEN  (Ang-Nr, Typ)
KANN-FLIEGEN (Ang-Nr, Typ)
BUCHT        (Pers-Nr, Flug-Nr, Datum)
FUEHRT-DURCH (Ang-Nr, Wartungs-Nr)
```

Auch hier ist die eindeutige Identifikation einzelner Zeilen der Tabellen jeweils nur durch die Kombination mehrerer Einträge möglich. Der Beziehungstyp `BUCHT` benötigt sogar drei Schlüsselattribute, da einer der an der Beziehung beteiligten Entitytypen (nämlich `ABFLUG`) zwei Schlüsselattribute besitzt, die beide in die Tabelle `BUCHT` übernommen werden müssen.

5.4 Structured Query Language (SQL)

Die *Structured Query Language* (SQL) ist die bedeutendste relationale Datenbanksprache. Sie wurde von ANSI genormt und somit zum Standard erhoben.[7]

Die Datenbanksprache SQL vereint drei wesentliche Funktionsbereiche, die im Weiteren kurz dargestellt werden:[8]

- Datendefinition
- Datenmanipulation
- Datenabfrage

Bei der nachfolgenden Beschreibung von SQL-Befehlen verwenden wir folgendes Muster:

[7] Es existieren jedoch verschiedene SQL-Versionen. Außerdem unterscheiden sich die in der Praxis gebräuchlichen Datenbankmanagementsysteme in dem Ausmaß der Unterstützung der verschiedenen Sprachkonstrukte.

[8] Weiterhin gibt es noch Konstrukte zur Definition von Zugriffsberechtigungen, auf die in diesem Buch nicht eingegangen wird.

- Jeder Befehl beginnt mit seiner Bezeichnung, die (wie alle anderen feststehenden Begriffe innerhalb eines Befehles) *KURSIV* dargestellt ist.
- Bezeichnungen von Tabellen und Attributen erfolgen in `Schreibmaschinenschrift`, wobei für die Namen von Tabellen nur Großbuchstaben genutzt werden.
- Sonstige Befehlsteile (z. B. konkrete Werte für Attribute) sind in normaler Schrift gesetzt.
- Runde Klammern schließen Parameter eines Befehles ein.
- Optionale Teile eines Befehles stehen in eckigen Klammern.

5.4.1 Datendefinition

Im Rahmen der Datendefinition wird die Struktur von Relationen bzw. Tabellen festgelegt. Wichtige Operationen (Klauseln) sind das Erzeugen von Tabellen und Indextabellen, deren Löschung sowie die Änderung der Struktur von Tabellen.

Erzeugung von Tabellen: Das Erzeugen von Tabellen geschieht mit dem folgenden Befehl (der hier verkürzt wiedergegeben ist):

```
CREATE TABLE T
   ( Spaltendefinition [, Spaltendefinition] ...
   [, PRIMARY KEY (Spaltenname)] );
```

Die Spaltendefinition hat für jede Spalte die Struktur „`Spaltenname` Datentyp [*NOT NULL*]“. Der Datentyp bestimmt den Wertebereich der Einträge einer Spalte. Durch die Angabe *NOT NULL* wird festgelegt, dass in der entsprechenden Spalte in jeder Zeile ein Eintrag existieren muss.

Betrachten wir wiederum das Beispiel des Kreditinstitutes. Die Tabelle `KONTO` kann in SQL folgendermaßen erzeugt werden; vgl. Tabelle 5.6.

```
CREATE TABLE KONTO
   ( Kto#     INTEGER         NOT NULL,
     KName    CHAR(20)        NOT NULL,
     Saldo    DECIMAL(12,2)   NOT NULL,
     Filiale  INTEGER         NOT NULL,
     PRIMARY KEY (Kto#));
```

<u>Kto#</u>	KName	Saldo	Filiale

Tabelle 5.6. Tabelle KONTO

Hierbei werden zu den einzelnen Attributen Wertebereiche festgelegt: In der Spalte `KName` ist die Anzahl der Zeichen in einer Zelle auf 20 beschränkt, in den Spalten Kto# und Filiale sind nur ganze Zahlen zulässig und in der Spalte Saldo sind Dezimalzahlen mit 12 Stellen (davon zwei Nachkommastellen) erlaubt. Durch *PRIMARY KEY* wird der Schlüssel festgelegt, dessen Felder unbedingt als *NOT NULL* definiert sein müssen.

Erzeugung von Indextabellen: Indextabellen dienen der Beschleunigung bestimmter Zugriffe auf Tabellen. Hierzu enthalten Indextabellen gewisse Felder einer anderen Tabelle in einer festzulegenden Reihenfolge mit Verweisen auf die jeweils korrespondierende Zeile der zugehörigen Tabelle. Aus einer Indextabelle leitet das DBMS bei Abfragen ab, in welcher Zeile der Ausgangstabelle das gesuchte Feld liegt. Auf diese Weise ist ein schneller Zugriff auf einzelne Einträge möglich. Der Befehl zur Erzeugung einer Indextabelle lautet:

CREATE [UNIQUE] INDEX Indexname *ON* Tabellenname
(Spalte [Sortierung] [, Spalte [Sortierung]] ...);

Die optionale Angabe *UNIQUE* legt fest, dass der Index eindeutig sein muss, d. h. keine Duplikate erlaubt sind. Dies ist zur Wahrung der Einmaligkeit von Schlüsseln notwendig. Für die Tabelle KONTO (vgl. Tabelle 5.6) erzeugt der Befehl

CREATE UNIQUE INDEX INDEXKONTO *ON* KONTO (Kto# *ASC*);

eine Indextabelle INDEXKONTO, in der die Zellen der Spalte Kto# aufsteigend sortiert sind. Neben der Sortierung *ASC* (aufsteigend) ist noch *DESC* (absteigend) möglich.

Löschung von Tabellen oder Indextabellen: Um eine Tabelle (oder Indextabelle) zu löschen, verwendet man den Befehl

DROP TABLE Tabellenname;

Der Tabellenname T kann hierbei auch der Name einer Indextabelle sein. Die im vorigen Absatz erzeugte Indextabelle wird folglich mit dem Befehl

DROP TABLE INDEXKONTO;

gelöscht.

Änderung von Tabellen: Das Hinzufügen einer Spalte zu einer Tabelle T erfolgt mit dem Befehl

ALTER TABLE T *ADD* (Spaltenname Datentyp [*NOT NULL*]);

Soll in die Beispieltabelle KONTO eine Spalte Datum (der Eröffnung des Kontos) hinzugefügt werden, so geschieht dies mittels

ALTER TABLE KONTO *ADD* (Datum *DATE*);

Die Änderung des Datentyps einer Spalte einer Tabelle `T` ist durch

ALTER TABLE `T` *MODIFY* (`Spaltenname` Datentyp [*NOT NULL*])

möglich. Eine Vergrößerung der zulässigen Länge von `KName` in unserem Beispiel erfolgt demnach über den Befehl

ALTER TABLE `KONTO`
MODIFY (`KName` *CHAR(35) NOT NULL*).

5.4.2 Datenmanipulation

Im Rahmen der Datenmanipulation erfolgt die Erzeugung und Änderung von Ausprägungen von Relationen, d. h. von Tabelleneinträgen (ganzen Zeilen bzw. Teilen davon). Wichtige Klauseln sind die Einfügung und Löschung von Zeilen sowie die Änderung von einzelnen Zeileneinträgen.

Einfügung von Zeilen: Um eine Zeile in eine Tabelle `T` einzufügen, verwendet man den Befehl

INSERT INTO `T` *VALUES* (Spalteneintrag [, Spalteneintrag] ...);

Der Befehl

INSERT INTO `KONTO` *VALUES* (9644, "Voß", 193.69, 1);

entspricht einer Kontoeröffnung des Kontos mit der Nummer 9644 für den Kunden „Voß" mit einer Einzahlung von 193,69 € in Filiale 1. Hierbei ist auf die richtige Reihenfolge und die Wertebereiche der Attribute zu achten.

Löschung von Zeilen: Das Löschen von Zeilen erfolgt in SQL mit

DELETE FROM `T` [*WHERE* P];

wobei genau die Zeilen aus Tabelle `T` gelöscht werden, die die Bedingung P erfüllen. Falls keine Bedingung angegeben ist, werden alle Zeilen gelöscht. Wenn in unserem Beispiel die Filiale 1 aufgelöst wird und dabei alle Konten dieser Filiale gelöscht werden sollen, wird dies mit folgendem Befehl erreicht:

DELETE FROM `KONTO` *WHERE* `Filiale` = 1.

Änderung von Zelleneinträgen: Die Ausprägung von Zellen in einer Tabelle `T` kann durch

UPDATE `T` *SET* `Spaltenname` = newvalue [*WHERE* P];

geändert werden. Hierdurch werden genau diejenigen Einträge in der Spalte `Spaltenname` auf den neuen Wert „newvalue" gesetzt, deren Zeilen der Bedingung P genügen. Als Beispiel sei angenommen, dass das Kreditinstitut an einem bestimmten Tag eine Sondergratifikation herausgibt, wobei Konten mit einem Saldo von mindestens 10000 € einen Zuschlag von 5% erhalten und Konten mit einem kleineren Guthaben 4%. Die Änderung der entsprechenden Salden kann über die Ausführung der folgenden beiden Befehle erfolgen:

```
UPDATE KONTO SET Saldo = Saldo*1.05
    WHERE Saldo >= 10000;
```

```
UPDATE KONTO SET Saldo = Saldo*1.04
    WHERE Saldo < 10000 AND Saldo > 0;
```

In diesem Fall ist die Reihenfolge der beiden Updates entscheidend. Bei einer Vertauschung der Befehle erhielten Konten mit einem Guthaben von z. B. 9900 € beim ersten Update eine Erhöhung des Saldos um 4% (396 €), so dass der Saldo nach dieser Änderung 10296 € betrüge. Anschließend wäre dann jedoch auch die Bedingung für den zweiten Update-Befehl erfüllt, so dass eine nochmalige Erhöhung des Saldos auf nunmehr 10810,80 € (= 10296 € · 1,05) erfolgte, was einem Zuschlag von insgesamt 9,2% anstelle der vorgesehenen 4% entspräche.

5.4.3 Datenabfrage

Im Rahmen einer Datenabfrage (*Query*) erfolgt die Ermittlung bestimmter Daten auf Basis einer vorgegebenen Tabellenstruktur und entsprechender Ausprägungen dieser Tabellen. Die Basisstruktur einer SQL-Abfrage besteht aus drei Klauseln, die den auf S. 157 vorgestellten Basisoperationen von Datenbanken entsprechen:

- *SELECT*
  zur Ausgabe der gesuchten Attribute, d. h. der Spaltenauswahl aus einer Tabelle (Projektion),
- *FROM*
  zum Beschreiben der Tabellen, in denen gesucht werden soll; bei mehreren Tabellen werden diese mittels des kartesischen Produktes verknüpft,
- *WHERE*
  zur Definition von Bedingungen, unter denen gesucht wird, d. h. der Zeilenauswahl aus einer Tabelle (Selektion).

Diese Klauseln werden verwendet, um eine SQL-Abfrage zu formulieren, die folgende Grundstruktur besitzen muss:

SELECT [DISTINCT] $A_1, A_2, \ldots, A_n$
FROM $T_1, T_2, \ldots, T_m$
[*WHERE* P]

[*UNION*/*EXCEPT*/*INTERSECT* andere *SELECT*-Klausel]
[*ORDER BY* Spalte];

Die Angabe von Bedingungen P (unter möglicher Verwendung von logischen Operatoren wie *AND*, *OR* und *NOT*), eine Kombination mehrerer Abfragen (mittels der Befehle *UNION*, *EXCEPT* bzw. *INTERSECT*) sowie eine Sortierung der auszugebenden Zeilen nach bestimmten Spalteneinträgen (mit *ORDER BY*) ist möglich, aber nicht unbedingt erforderlich. Wenn keine Bedingung P angegeben ist, werden alle Zeilen ausgegeben. Die ebenfalls optionale Angabe von *DISTINCT* verhindert die mehrfache Ausgabe identischer Zeilen der Ergebnisrelation (was der eigentlichen mengenorientierten Sicht auf Relationen entspricht).

Zur beispielhaften Verdeutlichung der Formulierung von Abfragen verwenden wir wiederum das Beispiel des Kreditinstitutes mit den drei Tabellen `KONTO`, `KUNDE` und `KREDIT`:

```
KONTO    (Kto#, KName, Saldo, Filiale)
KUNDE    (KName, KStrasse, KStadt)
KREDIT   (Kredit#, KName, Betrag, Filiale)
```

Alle Städte, in denen Kunden wohnen, können durch

SELECT DISTINCT `KStadt` *FROM* `KUNDE`;

ermittelt werden. Zum Auffinden der Namen aller Kunden, die in Hamburg wohnen, lautet die SQL-Abfrage

SELECT `KName` *FROM* `KUNDE` *WHERE* `KStadt` = "Hamburg";

Sind der Name, die Straße und der Kreditbetrag aller Kunden, die einen Kredit haben, gesucht, dann kann man formulieren:

SELECT `KUNDE.KName`, `KUNDE.KStrasse`, `KREDIT.Betrag`
  FROM `KREDIT`, `KUNDE`
  WHERE `KREDIT.KName` = `KUNDE.KName`;

Die letzte Abfrage ist ein Beispiel für einen so genannten *Join*. Hierbei werden alle Tupel von Tabellen verknüpft, bei denen eine entsprechende Übereinstimmung bestimmter Attributwerte vorliegt.

Die Namen aller Kunden von Filiale 1 werden über die Abfrage

SELECT DISTINCT `KName` *FROM* `KONTO`
  WHERE `Filiale` = 1 *ORDER BY* `KName`;

ermittelt und dabei alphabetisch sortiert.

Über die oben angegebene Grundstruktur von SQL-Abfragen hinaus existieren einige weitergehende nützliche Abfragemöglichkeiten, was sich u. a. auf Rechenoperationen über die Zeilen von (Ergebnis-)Relationen erstreckt. Die Bestimmung der Anzahl aller Konten von Filiale 1 kann z. B. folgendermaßen erfolgen:

SELECT COUNT (`Kto#`) *FROM* `KONTO` *WHERE* `Filiale` = 1;

Analog zur Ermittlung einer Anzahl (*COUNT*) ist auch die Berechnung der Summe (*SUM*), des Durchschnittes (*AVG*), des Maximums (*MAX*) und des Minimums (*MIN*) von Spaltenwerten möglich (z. B. die Summe aller Kreditbeträge).

Die Ermittlung der Namen aller Kunden, die ein Konto in Filiale 1 besitzen, aber keinen Kredit (in welcher Filiale auch immer) haben, kann auf verschiedenen Wegen erfolgen. Zum einen können zuerst alle Kunden gesucht werden, die ein Konto in Filiale 1 besitzen und von diesen Kunden all jene aus der Abfrage herausgenommen werden, die einen Kredit besitzen:

(*SELECT* `KName` *FROM* `KONTO` *WHERE* `Filiale` = 1)
  EXCEPT (*SELECT* `KName` *FROM* `KREDIT`);

Eine alternative Möglichkeit der Abfrage der Kunden von Filiale 1, die nicht in der Tabelle `KREDIT` aufgeführt sind, ergibt sich über eine Verschachtelung von SQL-Abfragen:

SELECT `KName` *FROM* `KONTO` *WHERE* `Filiale` = 1
  AND `KName` *NOT IN* (*SELECT* `KName` *FROM* `KREDIT`);

Neben *NOT IN* ist auch der umgekehrte Operator *IN* definiert.

Außerdem kann man auch „Vergleiche" eines einzelnen Wertes mit einer Menge von Werten (einer Spalte) durchführen, wobei ermittelt wird, ob die angegebene Relation für alle Kombinationen gilt (*ALL*) oder für mindestens eine Kombination des Einzelwertes mit einem Wert aus der Menge (*ANY*). Als Vergleichsrelationen können u. a. =, <, > und <> verwendet werden. So erhält man etwa die Namen der Kunden mit dem größten Saldo über die folgende Abfrage:

SELECT `KName` *FROM* `KONTO`
  WHERE `Saldo` >= *ALL* (*SELECT* `Saldo` *FROM* `KONTO`);

Das gleiche Ergebnis erhält man auch über die Anwendung des *MAX*-Operators:

SELECT `KName` *FROM* `KONTO`
  WHERE `Saldo` = (*SELECT MAX* (`Saldo`) *FROM* `KONTO`);

Abschließend wird noch auf die Möglichkeit eines unscharfen Vergleiches mit (Teilen von) Zeichenketten hingewiesen. Hierzu verwendet man einen Operator *LIKE* sowie die Platzhalter „%" (steht für eine beliebige Anzahl beliebiger Zeichen) und „_" (steht für ein einzelnes beliebiges Zeichen). So ermittelt z. B. die folgende Abfrage alle Kundennamen, die mit dem Buchstaben „F" beginnen:

SELECT `KName` *FROM* `KONTO` *WHERE* `KName` *LIKE* "F%";

5.4.4 Sichten

Sichten (*Views*) sind Ergebnisse einer Abfrage, auf denen weitere Operationen durchgeführt werden können. Entsprechende Relationen existieren in der Regel nicht physisch, sondern werden jeweils dynamisch erzeugt. Eine Sicht wird folgendermaßen als eine einer SQL-Abfrage entsprechende Relation definiert:

CREATE VIEW `V` *AS* <SQL-Query>;

Die Verwendung von Sichten ist beispielsweise dann sinnvoll, wenn unterschiedliche Nutzergruppen auf spezielle Ausschnitte einer Datenbank zugreifen sollen. In unserem Beispiel des Kreditinstitutes werden die Daten aller Kunden und aller Filialen in einer Datenbank verwaltet. Es erscheint jedoch nicht unbedingt notwendig, dass jeder Sachbearbeiter in vollem Umfang Zugriff auf diese Daten besitzt, sondern er sollte gegebenenfalls jeweils nur die Daten seiner eigenen Filiale nutzen können, nicht jedoch die Daten anderer Filialen. Um dies zu erreichen, werden verschiedene Sichten erstellt, die jeweils nur die Daten der Kunden einer Filiale umfassen. Auf einer derartigen Sicht kann der Sachbearbeiter dann Abfragen mit Hilfe der oben beschriebenen Abfrage-Befehle durchführen.

Die Sicht, bei der die Angestellten von Filiale 1 nur die Namen, Adressen, Kontonummern, Saldi, Kreditnummern und Kreditbeträge der Kunden ihrer Filiale sehen können, wird z. B. folgendermaßen erstellt:

```
CREATE VIEW KUNDEN-FILIALE-1 AS
(
  SELECT KName, KStraße, KStadt, Kto#, Saldo, Kredit#, Betrag
  FROM KONTO, KUNDE, KREDIT
  WHERE
    (KONTO.Filiale = 1 AND KONTO.KName = KUNDE.KName)
  OR
    (KREDIT.Filiale = 1 AND KREDIT.KName = KUNDE.KName)
);
```

5.4.5 Optimierung von Datenbankabfragen

Zur Ausführung müssen SQL-Abfragen in prozeduralen Code übersetzt werden. Da es hierzu in der Regel verschiedene Möglichkeiten gibt, ist eine Optimierung sinnvoll. So kann z. B. die Kommutativität von Selektionen ausgenutzt werden, indem zuerst die Selektion, die die kleinere Zwischenrelation erzeugt, ausgeführt wird. Insbesondere bei der Verwendung von Joins ist eine Optimierung wichtig, da Joins (wegen des Bildens von kartesischen Produkten) sehr aufwändig sein können. Wenn also mehr als zwei Relationen durch einen Join miteinander verknüpft werden sollen, muss entschieden werden, in welcher Reihenfolge die Joins durchgeführt werden. Auch dies sollte sinnvollerweise so geschehen, dass zuerst möglichst kleine Zwischenergebnisse erzeugt werden.

5.5 Data-Warehouse-Konzept

Mit dem Begriff *Data Warehouse* wird eine von den operativen Systemen getrennte Datenbank bezeichnet, die als unternehmensweite Datenbasis für Analysezwecke dient.[9] Im Rahmen der Transaktionsdatenverarbeitung, des so genannten *Online Transaction Processing* (OLTP), erfolgt die zeitnahe/direkte Abwicklung operativer Geschäftsvorfälle. Entsprechende Systeme bezeichnet man auch als *Transaktionssysteme* bzw. die entsprechenden Daten als *operative Daten*. In diesem Zusammenhang werden u. a. hohe Anforderungen an die Verarbeitungsgeschwindigkeit sowie die Verfügbarkeit und Aktualität der Daten gestellt.

Dagegen ergeben sich bei entscheidungsunterstützenden Systemen, im Rahmen des so genannten *Online Analytical Processing* (OLAP), andere Anforderungen an den Datenbestand und -zugriff. Die idealtypischen Funktionen der Datenbankkomponente von Analysesystemen lassen sich folgendermaßen zusammenfassen (vgl. Inmon (2002) sowie Koutsoukis et al. (1999)):

- Daten sollten nicht primär anwendungsbezogen strukturiert werden, sondern zu einem Thema (auf der Grundlage verschiedener Datenquellen) integriert, normiert und systematisch gespeichert werden.
- Daten sind im Zeitverlauf zu speichern.
- Daten sind über einen längeren Zeitraum zu speichern.
- Es ist ein Zugriff über eine einheitliche Schnittstelle auf die Daten zu ermöglichen.
- Es sind verschiedene Sichten auf die Datenbestände zu realisieren.

Das heißt, für Analysen werden typischerweise aggregierte bzw. verdichtete Daten benötigt, die in den operativen Datenbeständen nicht unmittelbar vorhanden sind, sondern erst aus diesen erzeugt werden müssen (z. B. Quartalsübersichten zu wichtigen betrieblichen Kennzahlen). Darüber hinaus sind oftmals historische Daten aus der weiter zurückliegenden Vergangenheit von Interesse (z. B. um auf deren Grundlage Prognosen über den zukünftigen Absatz von Produkten zu erstellen). Der Datenzugriff bei Analysen ist dabei primär lesend.

Insbesondere für komplexe Analysen ist ein direkter Zugriff auf die operativen Daten aus Transaktionssystemen problematisch, da sich für entsprechende Datenbankabfragen häufig ein relativ hoher (Zeit-)Aufwand ergibt (z. B. viele Joins, um verdichtete Daten zu erhalten). Dies würde gegebenenfalls zu einer Verringerung der Leistungsfähigkeit der Transaktionssysteme

[9] Vgl. hierzu z. B. Chamoni und Gluchowski (1999), Inmon (2002) sowie ferner auch Dueck (1999).

führen bzw. den operativen Betrieb beeinträchtigen. Ein weiterer wichtiger Grund für die redundante Speicherung der für Analysen relevanten Daten besteht darin, dass in vielen Unternehmen Transaktionssysteme (noch) teilweise in der Form von zweckbezogenen Insellösungen vorliegen bzw. kein integrierter Datenbestand existiert. Deshalb muss bereichsübergreifenden Analysen eine gegebenenfalls komplizierte Datenintegration vorausgehen.

Demzufolge erscheint die Trennung der Datenhaltung für Analysezwecke von den operativen Daten in der Regel als sinnvoll. Aufgabe eines Data Warehouse ist damit eine effizienten Sammlung bzw. Bereitstellung aktueller und historischer, gegebenenfalls verdichteter und qualitativ hochwertiger Daten. Dabei stellt das Data Warehouse eine Art „Zwischenschicht" zwischen den Transaktionssystemen auf der einen und den Analysesystemen auf der anderen Seite und demzufolge eine Basis für entscheidungsunterstützende Systeme dar. Abbildung 5.4 veranschaulicht die entsprechende Strukturierung und Konsolidierung der Datenbestände als ein Ziel des Data-Warehouse-Konzeptes.

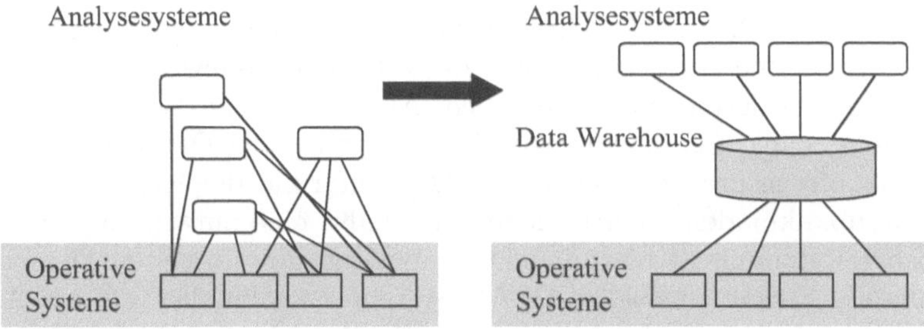

Abbildung 5.4. Strukturierung der Datenhaltung – der Übergang zu einem Data Warehouse; Quelle: Voß und Gutenschwager (2001), S. 258

5.6 Datenmanagement

Die primäre Zielsetzung des *Datenmanagements* ist es, die Beschaffung und Bereitstellung verschiedenster Daten zur Aufgabenerfüllung und Entscheidungsunterstützung zu gewährleisten. Datenmanagement umfasst folglich Prozesse im Zusammenhang mit der Planung, Beschaffung, Verwaltung und Nutzung der Unternehmensressource Daten; vgl. Dippold et al. (2001). Das Datenmanagement wurde in Kapitel 3 als ein wichtiger Aufgabenbereich auf der mittleren Ebene des Ebenenmodells des Informationsmanagements eingeordnet. Entsprechende Aufgaben beziehen sich sowohl auf die konzeptionelle Ebene (z. B. Ableitung von Datenbedarfen und Entwicklung von

(Unternehmens-)Datenmodellen) wie auch die in diesem Kapitel behandelten Datenbanken. Weiterhin sind organisatorische Aspekte zu berücksichtigen (Zuordnung von Verantwortlichkeiten, z. B. für die Pflege eines zentralen Datenkataloges (Data Dictionary)).

Innerhalb des Datenmanagements beschäftigt man sich neben formatierten Datenbanken auch mit unformatierten Daten. Die in den bisherigen Abschnitten dieses Kapitels behandelten formatierten Datenbanken sind typischerweise dadurch charakterisiert, dass

- eine Gruppierung und Klassifikation der Daten nach Maßgabe ihrer Homogenität möglich ist,
- ein gemeinsames Schema für die abgelegten Daten existiert,
- die Daten durch ein relationales Datenbankmanagementsystem verwaltet werden,
- eine Redundanzarmut angestrebt wird,
- eine logische Verknüpfbarkeit der Daten über Abfragen relativ einfach möglich ist sowie
- die Zeiten für Datenmanipulationen und -abfragen kurz sind (Effizienz).

Auf Basis strukturierter Datenbanken, die auch entsprechende Data-Warehouse-Systeme einschließen, ist eine Informationsgewinnung prinzipiell für jeden (berechtigten) Nutzer möglich. Allerdings sind die Anforderungen im Zusammenhang mit der direkten Formulierung von Datenabfragen über Datenbankabfragesprachen (wie etwa SQL) aufgrund der Komplexität typischer Datenbankmodelle relativ hoch. Das heißt, eine nutzeradäquate Informationsbereitstellung ist hiermit nicht unbedingt gewährleistet. Demzufolge ist häufig ein Einsatz spezieller OLAP-Systeme zweckmäßig, die auf Analysezwecke ausgerichtete Softwaresysteme mit relativ einfach bedienbarer graphischer Benutzeroberfläche darstellen.

Es gibt auch Datenbestände, die diese Eigenschaften formatierter Datenbanken nicht besitzen. Derartige unformatierte Datenbestände sind z. B. Briefe und Präsentationen in speziellen Dateiformaten, aber auch multimediale Daten wie Graphiken und Videos. Solche Datenbestände sind in der Regel durch den Menschen im Einzelfall intuitiv verständlich, dagegen schwierig automatisiert zu verarbeiten (bzw. zu ermitteln). Nichtsdestotrotz ist im Kontext des Wissens- und Dokumentenmanagements (vgl. Abschnitt 3.3.2) eine explizite Speicherung und automatisierte Verarbeitung unformatierter Daten häufig anzustreben. Unformatierte Datenbestände zeichnen sich dadurch aus, dass

- auf semantischer Ebene keine gemeinsamen Formate existieren,
- kein Datenbankmanagementsystem existiert, das die Integrität über die gesamte Datenbank sichert,
- keine formale Abfragesprache existiert (und die Suche z. B. über Textmuster erfolgen muss),
- Datenbestände häufig extrem verteilt vorliegen sowie

- die Informationssuche in solchen Datenbeständen über so genannte Information-Retrieval-Methoden erfolgt.

Neben den bisher betrachteten Daten in elektronischer Form liegen oft auch Daten beziehungsweise Informationen in nichtelektronischer Form vor, z. B. Akten, Organisationshandbücher und Verträge. Diese sind oftmals nicht aktuell, ihre Verteilung ist aufwändig und Zugriffsmöglichkeiten sind meist beschränkt oder sogar ungeklärt. In einem gewissen Maße kann das Scannen dieser Texte und eine anschließende automatische Zeichenerkennung (OCR, *Optical Character Recognition*) Abhilfe leisten, wobei sich die Frage stellt, für welche Dokumente dieses Vorgehen sinnvoll ist (auch vor dem Hintergrund des Aufwandes für die manuelle Korrektur der Ergebnisse). Außerdem sind hierdurch nur sehr eingeschränkt semantische Informationen zur Struktur der Daten gewinnbar.

5.7 Übungen und Kontrollfragen

1. Welchen Anforderungen sollte ein Datenbankmanagementsystem im Rahmen der Transaktionsverarbeitung genügen, um einen konsistenten Zustand der Daten zu gewährleisten?

2. Erläutern Sie die drei Abstraktionsebenen von Datenbanken!

3. Zu Aufgabe 2 aus Abschnitt 4.8.2:

   a) Transformieren Sie das erstellte ER-Modell in eine relationale Datenbankstruktur!

   b) Erstellen Sie eine SQL-Abfrage, die angibt, welcher Fahrer (Name) die Bestellung Nr. 13 zu welchem Kunden (Name und Adresse) ausliefern soll! Die Abfrage soll die in Klammern angegebenen Informationen liefern.

4. Zu Aufgabe 3 aus Abschnitt 4.8.2:

   a) Transformieren Sie das erstellte ER-Modell in eine relationale Datenbankstruktur!

   b) Sie erfahren von einer Rückrufaktion des Herstellers Ihres Computersystemtyps mit der Typnummer 271. Demzufolge müssen Sie alle Studenten, die ein solches Computersystem bereits ausgeliehen haben, benachrichtigen. Erstellen Sie eine SQL-Abfrage, die Ihnen die Telefonnummern aller entsprechenden Studenten liefert!

5. Zu Aufgabe 4 aus Abschnitt 4.8.2:

   a) Transformieren Sie das erstellte ER-Modell in eine relationale Datenbankstruktur!

   b) Erstellen Sie eine SQL-Abfrage, um die Information zu gewinnen, Maschinen welcher Maschinenproduzenten an Station 6 verwendet werden!

6. Softwareentwicklung

Wie bereits in Kapitel 1 verdeutlicht wurde, besteht eine wichtige Aufgabe der Wirtschaftsinformatik in der Entwicklung von (betrieblichen) Informations- und Kommunikationssystemen. Hierfür relevante Methoden der Softwareentwicklung bilden eine wesentliche Grundlage der Wirtschaftsinformatik. Hierbei ist zu konstatieren, dass sich entsprechende Tätigkeiten tendenziell weg von der reinen Neuentwicklung von Software hin zu einer Anpassung von Standardsoftware, Wiederverwendung bzw. Kombination von Softwarekomponenten sowie einer Integration von (Teil-)Systemen verlagern.

Das Fachgebiet innerhalb der Informatik, das sich mit der Softwareentwicklung beschäftigt, wird als *Softwaretechnik* oder *Software Engineering* bezeichnet.[1] Hierbei geht es um das so genannte „Programmieren im Großen", bei dem aufgrund des Systemumfanges und der hierdurch in der Regel erzwungenen Arbeitsteilung im Vergleich mit der isolierten Programmierung spezieller Algorithmen weitergehende Probleme auftreten. Informations- und Kommunikationssysteme in Wirtschaft und Verwaltung bilden typischerweise komplexe Systeme. Es hat sich gezeigt, dass die Entwicklung entsprechender Software eine ebenfalls komplexe Aufgabe darstellt. Im Zusammenhang mit der Beobachtung, dass Softwareprojekte in der Praxis oft nicht termingerecht, mit überhöhten Kosten oder qualitativ nicht zufrieden stellenden Resultaten abgeschlossen werden, wurde auch der Begriff Softwarekrise geprägt.

Aufgrund der Komplexität der Entwicklung umfangreicher Softwaresysteme ist eine Strukturierung und arbeitsteilige Organisation des Entwicklungsprozesses erforderlich. Bevor in Abschnitt 6.2 entsprechende *Vorgehensmodelle* für die grundsätzliche Ablauforganisation diskutiert werden, werden im folgenden Abschnitt zunächst die eigentlichen *Aktivitäten* der Softwareentwicklung erläutert (grob gliederbar in Analyse, Entwurf und Implementierung mit der wichtigen Querschnittsfunktion Qualitätsmanagement). Die in einem gewissen Sinne meistens vorliegende Einmaligkeit einer konkreten Systementwicklung führt typischerweise zu einer Organisation des Entwicklungsvorhabens als Projekt; in Abschnitt 6.3 werden entsprechende Aspekte des *Softwareprojektmanagements* behandelt.

---

[1] Für vertiefende Darstellungen zur Softwareentwicklung verweisen wir z. B. auf Balzert (2000, 1998) sowie Sommerville (2004).

Der im Vergleich zu klassischen Ingenieurwissenschaften anscheinend ungenügende Grad der Wiederverwendung bei der Softwareentwicklung wird häufig als das Kernproblem der Softwaretechnik betrachtet. Im abschließenden Abschnitt 6.4 werden deshalb einige neuere Aspekte bzw. Techniken der Softwareentwicklung aus dem Blickwinkel des Zieles Softwarewiederverwendung betrachtet. Dies bezieht sich konkret auf die *Objektorientierung*, die *Komponententechnik* sowie das so genannte *Domain Engineering*.

6.1 Aktivitäten der Softwareentwicklung

Software unterliegt in der Regel einem typischen *Lebenszyklus*. Dieser umfasst die gesamte Lebensdauer einer Software von den ersten Ideen für ihre Konzeption bis zur Außerbetriebnahme bzw. Ablösung. Diese Lebensdauer kann in verschiedene Abschnitte unterteilt werden; vgl. Abbildung 6.1. Die ersten Abschnitte des Lebenszyklus (Planung bis Test) sind dabei der eigentlichen Softwareentwicklung zuzurechnen. Der Abschnitt Wartung und Pflege, der in den Zeitraum der Nutzung der Software fällt, kann als Bindeglied zwischen der Entwicklung von zwei aufeinander folgenden Softwaresystemen bzw. Versionen eines solchen betrachtet werden.

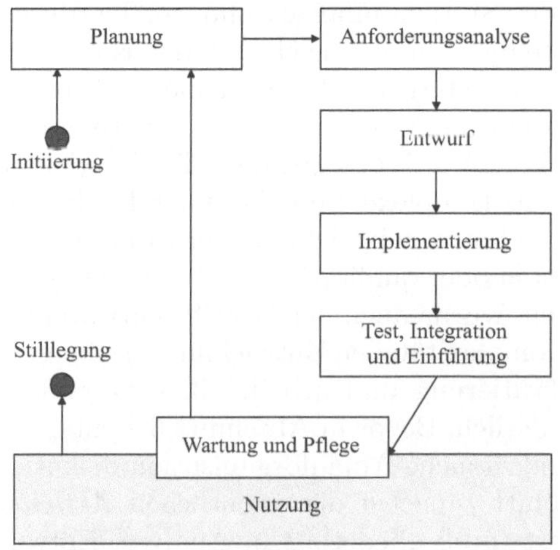

Abbildung 6.1. Softwarelebenszyklus

Ausgehend vom Softwarelebenszyklus kann die Softwareentwicklung in einzelne Aufgabenbereiche (Phasen) zerlegt werden. Unter einer solchen *Phase* verstehen wir in Anlehnung an DIN 69901 einen zeitlichen Abschnitt der Softwareentwicklung, der sachlich von anderen Abschnitten getrennt abläuft.

Auf Basis des Softwarelebenszyklus ergeben sich die Aufgabenbereiche Planung, Anforderungsanalyse, Entwurf, Implementierung, Test, Integration und Einführung sowie Wartung und Pflege; vgl. Tabelle 6.1. Darüber hinaus ist ein durchgängiges Qualitätsmanagement als wichtige Querschnittsfunktion zu betrachten, die alle Aufgabenbereiche betrifft.

Aktivität	**Inhalt**	**Ergebnis**
Planung	Problemanalyse, Projektzielsetzung	Produktbeschreibung (Lastenheft)
Anforderungsanalyse	detaillierte Beschreibung der Systemanforderungen (Funktionalität, Leistungsumfang)	Anforderungsspezifikation (Pflichtenheft)
Entwurf	Grobentwurf und Feinentwurf der Softwarearchitektur	Entwurfsspezifikation
Implementierung	Umsetzung des Entwurfes	Software
Test, Integration und Einführung	Test des Systems, Integration der implementierten Module zu einem Gesamtsystem	Dokumentation
Wartung und Pflege	Fehlerkorrektur, Anpassung an veränderte Anforderungen	neue Version

Tabelle 6.1. Typische Aufgabenbereiche der Softwareentwicklung

Wie die Diskussion verschiedener Vorgehensmodelle in Abschnitt 6.2 zeigen wird, werden diese Aufgabenbereiche, die in den folgenden Abschnitten näher beschrieben werden, bei einer hinreichend komplexen Entwicklungsaufgabe typischerweise nicht einmalig auf Basis einer strengen Phasengliederung sequenziell durchlaufen werden können. Deshalb verwenden wir im Folgenden den Begriff der *Aktivität* (anstatt Phase). Nichtsdestotrotz korrespondiert die hier verwendete Reihenfolge der Beschreibung der Aktivitäten offensichtlich mit der natürlichen Reihenfolge in einem prinzipiellen Entwicklungsvorgang.

6.1.1 Planung

In der *Planung* werden auf Basis einer Problemanalyse die grundlegenden Anforderungen an ein Entwicklungsprojekt und eine hierauf basierende Grobplanung für die Umsetzung erarbeitet. Dem geht normalerweise eine Projektinitiierung voraus, in deren Rahmen in einem so genannten *Lastenheft* die wesentlichen funktionalen Anforderungen an die Software formuliert werden.

Auf Basis des Lastenheftes wird unter Erhebung von Nutzerwünschen und -anforderungen[2] eine Produktbeschreibung auf sowohl fachlicher als auch technischer Ebene entwickelt. Hierbei ist unter Berücksichtigung übergeordneter Ziele der Organisation die Umsetzung auf Basis technischer und wirtschaftlicher Kriterien zu bewerten. In diesem Rahmen können somit Wirtschaftlichkeitsuntersuchungen und Aufwandsschätzverfahren zur Anwendung kommen; vgl. Abschnitt 6.3.2.

6.1.2 Anforderungsanalyse

In der *Anforderungsanalyse* werden verbindliche Anforderungen an das Softwaresystem in einer *Anforderungsspezifikation* (*Pflichtenheft*) festgelegt. Dies umfasst einerseits eine detaillierte Erarbeitung fachlicher Anforderungen und einer einheitlichen Terminologie, was sich insbesondere auf die abzubildenden Funktionen und Prozesse sowie die zu Grunde liegenden Daten bezieht. In diesem Zusammenhang kann auch eine funktionale Definition der Benutzeroberfläche festgelegt werden. Andererseits sind die wesentlichen technischen Randbedingungen, Schnittstellen zu betroffenen Systemen sowie Qualitäts- und Dokumentationsanforderungen festzulegen.

Die Anforderungsspezifikation ist die Grundlage für die (späteren) Softwaretests. Weiterhin kann eine Detaillierung des Softwareentwicklungsprojektes erfolgen.

6.1.3 Entwurf

Während des *Entwurfes* (*Designs*) wird die Softwarearchitektur festgelegt. Hierunter versteht man zum einen den statischen Aufbau (die Organisation) eines Softwaresystems aus Modulen (Komponenten) mit definierten Schnittstellen einschließlich ihrer (Verwendungs-)Beziehungen. Zum anderen werden im Systementwurf die für die Implementierung zu verwendenden Mechanismen und Techniken erarbeitet (bis hin zur Entwicklung wesentlicher Algorithmen und Datenstrukturen). Die Entwurfsentscheidungen sind hinsichtlich ihrer Auswirkungen auf Eigenschaften wie u. a. Erweiterbarkeit, Wiederverwendbarkeit und Effizienz abzuwägen.

Bei komplexen Projekten wird der Entwurf häufig in zwei aufeinanderfolgende Phasen unterteilt. Im *Grobentwurf* werden hierbei die wesentlichen Entwurfsprinzipien festgeschrieben, während im *Feinentwurf* die detaillierte Beschreibung des Systems entwickelt wird. Alternativ kann in einen fachlichen und einen implementierungstechnischen Entwurf unterschieden werden.

Im Entwurf können die in Kapitel 4 beschriebenen Modellierungsmethoden verwendet werden. Dies bezieht sich etwa auf die Datenmodellierung

[2] Unter Nutzern oder Anwendern sind in diesem Zusammenhang nicht nur Personen zu verstehen, sondern auch andere Softwaresysteme, die die zu entwickelnde Software „verwenden“ werden.

und die objektorientierte Modellierung. Auf der implementierungstechnischen Ebene können hierauf aufbauend konkrete Festlegungen hinsichtlich der zu verwendenden Hardware und Systemsoftware sowie der Implementierungsumgebung (insbesondere der Programmiersprache) getroffen werden.

Der Entwurf mündet in einer Entwurfsspezifikation. In diesem Rahmen sind auch der Testplan zu konkretisieren sowie gegebenenfalls ein Integrationsplan zu entwickeln.

6.1.4 Implementierung

Die *Implementierung* umfasst die eigentliche Erstellung (Programmierung) der Software. Das heißt, der Systementwurf wird in Programmcode umgesetzt. In diesem Rahmen können verschiedene Softwarewerkzeuge wie Programmierumgebungen bzw. CASE-Tools zum Einsatz kommen. Im Idealfall können Teile des Systementwurfes automatisiert in Programmcode übersetzt werden, wodurch eine Entsprechung von Entwurf und Implementierung unmittelbar gewährleistet ist.

Im Sinne eines integrativen Qualitätsmanagements sind bereits während der Implementierung (gegebenenfalls isolierte) Tests der entwickelten Komponenten vorzunehmen. Im Hinblick hierauf und die nachfolgende Wartung und Pflege ist die Implementierung zweckmäßig zu dokumentieren.

6.1.5 Test, Integration und Einführung

> „Testen ist der Prozeß, ein Programm mit der Absicht auszuführen, Fehler zu finden. [...] Testen [ist] ein destruktiver, ja geradezu ein sadistischer Prozeß.“ (Myers (2001), S. 4)

Bevor ein Softwareprodukt (bzw. eine neue Version) real eingesetzt werden kann, ist die Korrektheit gemäß der Anforderungsspezifikation zu überprüfen (*Verifikation*). Da hierfür im praktischen Umfeld nur sehr eingeschränkt effektive analytische Methoden existieren, erfolgt dies insbesondere auf Basis experimenteller *Tests*.[3] Im einfachsten Fall erfolgt eine Überprüfung der durch die Software erzielten Ergebnisse mit vordefinierten Testfällen (auf Basis erwarteter Ein-/Ausgabe-Kombinationen unter Berücksichtigung von Realdaten). Hiermit können in der Regel jedoch nur Fehler aufgedeckt, nicht aber die Korrektheit im Sinne einer Fehlerfreiheit nachgewiesen werden.

Da die Korrektheit eines Softwaresystems nur im Zusammenspiel aller beteiligten (Teil-)Systeme entsprechend der späteren Anwendungsumgebung beurteilt werden kann, ist nach Tests einzelner Komponenten bzw. (Teil-)Systeme und einer (sukzessiven) Integration auch das Gesamtsystem zu überprüfen. Zweckmässigerweise untergliedert man den entsprechenden Integrationsprozess hierarchisch und bewertet sukzessive komplexere (Teil-)Systeme.

[3] Vgl. z. B. Myers (2001) sowie Thaller (2000).

Systemtests umfassen neben der Überprüfung der fachlichen Anforderungen auch sekundäre Qualitätseigenschaften wie etwa Effizienz und Portabilität. Vor der letztendlichen Einführung ist weiterhin zu überprüfen, ob die entwickelte Software für ihren vorgesehenen praktischen Einsatz geeignet ist (*Validation/ Validierung*), wodurch letztlich die Anforderungsspezifikation selbst Gegenstand der Kontrolle ist. Eine nicht erfolgreiche Validation kann darauf hindeuten, dass die Anforderungen nicht korrekt erfasst wurden bzw. sich die Anforderungen inzwischen geändert haben.

Die Verifikation und die Validation bilden die Basis für die Abnahme der Software. Vor der Einführung sind weiterhin System- und Nutzerdokumentationen abschließend zu erstellen sowie gegebenenfalls Nutzerschulungen zu konzipieren und ein Migrationskonzept zur Ersetzung von Altsystemen und zur Eingliederung in die Anwendungssystemumgebung zu entwickeln.

6.1.6 Wartung und Pflege

Im Verlauf der realen Nutzung der Software werden in der Regel Fehler festgestellt. Die fortlaufende Durchführung entsprechend notwendiger Korrekturen des Softwaresystems nach Inbetriebnahme bezeichnet man als *Wartung.* Unter *Pflege* versteht man dagegen die (geringfügige) Anpassung der Software an veränderte bzw. erweiterte Anforderungen. Anpassungen können etwa aufgrund neuer Nutzerwünsche, gesetzlicher Neuerungen oder Änderungen der Systemumgebung notwendig werden.

Wartung und Pflege führen zu neuen Versionen (*Releases*) einer Software. Vor der Einführung einer neuen Version ist diese im Sinne einer umfassenden Qualitätssicherung zu testen.

6.1.7 Qualitätssicherung

Bei der Entwicklung von Software muss, wie bei jeder Produktentwicklung, auf die Qualität Augenmerk gelegt werden. *Softwarequalität* ist nach DIN ISO 9126 die Gesamtheit aller Merkmale und Merkmalswerte eines Softwareproduktes, die sich auf dessen Eignung beziehen, festgelegte oder vorausgesetzte Erfordernisse zu erfüllen.

Im Sinne einer umfassenden Qualitätssicherung ist es nicht ausreichend, am Ende des Entwicklungsprozesses Qualitätsmängel aufdecken und beheben zu wollen. Die Qualitätssicherung ist vielmehr eine Querschnittsfunktion, die in jeder Aktivität des Entwicklungsprozesses sowohl produktorientiert als auch prozessorientiert Berücksichtigung finden muss. Das heißt, sowohl der eigentliche Ablauf von Entwicklungsprozessen als auch alle hierbei erstellten Artefakte (z. B. Zwischenergebnisse wie Pflichtenheft, Anforderungsspezifikation, Entwurfsspezifikation, Dokumentation) sind Gegenstand der Qualitätssicherung.

Softwarequalität wird durch *Qualitätsmerkmale* (*Qualitätsfaktoren*) beschrieben. Diese können in Teilmerkmale untergliedert werden, die dann mittels Qualitätsindikatoren bzw. Metriken messbar oder bewertbar sein sollten. Allerdings sind Qualitätsmerkmale wie z. B. Benutzerfreundlichkeit nur eingeschränkt objektiv bewertbar (oder gar quantifizierbar).

Der primäre Qualitätsfaktor von Software ist die *Funktionalität.* Damit wird der Nutzen, der aus Software zu ziehen ist, im Wesentlichen daran gemessen, welche Funktionen diese dem Nutzer auf korrekte Art und Weise, unter Berücksichtigung seiner Anforderungen, in benutzerfreundlicher Weise bietet. In diesem Zusammenhang sind verschiedene sekundäre Qualitätsfaktoren zu berücksichtigen, die im Weiteren erläutert werden.

- *Erweiterbarkeit/Anpassbarkeit:* Hierunter wird die Eigenschaft verstanden, an erweiterte oder veränderte Anforderungen (z. B. im Rahmen von Wartung und Pflege) möglichst einfach und effizient anpassbar zu sein.
- *Robustheit:* Während Korrektheit das Verhalten von Software in von der Spezifikation abgedeckten Situationen umfasst, versteht man unter Robustheit die Eigenschaft, sich auch bei anomalen Situationen angemessen zu verhalten (Beispiel: Fehlschlagen einer Dateioperation). Aufgrund des engen Zusammenhanges zwischen Korrektheit und Robustheit kann man beide Eigenschaften unter dem Begriff *Zuverlässigkeit* zusammenfassen.
- *Effizienz:* Unter Effizienz sei hier die Eigenschaft von Software verstanden, zur Lösung einer Problemstellung relativ wenig Ressourcen (wie Prozessorzeit, Speicherplatz, Kommunikationsbandbreite u. Ä.) zu verwenden. Die Ziele der Verringerung der verschiedenen Ressourcenbeanspruchungen sind typischerweise sowohl untereinander als auch bezüglich anderer Qualitätsfaktoren konkurrierend, was in der Regel situative Kompromisse erfordert. Beispielsweise wird man bei einem Steuerungssystem mit Realzeitanforderungen gegebenenfalls andere Ziele der Laufzeiteffizienz unterordnen.
- *Portabilität und Kompatibilität:* Unter Portabilität versteht man die Eigenschaft von Software, auf der Grundlage verschiedener Rechnersysteme ablauffähig zu sein, was insbesondere durch Verwendung einer standardisierten, portablen Programmiersprache erreicht werden kann. Systembestandteile, die unter Erfüllung gewisser Anforderungen in ein bestimmtes (Gesamt-)System integriert werden können, werden in diesem Kontext als kompatibel bezeichnet.
- *Wiederverwendbarkeit:* Während sich die bisher aufgeführten Qualitätsfaktoren an *einem* Softwareprodukt (bzw. verschiedenen Versionen desselben) orientieren, ermöglicht Wiederverwendbarkeit bei ähnlichen Anforderungen eine produktübergreifende Verwendung von Software, was sowohl zur Aufwandssenkung als auch Qualitätssteigerung bei entsprechenden Entwicklungsprojekten beitragen kann. Wiederverwendbarkeit bedingt in der Regel eine hinreichende Anpassbarkeit/Konfigurierbarkeit von Softwarekomponenten; vgl. Abschnitt 6.4.

Eine qualitätsgerechte Softwareentwicklung setzt eine situative Bestimmung relevanter Qualitätsmerkmale und der zu erreichenden Bewertungen voraus. Die sich hieraus ergebenden Qualitätsanforderungen sollten bei der Ausgestaltung des jeweiligen Entwicklungsprozesses berücksichtigt werden. In diesem Zusammenhang formuliert Balzert (1998), S. 284–293, folgende allgemeine Prinzipien der Qualitätssicherung:

- *Prinzip der produkt- und prozessabhängigen Qualitätszielbestimmung:* Explizite Bestimmung der Qualitätsmerkmale und -anforderungen vor Beginn der eigentlichen Entwicklung
- *Prinzip der quantitativen Qualitätssicherung:* Ständiges Messen und Bewerten von Qualitätsmerkmalen im Entwicklungsprozess
- *Prinzip der maximalen konstruktiven Qualitätssicherung:* Anwendung möglichst vieler Maßnahmen, die bestimmte Fehler von vornherein ausschließen (z. B. Verwendung bestimmter Programmiersprachen)
- *Prinzip der frühzeitigen Fehlerentdeckung und -behebung:* Fehlersuche nicht erst nach Beendigung der Implementierung, sondern jederzeit in allen Phasen des Entwicklungsprozesses
- *Prinzip der entwicklungsbegleitenden, integrierten Qualitätssicherung:* Integrative Qualitätssicherung in allen Aktivitäten des Entwicklungsprozesses
- *Prinzip der unabhängigen Qualitätssicherung:* Durchführung der Qualitätssicherung auch von Personen, die nicht direkt mit der korrespondierenden Entwicklung befasst sind

6.2 Vorgehensmodelle

Für eine effiziente Durchführung von Softwareentwicklungsprojekten ist eine zweckmäßige (Ablauf-)Organisation des Entwicklungsprozesses nötig. So genannte *Vorgehensmodelle* (*Prozessmodelle*) definieren hierfür entsprechende Rahmenvorgaben. Dies bezieht sich insbesondere auf Phasenschemata, die die Reihenfolge der Durchführung von Aktivitäten unter Berücksichtigung wechselseitiger Abhängigkeiten vorgeben, ohne hiermit unbedingt entwicklungstechnische Methoden festzulegen.[4]

Die Anwendung eines zweckmäßigen Vorgehensmodells soll zu einer effektiven und effizienten Entwicklung komplexer Softwaresysteme führen. Bei umfangreichen Projekten ist insbesondere eine systematische Feingliederung von Aktivitäten einschließlich der Definition zu erzeugender Artefakte (Zwischenergebnisse) hilfreich. Hiermit korrespondiert die Festlegung so genannter *Meilensteine*, die den Abschluss von Phasen kennzeichnen. Die Orientierung an entsprechenden ablauforganisatorischen Vorgaben des Vorgehensmodells

[4] Allerdings können Vorgehensmodelle durchaus (Mindest-)Anforderungen an die entwicklungstechnische Methode wie z. B. die Programmiersprache oder Softwarewerkzeuge nach sich ziehen; vgl. die Abschnitte 6.2.3 und 6.2.4.

ist die Grundlage für eine effektive Kontrolle und Steuerung des Entwicklungsprozesses.

Im Weiteren werden verschiedene gängige Vorgehensmodelle kurzgefasst behandelt, wobei zur Verdeutlichung insbesondere die jeweils auszeichnenden Prinzipien diskutiert werden.[5] Zuvor ist allerdings davor zu warnen, irgendwelche der nachfolgend beschriebenen Ansätze als Allheilmittel zu betrachten. Gerade vor dem Hintergrund immer komplexerer Anwendungsbereiche stellt die Entwicklung von Software eine komplexe Aufgabe dar, und der Aussage „There is no silver bullet." (Brooks (1987)) ist weiterhin Gültigkeit zuzusprechen; vgl. hierzu z. B. auch Brooks (1995) sowie McConnell (1996).

6.2.1 Wasserfallmodell

Das einfachste Vorgehensmodell ist das so genannte *Wasserfallmodell*; vgl. Abbildung 6.2. Es korrespondiert unmittelbar mit der natürlichen Reihenfolge der Aktivitäten entsprechend der Darstellung in Abschnitt 6.1. Diese Aktivitäten bilden abgeschlossene Phasen, die im einfachsten Fall einmalig streng sequenziell durchlaufen werden. Rücksprünge in der Entwicklung im Sinne einer Erweiterung oder Veränderung der Ergebnisse vorangegangener Phasen sind dann nicht möglich. Dies führt zur Analogie des Wasserfalles, bei dem der Fluss streng in eine Richtung orientiert ist (die Ergebnisse einer Phase „fallen nur nach unten").

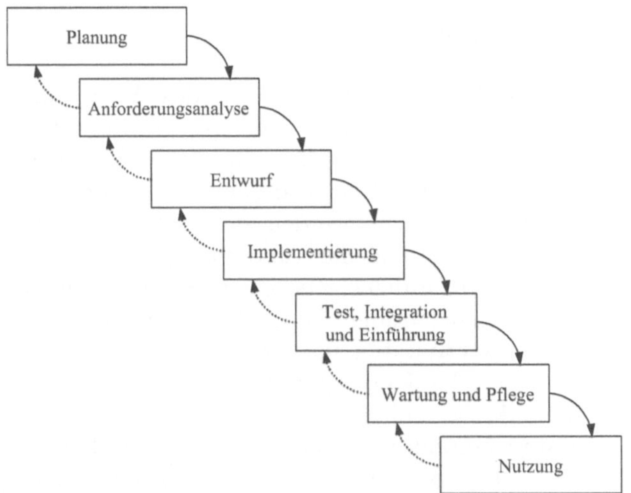

Abbildung 6.2. Wasserfall-Vorgehensmodell

[5] Für die im Rahmen von Vorgehensmodellen zu betrachtenden Aspekte des eigentlichen Projektmanagements verweisen wir außerdem auf Abschnitt 6.3 sowie z. B. Royce (1998).

Offensichtlich kann es aber notwendig sein, dass aufgrund von Erkenntnissen in nachgelagerten Phasen Aufgaben einer vorherigen Phase nachbearbeitet werden müssen. Beispielsweise kann sich in der Entwurfsphase herausstellen, dass Anforderungen unklar erfasst sind; oder bei der Implementierung wird festgestellt, dass der Entwurf unvollständig oder inkonsistent ist. Dementsprechend beinhaltet das von Royce (1970) vorgeschlagene Wasserfallmodell bereits Rückkopplungsschleifen um jeweils eine Phase. Das heißt z. B., dass ausgehend von der Implementierungsphase der Entwurf verändert werden kann, nicht aber die Anforderungsspezifikation.

Ein solches sequenzielles Vorgehen ist zwar einfach, verständlich und gegebenenfalls mit relativ geringem Koordinierungsaufwand durchführbar. Jedoch wird dabei angenommen, dass eine Phase im Ganzen (im vollen Detaillierungsgrad) abschließend bearbeitet wird, bevor der Aufgabenbereich der folgenden Phase betrachtet wird. Beispielsweise wird vorausgesetzt, dass im Rahmen der Anforderungsanalyse eine vollständige und widerspruchsfreie Spezifikation entsteht. Dem stehen Erfahrungen dahingehend entgegen, dass sich im Projektverlauf typischerweise Anforderungen ändern bzw. sich neue Anforderungen ergeben. So erscheint es praktisch nicht unbedingt angebracht, in einem Entwicklungsprojekt von der Stabilität der Anforderungen auszugehen und damit letztendlich eventuell an veränderten realen Gegebenheiten vorbei zu entwickeln. Dementsprechend sollten Vorgehensmodelle weiter gehende Rückkopplungsmechanismen vorsehen, um entsprechende Risiken zu reduzieren.

6.2.2 V-Vorgehensmodell

Das *V-(Vorgehens-)Modell* ist eine Erweiterung des Wasserfallmodells unter Betonung von Qualitätssicherungsaktivitäten; vgl. Boehm (1981, 1984). Dies geschieht durch eine Zuordnung von Maßnahmen zur Verifikation und Validation/Validierung. Entsprechend der Darstellung in Abschnitt 6.1.5 soll im Rahmen der Verifikation überprüft werden, ob das System der Spezifikation entspricht (Korrektheit), während die Validation bewertet, inwieweit überhaupt das richtige Produkt für den eigentlichen Einsatzzweck entwickelt wurde (Eignung). Die Phasengliederung und direkte Gegenüberstellung von konstruktiven Entwicklungsaktivitäten und Qualitätssicherungsaktivitäten des V-Modells sind in Abbildung 6.3 dargestellt. Korrespondierende Aktivitäten sind über horizontale Achsen miteinander verbunden.

Das V-Modell ist insbesondere für relativ große Entwicklungsprojekte aufgrund derer hohen Regelungsbedarfe geeignet. Jedoch wird häufig kritisiert, dass die (hier nicht dargestellten) umfangreichen Regelungen für die Abwicklung von entsprechenden Entwicklungsprozessen insbesondere bei kleineren Projekten ein Übermaß an „Software-Bürokratie“ implizieren.[6] Wie im Was-

[6] Aufgrund der Kritik an der stark gewachsenen Komplexität von Softwareentwicklungsmethoden wurden inzwischen verschiedene neue Ansätze für „schlan-

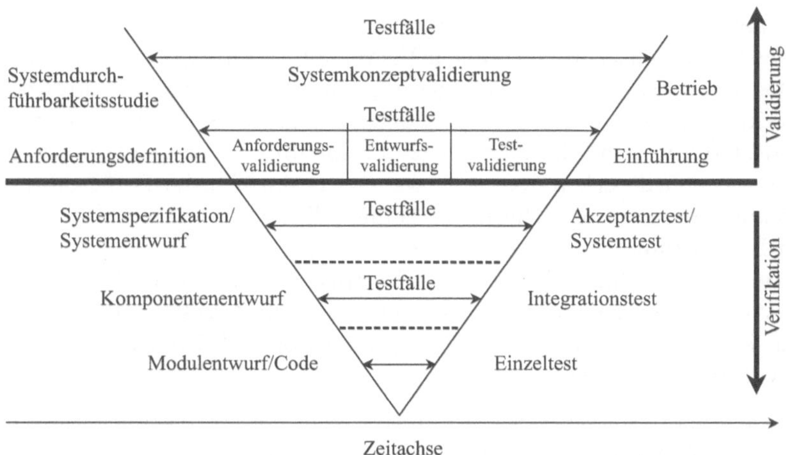

Abbildung 6.3. V-Vorgehensmodell; in Anlehnung an Boehm (1981)

serfallmodell müssen auch hier umfangreiche und detaillierte Zwischendokumentationen erstellt werden, da die jeweiligen Phasen relativ lange dauern und damit keinesfalls auf das (Kurzzeit-)Gedächtnis von Projektbeteiligten vertraut werden kann.

Das V-Modell ist insbesondere in Behörden gebräuchlich und wird heute auch verbreitet in der Wirtschaft angewendet. Hierbei werden teilweise Erweiterungen eingesetzt, die sich insbesondere auf die Integration einer inkrementell-iterativen Vorgehensweise (vgl. Abschnitt 6.2.4) beziehen (V-Modell 97, V-Modell XT).[7]

6.2.3 Prototyping

Eine wesentliche Problematik der oben dargestellten Vorgehensmodelle besteht darin, dass nach der Erhebung von Benutzeranforderungen häufig eine lange Zeitspanne vergeht, bis schließlich ein nutzbares System unter Beteiligung der Anwender validiert werden kann. Mögliche gravierende Fehlentwicklungen sind damit gegebenenfalls erst sehr spät diagnostizierbar, was zu einer kosten- und zeitaufwändigen Korrektur führen kann.

---

ke" Vorgehensmodelle entwickelt. Ein Beispiel ist das so genannte *Extreme Programming*, bei dem das eigentliche Programmieren – im Zusammenhang mit intensivem Testen und sukzessivem Umstrukturieren (Refaktorisieren) des Systems – wieder in den Mittelpunkt der Softwareentwicklung gestellt wird; vgl. Beck (2005).

[7] Vgl. zur Vertiefung Dröschel et al. (1997), Versteegen (1999) sowie o.V. (2004). Vgl. ferner auch Gutenschwager et al. (2000), die die Qualitätssicherung lagerlogistischer Steuerungssoftware durch Simulation auf Basis des V-Modells strukturieren.

Deshalb strebt man beim *Prototyping* eine möglichst schnelle Entwicklung einer rudimentär ablauffähigen Vorversion (*Prototyp*) des Anwendungssystems an. Hierbei ist die Verwendung unterstützender Softwarewerkzeuge zweckmäßig (etwa 4GL-Sprachen bzw. CASE-Tools). Am Prototyp sollte zumindest die wesentliche fachliche Funktionalität über eine entsprechende Benutzeroberfläche erkennbar sein, was als Diskussionsbasis für die weitere Entwicklung dienen kann. Hierdurch können die späteren Anwender verstärkt in den Entwicklungsprozess integriert werden.

Man kann verschiedene Arten von Prototypen (bzw. Vorgehensweisen des Prototyping) dahingehend unterscheiden, welchem Zweck der Prototyp dient und inwieweit der Prototyp im Entwicklungsprozess (nicht) weiterverwendet wird (vgl. Balzert (1998)):

- Ein *Demonstrationsprototyp* soll im Rahmen der Projektinitiierung einem potenziellen Auftraggeber einen ersten Eindruck von dem zu erstellenden Produkt vermitteln, um eine Basis für eine nachfolgende Auftragserteilung bzw. Projektfreigabe zu schaffen.
- Ein *Prototyp im engeren Sinne* dient im Rahmen der Planung und Anforderungsanalyse der Kommunikation mit den zukünftigen Anwendern des Systems.
- Ein *Labormuster* soll in erster Linie projektintern die technische Umsetzbarkeit der Anforderungsspezifikation bzw. eines hierauf aufbauenden Entwurfes demonstrieren.
- Ein *Pilotsystem* beinhaltet die Kernfunktionalität des zu entwickelnden Systems und kann bereits in die spätere Systemumgebung integriert werden. Das heißt, ein Pilotsystem stellt praktisch eine erste Version mit reduzierter Funktionalität dar.

Prototyping ist nicht als ein vollständiges Vorgehensmodell, sondern eher als ein ergänzender Ansatz zu verstehen, durch den Nachteile der oben diskutierten Vorgehensmodelle teilweise behoben werden sollen. Dies bezieht sich insbesondere auf die bessere Anwenderintegration bei der Anforderungsanalyse (und teilweise auch Entwicklung), um das Risiko, ein falsches Produkt zu entwickeln, zu reduzieren.

Da ein Prototyp auf einer unvollständigen Anforderungspezifikation, einem nur rudimentären Entwurf oder einer ineffizienten Ad-hoc-Implementierung basieren kann, ist die Eignung des Prototyps als Basis der Implementierung nicht unbedingt gegeben. Dies gilt um so mehr, wenn für die Entwicklung des Prototyps Implementierungstechniken und -werkzeuge verwendet wurden, die im Hinblick auf z. B. Stabilität, Effizienz und Kompatibilität nicht den eigentlichen Anforderungen genügen.

6.2.4 Inkrementell-iterative Softwareentwicklung

Aufbauend auf der grundsätzlichen Idee eines evolutionären Prototypings bzw. der Erkenntnis, dass komplexe Systeme typischerweise nicht in einem einmal zu durchlaufenden sequenziellen Prozess entwickelt werden können, ist eine *inkrementell-iterative Softwareentwicklung* als zweckmäßig zu betrachten. Hierbei wird explizit eine inkrementelle Systementwicklung zu Grunde gelegt, was ein wiederholtes (iteratives) Durchlaufen von Analyse-, Entwurfs- und Implementierungsphasen bedeutet. Dabei wird nicht von Anfang an das gesamte System geplant, entworfen und schließlich implementiert (sondern sukzessiv erweiterte Systemkerne bzw. Teilbereiche). Zusammen mit dem Auftraggeber bzw. den Anwendern ist hierfür zu erarbeiten, welche Aspekte des zu entwickelnden Systems besonders wichtig sind und damit priorisiert behandelt werden sollten. Hierdurch soll relativ frühzeitig ausführbare bzw. nutzbare Software entstehen, die den Projektfortschritt deutlich macht und entsprechende Rückkopplungen ermöglicht.

Um sicherzustellen, dass ein letztendlich homogenes und den jeweiligen Qualitätsanforderungen genügendes Gesamtsystem entsteht, ist ein inkrementell ausgerichteter Entwicklungsprozess systematisch zu strukturieren. Hierbei wird man nach einem hinreichenden Problemverständnis (im Zusammenhang mit einer weitgehenden Erfassung der Anforderungen in der Analysephase) insbesondere Wert auf eine relativ frühzeitige Erarbeitung einer stabilen und erweiterbaren Systemarchitektur legen. Um eine Kontrolle und Steuerbarkeit des Entwicklungsprojektes zu gewährleisten, erscheint eine möglichst feinkörnige Untergliederung der dann folgenden Teilaufgaben (Phasen) mit entsprechenden Zwischenergebnissen (und korrespondierenden Meilensteinen) sinnvoll.

Eine inkrementelle Systemerstellung sollte durch die Verwendung von Implementierungstechniken gestützt werden, die eine starke Modularisierung von Systemen ermöglichen. Insbesondere die objektorientierte Vorgehensweise stellt hier entsprechende Mechanismen bereit, weshalb inkrementell-iterative Vorgehensmodelle insbesondere auf Basis objektorientierter Analyse- und Entwurfsmethoden sowie einer objektorientierten Programmiersprache angewendet werden. Ein Beispiel für ein solches Vorgehensmodell ist der auf der UML basierende *Unified Software Development Process*; vgl. Jacobson et al. (1999).

6.3 Softwareprojektmanagement

Die Softwareentwicklung wird in der Regel in einer Projektorganisationsform durchgeführt. Weitergehend wird auch die Neueinführung von Informations- und Kommunikationssystemen, bei der die eigentliche Softwareentwicklung teilweise in den Hintergrund tritt und eher Aufgaben der Anpassung und Integration vorhandener Systeme und Standardsoftware eine Rolle spielen, ebenfalls typischerweise als Projekt durchgeführt. Dementsprechend werden im Folgenden einige Aspekte und Aufgaben des Projektmanagements aus einer allgemeinen Sichtweise kurzgefasst betrachtet. Die abschließende Darstellung von Aufwandsschätzverfahren ist dagegen speziell für Softwareentwicklungsprojekte relevant.[8]

6.3.1 Begriff und Aufgaben

Ein *Projekt* ist nach DIN 69901 ein Vorhaben, das im Wesentlichen durch seine Einmaligkeit der Bedingungen in ihrer Gesamtheit gekennzeichnet ist, wie z. B. Zielvorgabe, zeitliche, finanzielle, personelle oder andere Begrenzungen, Abgrenzung gegenüber anderen Vorhaben, projektspezifische Organisation. Beispiele für als Projekt zu betrachtende Aufgabenstellungen sind Bauvorhaben, Forschungsvorhaben, Rationalisierungsmaßnahmen oder eben die Entwicklung und Einführung von Informations- und Kommunikationssystemen.

Eine Differenzierung von Projekten ist vor allem hinsichtlich der Projektart und der Branche möglich. Darüber hinaus können weitere Projektmerkmale zur Einordnung herangezogen werden; hierzu zählen z. B. der Projektumfang (sowie hiermit eng zusammenhängend Größe und Dauer) und die Projektkomplexität (insbesondere auch hinsichtlich struktureller Interdependenzen von Projektteilaufgaben).

Durch die typischerweise auftretende Neuartigkeit, Komplexität und fachübergreifende Abwicklung von Projekten ist ein entsprechendes *Projektmanagement* notwendig. Nach DIN 69901 ist hierunter die Gesamtheit von Führungsaufgaben, -organisation, -techniken und -mitteln für die Abwicklung eines Projektes zu verstehen. Geht man von einem engeren aufgabenorientierten Verständnis von Management aus, können unter Projektmanagement alle Aktivitäten der Planung, Organisation, Personalausstattung, Überwachung, des Controllings und der Leitung eines Projektes verstanden werden. Entsprechende Aufgaben können wie in Abbildung 6.4 dargestellt in sechs wesentliche Bereiche gegliedert werden. Im folgenden Abschnitt werden hieraus die Projektplanung und das Projektcontrolling näher betrachtet.

Projektmanagement ist von den in Abschnitt 6.2 betrachteten Vorgehensmodellen dadurch abzugrenzen, dass dort eine softwareentwicklungstechnische Sicht vorliegt, während Projektmanagement im Allgemeinen anwendungsunabhängig verstanden wird. Die in konkreten Softwareentwicklungsprojekten einzusetzenden Projektmanagementtechniken hängen jedoch offensichtlich stark von dem zu Grunde gelegten Vorgehensmodell ab.

6.3.2 Projektplanung und -controlling

> „Adding manpower to a late software project makes it later.“ (Brooks (1995), S. 25)

[8] Zur Vertiefung des Softwareprojektmanagements verweisen wir z. B. auf Jenny (2000) und Zielasek (1999). Für eine einsichtsreiche Betrachtung von Problemfeldern des Softwareprojektmanagements siehe außerdem Brooks (1995).

Abbildung 6.4. Aufgaben des Projektmanagements; Quelle: Zielasek (1999)

Ziele der *Projektplanung* sind eine Vorausschau des Projektgeschehens, das Durchdenken alternativer Handlungsmöglichkeiten und die Vorgabe von Planungszielen und Planungsgrößen mit der darauf operierenden Möglichkeit der Planüberwachung. Im Weiteren werden einige Elemente der Projektplanung kurzgefasst charakterisiert.

Die *Planung der Vorgehensziele* geschieht auf Basis der Projektziele und beinhaltet die Festlegung von Etappenzielen (Phasenzielen), die Planung einzusetzender finanzieller, personeller und sachlicher Mittel sowie die Festlegung von Terminzielen. Die *Aufbauorganisationsplanung* umfasst alle Planungsaktivitäten, die sich auf das institutionale Projektmanagement beziehen (Projektorganisation, Bildung von Projektteams usw.).

Die *Strukturplanung* befasst sich mit der Zerlegung eines Projektes in Teilaufgaben bzw. Arbeitspakete und der Ermittlung sachlogischer und zeitlicher Abhängigkeiten zwischen diesen. Daraus ergibt sich ein *Projektstrukturplan*, der eine primäre Grundlage für die weitere Projektplanung bzw. -abwicklung ist. Bei der *Projektablauf-, Termin- und Kapazitätsplanung* sind die Arbeitspakete des Strukturplanes unter Berücksichtigung von Abhängigkeiten und verfügbaren Ressourcen (Personal und Sachmittel) zeitlich anzuordnen. Dabei sind letztlich Zuordnungen von Ressourcen zu Tätigkeiten bzw. Arbeitspaketen vorzunehmen. Hierbei werden insbesondere Methoden der *Netzplantechnik* eingesetzt.

Aufgabe der *Kostenplanung* ist die Bestimmung der im Projektverlauf voraussichtlich entstehenden Kosten und Finanzmittelbedarfe. Entsprechende Aussagen, die aufgrund von Unsicherheiten problematisch sind, bilden in der Regel eine Grundlage für die Entscheidung über die eigentliche Projektdurchführung. In diesem Zusammenhang erfolgt in Abhängigkeit von Finanzmittelbedarfen, die über den geplanten Projektverlauf aufzuschlüsseln sind, typischerweise eine so genannte *Projektbudgetierung* (Mittelzuordnung und zeitgerechte Mittelbereitstellung).

Unter *Projektcontrolling* versteht man eine an Planungsdaten (Terminen, Budgetausschöpfung, Kosten usw.) orientierte Überwachung von Projekten und die an entsprechenden Soll-Ist-Abweichungen orientierte Projektsteuerung. Bei Abweichungen können Maßnahmen zur Angleichung von Ist- auf Soll-Daten oder Anpassungen von Planungsdaten ausgelöst werden. Beispielsweise könnte man bei einer Terminverzögerung eines Arbeitspaketes versuchen, durch verstärkten Personaleinsatz eine Beschleunigung zu erreichen. In praktischen Projekten stellen sich solche Zusammenhänge typischerweise aber komplizierter dar.[9]

Die fachliche *Realisierungskontrolle* ist zwar gegebenenfalls durch das Projektcontrolling begleitend zu koordinieren, wird im Allgemeinen aber eher als Aufgabe der Qualitätssicherung betrachtet. Gegenstand sind produkt- und projektbezogene Messungen des Grades der Realisierung von (quantitativen oder qualitativen) Zielvorgaben. Der Projektfortschritt definiert sich formal als der *Fertigstellungsgrad* (Quotient aus fertigem Arbeitsvolumen durch gesamtes Arbeitsvolumen) der durchzuführenden Entwicklungsarbeiten. Die Messung des Projektfortschrittes ist in der Praxis häufig problematisch, etwa weil der Aufwand für noch zu leistende Arbeit unterschätzt wird, im weiteren Verlauf des Projektes auftretende Probleme unterschätzt werden oder tatsächlich nicht voraussehbar sind oder „geschönte" Aussagen der Entwickler durch Druck der Projektleitung bewirkt werden.

Der relative Fertigstellungsgrad eines Arbeitspaketes gibt Aufschluss, zu wie viel Prozent ein Arbeitspaket bis zum aktuellen Zeitpunkt fertig gestellt wurde. Schwierig für die Berechnung des relativen Fertigstellungsgrades ist die angesprochene Problematik bezüglich der objektiven Einschätzung, welche Aufgaben innerhalb eines definierten Arbeitspaketes tatsächlich noch ausstehen. Der Fertigstellungsgrad eines Projektes kann alternativ zu der prozentualen Berechnung anhand der definierten Projekt-Meilensteine bestimmt werden. Eine Auflistung der bereits realisierten sowie noch ausstehenden Meilensteine gibt den aktuellen Projektfortschritt an.

Mittels *Restschätzungen* während der Projektabwicklung wird der Versuch unternommen, noch ausstehenden Aufwand (z. B. Kosten oder Entwicklungszeit) bis zum geplanten Projektende zu schätzen, um auf diese Weise Planungsdaten dynamisch anpassen zu können. Im Allgemeinen erweisen sich Restschätzungen erst zu einem fortgeschrittenen Projektstadium als aussagekräftig.

6.3.3 Aufwandsschätzung

Eine effektive Projektplanung benötigt zweckmäßige Verfahren zur quantitativen *Aufwandsschätzung*. Konkrete Aufwandsschätzverfahren sind abhängig

[9] Vgl. hierzu das Eingangszitat zu diesem Abschnitt auf S. 190.

vom Aufgabenbereich. Im Weiteren erfolgt eine Einschränkung auf Softwareentwicklungsprojekte. Ziel einer Aufwandsschätzung für die Projektabwicklung ist in der Regel eine Schätzung des Entwicklungsaufwandes, typischerweise bewertet in *Personenmonaten*. Entsprechende Schätzwerte sind allerdings nur ein einfacher Anhaltspunkt, da man Alternativen für einen möglichen Schätzwert von z. B. einem Personenjahr in der Regel nicht gleichsetzen kann („ein Entwickler arbeitet zwölf Monate“ versus „zwölf Entwickler arbeiten jeweils einen Monat“).

Aufwandsschätzverfahren basieren häufig auf empirisch abgeleiteten Zusammenhängen (Erfahrungsdaten). Dabei geht man von der Hypothese aus, dass solche Zusammenhänge, die aus bereits abgeschlossenen Projekten abgeleitet wurden, in hinreichendem Ausmaß auch für neue Projekte gültig sind. Im Allgemeinen liegt hier die Annahme von funktionalen Abhängigkeiten zwischen Eingabeparametern (Kenngrößen) und dem Entwicklungsaufwand zu Grunde. Eine Schätzung des Entwicklungsaufwandes beruht damit sowohl auf der Verwendbarkeit der angenommenen Formel als auch auf der Schätzung der Kenngrößen. Die Messung von Kenngrößen wird mittels so genannter *(Software-)Metriken* festgelegt. Eine Aufwandsschätzung basiert typischerweise wesentlich auf der Funktionalität des zu erstellenden Softwaresystems, die damit über entsprechende Kenngrößen zu repräsentieren ist.

Nachfolgend wird zur Verdeutlichung beispielhaft die *Function-Point-Methode* als ein einfaches Verfahren erläutert. Ein relativ weit verbreitetes Aufwandsschätzverfahren ist die COCOMO-Methode (*Constructive Cost Model*) bzw. COCOMO II; vgl. Boehm et al. (2001). Für weitere Verfahren zur Aufwandsschätzung verweisen wir außerdem auf Jones (1998).

Die Function-Point-Methode wurde Ende der 1970er Jahre bei IBM in den USA entwickelt. Sie basiert auf der Grundidee, dass Funktionen der Aufgabenstellung nach Art, Umfang und Schwierigkeitsgrad über so genannte *Function Points* bewertet werden. Diese Kenngrößen werden über eine empirisch ermittelte Formel (Erfahrungswerttabelle, Function-Point-Kurve) in den Entwicklungsaufwand (bewertet in Personenmonaten) transformiert. Im Folgenden wird der Ablauf der Function-Point-Methode schrittweise dargestellt:

1. Auf Basis einer Anforderungsanalyse wird jede Produktanforderung (Funktion) einer der folgenden Funktionsarten zugeordnet:
   a) Eingabedaten (z. B. Formulare, Bildschirmmasken)
   b) Ausgabedaten (z. B. Bildschirmmasken, Listen)
   c) Datenbestände (interne Dateien)
   d) Referenzdateien (nur Lesezugriffe und keine Pflege der Daten durch das zu erstellende Softwareprodukt)
   e) Abfragen
2. Für jede Funktionsart werden drei Schwierigkeitsgrade (einfach, mittel, komplex) eingeführt. Für jede Kombination aus Funktionsart und Schwierigkeitsgrad (Komplexität) wird ein Schwierigkeitsgradwert im Be-

reich von 3 bis 15 geschätzt (15 repräsentiert die höchste Schwierigkeit). Jeder Funktion kann nun ein Schwierigkeitsgrad und damit ein entsprechender Schwierigkeitsgradwert zugewiesen werden. Die Summe aller Schwierigkeitsgradwerte der Funktionen wird mit S1 bezeichnet.

3. In diesem Schritt werden verschiedene Einflussfaktoren (vgl. das nachfolgende Beispiel) berücksichtigt. Jeder Einflussfaktor wird mittels einer Skala von 0 (kein Einfluss) bis 5 (starker Einfluss) bewertet. Die Summe der Einflussfaktoren S2 darf maximal 60 Punkte ergeben. Das heißt, die einzelnen Bewertungen müssen so gewählt werden, dass diese Summe nicht überschritten wird und die über verschiedene bewertete Einflussfaktoren repräsentierte Schwierigkeit des Projektes widergespiegelt wird. Der Einflussbewertungsfaktor S3 wird nach der Formel $S3 = 0{,}70 + S2/100$ berechnet.
4. Die bewerteten Function Points (BFP) werden als Produkt der Summe S1 und des Faktors der Einflussbewertung S3 berechnet.
5. Mittels einer auf Erfahrungswerten basierenden Wertetabelle wird aus den BFP der Aufwand in Personenmonaten abgeleitet.

Zur Verdeutlichung wird die Function-Point-Methode an einem Beispiel veranschaulicht; vgl. Jenny (2000). Tabelle 6.2 stellt die Schwierigkeitsgradwerte für alle Funktionsart-Schwierigkeitsgrad-Kombinationen dar.

Funktionsart	**einfach**	**mittel**	**komplex**
Eingabedaten	3	4	6
Ausgabedaten	4	5	7
Datenbestände	7	10	15
Referenzdaten	5	7	10
Abfragen	3	4	6

Tabelle 6.2. Bewertung der Funktionen

Unter der Annahme entsprechender Anzahlen an Produktanforderungen (Funktionen) ergibt sich in Tabelle 6.3 die Summe S1 aller Schwierigkeitsgradwerte der Funktionen zu 719.

Im folgenden Schritt wird die Summe der Einflussfaktoren bestimmt. Dazu werden alle Einflussfaktoren des Projektes aufgelistet und mit einem Gewicht von 0 bis 5 bewertet; vgl. Tabelle 6.4. Die Gewichtung erfolgt so, dass die Summe der Bewertungen die Komplexität des Projektes widerspiegelt. Der Einflussfaktor „Verarbeitungskomplexität“ ist in diesem Beispiel untergliedert worden. Die Summe der Einflussfaktoren S2 beträgt somit 32.

Der Faktor der Einflussbewertung S3 ergibt sich zu $0{,}7 + 32/100 = 1{,}02$. Der Wert der bewerteten Function Points beträgt damit $\text{BFP} = 719 \cdot 1{,}02 =$

Funktionsart	Schwierigkeitsgrad	Menge		Gewicht		Total
Eingabedaten	einfach	11	x	3	=	33
	mittel	15	x	4	=	60
	komplex	18	x	6	=	108
Ausgabedaten	einfach	7	x	4	=	28
	mittel	19	x	5	=	95
	komplex	5	x	7	=	35
Datenbestände	einfach	2	x	7	=	14
	mittel	4	x	10	=	40
	komplex	9	x	15	=	135
Referenzdaten	einfach	2	x	5	=	10
	mittel	0	x	7	=	0
	komplex	7	x	10	=	70
Abfragen	einfach	3	x	3	=	9
	mittel	7	x	4	=	28
	komplex	9	x	6	=	54
Summe S1						719

Tabelle 6.3. Berechnung der Summe S1 (Beispiel)

Einflussfaktoren	Bewertung
Verflechtung mit anderen Systemen	2
Dezentrale Verarbeitung und Datenhaltung	3
Transaktionsrate und Antwortzeitverhalten	2
Verarbeitungskomplexität:	
– Schwierigkeit und Komplexität der Rechenoperationen	5
– Umfang der Kontrollverfahren für die Datensicherstellung	3
– Anzahl der Ausnahmeregelungen	5
– Schwierigkeit und Komplexität der Logik	4
Wiederverwendbarkeit	1
Datenbestand-Konvertierungen	2
Benutzer- und Änderungsfreundlichkeit	5
Summe S2	32

Tabelle 6.4. Berechnung der Summe S2 (Beispiel)

733,38. Aus einer (hier nicht dargestellten) Wertetabelle wird ein entsprechender Entwicklungsaufwand in Personenmonaten abgelesen.

Der Ablauf der Function-Point-Methode verdeutlicht die offensichtliche Problematik von Aufwandsschätzverfahren. Valide Ergebnisse beruhen auf einer Reihe kritischer Annahmen. Für das Funktionieren der Function-Point-Methode für ein konkretes Softwareentwicklungsprojekt wird zunächst vorausgesetzt, dass die Anforderungsanalyse eine relativ vollständige und detaillierte Aufstellung von Funktionen liefert, für die ex-ante ein Schwierigkeitsgrad bestimmt werden muss. Die Schätzung der projektspezifischen Schwierigkeitsgradwerte der Funktionsarten sowie die Bewertung der Einflussfaktoren ist ebenfalls problematisch. Weiterhin wird davon ausgegangen, dass die empirisch ermittelten Formelbeziehungen sowie die Wertetabelle für den Entwicklungsaufwand hinreichend valide sind. Gerade aber durch die Dynamik von Softwareentwicklungstechniken und neuer Randbedingungen (z. B. veränderte Benutzeroberflächen, Client-Server-Technik, Objektorientierung) ergeben sich stark veränderte Situationen, die zu einer (gegebenenfalls unternehmensspezifischen) Neubestimmung bzw. laufenden Anpassung dieser Erfahrungswerte oder gar der grundsätzlichen Vorgehensweise führen müssten.

6.4 Wiederverwendung von Software

Die Effizienz der Softwareentwicklung kann u. a. dadurch gesteigert werden, dass so genannte *(Software-)Komponenten* anwendungs-, rechner- oder plattformübergreifend wiederverwendet werden. Deshalb ist *Softwarewiederverwendung* als ein wichtiges Ziel im Rahmen der Softwareentwicklung zu betrachten. Wiederverwendung bedeutet typischerweise die Nutzung von einer Komponente in einem neuen Kontext, weshalb eine Komponente in einem gewissen Ausmaß anpassbar sein sollte. Um eine Wiederverwendbarkeit zu erreichen, ergeben sich damit zwei wesentliche Ansatzpunkte. Zum einen müssen Implementierungstechniken entwickelt bzw. verwendet werden, die eine effektive Anpassung von Komponenten ermöglichen. Zum anderen ist anzustreben, im Rahmen von Analyse und Entwurf möglichst viele Variationsanforderungen bereits zu berücksichtigen.

Die Sinnhaftigkeit einer systematischen Wiederverwendung von Software wird aus der häufig auftretenden Arbeitsweise von Programmierern deutlich. Diese werden bei einer nicht vollkommen neuen Aufgabenstellung typischerweise versuchen, auf eigenen Quellcode zurückzugreifen. Das heißt, man muss geeignete Bestandteile alter Programme finden, diese (neu) verstehen, entsprechende Teile hiervon kopieren und modifizieren usw. Dieser herkömmliche Prozess ist jedoch fehleranfällig, ineffizient und funktioniert normalerweise nicht in größeren Entwicklungsgruppen.

Im Folgenden werden drei Ansätze bzw. Techniken erläutert, die einen Beitrag für eine verstärkte Wiederverwendung von Software leisten können: *objektorientierte Softwaretechnik*, *Domain Engineering* sowie *Komponententechniken.*[10] Allerdings ist anzumerken, dass die Einführung solcher Techniken in Unternehmen allein nicht ausreichend ist, da eine effektive Software-

[10] Die folgenden Ausführungen basieren teilweise auf Fink (2000).

wiederverwendung eine entsprechend ausgerichtete „Softwareentwicklungskultur“ mit zweckmäßigen organisatorischen Regelungen voraussetzt. Dies ist insbesondere deshalb wichtig, weil sich die Entwicklung wiederverwendbarer Software in der Regel erst in Folgeprojekten auszahlt, weshalb unter dem typischen Zeitdruck eines Softwareentwicklungsprojektes ein entsprechender Mehraufwand nicht per se akzeptiert wird; vgl. z. B. Jacobson et al. (1997).

6.4.1 Objektorientierte Softwaretechnik

Objektorientierte Softwareentwicklung kann als ein wichtiges Werkzeug zur inkrementellen Entwicklung von Software betrachtet werden; vgl. Abschnitt 6.2.4. Mittels Objektorientierung wird eine durchgängige Abbildung von Konzepten des Anwendungsbereiches über objektorientierte Analysemodelle und einen objektorientierten Entwurf auf Module einer objektorientierten Implementierung angestrebt. Bei anderen Vorgehensweisen ergeben sich häufig Brüche beim Übergang von der Analyse zum Entwurf bzw. vom Entwurf zur Implementierung. Daher ist die Objektorientierung insbesondere im Rahmen einer inkrementell-iterativen Vorgehensweise hilfreich, da hier vielfache Phasenübergänge bzw. simultane Entwicklungen auf verschiedenen Ebenen stattfinden.

Im Gegensatz zur funktionalen Dekomposition zeichnet sich die objektorientierte Vorgehensweise durch eine Dekomposition der Problemstellung primär anhand von Objekten bzw. Objekttypen des Anwendungsbereiches aus; vgl. Abschnitt 4.5. Im Hinblick auf die Wiederverwendbarkeit entsprechender objektorientierter Module definiert Meyer (1997) fünf Anforderungen wie u. a. Mechanismen zur Gruppierung zusammengehöriger Methoden, Variation der Implementierung und Faktorisierung gemeinsamer Charakteristika, die weitgehend mittels der Prinzipien der Klassenbildung und Vererbung erfüllt werden können. Diese für die objektorientierte Vorgehensweisen zentralen Mechanismen wurden bereits in Abschnitt 4.5 dargestellt.

Im Rahmen der objektorientierten Softwaretechnik werden die verschiedenen Modellierungs- und Implementierungstechniken in weitgehend kompatibler Form in verschiedenen Phasen des Entwicklungsprozesses verwendet. Letztendlich zielt man hier darauf ab, auf der Grundlage objektorientierter Spezifikationsmodelle (insbesondere unter Verwendung der UML) quasiautomatisch die Anwendungssystemimplementierung generieren zu können („Model Driven Architecture“, MDA); dieser Idealfall lässt sich aber bisher nur unter großen Einschränkungen verwirklichen.

Zur Erläuterung der Durchgängigkeit objektorientierter Modelle auf verschiedenen Ebenen beziehen wir uns auf das in Abschnitt 4.5 verwendete Beispiel der Containerumschlaggeräte, die im Rahmen der Entwicklung eines Ablaufdispositionssystems berücksichtigt werden müssen. Das in Abbildung 4.31 dargestellte Klassendiagramm ist in dem verwendeten Abstraktions- bzw. Detaillierungsgrad Teil eines groben Analysemodells. Im Rahmen des Softwareentwurfes müsste das Klassendiagramm insbesondere durch eine Vervollständigung und Detaillierung der Schnittstellen erweitert werden. Entsprechende Objekte der Containerumschlaggeräteklassen könnten in einem zu entwickelnden System die Rolle eines Platzhalters für die realen Geräte einnehmen und würden dabei als Schnittstelle für die Übermittlung von Steuerungsanweisungen dienen.

Im Rahmen der objektorientierten Implementierung würde auf Basis einer objektorientierten Programmiersprache wie z. B. C#, Java oder VB.NET eine Umsetzung der Implementierung der Klassen erfolgen. Hierbei würde die Klasse Containerumschlaggerät *abstrakt* implementiert werden. Eine solche Klasse dient lediglich zur Implementierung gemeinsamer Eigenschaften und Methoden der spezialisierten Klassen; Objekte einer abstrakten Klasse können nicht konstruiert werden.

Im Hinblick auf eine angestrebte Abbildung von Charakteristika einer „allgemeinsten“ Klasse wird die Schnittstelle von Methoden, die zwar für alle spezialisierten Klassen existieren, andererseits aber verschiedenartig zu implementieren sind, in der allgemeinen Klasse definiert, die eigentliche Implementierung dagegen in der spezialisierten Klasse durchgeführt. Ein Beispiel hierfür ist die Methode Aktivieren(), die für alle Containerumschlaggeräte existieren muss, obgleich die eigentliche Implementierung abhängig vom konkreten Objekttyp ist und damit erst in der jeweiligen spezialisierten Klasse durchgeführt werden kann. Hiermit wird es möglich, Systemkomponenten zu implementieren, die lediglich „Kenntnis“ von der Schnittstelle der allgemeinen Klasse erfordern. Damit hat man die Möglichkeit, Systeme über das spätere Hinzufügen spezialisierter Klassen zu erweitern (z. B. eines neuen Containerumschlaggerätes). In diesem Zusammenhang spricht man auch von einem *polymorphen* (verschiedenartigen) Verhalten von Objekten, da ein Methodenaufruf in Abhängigkeit von der Klassenzugehörigkeit (kontextabhängig) eine Ausführung verschiedener Methoden nach sich ziehen kann.

Die effektive praktische Anwendung objektorientierter Softwaretechniken[11] lässt sich nicht auf einfache Regeln reduzieren, sondern setzt insbesondere entsprechende Erfahrungen voraus. Nichtsdestotrotz existieren hier heuristische Vorgehensweisen, die eine gewisse Hilfestellung geben können; vgl. z. B. Riel (1996). Es erscheint z. B. zweckmäßig, Klassen so autonom wie möglich zu konzipieren, damit einzelne Modifikationen und Erweiterungen des Entwurfes möglichst wenig weitere Modifikationen nach sich ziehen. Da beim objektorientierten Softwareentwurf verschiedene Probleme verbreitet auftreten, ist es – im Sinne des Wissensmanagements – zweckmäßig, Wissen über die Lösung solcher Probleme in geeigneter Form bereitzustellen. Hierzu werden so genannte *(Entwurfs-)Muster* (*Design Patterns*) verwendet, die die abstrakte Beschreibung der Lösung allgemein auftretender Probleme in

[11] Aufgrund der Komplexität der objektorientierten Softwaretechnik verweisen wir als Grundlage auf Meyer (1997) sowie im Zusammenhang mit UML z. B. auf Booch et al. (2005), Jacobson et al. (1999), Balzert (2004) sowie Fowler (2004).

einem Kontext darstellen; vgl. Gamma et al. (1996) sowie Buschmann et al. (1998).

Letztendlich kann man in Anlehnung an Meyer (1997) die objektorientierte Vorgehensweise primär als Methode zum Entwurf und zur Implementierung der Systemarchitektur verstehen, die es Entwicklern erlaubt, leistungsfähige Systeme zu entwickeln, deren Struktur einfach und dezentral ist, was eine effiziente Erweiterbarkeit und Anpassbarkeit auch großer Systeme ermöglichen soll. In einem weitergehenden Sinne bietet die Objektorientierung insbesondere Potenziale für eine systematische Softwarewiederverwendung.

6.4.2 Domain Engineering

Die überwiegende Anzahl der Methoden zur Softwareentwicklung beziehen sich primär auf die Schaffung *eines* Anwendungssystems. Dagegen erscheint es offensichtlich, dass eine Wiederverwendung von Software im Rahmen eines allgemeinen Anwendungsbereiches (*Domäne*) eine systematische Auseinandersetzung mit den Konzepten der Domäne erfordert. Erst über einen solchen allgemeinen Ansatz ist es möglich, Gemeinsamkeiten und Variabilität von Konzepten einer Domäne zu erkennen und mittels adäquater Techniken in wiederverwendbare Software umzusetzen. Dies ist der Ausgangspunkt des *Domain Engineering*, das sich in einen wesentlichen Aufgabenbereich der Wirtschaftsinformatik einordnen lässt: der Entwicklung von Referenzmodellen und Referenzarchitekturen.

Die grundlegende Strukturierung des Domain Engineering in Aktivitäten und der Zusammenhang zum singulär ausgerichteten Entwicklungsprozess ist in Abbildung 6.5 skizziert. Die wesentlichen Phasen der Softwareentwicklung (Analyse, Entwurf, Implementierung) spielen sich hier auf zwei Ebenen ab: zum einen auf der auf die Domäne ausgerichteten Ebene des eigentlichen Domain Engineering sowie zum anderen auf der speziell auf ein Anwendungssystem ausgerichteten Ebene des *Application Engineering*. Bei der Entwicklung konkreter Anwendungssysteme bedient man sich in allen Phasen wiederverwendbarer Artefakte des Domain Engineering.

Der in Abbildung 6.5 idealtypisch visualisierte Prozess verläuft in der praktischen Anwendung normalerweise nicht streng sequenziell, sondern inkrementell und iterativ. Die drei Phasen des Domain Engineering werden im Folgenden kurzgefasst charakterisiert. Während das Domain Engineering hierbei insbesondere im Rahmen der Domänenanalyse spezifische Methoden anbietet, stellt es ansonsten im Wesentlichen einen allgemeinen Rahmen dar, welcher adäquat auszufüllen ist (insbesondere auch unter Anwendung objektorientierter Vorgehensweisen).[12]

[12] Vgl. weiterführend zum Domain Engineering die Übersicht bei Czarnecki und Eisenecker (2000), Kapitel 2, sowie hinsichtlich spezieller Methoden z. B. Kang et al. (1990) sowie Simos et al. (1996).

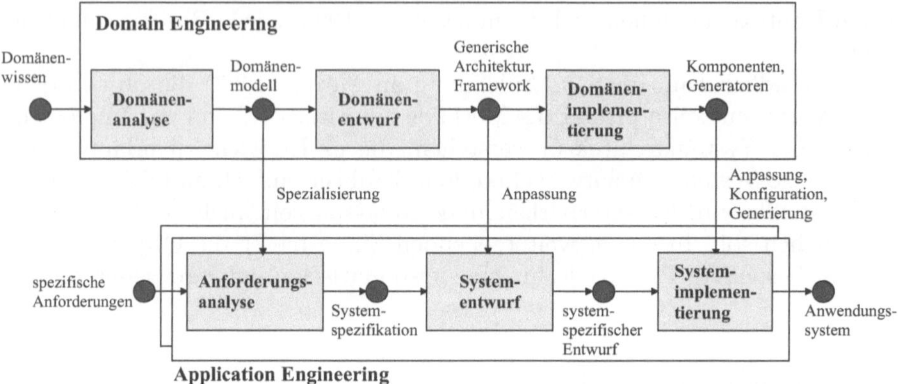

Abbildung 6.5. Domain Engineering; in Anlehnung an CMU (2005a)

Die *Domänenanalyse* als grundlegende Aktivität im Rahmen des Domain Engineering erfordert die Akquisition von Wissen zu einer abgegrenzten Domäne. Die Domänenanalyse kann damit als Verallgemeinerung einer spezifischen Anforderungsanalyse (vgl. Abschnitt 6.1.2) aufgefasst werden. Inhalt der Domänenanalyse ist die Entwicklung eines Domänenmodells, in dem das relevante Wissen über eine Domäne systematisch abgebildet wird. Zweckmäßigerweise verwendet man als Grundlage hierfür u. a. vorhandene Anwendungssysteme der Domäne. Kern der Domänenanalyse ist die Ableitung von Gemeinsamkeiten und Variabilität in der Domäne. Unter *Gemeinsamkeiten* einer Menge von Objekten werden die Merkmale verstanden, die für alle Objekte zutreffen, während *Variabilität* auftritt, wenn sich Objekte unterscheiden (z. B. hinsichtlich Struktur, Verhalten oder interner Mechanismen). Mögliche Produkte der Domänenanalyse sind ein Domänenvokabular, Merkmalsdiagramme sowie semantische Spezifikationen der Domänenkonzepte.

Merkmalsdiagramme (*Feature-Diagramme*) stellen eine zweckmäßige, bezüglich einer späteren entwurfs- und implementierungstechnischen Umsetzung neutrale Form der Definition möglicher Systemausprägungen innerhalb einer Domäne dar. Unter Merkmalen werden hier jegliche signifikante System- bzw. Konzepteigenschaften verstanden. Im Rahmen von Merkmalsdiagrammen werden die Merkmale von Konzepten insbesondere klassifiziert in obligatorische, alternative und optionale Merkmale. Die Darstellung von Merkmalen ist in Abbildung 6.6 veranschaulicht. Kanten mit einem ausgefüllten oder offenen Kreis kennzeichnen obligatorische bzw. optionale Merkmale eines Konzeptes oder Merkmales. Eine Menge von Merkmalen, aus denen genau oder maximal eines auszuwählen ist, wird durch einen Kreisbogen dargestellt; ein entsprechendes Merkmal bezeichnet man auch als Dimension. Merkmale werden in der Regel textuell näher beschrieben (etwa hinsichtlich ihrer Semantik oder hinsichtlich des Zeitpunktes ihrer Festlegung). Gegebenenfalls existieren Regeln, die die Menge zulässiger Merkmalskombinationen einschränken. Die zulässigen Merkmalskombinationen definieren mögliche Systemausprägungen für ein Merkmalsdiagramm.

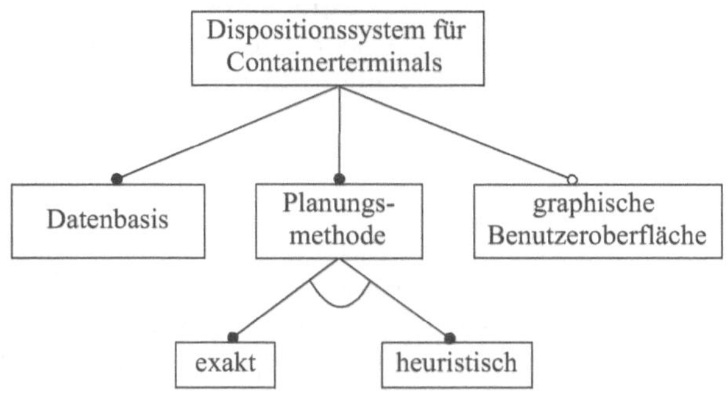

Abbildung 6.6. Beispiel für ein Merkmalsdiagramm

Das Beispiel aus Abbildung 6.6 bezieht sich auf eine grobe, konzeptionelle Strukturierung möglicher Ausprägungen eines Dispositionssystems für die Abläufe auf Containerterminals. Obligatorisch für entsprechende Systeme sind einerseits eine Datenbasis, in der z. B. Informationen zu Schiffsliegeplätzen und Containerstellplätzen abgebildet werden, sowie andererseits eine Planungsmethode, durch die Abläufe wie die Auswahl und der Transport von Containern disponiert werden. Hierbei wird unterschieden in exakte Methoden und heuristische Methoden. Eine graphische Benutzeroberfläche wird als optional betrachtet.

Während bei der Domänenanalyse das „Was?“ im Mittelpunkt steht, soll im Rahmen des *Domänenentwurfes* das grundsätzliche „Wie?“ beantwortet werden. Dementsprechend besteht die Aufgabe in einer Umsetzung grundsätzlicher Konzepte und Merkmale der Domäne in eine generische Architektur, welche das grundsätzliche Zusammenwirken primärer Systemkomponenten bestimmt. Entsprechende Architekturen, die einen anzupassenden und zu vervollständigenden Rahmen sowie entsprechende Softwarekomponenten für Anwendungssysteme einer Domäne vorgeben, bezeichnet man auch als *Frameworks*.[13] Entsprechend der im Domänenmodell abgebildeten Gemeinsamkeiten und Variabilität besteht die wesentliche Schwierigkeit des Entwurfes in einer Abgrenzung der Betrachtung und Umsetzung von (potenziell variablen) Systemmerkmalen. Die Umsetzung dieser Abgrenzung ist problematisch, da in der Regel multidimensional variable Domänen mittels eindimensional ausgerichteter Mechanismen (etwa eine daten- *oder* funktionsorientierte Systemdekomposition) abgebildet werden müssen.

[13] Vgl. Fayad et al. (1999).

Der Domänenentwurf und damit auch die Domänenimplementierung basieren häufig auf der objektorientierten Vorgehensweise, da diese entsprechende Mechanismen zur Abbildung von Gemeinsamkeiten und Variabilität bietet. Im Rahmen der *Domänenimplementierung* wird der Domänenentwurf in wiederverwendbare Softwarekomponenten oder Generatoren umgesetzt. Unter Softwaregeneratoren versteht man hierbei Softwarewerkzeuge, die angepasste Software auf Basis einer primär deskriptiven Beschreibung (teil-)automatisiert erzeugen.

6.4.3 Komponententechniken

Unter *Komponententechniken* (*Componentware*) versteht man Konzepte zur komponentenorientierten Entwicklung offener Softwaresysteme; vgl. Griffel (1998) und Szyperski et al. (2002). Im Mittelpunkt stehen dabei Mechanismen für das Zusammenwirken von Softwarekomponenten, die in verschiedenen Implementierungssprachen entwickelt wurden und gegebenenfalls verteilt (eventuell sogar auf verschiedenen Plattformen) ablaufen. Eine Softwarekomponente ist hierbei in der Regel ein direkt ausführbares Softwaremodul, was entsprechende Einschränkungen hinsichtlich der Anpassbarkeit nach sich zieht. Komponententechniken unterstützen die Entwicklung verteilter (dezentraler) Systeme. Aufgrund der Komplexität solcher Systeme in der Praxis erscheint es geboten, Techniken einzusetzen, die eine systemübergreifende (Wieder-)Verwendung von Komponenten mit definierter Funktionalität erlauben, um hiermit in strukturierter und inkrementeller Form leistungsfähige Informations- und Kommunikationssysteme zu entwickeln.

Das Zusammenwirken von Softwarekomponenten bedingt in der Regel ein Erfüllen eines „Komponentenstandards" mit definierten Interoperabilitätsrichtlinien. Dies kann heißen, dass die Schnittstellen entsprechender Komponenten eine gewisse Mindestfunktionalität besitzen müssen (z. B. hinsichtlich des Zugriffes auf Informationen über die Komponente wie etwa Schnittstellen und Parametrisierungsmöglichkeiten). Für derartige „Komponentenstandards" gibt es verschiedene konkurrierende Ansätze, z. B. *CORBA* (*Common Object Request Broker Architecture*), festgelegt von der Object Management Group (OMG (2005)), *Enterprise JavaBeans* sowie *.NET* von Microsoft. Solche Komponentenarchitekturen bzw. entsprechende Softwarelösungen, die die Integration verschiedener Softwarekomponenten oder -systeme unterstützen, bezeichnet man auch als *Middleware*. In diesem Zusammenhang können auch die in Abschnitt 2.6.3 beschriebenen Web Services zum Einsatz kommen. Weiterhin ist auf das auf Seite 36 angesprochene *Scripting* hinzuweisen, welches einen einfachen, prozedural orientierten Mechanismus zur Kombination von Komponenten darstellt; vgl. z. B. Nierstrasz und Lumpe (1997).

6.5 Übungen und Kontrollfragen

1. Nennen Sie einen wesentlichen Vorteil der objektorientierten Softwareentwicklung im Gegensatz zu konventionellen Verfahren?

2. Nennen Sie grundlegende Aufgaben des Projektmanagements!

3. Ihr Freund stellt Ihnen ein Informationssystem für die Niedersachsen-Radrundfahrt vor. Dabei fällt Ihnen als radsportinteressiertem Menschen auf, dass in diesem System innerhalb der Etappen keine Sprintwertungen an spezifischen Punkten abgebildet sind (so dass dadurch die Vergabe eines grünen Trikots unmöglich ist). Ihr Freund bittet Sie darum, den zusätzlichen Aufwand zur Implementierung dieser Funktionalität abzuschätzen. Sie beschließen, diese Aufwandsschätzung mittels des Function-Point-Verfahrens durchzuführen. Im Einzelnen bestehen folgende Anforderungen:
   i. Anlegen einer neuen Sprintwertung (Name der Etappe, Kilometeranzahl vom Startpunkt der Etappe bis zum Ort der Sprintwertung) mit Eingabeüberprüfung, ob diese Sprintwertung bisher noch nicht erfasst wurde
   ii. Eingabe der Nummern und Namen der drei Erstplatzierten einer Sprintwertung
   iii. Eingabe der erhaltenen Punkte aus einer Sprintwertung bei den drei Erstplatzierten
   iv. Druckausgabe (in Listenform) der Sprintpunkte aller Fahrer (einschließlich Name, Nummer und Mannschaft des Fahrers), wobei nur diejenigen ausgegeben werden sollen, die mindestens einen Sprintpunkt gewonnen haben
   v. Online-Abfrage nach dem Namen, der Nummer und der Mannschaft des Fahrers mit den meisten Sprintpunkten (Besitzer des grünen Trikots)

   Ihre Aufgabe besteht somit aus drei Schritten:

   a) Ordnen Sie die oben beschriebenen Anforderungen jeweils einem der untenstehenden Funktionstypen zu und klassifizieren Sie sie nach den Kriterien einfach, mittel, komplex (mit kurzer Begründung)! Verwenden Sie dazu folgendes Muster:

Dateneingaben	**einfach**	**mittel**	**komplex**
Anzahl unterschiedlicher Datenelemente	1-5	6-10	>10
logische Datengruppen	wenige	mehrere	viele
Anspruch an Bedienerführung	gering	mittel	hoch
Eingabeprüfung	formal	formal, logisch	formal, logisch, Datenbankzugriff
Gewicht	3	4	6

Datenausgaben	**einfach**	**mittel**	**komplex**
Medium	Liste	Liste	Liste, Formular
Anzahl der Listenspalten	1-6	7-15	>15
Gewicht	4	5	7

Datenabfragen	**einfach**	**mittel**	**komplex**
Anzahl unterschiedlicher Schlüssel	1	2	>2
Gewicht	3	4	6

b) Berechnen Sie auf Basis der Klassifizierung aus Teilaufgabe a) und des auf Erfahrungswerten basierenden Faktors der Einflussbewertung von 1,1 die bewerteten Function Points!

c) Leiten sie anschließend anhand der unten angegebenen Erfahrungswerttabelle aus den bewerteten Function Points (BFP) den geschätzten Aufwand in Personenstunden (PS) ab!

BFP	**PS**	**BFP**	**PS**	**BFP**	**PS**	**BFP**	**PS**
...	...	15	14	30	26	45	39
5	6	20	18	35	30	50	43,5
10	10	25	22	40	34,5	...	...

4. Der benötigte Projektaufwand für die Entwicklung eines Anwendungssystems zur Unterstützung von Verwaltungsaufgaben an einem Universitätsinstitut soll von Ihnen mittels des Function-Point-Verfahrens geschätzt werden. Der Einfachheit halber sollen bei der Ermittlung des funktionalen Umfanges der Anforderungen an das Anwendungssystem lediglich die Funktionstypen „Dateneingaben“, „Datenausgaben“ sowie „Datenabfragen“ behandelt werden.
Die Zuordnung von Projektanforderungen zu diesen drei Arten von Funktionstypen und ihre Klassifizierung nach den Kriterien einfach, mittel, komplex soll nach dem Muster aus Aufgabe 3.a) erfolgen.
Bei einer früheren vorläufigen Aufwandsschätzung ergab sich als Summe

aller nach ihrer Komplexität bewerteten Projektanforderungen ein Wert von 437. Als Summe der Einflussfaktoren wurde ein Wert von 35 errechnet, woraus sich ein Faktor der Einflussbewertung von 1,05 ableitet. Als weitere Grundlage für die Berechnung des geschätzten Aufwandes in Personenmonaten (PM) ausgehend von den bewerteten Function Points (BFP) liegt die folgende Erfahrungswerttabelle vor:

BFP	**PM**	**BFP**	**PM**	**BFP**	**PM**	**BFP**	**PM**
...	...	500	33	700	49	900	65
350	21	550	37	750	53	950	70
400	25	600	41	800	57	1000	75
450	29	650	45	850	61	...	...

Bei einer Überprüfung dieser Berechnungsgrundlagen stellen Sie fest, dass einige funktionale Anforderungen bisher nicht erfasst worden sind. Zu diesen Anforderungen zählen im Einzelnen:

i. Anlegen eines neuen Studierendendatensatzes (Matrikelnummer, Namensdaten, Adressdaten) bei Anmeldung zu einer Klausur / Prüfung, falls der betreffende Student bzw. die Studentin bisher noch nicht erfasst war
ii. Eingabe einer Klausur-/Prüfungsnote in eine entsprechende Notenliste
iii. Druck-Ausgabe (in Listenform) der Noten aller Studierenden, die an einer bestimmten Klausur/Prüfung teilgenommen haben
iv. Online-Abfrage nach der Adresse des Studenten bzw. der Studentin mit der besten Klausur-/Prüfungsnote

Ihre Aufgabe besteht somit aus zwei Schritten:

a) Ordnen Sie die oben beschriebenen Anforderungen jeweils einem Funktionstyp zu und klassifizieren Sie sie nach ihrem Gewicht (jeweils mit kurzer Begründung)!

b) Berechnen Sie auf Basis der Klassifizierung aus a) die aktualisierte Summe der unbewerteten Function Points sowie mittels der bereits vorliegenden Summe der Einflussfaktoren bzw. des Faktors der Einflussbewertung die Summe der bewerteten Function Points! Leiten sie anschließend anhand der angegebenen Erfahrungswerttabelle den geschätzten Aufwand in Personenmonaten ab!

7. Betriebliche Anwendungssysteme

„No systems, no impact!“ (Nievergelt (1994))

Unter einem Anwendungssystem kann man eine Menge von Programmen (und teilweise die dazugehörigen Daten) verstehen, die als Anwendungssoftware für ein konkretes Anwendungsgebiet entwickelt, eingeführt und eingesetzt werden; vgl. Abschnitt 1.1. In diesem Kapitel werden überblicksartig einige Anwendungssysteme und zugehörige Einsatzgebiete sowie weitere Anwendungssysteme betreffende Themen, wie Architektur und Sicherheit, diskutiert. Dabei stehen *betriebliche* Anwendungssysteme im Vordergrund der Betrachtung, d. h. Systeme für konkrete betriebliche Anwendungsgebiete. Darüber hinaus werden einige Hinweise zu allgemeinen Anwendungssystemen gegeben, da diese z. B. im Rahmen einer Informationsbereitstellung ebenfalls betrieblichen Zwecken dienen können.

Betriebliche Anwendungssysteme lassen sich aus verschiedenen Blickwinkeln betrachten. Wesentliche Komponenten sind dabei der Anwendungskern mit der fachlichen Logik, die Benutzerschnittstelle sowie die Datenverwaltung. Während wir die letztgenannten Bereiche bereits kurz in den Kapiteln 2 und 5 behandelt haben, betrachten wir hier vornehmlich die Anwendungen selbst, d. h. insbesondere das Umfeld einer geleisteten oder zu erbringenden Funktionalität sowie die eigentlichen fachbezogenen Funktionen, die zu erfüllen sind.

In der Diskussion zu betrieblichen Anwendungssystemen nehmen unternehmensweite Systeme mit einer integrierten Informationsverarbeitung, die verschiedene Unternehmensbereiche miteinander verbindet, eine exponierte Stellung ein. In diesem Zusammenhang hat sich der Begriff *Enterprise Resource Planning* (ERP) etabliert; unter ERP-Systemen versteht man betriebswirtschaftliche Anwendungssyteme für die integrierte Informationsverarbeitung. Derartige Software beinhaltet in der Regel mehrere Komponenten für verschiedene Anwendungsaufgaben (Personal, Finanzen, Rechnungswesen, Logistik, Transport, Produktionsplanung usw.). Oftmals sind zusätzlich branchenspezifische Komponenten bzw. Lösungen vorhanden. Eine Datenbank für die unternehmensinternen Daten, die im ERP-System genutzt werden, ist meist integriert; darüber hinaus existiert jedoch in der Regel auch die Möglichkeit zur Anbindung weiterer (externer) Datenbanken. ERP-Standardsoftware gibt es von diversen Herstellern, z. B. Microsoft, Oracle und SAP, wobei das letztere Unternehmen weltweit Marktführer für derartige Systeme für mittlere und große Unternehmen ist.

Bei Verwendung von ERP-Standardsoftware ist für speziellere Aufgaben häufig eine Anbindung externer Software(-Komponenten) bzw. Anwendungssysteme notwendig. Eine solche Anbindung kann dadurch ermöglicht werden, dass entsprechende Schnittstellen im ERP-System vorhanden sind. Diese werden insbesondere für die Datenübertragung zwischen dem ERP-System und der externen Software benötigt. Eine weitere Folge der Standardisierung betrieblicher Abläufe innerhalb der ERP-Systeme ist die Notwendigkeit der Anpassung des Systems an die jeweiligen Anforderungen und Rahmenbedingungen eines Unternehmens. Dieser Prozess wird mit *Customizing* bezeichnet und kann einen sehr hohen Aufwand beinhalten. Da für das Customizing tiefergehende Kenntnisse des betreffenden ERP-Systems Voraussetzung sind, wird hierfür in der Regel ein entsprechender Dienstleister verpflichtet.

Vorteile von ERP-Systemen sind u. a. die Integration vieler oder sogar aller Geschäftsvorgänge, folglich eine einheitliche Benutzeroberfläche für die entsprechenden Aufgaben und eine Vermeidung (bzw. Verringerung) der Notwendigkeit zur Anpassung mehrerer Anwendungssysteme aneinander. Darüber hinaus kann der Datenaustausch mit Geschäftspartnern (Lieferanten, Kunden), die nicht notwendigerweise das gleiche ERP-System verwenden, verbessert werden. In jüngerer Zeit findet darüber hinaus eine (gegebenenfalls unternehmensübergreifende) Unterstützung so genannter Supply Chains (Lieferketten) und deren Management statt.

Neben den für Standardsoftware üblichen Nachteilen (wie Abhängigkeit von einem Softwareanbieter und Notwendigkeit der Anpassung der Software an die betriebliche Umgebung) besitzt ERP-Standardsoftware den Nachteil, dass durch das notwendige, oftmals sehr umfangreiche Customizing der eigentlich bestehende Kostenvorteil gegenüber Individualsoftware zunichte gemacht werden kann. Des Weiteren ist durch die Vielfalt der im System abgebildeten Aufgaben und die gewünschte Breite an Anwendungsmöglichkeiten für spezielle Aufgaben nicht immer eine geeignete Problemlösungskomponente im ERP-System integriert, was zusätzliche (Spezial-)Software erzwingt. Insbesondere ist die Planungsfunktionalität in ERP-Systemen häufig ungenügend.

Im Folgenden diskutieren wir zunächst einige grundlegende Überlegungen zu Anwendungssystemen und deren Einsatz. Daran anschließend beschreiben wir exemplarisch einige Anwendungssysteme bzw. die ihnen zu Grunde liegenden Funktionalitätsanforderungen sowohl in der Industrie als auch im Dienstleistungsbereich, und hier speziell im Verkehrsbereich. Obwohl sich eine Vielzahl an Branchen unter die Bereiche Industrie und Dienstleistung subsumieren lassen, sind auch übergreifende Anwendungssysteme vorzufinden, so dass wir hier insbesondere das Themengebiet Electronic Commerce in einem separaten Abschnitt behandeln.

7.1 Grundlagen

Anwendungssysteme lassen sich grundsätzlich nach ihrem Verwendungszweck insbesondere in Administrations- und Dispositionssysteme sowie Planungs- und Kontrollsysteme unterscheiden.[1] In Erweiterung von Abbildung 1.1 (S. 4) zeigt Abbildung 7.1 wesentliche Funktionsbereiche eines Unternehmens sowie Integrationsrichtungen hinsichtlich dieser verschiedenen Anwendungssysteme.

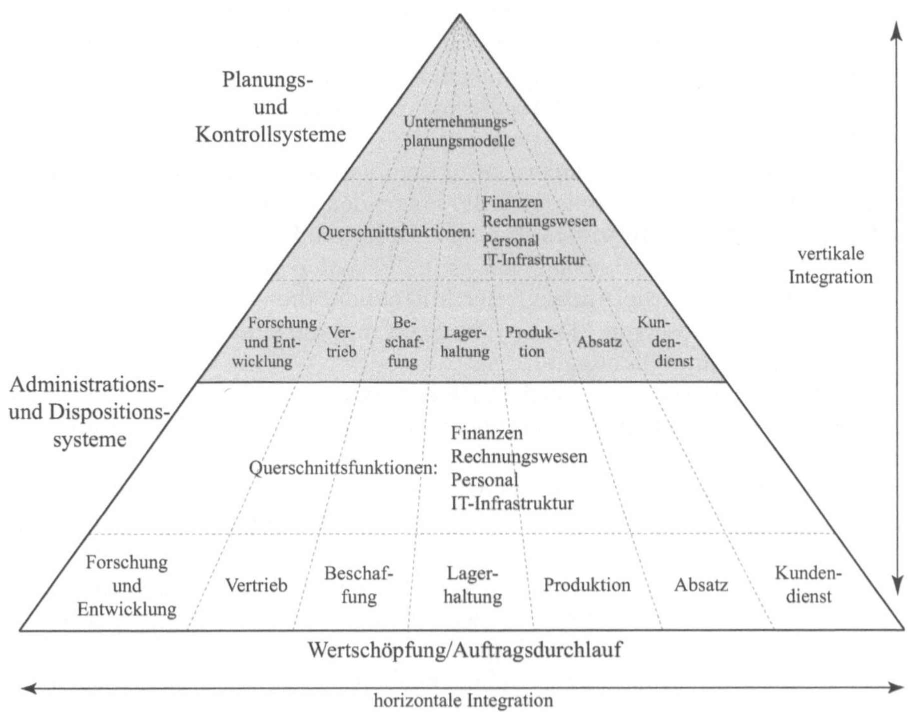

Abbildung 7.1. Anwendungssystemübersicht; vgl. z. B. Mertens (2004)

Hinsichtlich der Differenzierung der einzelnen Anwendungssysteme spielt insbesondere die Art der Einbeziehung von Fragen der Entscheidungsvorbereitung und der Entscheidungsunterstützung eine Rolle. So dienen Administrationssysteme im Wesentlichen der Datenverwaltung bei routinemäßigen Aufgaben mit großen Datenvolumina. Kommt zur Datenverwaltung eine au-

[1] Vgl. z. B. Mertens (2004) und Mertens und Griese (2002), bei denen Administrations- und Dispositionssysteme auch als Operative Systeme bezeichnet werden. Des Weiteren werden in der Literatur Planungs- und Kontrollsysteme auch unter dem Begriff *Führungssysteme* zusammengefasst; vgl. z. B. Stahlknecht und Hasenkamp (2005).

tomatisierte Entscheidungsvorbereitung hinzu, so spricht man von Dispositionssystemen. Eine um Interaktionsmöglichkeiten erweiterte Entscheidungsvorbereitung innerhalb eines Dispositionssystems mit planerischem Charakter auf Sach- oder Einzelfallebene führt zu einem Planungssystem. Die Überwachung der Planeinhaltung erfolgt mit Hilfe von Kontrollsystemen. Hinsichtlich der Entscheidungsvorbereitung und -unterstützung am weitesten reichen Management-Support-Systeme, Entscheidungsunterstützungssysteme sowie wissensbasierte Systeme; vgl. Abschnitt 3.4.

Neben den genannten Systemen stellen *Querschnittssysteme* solche Systeme dar, die unabhängig von einer spezifischen Einordnung in bestimmte Unternehmensbereiche bzw. Hierarchiestufen sind sowie gegebenenfalls in Verbindung mit anderen Systemen genutzt werden. Zu den Querschnittssystemen gehören insbesondere Bürosysteme, Dokumentenmanagementsysteme und Workflow-Management-Systeme.

Als Beispiele für insbesondere branchenunabhängige Anwendungsgebiete und -systeme seien exemplarisch die Folgenden genannt. Im Finanzwesen bietet sich eine Computerunterstützung z. B. für die Finanz- und Liquiditätsdisposition (d. h. die Vorhersage von Einnahme- und Ausgabeströmen sowie Entscheidungen über die Anlage freier Mittel oder die Aufnahme von Krediten), für die Prognose von Massenzahlungen und die simultane Finanz- und Investitionsprogrammplanung an.

Das Personalwesen kann hinsichtlich der Arbeitszeitverwaltung sowie der Entgeltabrechnung durch Anwendungssysteme unterstützt werden. Daneben gibt es aber auch Meldeprogramme oder Veranlassungsprogramme, die Veranlassungen kurz vor Fälligkeit von Maßnahmen ausgeben; als einfaches Beispiel sei die Veranlassung spezieller Gratifikationen im Falle von Jubiläen genannt.

Eine sehr intensive Nutzung von Anwendungssystemen findet im Rechnungswesen statt, da hier große Mengen gut strukturierter Daten verarbeitet werden müssen. Dabei kann eine Unterteilung in Kosten- und Leistungsrechnung, Hauptbuchhaltung sowie Nebenbuchhaltung (Debitorenbuchhaltung, Kreditorenbuchhaltung) erfolgen.

Auch wenn es in der Wirtschaft viele Einsatzmöglichkeiten für Anwendungssoftware gibt, werden diese nicht überall in vollem Maße ausgenutzt. Ein Grund hierfür ist die Tatsache, dass zu Beginn der Informationsverarbeitung in Unternehmen oftmals nur ausgewählte Teilbereiche durch Software unterstützt wurden. Hierfür wurden spezielle Softwarelösungen verwendet, die zum Teil individuell auf die Situation im Unternehmen zugeschnitten wurden. Eine Erweiterung dieser Systeme bzw. eine Anbindung anderer Anwendungssoftware ist dadurch erschwert. Eine strategisch ausgerichtete Option zur Überwindung dieser Probleme ist der Einsatz von ERP-Systemen.

7.1.1 Architektur und Integration von Anwendungssystemen

Anwendungssoftware unterstützt in der Regel nur einen begrenzten Aufgabenbereich. Aus diesem Grund ist häufig eine Kopplung oder Integration unterschiedlicher Software zu einem ERP-System (bzw. die Erweiterung bestehender Systeme) für eine aufgabenübergreifende Unterstützung erforderlich. Um Anwendungssoftware geeignet integrieren und erweitern zu können, ist eine zweckmäßige Softwarearchitektur von erheblicher Relevanz. Unter *Softwarearchitektur* versteht man den planmäßigen Aufbau von Software(-Systemen), d. h. die Bildung und Anordnung von Systemelementen und ihren Beziehungen. Um die Komplexität von Anwendungssystemen zu bewältigen, erfolgt grundlegend eine *Modularisierung*. Hierbei werden kleinere Einheiten definiert, die über Schnittstellen miteinander kommunizieren und zusammenarbeiten; vgl. hierzu auch die in Abschnitt 6.4.1 betrachtete objektorientierte Softwaretechnik.

Bei der Kopplung von Anwendungssystemen kann man grob in eine datenorientierte und eine nachrichten-/ereignisorientierte Kopplung unterscheiden. Die datenorientierte Kopplung zeichnet sich dadurch aus, dass entsprechende Anwendungssysteme die gleiche Datenbasis nutzen, die jedoch auch verteilt oder sogar redundant aufgebaut sein kann. Bei der nachrichten-/ereignisorientierten Kopplung interagieren Anwendungssysteme durch den direkten Austausch von Nachrichten (etwa im Sinne eines Methodenaufrufs); vgl. auch Abschnitt 6.4.3 sowie die dort erwähnte *Middleware.*

Aufgrund der heute weitgehend vorhandenen leistungsfähigen Rechnernetze ist eine räumliche Aufteilung von Anwendungssystemen und entsprechenden Komponenten auf verschiedene Rechner möglich. Ein Beispiel für eine derartige Verteilung ist die in Abschnitt 2.5.1 vorgestellte Client-Server-Architektur, bei der auf Servern bestimmte Dienste bereitgestellt werden, auf die Clients zugreifen. In diesem Zusammenhang können auch *Web Services* zum Einsatz kommen; vgl. Abschnitt 2.6.3. Im Idealfall können somit Anwendungssysteme aus diversen verteilt vorliegenden, gekapselten Diensten ad hoc zusammengesetzt werden. Diese Vorstellung ist mit der so genannten *serviceorientierten Architektur* (SOA, Service-Oriented Architecture) verbunden; vgl. Erl (2004). Dieses Architekturmodell zeichnet sich demzufolge dadurch aus, dass bei der Gestaltung von Anwendungssystemen eine Modularisierung der Funktionalität des Systems in einzelne Dienste stattfindet, die jeweils eng umgrenzte Funktionen abbilden und über wohldefinierte Schnittstellen miteinander interagieren.

Eine wesentliche Eigenschaft von ERP-Systemen ist die Integration mehrerer Programme zu einem umfassenden System, das verschiedene Funktionsbereiche abdeckt. Unter *Integration* ist dabei auch eine ebenenübergreifende Verknüpfung zu verstehen, die auch die geeignete Interaktion von Mensch und Technik berücksichtigt. In der Pyramide in Abbildung 7.1 sind hinsichtlich der Integrationsrichtung im Wesentlichen die horizontale und die vertikale Integration unterschieden. Eine Übersicht über verschiedene Formen der Integration, nach der sich auch Anwendungssysteme klassifizieren lassen, gibt Tabelle 7.1; vgl. z. B. Mertens (2004).

Integrations-dimension	**Inhalt**
Objekte	Datenintegration (logische Zusammenführung von Daten)
	Funktionsintegration (Aufgabenabstimmung, informationstechnische Verknüpfung von an Objekten durchzuführenden Verrichtungen)
	Prozess- und Aktivitätsintegration (Verbindung von (Geschäfts-)Prozessen entlang sachlogischer Reihenfolgebeziehungen)
	Methodenintegration (Abstimmung von Methoden und Verfahren)
	Programmintegration (Abstimmung verschiedener Softwarekomponenten oder Programme)
	Organisationsintegration (Verknüpfung über aufbauorganisatorische Grenzen hinweg)
Orientierung	Horizontale Integration (Verbindung von Teilsystemen entlang der betrieblichen Wertschöpfungskette)
	Vertikale Integration (Verbindung von Administrations- und Dispositionssystemen mit Planungs- und Kontrollsystemen)
Reichweite (organisatorisch)	Bereichsintegration (Daten-, Funktions- und Prozessintegration, z. B. bezogen auf Workflows)
	Innerbetriebliche Integration (unternehmensinterne Integration)
	Zwischenbetriebliche Integration (Integration über Unternehmensgrenzen hinweg; Integration innerhalb von Unternehmensnetzwerken und virtuellen Organisationen)
Reichweite (zeitlich)	Intertemporale Integration (repetitive Verknüpfung von Entscheidungsprozessen verschiedener Fristigkeit)
Automationsgrad	Vollautomation (Funktionalitätserfüllung ohne menschliches Eingreifen)
	Teilautomation (Interaktionsunterstützung zwischen Mensch und Technik)

Tabelle 7.1. Integrationsformen

Die verschiedenen Integrationsdimensionen spielen insbesondere in der Unternehmensmodellierung eine wesentliche Rolle; vgl. Abschnitt 4.1.1. Dabei sollte die Differenzierung der Integrationsformen nicht dogmatisch gehandhabt werden, sondern die Möglichkeit bestehen, z. B. verschiedene Geschäftsprozesse im Zuge der Prozessintegration geeignet gekoppelt mit der Organisationsintegration auch über Bereichsgrenzen hinweg zu definieren.

Als vertikale Integration gilt die Verbindung von Administrations- und Dispositionssystemen mit Planungs- und Kontrollsystemen. Dies betrifft im Wesentlichen die Datenversorgung der letztgenannten Systeme durch die erstgenannten. In erweitertem Sinne können wir hier hinsichtlich einer umfassenden Transaktionsdatenverfügbarkeit versus einer Planungs- und Analysefunktionalität differenzieren.

Während sich für die meisten ERP-Systeme in der Praxis eine hervorragende Transaktionsdatenverfügbarkeit konstatieren lässt, gilt dies hinsichtlich der Planungsfunktionalität eher weniger. Obwohl oftmals gute Verfahren des Operations Research sowie mathematische Methoden in entsprechende Systeme integriert sind, fehlt es insbesondere an der geeigneten Unterstützung bei der (mathematischen) Modellierung realer Probleme. Demzufolge ist bei dem Einsatz und der (Methoden-)Integration entsprechender Verfahren stets darauf zu achten, dass die zu lösenden Probleme adäquat modelliert sind.[2] Im Zuge der zeitlichen Reichweite der Integration sind hierbei auch strategische Fragen auf Basis verfügbarer Transaktionsdaten aus Administrations- und Dispositionssystemen im Sinne von Planungsfunktionalität in regelmäßigen Abständen zu überdenken.

7.1.2 Standardsoftware

Eine wesentliche Frage im Zusammenhang mit Anwendungssystemen betrifft das „Make or Buy", d. h. die Entscheidung hinsichtlich der Verwendung von Individualsoftware oder Standardsoftware. Während *Individualsoftware* Anwendungssysteme und Programme umfasst, die für einen spezifischen Anwendungsfall erstellt werden, bezeichnet *Standardsoftware* Systeme oder Programme, die auf Allgemeingültigkeit und Mehrfachverwendung ausgelegt sind.

Bei der Entscheidung über den Einsatz einer Individualsoftware ist im Wesentlichen zu eruieren, ob die Software selbst entwickelt wird oder aber im Rahmen einer Fremdvergabe von einem Dienstleister extern erstellt wird.[3] In beiden Fällen erlaubt Individualsoftware auf Basis einer detaillierten Planung und Anforderungsanalyse hinsichtlich zu erfüllender Funktionalität eine

---

[2] Praktische Erfahrungen veranlassen uns, in diesem Zusammenhang explizit darauf hinzuweisen, dass die Begriffe „optimal" und „Optimum" wohldefiniert und nicht steigerungsfähig sind.

[3] Vgl. zur Eigenentwicklung insbesondere das Thema Softwareentwicklung in Kapitel 6. Hinsichtlich der Fremdvergabe wird häufig der Begriff *Outsourcing* (*Out*side Re*sourcing*) verwendet. Zu einer kurzen Übersicht zum Outsourcing vgl. neben Abschnitt 3.6 z. B. Schwarze (1998) sowie Voß und Gutenschwager (2001). In einem modifizierten Kontext stellt sich darüber hinaus die Frage nach dem Einsatz eines Anwendungssystems. Neben dem Erwerb eines Systems kann dabei auch die Anmietung dergestalt in Erwägung gezogen werden, dass gegen Gebühren über Rechnernetze auf das System zugegriffen werden kann. Dienstleister in diesem Sinne werden auch als *Application Service Provider* bezeichnet.

individuelle Anpassung sowohl an unternehmensspezifische als auch an aufgabenspezifische Gegebenheiten.

Standardsoftware umfasst insbesondere Anwendungssysteme für spezielle Bereiche (z. B. Systeme für die Produktionsplanung und -steuerung oder Finanzbuchhaltungssoftware), wobei diese Bereiche bestimmte Unternehmensfunktionen, aber auch branchenspezifische Aspekte umfassen können. Als Beispiel sei die Produktionsplanung für die Automobilindustrie gegenüber der Stahlindustrie genannt. Vereinfacht ausgedrückt erfolgt im ersten Fall im Wesentlichen die Zusammenführung verschiedenster Komponenten zu einem Produkt (dem Auto); im zweiten Fall wird ausgehend von einem Rohstoff eine vielfältige Palette an Produkten gefertigt.

Neben bereichs- oder branchenspezifischen Anwendungssystemen wie z. B. Finanzbuchhaltungssoftware werden als Standardsoftware insbesondere Komplettpakete unter der Bezeichnung ERP-Software verstanden. Dabei handelt es sich vornehmlich um unternehmensweite Lösungen, die insbesondere durch größere Softwarehäuser angeboten werden. Darüber hinaus sind im Bereich der Standardsoftware universell verbreitete funktionsübergreifende Pakete für Textverarbeitung, Tabellenkalkulation, Graphikbearbeitung sowie eventuell einfache Datenverwaltung (Office-Pakete) vorzufinden.

Neben der am Markt erhältlichen Standardsoftware steht gegebenenfalls auch kostenfreie Public-Domain-Software zur Verfügung, die jedoch in der Regel keine so weit reichenden Anforderungen wie z. B. die in ERP-Systemen gegebene Transaktionsdatenverfügbarkeit erfüllt, sondern eher auf spezielle Aufgaben abzielt. Probleme bereiten in diesem Fall jedoch oftmals nicht vorhandene Garantien hinsichtlich Qualitätssicherung und Wartung.

Standardsoftware ist meistens auf unternehmensspezifische Gegebenheiten anzupassen (Customizing). Sofern alle Funktionalitätsanforderungen durch das Setzen von Parametern („Schalter umlegen") erfüllbar sind, spricht man von Parametrisierung. Im Regelfall wird jedoch eine weiter gehende Konfigurierung angebracht sein, d. h. eine Modularisierung dergestalt, dass gewünschte Module übernommen und um neu entwickelte Module ergänzt werden; vgl. auch Abschnitt 6.4. Darüber hinaus kann eine Individualprogrammierung erforderlich sein, um die Standardsoftware in ein gegebenes Unternehmensumfeld einbinden zu können. Zur Anpassung an bestimmte Bereiche oder Branchen liegen gegebenenfalls Referenzmodelle vor, die insbesondere ein Vorgehensmodell für das Customizing integrieren.

Eine sorgfältige Abwägung der Vor- und Nachteile von Standardsoftware gegenüber Individualsoftware betrifft insbesondere die Frage der Genauigkeit der Aufgabenerfüllung sowie den damit verbundenen Customizing-Tätigkeiten. Wesentliche Vorteile einer Standardsoftware können eine kürzere Einführungszeit sowie geringere Kosten sein, und es braucht kein Personal für die Softwareentwicklung vorgehalten zu werden. Demgegenüber können notwendige Anpassungen sowohl in der Aufbau- als auch in der Ablauforganisation eines Unternehmens (verbunden mit den Chancen, die eine Reorganisation von Geschäftsprozessen bieten kann) erforderlich sein. Man beachte in Verbindung mit dem Einsatz von Standardsoftware demzufolge auch eine sich möglicherweise ergebende Einschränkung hinsichtlich der Flexibilität interner Unternehmensabläufe. Auf der anderen Seite ergibt sich durch die Nutzung von Standardsoftware gegebenenfalls eine Vereinfachung der zwischenbetrieblichen Integration der IV (so genannte Netzeffekte).

Aufgrund vorhandenen Overheads von Standardsoftware sind die Rechenzeiten bzw. das Antwortzeitverhalten in manchen Fällen deutlich höher als bei Individualsoftware. Weitere Aspekte, die im Vergleich abzuwägen sind, betreffen z. B. die Schnittstellenproblematik hinsichtlich der Anbindung an andere Systeme oder Schulungsmaßnahmen.

7.1.3 Front Office versus Back Office

Ausgehend von der Unterscheidung, inwiefern Anwendungssysteme im direkten Kundenkontakt genutzt werden oder nicht, lassen sich so genannte Front-Office-Systeme und Back-Office-Systeme unterscheiden. Im Informationsmanagement kann man dazu analog zwischen einem externen und einem internen Informationsmanagement unterscheiden. Vereinfacht differenzieren wir zwischen Systemen, die unternehmensintern im Zuge der Planung, Durchführung und Kontrolle der Leistungserstellung genutzt werden (Back Office), und solchen, die in unmittelbarem Kontakt mit einem (End-)Kunden stehen (Front Office).

In Abbildung 7.2 wird eine Basisarchitektur für Anwendungssysteme insbesondere im Dienstleistungsbereich vorgestellt. Die einzelnen Komponenten (Zugangssysteme, Transaktionssysteme usw.) können als Anwendungssysteme aufgefasst werden, die jeweils Teilaufgaben des gesamten Systems übernehmen.

Zugangssysteme dienen dazu, einem Kunden den Zugang zu weiteren Anwendungssystemen zu ermöglichen. Hierzu gehören das Herstellen einer Verbindung vom Endgerät, von dem aus der Kunde einen Zugang erhalten möchte (z. B. PC, Selbstbedienungsterminal oder Mobiltelefon), und die Authentifikation des Kunden. Letzteres ist durch die Verwendung von Passwörtern, Kennnummern, Ausweiskarten (z. B. Chipkarten) o. Ä. möglich. Anschließend kann der Kunde *Systeme zur Informationsbeschaffung* nutzen, um sich insbesondere zu Produkten mit hohem Erklärungsbedarf informieren und beraten zu lassen. Dies kann sowohl den Abruf von Angebots- und Leistungsdaten, aber auch zusätzliche Hilfestellung durch Experten- oder wissensbasierte Systeme umfassen. *Präsentationssysteme* stellen diese Informationen geeignet dar und bilden somit die Schnittstelle zwischen dem Anwendungssystem und dem Kunden.

Transaktionssysteme sind sowohl im Back-Office- als auch im Front-Office-Bereich anzutreffen. In beiden Fällen soll mit ihrer Hilfe die Abwicklung von formalisierten und meist kurzen Verarbeitungsvorgängen in einem vorgeplanten Dialog ermöglicht werden, wobei sich nur Eingabeparameter ändern.

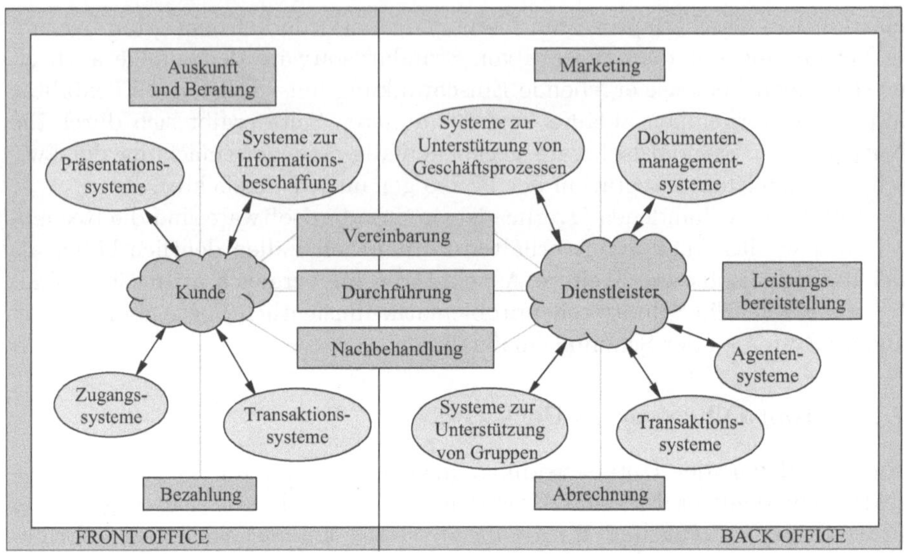

Abbildung 7.2. Front-Office- und Back-Office-Systeme; in Anlehnung an Mertens et al. (2000)

Ein Beispiel hierfür wäre eine Platzreservierung, bei der nach Eingabe der gewünschten (Flug-, Bahn- oder Bus-)Verbindung und gegebenenfalls anderer Eingabeparameter, wie Raucher/Nichtraucher oder Fensterplatz, eine entsprechende Transaktion (Reservierung) automatisiert vorgenommen wird. Darüber hinaus können derartige Systeme auch zur Bezahlung von Leistungen genutzt werden. Im Front-Office-Bereich dienen Transaktionssysteme somit der Leistungsvereinbarung und z. T. auch der Nachbehandlung (z. B. in Form einer Reklamationsannahme).

Dokumentenmanagementsysteme (DMS) werden zur Speicherung, Verwaltung und Wiedergewinnung von Dokumenten in elektronischer Form verwendet. Insbesondere unformatierte Datenbestände in Form diverser Dokumente (Briefe, Texte, Bilder usw.) können hiermit unternehmensweit organisiert und verwaltet werden. Ein Dokument fasst dabei inhaltlich zusammengehörige Informationen zusammen. *Dokumentenmanagement* lässt sich somit als effiziente (wirtschaftliche) Verwaltung – auch im Sinne der Gestaltung eines Rahmenkonzeptes zur Erstellung von Dokumenten –, Beschaffung, Allokation und Distribution von Dokumenten als Ressource zur Unterstützung von Geschäfts- und Entscheidungsprozessen auffassen. Das Dokumentenmanagement bildet damit einen integralen Teil des Informationsmanagements, wobei Fragestellungen der Informationslogistik in diesem Bereich besondere Bedeutung zukommt; vgl. Voß und Gutenschwager (2001).

Eine eindeutige Trennung zwischen DMS und Systemen zur Unterstützung von Geschäftsprozessen (Workflow-Management-Systeme) sowie Systemen zur Unterstützung von Gruppenarbeit (Groupware) ist nicht möglich. So können entsprechende DMS-Funktionalitäten z. B. dazu dienen, die einem Groupware-System zu Grunde liegende Informationsbasis zu verwalten. Vielmehr ist ein Zusammenwachsen der Bereiche Groupware und Dokumentenmanagement unter einheitlichen Kommunikationsplattformen (Intranets) zu konstatieren.

7.1.4 Workflow-Management-Systeme und Groupware

Workflow-Management-Systeme (WMS) dienen der Unterstützung der Vorgangssteuerung, d. h. der Steuerung des Arbeitsablaufes zwischen allen an der Bearbeitung eines Geschäftsprozesses beteiligten Parteien (z. B. Personen oder Computer). Ziele sind die Definition, Koordination und Steuerung der Geschäftsprozesse in Unternehmen, die Reduzierung von Medienbrüchen (Papier, Computer, verschiedene Datenformate) sowie die Reduzierung von Durchlauf- und Bearbeitungszeiten.[4]

Grundlage für WMS ist das Workflow-Konzept. Hierbei werden zuerst Prozesse in Arbeitsschritte bzw. Aktivitäten (gegebenenfalls einschließlich der Definition notwendiger Reihenfolgebeziehungen) unterteilt und diese im WMS modelliert. Da gewisse Arbeitsschritte häufig auftreten (können), brauchen diese nur einmal modelliert zu werden und können dann in nachfolgenden Prozessen wiederverwendet werden.[5] Die Modellierung von Geschäftsprozessen im WMS geschieht anschließend durch Zusammensetzen der Prozesse aus den modellierten Aktivitäten. Hierbei müssen ebenso die Beziehungen zwischen den Aktivitäten modelliert werden.

Wichtige Funktionen von Workflow-Management-Systemen sind:

- Vorgangsgenerierung: Auswahl und Auslösung eines aufgabenadäquaten Vorgangstyps,
- Vorgangsorganisation und -steuerung: Zerlegung von Vorgängen in Elementartätigkeiten, Anstoß der durchführbaren Vorgangsschritte, gegebenenfalls Beschaffung der dazu nötigen Informationen und Weiterleitung des Vorganges,
- Vorgangsinformation und -verfolgung: Bereitstellung von Informationen über den Stand der Vorgangsbearbeitung und Terminüberwachung,
- Vorgangsterminierung: Beendigung des Vorganges, gegebenenfalls Zusammenführung von Teilergebnissen zum Gesamtergebnis.

WMS lassen sich in Push- und Pull-Systeme unterscheiden. Bei Push-Systemen werden dem Nutzer für zu bearbeitende Vorgänge die notwendigen Aufgaben einschließlich der zugehörigen Daten, Informationen, Dokumente

[4] Vgl. zu WMS z. B. Vossen und Becker (1996), Leymann und Roller (2000), van der Aalst und van Hee (2002) sowie Richter-von Hagen und Stucky (2004).

[5] Grundlage dieser prozessorientieren Modellierung können beispielsweise die in Abschnitt 4.4 vorgestellten Methoden sein.

und Applikationen übergeben. Bei Pull-Systemen muss sich der Nutzer diese selbst beschaffen bzw. die Beschaffung selbst anstoßen, benötigte Applikationen auswählen und den Fortgang der Vorgangsbearbeitung festlegen.

Workflow Management als Gestaltung von Arbeitsflüssen bzw. Geschäftsprozessen gilt auch der Unterstützung von Gruppen. Vornehmlich kommen hier jedoch Groupware-Systeme zum Einsatz. Ziel derartiger Systeme ist es, disloziert tätigen Personen eine Zusammenarbeit zu ermöglichen.

Groupware-Plattformen wie beispielsweise *Lotus Notes* lassen sich als allgemeine Software für die Unterstützung von (Arbeits-)Gruppen auffassen und stellen somit Anwendungssysteme dar, die nicht ausschließlich dem betrieblichen Bereich zuzuordnen sind. Zu den grundlegenden Funktionalitäten einer Groupware-Plattform gehören integrierte E-Mail-, Kalender- und Terminplanungsfunktionen, Replikationsmechanismen, Möglichkeiten für den Im- und Export von Daten, Informationen und Dokumenten sowie Retrievalfunktionalität. Unter Replikation verstehen wir dabei die Verteilung und den Abgleich der in einem (gegebenenfalls virtuellen) Netzwerk verteilt angelegten Kopien von Dokumenten.

Neben den genannten Funktionalitäten in Anwendungssystemen zur Unterstützung von Gruppenarbeit werden unter dem Thema Groupware auch verteilt vorliegende Informations- und Kommunikationstechnologien, wie sie z. B. in Form von Videokonferenzsystemen vorzufinden sind, verstanden.[6] Wesentliche Systeme umfassen darüber hinaus die Unterstützung von Gruppenentscheidungen im Zuge so genannter Group-Decision-Support-Systeme.

7.2 Sicherheit von Anwendungssystemen und Kommunikationsnetzen

Die breite Verfügbarkeit von Rechnernetzen bzw. des Internets und die Abwicklung sowohl von Geschäftsverkehr als auch privater Kommunikation auf dieser Basis beinhalten die Übertragung von Daten zwischen in der Regel nicht lokalen Informationssystemen. Durch die Zunahme von verteilten Anwendungssystemen (z. B. in Form von Client-Server-Systemen oder Web Services) nimmt ebenfalls die Kommunikation zwischen verschiedenen Anwendungssystemkomponenten auf Basis von Rechnernetzen zu. Solche Datenübertragungen müssen ebenso wie die (verteilten) Anwendungssysteme und die ihnen zugrunde liegende Hardware (Rechner) häufig gewissen Bedingungen genügen bzw. bestimmte Voraussetzungen erfüllen. Wichtige mögliche Anforderungen sind; vgl. z. B. Schäfer (2003):

[6] Im Angelsächsischen Sprachgebrauch findet sich im Zusammenhang mit Groupware auch der Begriff *Computer Supported Cooperative Work*. Vgl. zu Groupware z. B. Coleman und Khanna (1995).

- **Vertraulichkeit**: Bekanntgabe der betroffenen Daten nur an Berechtigte, z. B. durch Verschlüsselung von Nachrichten
- **Datenintegrität**: Unveränderlichkeit der Daten, d. h. auch Sicherstellung der unmodifizierten Übertragung von Nachrichten (Vollständigkeit und Richtigkeit)
- **Zurechenbarkeit**: Identifizierung der Instanz, die für ein bestimmtes Ereignis (z. B. Datenzugriff) verantwortlich ist, d. h. Authentifikation (eindeutige Identifizierung von Kommunikationsteilnehmern) und digitale Unterschriften (eindeutige Identifizierung von Nachrichtenerstellern)
- **Verfügbarkeit**: ständige Verfügbarkeit und korrekte Funktionalität der angebotenen Dienste
- **Kontrollierter Zugang**: Zugriff auf Daten und Dienste nur für Berechtigte, z. B. durch Authentifikation

In der Regel kann nicht davon ausgegangen werden, dass die Hardware bzw. die Kommunikationsinfrastruktur per se entsprechende Sicherheiten bietet, so dass man im Allgemeinen von einer „Unsicherheit" genutzter Rechnernetze ausgeht und die notwendige Funktionalität somit auf einer Ende-zu-Ende-Basis sicherstellen muss. Daraus ergibt sich die Notwendigkeit zum Einsatz von entsprechenden Sicherheitsmechanismen.

In den folgenden Abschnitten wird daher auf mögliche Bedrohungen der Sicherheit von Rechnern, Netzen und Anwendungssystemen sowie entsprechende Sicherheitsmechanismen eingegangen.[7] Der Kryptographie kommt dabei eine besondere Bedeutung zu, weshalb sie in Abschnitt 7.2.3 gesondert ausführlicher dargestellt wird.

7.2.1 Bedrohungen der Sicherheit

Ausgehend von den oben angegebenen Anforderungen an die Sicherheit von Rechnern, Netzwerken und Anwendungssystemen können diverse technische Bedrohungen unterschieden werden (vgl. u. a. Schäfer (2003)):

- Maskerade (Vorgaukeln der Identität eines anderen)
- Abhören (Lesen von Daten, die für jemand anderen bestimmt sind)
- Autorisierungsverletzung (Unberechtigte Nutzung von Diensten und Ressourcen)
- Verlust oder Modifikation von Daten
- Fälschung von Daten (Änderung oder Erzeugung von Daten unter Nutzung einer fremden Identität)
- Abstreiten von Ereignissen
- Sabotage (mit dem Ziel, die Verfügbarkeit oder korrekte Funktion eines Dienstes zu verringern)

[7] Eine umfangreiche Übersicht zu verschiedensten (nicht nur technischen) Bedrohungen und Schutzmechanismen für Rechner und Netzwerke geben u. a. Cheswick et al. (2004).

Die Realisierung dieser Bedrohungen kann auf vielfältige Art geschehen, beispielsweise durch:

- Nutzung vorhandener „Sicherheitslöcher“ der Systeme, z. B. unverschlüsselte Datenübertragung oder fehlender Passwortschutz
- Ausspähen von Passwörtern und ähnlichen Identifizierungsmerkmalen auf verschiedenste Weise
- Viren und Würmer, d. h. Programme, die sich selbstständig vervielfältigen können und Schäden anrichten, beispielsweise durch Ausspionieren von Daten (z. B. Passwörtern) oder auch Veränderung von Programmcode, so dass Anwendungssysteme nicht mehr korrekt funktionieren
- „Spam“-Mails, die zum einen oftmals Viren oder Würmer beinhalten, zum anderen durch Überlastung von Mail-Systemen Schaden anrichten können
- „Denial of Service“-Attacken (DoS), bei denen ein Dienst bzw. ein Rechner absichtlich so oft aufgerufen wird, dass das zugrundeliegende System überlastet wird und damit die Verfügbarkeit eingeschränkt wird[8]

Eine Gefährdung für die Sicherheit kann nicht nur von technischen Systemen, sondern auch von (menschlichen) Nutzern oder den für die Sicherheit der Systeme Verantwortlichen ausgehen. Ersteres geschieht häufig im Umgang mit Passwörtern, beispielsweise durch die Verwendung von leicht zu erratenden Passwörtern oder auch die Ablage von Passwörtern an ungeschützten Stellen. Für Letzteres lieferte die TU Braunschweig ein prominentes Beispiel, wo die Spam- und Virenanalyse für eingehende E-Mails abgeschaltet wurde, da der Zeitaufwand für diese Analyse alle Ressourcen ausschöpfte; vgl. König (2004). Daraufhin wurden mit Hilfe der nun ungeschützten E-Mail-Zugänge Rechner der TU als Ausgangspunkt für Spam- und Virenangriffe genutzt.

Technische Sicherheitsmechanismen können daher nicht alle Bedrohungen abwenden, sie bilden jedoch ein grundlegendes Instrumentarium zur Abwehr von Sicherheitsgefahren. Einige dieser Mechanismen werden im folgenden Abschnitt vorgestellt.

7.2.2 Sicherheitsmechanismen

Technische Sicherheitsmechanismen dienen dazu, Bedrohungen für die Sicherheit von Rechnern, Netzwerken und Anwendungssystemen abzuwehren bzw. zusätzliche Hindernisse für potenzielle Gegner zu bilden. Eine absolute Sicherheit von Systemen lässt sich jedoch auch damit nicht erzielen, wenn gleichzeitig die Systeme für berechtigte Nutzer verfügbar sein sollen. Es geht vielmehr darum, die Realisierung einer Gefährdung von Daten, Netzen oder Systemen zu erschweren, gegebenenfalls auch dadurch, dass der Aufwand für einen potenziellen Gegner seinen Nutzen übersteigt, so dass die Schädigung unwirtschaftlich wird.

[8] Oftmals werden für diese künstlich erzeugten Aufrufe fremde Rechner genutzt, die zuvor mit Hilfe von Viren, Würmern oder ähnlichen Schädlingen infiziert wurden.

Weit verbreitete Sicherheitsmechanismen sind unterschiedliche Filtertechniken, wie Virenschutzprogramme, Spamfilter und Firewalls. Firewalls dienen u. a. dazu, gezielt bestimmte Port-Nummern (vgl. Abschnitt 2.5.3, S. 48) zu sperren, so dass die damit verbundenen Dienste nicht über das Netzwerk verfügbar sind. Ebenso kann hiermit die Kommunikation zu einem externen Rechner detailliert administriert werden, indem nur bestimmte interne Programme Zugriff auf das Rechnernetz erhalten. Mit derartigen Filtermechanismen kann das Eindringen schädlicher Software in die hinter der Firewall liegenden Rechner verhindert werden, wobei allerdings eine Abwehr unbekannter Schädlinge nicht vollständig möglich sein wird. Auch DoS-Attacken können damit erschwert werden.

Ein wichtiger Sicherheitsmechanismus gegen das unbefugte Eindringen in ein System ist eine sichere Identifizierung. Dies kann über Passwörter, aber bei Personen auch über biometrische Merkmale, wie Fingerabdrücke, geschehen. In jedem Fall muss sichergestellt werden, dass die Vergleichsdaten (z. B. die Merkmale des Fingerabdrucks eines berechtigten Nutzers) so im System gespeichert sind, dass kein unberechtigter Zugriff darauf möglich ist.

Eine sehr große Bedeutung für die Sicherheit von Netzen und Systemen besitzen Verschlüsselungstechniken; vgl. Abschnitt 7.2.3. Hiermit kann sowohl das Abhören von Nachrichten und das Lesen von Daten durch unberechtigte Nutzer verhindert als auch eine eindeutige Authentifizierung von Kommunikationspartnern und Identifizierung von Nachrichtenerstellern mittels digitaler Signatur ermöglicht werden. Im Folgenden werden daher verschiedene kryptographische Verfahren vorgestellt.

7.2.3 Kryptographie

Gegenstand der *Kryptographie* ist die Kommunikation in der Gegenwart von Gegnern. Kryptographie als Wissenschaft wird in der Regel als Teilgebiet der Mathematik bzw. Informatik angesehen, das sich primär mit Methoden zur Verschlüsselung von Nachrichten beschäftigt. Dabei kommen Kryptosysteme zum Einsatz; hierunter versteht man Systeme bei Nutzung eines Kommunikationssystems in der Gegenwart von Gegnern mit dem Zweck der Abwehr von dessen Absichten. Bei der *Kryptoanalyse* besteht die Zielsetzung darin – aus der Sicht eines potenziellen Gegners – Kryptosysteme zu brechen. Kryptologie kann man als die Zusammenfassung von Kryptographie und Kryptoanalyse bezeichnen.

Im Folgenden seien einige Anwendungsmöglichkeiten von Kryptographie genannt:

- Vertrauliche Abwicklung von Datenübertragungen in einem Rechnernetz, z. B. :
  - Übertragung einer vertraulichen Nachricht per E-Mail
  - Vertrauliche Übertragung einer Kreditkartennummer im WWW
- Schutz der Daten auf einer Festplatte (im Hinblick auf Geheimhaltung)

- Überprüfbarkeit des Absenders einer elektronischen Bestellung
- Nachweisbarkeit einer elektronischen Kommunikation
- Digitales Geld und digitale Briefmarken
- Digitale Wahlen

Bei der Anwendung kryptographischer Verfahren sind neben den anfangs genannten funktionalen Anforderungen zwei weitere Aspekte hervorzuheben: Zum einen sollten die Verfahren sicher sein, d. h. von einem Gegner in der Regel nicht zu brechen sein. Zum anderen sollten die Verfahren einfach anzuwenden sein (im Idealfall transparent für den Nutzer).

Kryptographische Verfahren werden seit Jahrtausenden im Rahmen der Diplomatie bzw. in Kriegen zur Übermittlung geheimer Nachrichten angewandt; vgl. z. B. Kahn (1972) sowie Singh (2000). Beispiele hierfür sind der Einsatz einfacher Buchstaben-Ersetzungsverfahren (wie Verschiebung um vier Stellen im Alphabet). Solche Verfahren sind allerdings sehr unsicher; beispielsweise ist durch Häufigkeitsuntersuchung einzelner Buchstaben oder durch einfaches Durchprobieren eine solchermaßen codierte Nachricht in der Regel leicht zu entschlüsseln. Ähnliche Verfahren erweisen sich jedoch sogar aus informationstheoretischer Sicht als sicher (d. h. in der codierten Nachricht allein sind keinerlei Informationen über die Ursprungsnachricht mehr enthalten, so dass ein Entschlüsseln der Nachricht für einen Gegner ohne weitere (Zusatz-)Informationen unmöglich ist). Hierbei handelt es sich beispielsweise um Verfahren, die Buchstabenersetzungen durchführen, aber dabei für jeden Buchstaben eine neue Ersetzungsvorschrift verwenden (*One-Time-Pads*). Voraussetzung ist das Vorhandensein der Codierungsvorschriften auf beiden Seiten der Kommunikation. Hierbei können z. B. Kuriere verwandt werden; gelangen die Kuriere unversehrt zum Kommunikationspartner, können die entsprechenden Codierungsvorschriften durchgeführt werden.

Da die aus informationstheoretischer Sicht sicheren Verfahren typischerweise aus verschiedenen Gründen nicht praktikabel sind, sind die Anforderungen an die Güte kryptographischer Verfahren in Abhängigkeit von der Anwendung zu relativieren. Unter einem sicheren Verfahren versteht man deshalb in der Praxis zumeist ein solches, bei dem voraussichtlich der Aufwand zum Entschlüsseln der codierten Nachricht zu groß ist. Problematisch ist allerdings die hierbei notwendige Abschätzung der Ressourcen (wie Zeit, Rechenkapazität), die benötigt werden, um das Verfahren zu brechen. Während entsprechende Unwägbarkeiten bei dem (vermeintlich geheimen) Übersenden einer privaten Nachricht tolerabel sein können, sind z. B. an Kryptosysteme im Zusammenhang mit der Einführung von Standards für Elektronisches Geld höhere Anforderungen zu stellen.

Im zwanzigsten Jahrhundert ergab sich durch das Entstehen neuer elektronischer Übertragungsmöglichkeiten (z. B. drahtlose Kommunikation) ein wachsender Bedarf für kryptographische Verfahren (insbesondere auch durch den zweiten Weltkrieg). In der zweiten Hälfte des 20. Jahrhunderts entstand dann erstmals auch ein weitergehender ziviler Bedarf für den Einsatz kryptographischer Verfahren. In den 1970er Jahren wurden symmetrische kryptographische Verfahren standardisiert. Ebenfalls in den 1970er Jahren ergab sich durch die Entwicklung von asymmetrischen Verfahren ein unerwarteter Durchbruch, da nunmehr der einer Kommunikation bei symmetrischen Verfahren notwendigerweise vorausgehende Austausch eines geheimen Schlüssels entfallen konnte.

Im Internet werden heute kryptographische Methoden verbreitet verwendet. Ein Beispiel ist das ursprünglich von Netscape entwickelte und inzwischen standardisierte SSL-Protokoll (*Secure Socket Layer*), das Übertragungsprotokolle wie etwa HTTP um eine Verschlüsselungsfunktionalität erweitert. Nichtsdestotrotz stellt die Gewährleistung einer hinreichenden Sicherheit im Internet noch ein in weiten Bereichen unbefriedigend gelöstes Problem dar; vgl. z. B. Fischer et al. (2000) sowie Fuhrberg et al. (2001).

Im Weiteren werden einige symmetrische und asymmetrische kryptographische Verfahren kurz vorgestellt; als umfassende Referenzen hierfür sei auf Schneier (1996) sowie Beutelspacher et al. (2004) verwiesen. Es ist allerdings zu betonen, dass geeignete kryptographische Verfahren allein nur einen Bestandteil der Gestaltung sicherer Systeme darstellen, da im Rahmen komplexer, realer Systeme Sicherheit nicht nur auf technische Aspekte reduziert werden kann; vgl. Schneier (2004).

7.2.3.1 Symmetrische Verfahren.

Symmetrische Verfahren besitzen die primäre Funktionalität der verschlüsselten Übertragung einer Nachricht M zwischen Kommunikationspartnern, die im Besitz eines gemeinsamen geheimen Schlüssels K sind (deswegen der Begriff symmetrisch). Dieser muss zuvor über einen sicheren Kommunikationskanal übertragen werden. Dies ist allerdings insbesondere bei wechselseitiger Kommunikation mit vielen Partnern von Nachteil. So sind bei einer Kommunikation mittels symmetrischer Verfahren bei n Partnern $n(n-1)/2$ Schlüsselpaare notwendig, woraus sich entsprechende Probleme bei Schlüsselverteilung und Verwaltung ergeben (insbesondere auch im Zusammenhang mit spontaner Kommunikation).

Bezeichnet man das Verschlüsselungsverfahren mit E sowie das Entschlüsselungsverfahren mit D (jeweils unter Verwendung des geheimen Schlüssels K), so kann man den grundsätzlichen Verfahrensablauf einer geheimen Übermittlung einer Nachricht M zwischen zwei Kommunikationspartnern wie in Abbildung 7.3 veranschaulicht darstellen.

Das bekannteste symmetrische kryptographische Verfahren ist die DES-Methode (z. B. *Data Encryption Standard*). Der grundsätzliche Ablauf bei der Codierung bzw. Decodierung von Nachrichten sei hier nur kurz angedeutet: Es wird, unter Verwendung eines Schlüssels der Länge 56 Bit, bei der Verschlüsselung von jeweils 64-Bit-Datenblöcken eine iterative Kombination von einfachen Verschiebe-, Ersetzungs- und logischen XOR-Operationen durchgeführt (und umgekehrt bei der Entschlüsselung die gleichen Metho-

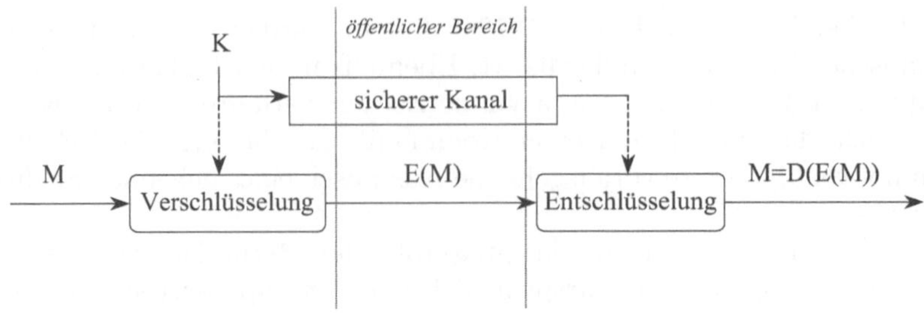

Abbildung 7.3. Symmetrische Verfahren

den). Dementsprechend ist das DES-Verfahren einfach und effizient – gegebenenfalls auch in Hardware – zu implementieren (mit Verschlüsselungsraten von mehr als 100 MBit/s). Die bei der ursprünglichen DES-Methode verwandte Schlüssellänge von 56 Bit wird inzwischen allgemein anerkannt als nicht (mehr) sicher angesehen. Heute kommen bei entsprechenden Anforderungen deshalb Erweiterungen (z. B. Triple-DES) oder neue Verfahren zum Einsatz.

Ein bekanntes neues symmetrisches Verfahren ist der *Advanced Encryption Standard* (AES), der 2002 offiziell verabschiedet wurde; vgl. u. a. Schäfer (2003). Dieses Verfahren unterstützt verschiedene Schlüssellängen von 128 bis 256 Bit und verwendet standardmäßig eine Blockgröße von 128 Bit, wobei auch eine Verschlüsselung mittels größerer Datenblöcke möglich ist. Diese Datenblöcke werden in 10 bis 14 Runden jeweils durch Ersetzungen, Spaltenvertauschungen, Matrizenmultiplikationen und XOR-Operationen verschlüsselt, wofür jeweils noch ein Rundenschlüssel genutzt wird. Auch dieses Verfahren ist einfach zu implementieren und gleichzeitig sehr leistungsfähig.

7.2.3.2 Asymmetrische Verfahren.

Asymmetrische Verfahren bieten über die geheime Übertragung von Nachrichten hinaus weitere Möglichkeiten wie digitale Unterschriften und die Sicherstellung von Datenintegrität. Hierzu werden zwei Schlüssel für die Ver- bzw. Entschlüsselung verwendet. Hintergrund hierfür sind so genannte *one-way functions* f, die einfach berechenbar sind, während die inverse Funktion f^{-1} nicht bzw. nur mit einem erhöhtem Aufwand berechenbar ist (Beispiel: Multiplikation versus Faktorisierung). Als spezielle Version solcher Funktionen besitzen die so genannten *trapdoor functions* die zusätzliche Eigenschaft, dass eine geheime inverse Funktion f^{-1} existiert, die effizient berechenbar ist, sofern man eine entsprechende Zusatzinformation besitzt.

Der grundsätzliche Ablauf bei asymmetrischen Verfahren kann wie folgt dargestellt werden. Voraussetzung ist zunächst, dass jeder Kommunikationspartner ein Schlüsselpaar zur Ver- bzw. Entschlüsselung besitzt: der geheime/private Schlüssel SK (*Secret Key*) und der öffentliche Schlüssel PK (*Pub-*

lic Key); PK wird veröffentlicht. Der Absender verschlüsselt die zu übertragende Nachricht M mittels des öffentlichen Schlüssels PK des Empfängers unter Anwendung eines Verfahrens E; der Empfänger kann diese verschlüsselte Nachricht dann mit seinem privaten Schlüssel SK entschlüsseln; vgl. Abbildung 7.4.

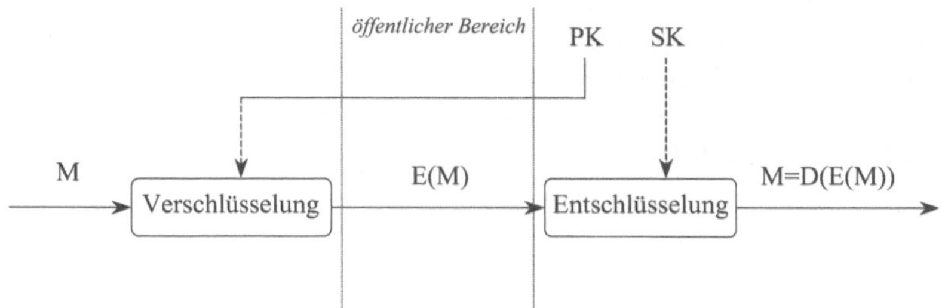

Abbildung 7.4. Asymmetrische Verfahren

Ein Nachteil der asymmetrischen Verfahren ist allerdings die Tatsache, dass ihre Anwendung deutlich langsamer als bei symmetrischen Verfahren ist. Deshalb modifiziert man ihre Anwendung in der Regel folgendermaßen: Bei jeder Kommunikation wird ein (pseudo-)zufälliger Sitzungsschlüssel K generiert. Die Nachricht wird mittels eines symmetrischen Verfahrens mit dem Schlüssel K verschlüsselt; weiterhin wird K mittels eines asymmetrischen Verfahrens mit dem öffentlichen Schlüssel PK des Empfängers verschlüsselt. Nunmehr werden die verschlüsselte Nachricht und der verschlüsselte Sitzungsschlüssel an den Empfänger übermittelt, vgl. Abbildung 7.5.

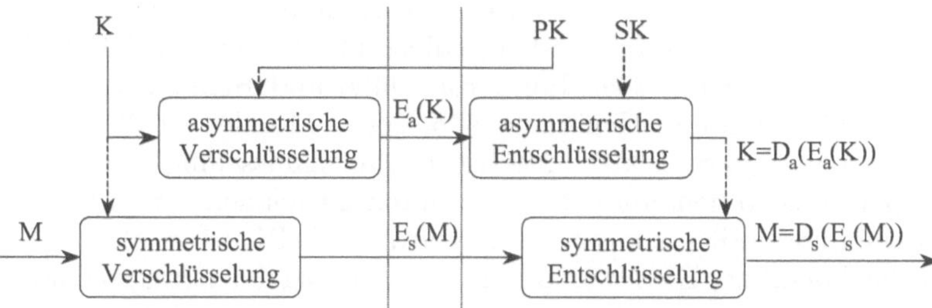

Abbildung 7.5. Kombination von asymmetrischer und symmetrischer Verschlüsselung

Asymmetrische Verfahren bieten weiterhin die Funktionalität einer digitalen Unterschrift, d. h. der Nachprüfbarkeit des Absenders einer Nachricht. Die Idee hierbei besteht darin, die Nachricht M mit dem eigenen privaten

Schlüssel SK zu verschlüsseln; eine erfolgreiche Entschlüsselung mit dem entsprechenden öffentlichen Schlüssel PK stellt dann sicher, dass die Nachricht von dem angenommenen Absender stammt. Aus Effizienzgründen wird auch hier das Verfahren wieder modifiziert: Lediglich eine „Zusammenfassung" (*message-digest, fingerprint*) $\mathrm{H}(M)$ der Nachricht wird verschlüsselt (z. B. ein so genannter Hash-Wert der Länge 128 Bit). Der Empfänger entschlüsselt die verschlüsselte Zusammenfassung, berechnet selbst $\mathrm{H}(M)$ und überprüft auf Gleichheit; vgl. Abbildung 7.6. Das Verfahren H sollte der Anforderung genügen, dass es praktisch nicht möglich ist, zu einer spezifischen Zusammenfassung eine „passende" Nachricht zu erzeugen; insbesondere sollten zwei nahezu identische Nachrichten verschiedene Zusammenfassungen haben.

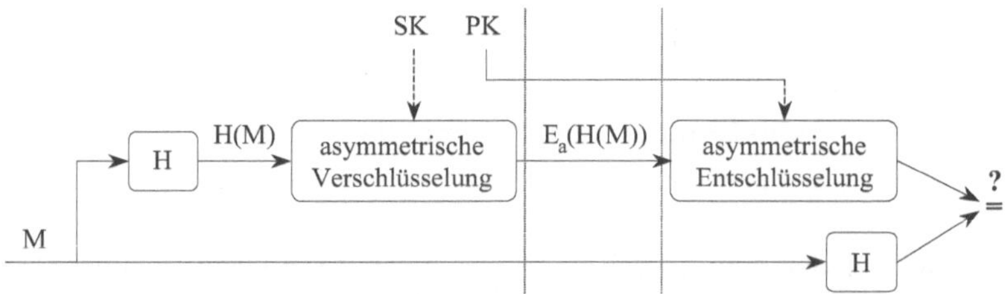

Abbildung 7.6. Digitale Signaturen über asymmetrische Verschlüsselung

Verschlüsselt man auch die Nachricht (s. o.), so erhält man eine geheime und authentifizierte Kommunikation. Bei Verwendung von Zusammenfassungen ist weiterhin die Integrität (Unverfälschtheit) der übertragenen Nachricht sichergestellt, was z. B. auch zur Überprüfung der Integrität von Softwarecode verwendet werden kann.

Die prinzipielle Idee asymmetrischer Verfahren, die Verwendung eines Paares aus zwei korrespondierenden Schlüsseln zur Ver- bzw. Entschlüsselung, wurde Mitte der 1970er Jahre von Diffie und Hellman sowie Merkle publiziert; vgl. Diffie und Hellman (1976) sowie Merkle (1978). Als Durchbruch für einen konkreten asymmetrischen Verschlüsselungsalgorithmus ist insbesondere das so genannte RSA-Verfahren zu nennen, das 1977 von Rivest, Shamir und Adleman vorgestellt wurde; vgl. Rivest et al. (1978). Der prinzipielle Ablauf des RSA-Verfahrens wird im Folgenden knapp dargestellt.

Man startet mit zwei sehr großen Primzahlen p und q, die nur anfangs nötig sind. Hierbei stellt sich zunächst das Problem, wie p und q zu bestimmen sind. Nunmehr wählt man eine Zahl e, die relativ prim zu dem Produkt $(p-1)(q-1)$ sein muss (d. h. e und $(p-1)(q-1)$ dürfen keine gemeinsamen Faktoren besitzen). Zusammen bilden dann $n = pq$ und e den öffentlichen Schlüssel. Der korrespondierende private Schlüssel (n, d) wird abgeleitet, indem man d als e^{-1} (mod $(p-1)(q-1)$) bestimmt. Hierbei ist die inverse Funktion im Sinne der Modulararithmetik definiert; d. h. d ergibt sich als eine Zahl, so dass $(d \cdot e) \bmod ((p-1) \cdot (q-1))$ gleich 1 ist. Die Sicherheit des Verfahrens beruht darauf, dass sich n nicht effizient faktorisieren lässt, d. h. p und q lassen sich aus n nicht effizient berechnen, so dass auch d nicht effizient berechenbar ist. Diese Anforderung lässt sich komplexitätstheoretisch genauer spezifizieren, allerdings ohne dass ihre Gültigkeit nachgewiesen werden konnte. Zu den Einzelheiten und mathematischen Hintergründen wird auf Schneier (1996) verwiesen.

Die Ver- bzw. Entschlüsselung einer Nachricht M bzw. von Nachrichtenteilen m wird folgendermaßen durchgeführt:

$$\text{Verschlüsselung } E \text{ von } m: \; c = m^e \bmod n$$
$$\text{Entschlüsselung } D \text{ von } c: \; m = c^d \bmod n$$

Der Ablauf wird im Folgenden anhand eines einfachen Beispieles verdeutlicht (in der Praxis verwandte Größenordnungen für p und q liegen bei 100–200 Dezimalstellen). Zunächst muss das Schlüsselpaar generiert werden:

$p = 47$ (zufällig gewählte Primzahl)
$q = 71$ (zufällig gewählte Primzahl)
$n = 47 \cdot 71 = 3337$
$(p-1) \cdot (q-1) = 3220 \quad (= 2 \cdot 2 \cdot 5 \cdot 7 \cdot 23)$
$e = 79$ (e wird zufällig gewählt als relativ prim zu 3220)
$d = 79^{-1} \bmod 3220 = 1019$ (da $(1019 \cdot 79) \bmod 3220 = 1$)
$\rightarrow$ privater Schlüssel: (3337, 1019), öffentlicher Schlüssel: (3337, 79)

Verschlüsselung:

$$M = 688 \quad \rightarrow \quad E(m) = 688^{79} \bmod 3337 = 1570$$

Entschlüsselung:

$$E(m) = 1570 \quad \rightarrow \quad D(E(m)) = 1570^{1019} \bmod 3337 = 688 = m$$

Eine Angriffsmöglichkeit zum Brechen des RSA-Kryptosystems ist zunächst der Zugriff auf p, q und d (wobei p und q nach Generierung der Schlüsselpaare gelöscht werden können). Somit muss insbesondere d geheim gehalten werden. Die zweite primäre Angriffsmöglichkeit ist der Versuch, n zu faktorisieren – beispielsweise über neue algebraische Techniken, deren Vorhandensein nicht ausgeschlossen werden kann, oder auch mittels bekannter ineffizienter Verfahren.

Um anzudeuten, wie schwer die zukünftige Sicherheit von Kryptosystemen einzuschätzen ist, sei auf einen aktuellen ausgefallenen Forschungsansatz hingewiesen, der nicht primär im Hinblick auf Kryptographie durchgeführt wird, als „Abfallprodukt“ aber effiziente Faktorisierungsverfahren erbrächte und damit entsprechende Kryptosysteme brechen würde. Es gibt eine theoretische Konzeption für so genannte Quantencomputer, bei denen Berechnungen auf den Prinzipien der Quantenmechanik basierend ablaufen würden. Erste experimentelle Quantencomputer existieren bereits, für die nahe Zukunft ist jedoch der produktive Einsatz derartiger Rechner nicht zu erwarten. In diesem Zusammenhang sei aber auch angemerkt, dass es andererseits auch Ansätze für Quantenkryptosysteme gibt, bei denen im Zusammenhang mit dem Austausch eines geheimen Schlüssels die Tatsache ausgenutzt wird, dass die Messung an quantenmechanischen Systemen deren Zustand verändert.

Ein nicht zu unterschätzendes Problem im Zusammenhang mit der Anwendung (auch asymmetrischer) kryptographischer Verfahren ist das Schlüsselmanagement. Dabei geht es zunächst um eine sichere Abspeicherung von geheimen Schlüsseln. Dies kann beispielsweise durch Passwort geschützt auf einer Diskette oder (möglichst lokalen) Festplatte erfolgen. Hierzu können beispielsweise auch Chipkarten verwendet werden; es gibt auch so genannte Krypto-SmartCards, die die Durchführung der Verschlüsselung bzw. Entschlüsselung implementieren. Bei Verlust geheimer Schlüssel ergibt sich in der Regel die Situation, dass Nachrichten, die unter Verwendung des korrespondierenden öffentlichen Schlüssels verschlüsselt wurden, nicht mehr decodiert werden können.

Ein weiteres Problemfeld ist die Verteilung von öffentlichen Schlüsseln. Hierbei muss sichergestellt werden, dass der erhaltene öffentliche Schlüssel von dem angenommenen Kommunikationspartner stammt und nicht verfälscht wurde. Praktische Ansätze hierfür sind u. a. „Key-Server" im WWW, Verteilung einer Zusammenfassung des öffentlichen Schlüssels (z. B. per Visitenkarte), Registrierung bei einer vertrauenswürdigen Institution und Verbreitung durch diese. Die Integrität und Authentizität von öffentlichen Schlüsseln kann durch eine digitale Unterschrift einer vertrauenswürdigen Institution (Zertifizierungsstelle) garantiert werden; eine solche Institution garantiert dann damit, dass der öffentliche Schlüssel wirklich von dem angegebenen Urheber stammt.

7.3 Anwendungssysteme in der Industrie

Branchenspezifisch nimmt der Industriebetrieb innerhalb der Betriebswirtschaftslehre eine außerordentlich exponierte Stellung ein, so dass dieser Bereich auch hinsichtlich der Entwicklung betrieblicher Anwendungssysteme ein wesentliches Standbein der Wirtschaftsinformatik seit ihren Anfängen ausmacht. Historisch gesehen wurden bereits seit den 1970er und 1980er Jahren verschiedene technische wie betriebswirtschaftliche Konzepte unter dem Schlagwort *Computer Integrated Manufacturing* integriert. In den 1990er Jahren wurde dann mit großem Erfolg der Begriff des *Supply Chain Managements* geprägt, hinter dem sich letztendlich eine weitere Dimension der Integration, nämlich die zwischenbetriebliche Integration insbesondere entlang von Wertschöpfungsketten, verbirgt.

7.3.1 Computer Integrated Manufacturing

Die Bandbreite von Anwendungsmöglichkeiten für betriebliche Anwendungssysteme in der Industrie findet sich insbesondere im Konzept des Computer Integrated Manufacturing (CIM) bzw. der computerintegrierten Fertigung. Der Grundgedanke des CIM-Konzeptes besteht darin, sämtliche technischen und betriebswirtschaftlichen Aufgabenbereiche eines Industriebetriebes mit Hilfe unternehmensweiter Anwendungssysteme, die auf gemeinsamen (einheitlichen) Datenbeständen arbeiten, zu unterstützen. Auf betriebswirtschaftlicher Seite wird dabei im Sinne einer klassischen Auftragsabwicklung im Wesentlichen die Produktionsplanung und -steuerung betrachtet, während auf technischer Seite Systeme der produktbezogenen Planung und Realisierung vorherrschen. Im Folgenden beschreiben wir zunächst die gängige funktionale Ausgestaltung der betriebswirtschaftlichen und daran anschließend der technischen Seite. Entsprechende Anwendungssysteme sind z. B. aus Abbildung 7.7 ersichtlich.

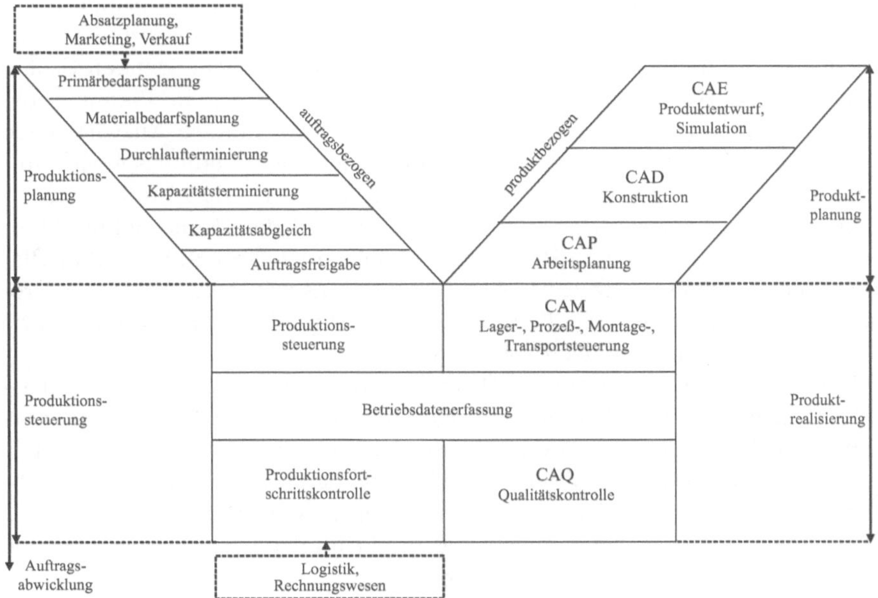

Abbildung 7.7. CIM-Konzept; in Anlehnung an Scheer (1997)

Die im Rahmen der Produktionsplanung und -steuerung (PPS) anfallenden vielfältigen und komplexen Planungsaufgaben bedingen in hohem Maße den Einsatz entsprechender Anwendungssysteme. Ausgehend von klassischen Konzepten sind *PPS-Systeme* rechnergestützte Systeme, die zur Planung, Steuerung und Kontrolle des Materialflusses in sämtlichen die Produktion im weiteren Sinne betreffenden Bereichen von der Auftragsbearbeitung über die Materialwirtschaft und die eigentliche Produktion bis hin zum Versand (logistische Kette) eingesetzt werden.[9]

Die Produktionsplanung umfasst eine Vielzahl von Teilproblemen aus den Planungsbereichen Produktionsprogramm, Bereitstellung und Produktionsprozess mit vielfältigen gegenseitigen Abhängigkeiten. Dies führt dazu, dass es zumeist nicht möglich ist, sämtliche Teilprobleme gemeinsam im Rahmen einer Simultanplanung zu betrachten, da entsprechende Modelle sehr komplex werden und mit heutigen Verfahren nach wie vor nicht immer mit vertretbarem Rechenaufwand optimal gelöst werden können. Darüber hinaus bestehen oftmals Schwierigkeiten, die für das Gesamtproblem benötigten Daten in ausreichendem Detaillierungsgrad zu beschaffen und Entscheidungen innerhalb der Produktionsplanung auf die verschiedenen Managementebenen im Unternehmen zu verteilen.

Daher wird die Produktionsplanung in heutigen PPS-Systemen in der Regel als Sukzessivplanung durchgeführt. Dies bedeutet, dass man eine Aufteilung der Produktionsplanung in verschiedene Planungsebenen zu Grunde legt, diese Ebenen sukzessive betrachtet und dort entstehende Optimierungsprobleme in der Regel heuristisch löst. Dabei werden die Ergebnisse vorhergehender Planungsstufen jeweils als Daten für die nachfolgenden Stufen berücksichtigt. Nimmt man eine hierarchische Aufteilung in Planungsebenen vor, so spricht man von hierarchischer Planung. Um auch Auswirkungen von Entscheidungen auf diejenigen in vorhergehenden Planungsebenen mit zu berücksichtigen, erfolgt eine Sukzessivplanung in der Regel rollierend.

Die meisten heutigen PPS-Systeme basieren auf der „Philosophie“ MRP II (Manufacturing Resource Planning) mit folgender Grobaufteilung in Planungsebenen: Planung des aktuellen Produktionsprogramms (Master Production Schedule), Materialbedarfsplanung, Durchlaufterminierung sowie Steuerung und Kontrolle der Produktion.[10]

Bei der Planung des aktuellen Produktionsprogramms werden Primärbedarfe (d. h. unmittelbar Kundenaufträgen oder erwarteten Nachfragen zuordenbare Bedarfe) für Endprodukte und absatzfähige Ersatzteile bestimmt. Dazu werden die Daten konkreter Kundenaufträge und Prognosen über Absatzwerte herangezogen. Dieser Planungsbereich ist in vielen PPS-Systemen nur ungenügend unterstützt, obwohl er die Grundlage für die nachfolgende Ebene der Materialbedarfsplanung darstellt.

---

[9] Vgl. zur folgenden Darstellung insbesondere Domschke et al. (1997) sowie zu intelligenten Konzepten der PPS Drexl et al. (1994).

[10] Das MRP II-Konzept stellt eine Weiterentwicklung des mrp (Material Requirements Planning) dar. Zu Modellierungsaspekten auch mit Blick auf das Supply Chain Management vgl. Voß und Woodruff (2003). Vgl. zu einer umfassenden Übersicht der in der Praxis existierenden PPS-Systeme Fandel et al. (1997).

Ausgehend von den zuvor ermittelten Primärbedarfen erfolgt bei der Materialbedarfsplanung die Bestimmung von Sekundärbedarfen (abgeleiteten Bedarfen) für Zwischen- und Vorprodukte. Dies geschieht mit Hilfe von Verfahren zur Stücklistenauflösung unter Berücksichtigung der Periodenzuordnung der Bedarfe. Dabei wird die Produktstruktur stufenweise, von den Endprodukten ausgehend, betrachtet. Für jedes Produkt werden zunächst aus den Bedarfen übergeordneter Produkte Bruttobedarfe ermittelt. Daraus ergeben sich unter Berücksichtigung der aktuellen Lagerbestände Nettobedarfe, die zu Bestellmengen (bei fremdbezogenen Gütern) bzw. Produktionslosen (bei eigengefertigten Produkten) zusammenzufassen sind. Dazu werden in den meisten PPS-Systemen auch bei mehrstufiger Mehrproduktfertigung häufig nur einfache (Einprodukt-)Modelle verwendet und heuristisch gelöst.

Ausgehend von den grob terminierten Nettobedarfen erfolgt bei der Durchlaufterminierung die zeitliche Einplanung der Produktionsaufträge (Lose) auf den Produktiveinheiten. Dazu werden Starttermine für die einzelnen Arbeitsgänge eines Auftrages bestimmt.

Bei der Kapazitätsterminierung wird in jeder Periode ein Vergleich zwischen geplantem Kapazitätsbedarf und verfügbarer Kapazität durchgeführt. Reicht in einer oder mehreren Perioden die Kapazität nicht aus, so wird im Rahmen eines Kapazitätsabgleichs eine zeitliche Umverteilung von Aufträgen vorgenommen. Dies geschieht häufig mit Hilfe einfacher Heuristiken (z. B. Prioritätsregelverfahren), wodurch die wegen zeitlicher Interdependenzen zwischen Produkten und/oder Arbeitsgängen entstehenden Auswirkungen auf vor- bzw. nachgelagerte Dispositionsstufen jedoch nur ungenügend berücksichtigt werden können.[11]

Nach der Freigabe der Fertigungsaufträge erfolgt im Rahmen der Produktionssteuerung die Bildung von Auftragsreihenfolgen für die Produktiveinheiten (Reihenfolgeplanung) und ihre detaillierte zeitliche Einplanung (Feinterminierung). Vor der Auftragsfreigabe und/oder vor der tatsächlichen Ausführung eines Auftrages wird im Rahmen einer Verfügbarkeitsprüfung festgestellt, ob die erforderlichen Produktionsfaktoren zum geplanten Zeitpunkt vorhanden sind. Während der Ausführung erfolgt eine ständige Kontrolle des Auftragsfortschrittes, indem Ist-Daten mit den geplanten Daten verglichen werden. Die Erhebung der Fertigungs-Ist-Daten erfolgt über die Betriebsdatenerfassung (BDE). Bei Soll-Ist-Abweichungen sind Fertigungsauftragsdaten wie Termine oder Mengen zu revidieren.

Zur Realisierung all dieser Planungsaufgaben wird eine Fülle von Daten benötigt. Diese Grunddaten lassen sich wie folgt unterteilen:

- Auftragsdaten: Prognosen der Absatzabwicklung und Daten von Kundenaufträgen
- Teilestammdaten: produktbezogene Informationen bezüglich Teilenummern, Produktionszeiten, Stückkosten etc.

[11] Man spricht in diesem Zusammenhang auch von Capacity Requirements Planning; vgl. z. B. Shapiro (1999).

- Erzeugnisstrukturdaten: Informationen über die Produktstruktur
- Arbeitsgangdaten: Arbeitspläne mit den zur Erstellung eines Produktes erforderlichen Arbeitsgängen, deren Zuordnung zu Betriebsmitteln und Angaben über Rüst- und Bearbeitungszeiten
- Betriebsmitteldaten: Informationen über Kapazitäten von Betriebsmitteln

PPS-Systeme haben sich in der betrieblichen Praxis weitgehend durchgesetzt, obwohl die in einigen der Planungsebenen implementierten Lösungsverfahren wenig leistungsfähig sind. Ein Hauptmangel vieler PPS-Systeme besteht in der strikt sukzessiven Planung. Durch die relativ späte Beachtung von Kapazitäten erhält man oft erhöhte Durchlaufzeiten und damit erhöhte Lagerbestände innerhalb der Produktion. Dies kann dazu führen, dass wichtige Aufträge als Eilaufträge mit erhöhter Priorität (manuell) eingelastet werden müssen, was zu einer weiteren Erhöhung von Durchlaufzeiten anderer Aufträge führen kann.

Statt einer automatisierten Steuerung der Arbeitsplätze werden oftmals Leitstände genutzt, deren Kern ein Anwendungssystem ist, das z. B. die Ist-Situation zeigt, Vorschläge macht, Alternativen aufzeigt und z. T. auch eine Simulation anbietet. Die Entscheidung über die tatsächliche Steuerung wird jedoch vom Menschen getroffen.

Zum Abschluss der Produktion ist auf Auftragsseite die Produktfortschrittskontrolle durchzuführen, bei der das Anwendungssystem die Betriebsdatenerfassung nutzen kann, um den Fertigungsfortschritt zu erkennen. Über die gesamte Produktion hinweg können gegebenenfalls relevante Daten an das Rechnungswesen übermittelt werden.

Zusätzlich zur Produktion können in Industriebetrieben noch weitere, betriebswirtschaftliche Bereiche durch Anwendungssysteme unterstützt werden. Das Marketing und der Verkauf können insbesondere hinsichtlich der Kundenanfrage- und Angebotsbearbeitung, der Angebotsüberwachung (d. h. automatische periodische Auswertung der Angebote) sowie der Auftragserfassung und -prüfung unterstützt werden. In der Beschaffung bezieht sich die Unterstützung durch Anwendungssysteme auf die Bestelldisposition (d. h. Bedarfsermittlung für jedes Teil), die Lieferüberwachung und die Wareneingangsprüfung. Bei der Lagerhaltung werden Anwendungssysteme z. B. für die Materialbewertung, die Lagerbestandsführung, die Inventur und die Unterstützung der Abläufe im Lager (Prozesssteuerung) eingesetzt. Beim Versand bieten sich die Zuteilung der Produkte auf Aufträge, die Lieferfreigabe und Entscheidung über Teillieferungen, die Fakturierung (d. h. Erstellung der Kundenrechnungen) und die Versandlogistik (d. h. möglichst optimale Lösung von Dispositionsproblemen) für den Einsatz von Anwendungssystemen an. Für die Lösung der Dispositionsprobleme können dabei Verfahren des Operations Research Anwendung finden, um eine geeignete Planungsfunktionalität zu erreichen. Auch beim Kundendienst ist die Nutzung von Anwendungssystemen möglich. So können eine automatisierte Fehlerdiagnose oder Terminüberwachung die Wartung und Reparatur unterstützen; aber auch die Bearbeitung von Reklamationen kann mit Hilfe von Anwendungssystemen erfolgen.

Der Produktentwurf bzw. die Konstruktion von Produkten können mittels des Computer Aided Engineering (CAE) bzw. des Computer Aided Design (CAD) durchgeführt werden. Hierfür besteht die Tendenz, beide Systeme zu so genannten Konstruktions-Informationssystemen zu erweitern. Nach der Konstruktion eines Produktes ist die Erstellung von Arbeitsplänen (Fertigungsvorschriften) erforderlich, die mit Computer Aided Planning (CAP) teilautomatisiert werden kann.

Bei der computergestützten Produktion (Computer Aided Manufacturing: CAM) kann eine Unterstützung von Produktion, Transportieren, Lagern, Prüfen und Verpacken durch Anwendungssysteme erfolgen. Insbesondere die Verwaltung von numerisch gesteuerten Maschinen und von Lagern sowie die Steuerung von Fertigungszellen, Flexiblen Fertigungssystemen, Prozessen u. Ä. gehören zu den Aufgaben von Anwendungssystemen. Die großen Datenmengen (der Betriebsdatenerfassung wie z. B. Maschinen- oder Prozessdaten) müssen hierbei auf Korrektheit und Plausibilität geprüft werden. Im Bereich der Qualitätssicherung kommen Systeme der Computer Aided Quality Assurance (CAQ) zum Einsatz, die individuelle Prüfungen veranlassen und Stichproben festlegen. Von großer Wichtigkeit ist ein Frühwarnsystem, das z. B. im Falle des Auftretens von Störungen im Betriebsablauf entsprechende Meldungen ausgibt.

Abschließend sei noch einmal auf neuere Ansätze zu PPS-Systemen eingegangen. Eine grundlegende Schwäche der meisten in der Praxis eingesetzten Systeme besteht darin, Produktionspläne in Unkenntnis der für die Produktion benötigten Ressourcen zu erstellen. Abbildung 7.8 symbolisiert ein kapazitätsorientiertes PPS-System, bei dem auf zentraler Planungsebene festgelegt wird, welche konkreten Endproduktmengen in den einzelnen Perioden eines bevorstehenden Planungszeitraumes zu produzieren sind. Übergeordnet findet eine aggregierte Gesamtplanung in Form einer Beschäftigungsglättung statt, d. h. im Zuge dieser Gesamtplanung ist eine Anpassung der Produktiveinheiten bzw. Kapazitäten vorzunehmen.

Auf dezentraler Planungsebene erfolgen die detaillierte Losgrößen- und die Ressourceneinsatzplanung sowie eine segmentspezifische Feinplanung. Die dabei zu betrachtenden Produktionssegemente weisen spezifische Eigenarten auf, die mit geeigneten Methoden des Operations Research zu bearbeiten sind. Als Organisationsformen der Fertigung treten z. B. die Werkstattfertigung oder das Just-in-Time-Prinzip (JIT) auf.

7.3.2 Supply Chain Management

Logistik umfasst die Gesamtheit aller Aktivitäten, die auf eine bedarfsgerechte Verfügbarkeit von Gütern und Subjekten und somit insbesondere deren raum-zeitliche Transformation ausgerichtet ist. Die mit dieser (mehrstufigen) Transformation einhergehende Verknüpfung elementarer logistischer

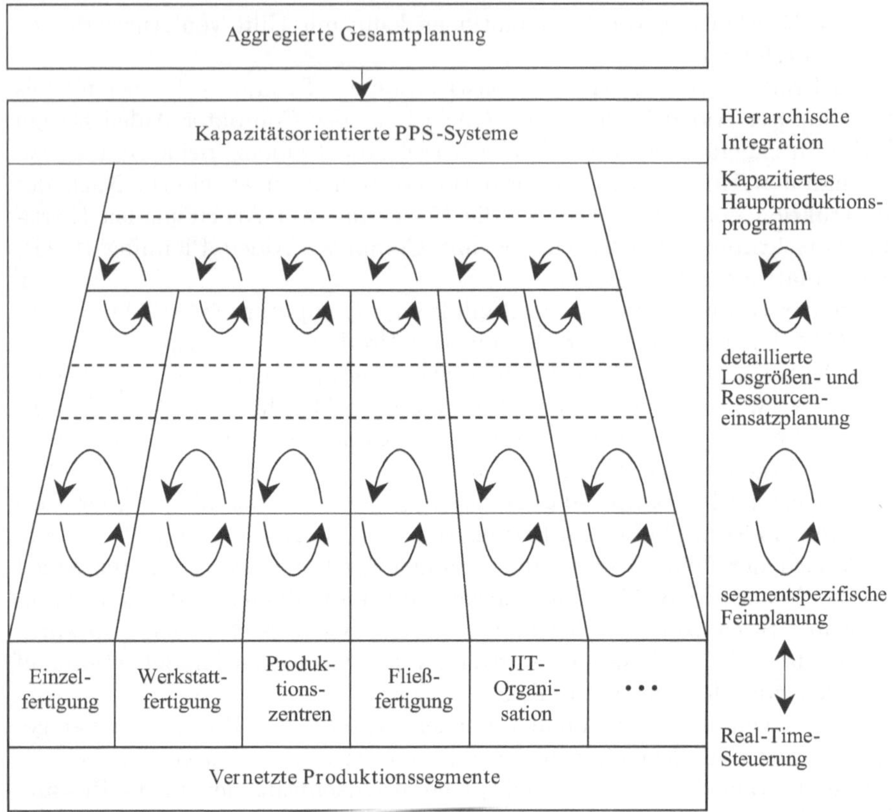

Abbildung 7.8. Grundstruktur eines kapazitätsorientierten PPS-Systems; Quelle: Drexl et al. (1994), S. 1030

Leistungsprozesse wird als logistische Kette bezeichnet. Mithin beschreibt der Term logistische Kette das Beziehungsgeflecht Beschaffung – Transport – Produktion – Distribution, Allokation und Transport – Absatz, d. h. die Funktionsbereiche der betriebswirtschaftlichen Wertschöpfungskette. Hier setzt das *Supply Chain Management* als prozessorientierte Entwicklung, Gestaltung, Koordination und Steuerung aller Aktivitäten entlang der logistischen Kette an.[12]

Im Gegensatz zur Logistik reicht das Supply Chain Management weiter, indem neben Materialflüssen insbesondere Informations- und Finanzflüsse innerhalb logistischer Ketten bzw. entsprechender Netzwerke betrachtet werden. Anwendungssysteme des Supply Chain Management lassen sich als Ergänzungen zu bestehenden ERP-Systemen auffassen, d. h. sie setzen auf

[12] Vgl. z. B. Knolmayer et al. (2000), Stadtler und Kilger (2005) sowie Voß und Woodruff (2003).

der unternehmensweiten Datenverfügbarkeit derartiger Systeme auf und integrieren sie im Zuge geeigneter Planungsfunktionalität über Unternehmensgrenzen hinweg. Letztendliche Auswirkung kann eine intelligente Synchronisation der Geschäftsprozesse mehrerer in einem Netzwerk operierender Unternehmen sein.

Eine vornehmliche Triebfeder des Supply Chain Managements besteht in der verfügbaren IT-Infrastruktur, die einen effizienten Daten- und Informationsaustausch ermöglicht. Damit einhergehend besteht der Wunsch, über geeignete Anwendungssysteme eine unternehmensübergreifende Planungsfunktionalität gewährleistet zu bekommen. Als am weitesten reichender Ansatz in diese Richtung sind so genannte *Advanced Planning Systems* (APS) verschiedener Hersteller wie z. B. i2 oder SAP zu nennen, deren Grundstruktur in Abbildung 7.9 wiedergegeben ist.

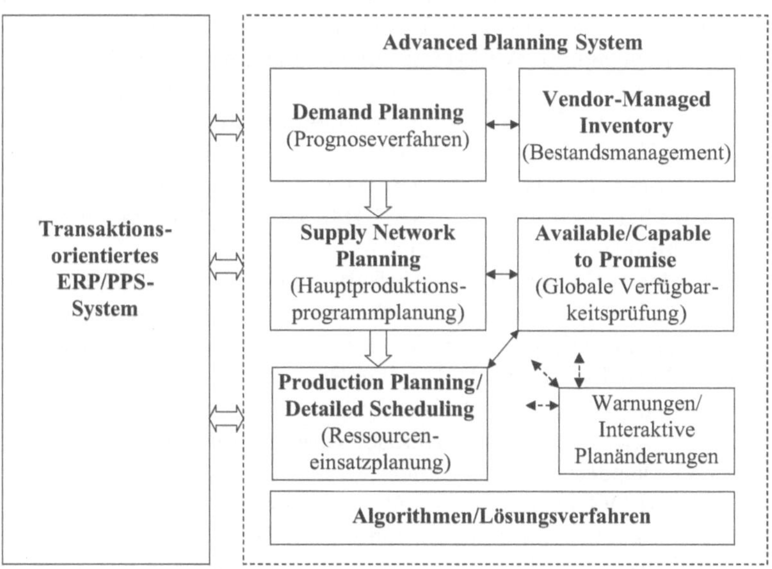

Abbildung 7.9. Grundstruktur eines Advanced Planning Systems; Quelle: Günther und Tempelmeier (2000), S. 339

Wesentliche Aspekte eines APS sind auf der einen Seite eine weit reichende Transaktionsdatenverfügbarkeit über ein ERP-System und auf der anderen Seite geeignete Algorithmen bzw. Lösungsverfahren zur Bestimmung von Lösungen für folgende Bereiche:

- Demand Planning: Prognoseverfahren zur Bestimmung von Nachfragewerten

- Supply Network Planning: Methoden zur Hauptproduktionsprogrammplanung unter Berücksichtigung von Beschaffungs-, Produktions- und Transportmengen
- Production Planning: Methoden der Produktionsplanung sowie der Ressourceneinsatzplanung

Durch den Daten- und Informationsaustausch sollen in APS darüber hinaus zwei weitere Konzepte berücksichtigt werden: *Vendor Managed Inventory* sowie *Available/Capable to Promise.* Unter Vendor Managed Inventory wird die Steuerung von Lagerbeständen eines Unternehmens durch seine Lieferanten verstanden. Available to Promise demgegenüber bedeutet eine (gegebenenfalls in Echtzeit durchführbare) Verfügbarkeitsprüfung, mit der Kundenanfragen bzw. Nachfragen verlässlich beantwortet werden können.

Ein Anwendungssystem, welches Eingang in APS findet bzw. finden kann und welches sich konsequent mathematischer Methoden bedient, ist die *ILOG Optimization Suite* des Unternehmens ILOG (`http://www.ilog.com`). Ausgangspunkt sind geeignete Werkzeuge zur Lösung kombinatorischer, gemischt ganzzahliger sowie linearer Optimierungsprobleme. Die ILOG Optimization Suite besteht aus einer Vielzahl an Komponenten, die z. T. mittlerweile auch in betriebswirtschaftliche Standardsoftware eingebunden sind bzw. eingebunden werden können (als Beispiel seien Anwendungssysteme genannt, die in Ergänzung zu ERP-Systemen wie SAP R/3 bzw. mySAP versuchen, geeignete Planungsfunktionalität zu ergänzen).

Innerhalb der ILOG Optimization Suite finden sich Werkzeuge, die z. B. die mathematische Modellierung von Problemen unterstützen.[13] Im Bereich der Kapazitätsplanung sind spezielle Module vorhanden, die Ressourcenbeschränkungen berücksichtigen. Unter dem Begriff Concurrent Scheduling werden Methoden zur Lösung von Problemen der Verfügbarkeitsprüfung (Available to Promise bzw. Capable to Promise) vorgehalten. Als Beispiel erläutern wir den ILOG Dispatcher etwas näher.

Das Modul ILOG Dispatcher dient der Tourenplanung sowie der Personaleinsatzplanung. Basierend auf vordefinierten Objekten lassen sich Tourenplanungsprobleme sowie ihre Charakteristika wie Kapazitäten, Kundenzeitfenster oder Arbeitszeitbeschränkungen (z. B. Lenkzeitbeschränkungen einzusetzender Fahrer) modellieren. Die grundsätzliche Vorgehensweise zur Lösung derartiger Probleme bedient sich moderner heuristischer Prinzipien wie dem Tabu Search; vgl. Abschnitt 2.1.3. Weitere Optionen, die im Zuge des Supply Chain Managements Berücksichtigung finden können, sind mehrere Standorte (Multidepot Vehicle Routing) oder Planänderungen in Echtzeit.

[13] „Mathematical programming models are critical elements of analytical IT. [...] They are the only analytical tools capable of fully evaluating large numerical data bases to identify optimal, or demonstrably good, plans.“ (Shapiro (1999), S. 740)

7.4 Anwendungssysteme im Dienstleistungsbereich

Dienstleistungsunternehmen sind insbesondere dadurch gekennzeichnet, dass ihre Produkte im Kern immaterielle Wirtschaftsgüter sind. Beispiele sind Unternehmen aus den Bereichen Transport und Verkehr sowie Banken und Finanzdienstleistungen. Ausgehend von den vier Phasen einer Dienstleistungsproduktion

- Realisierung der Leistungsbereitschaft durch Kombination interner Produktionsfaktoren (z. B. Bereitstellung von Transportmitteln),
- Leistungsvereinbarung mit dem Kunden (z. B. Erwerb eines Fahrscheins),
- Leistungserbringung bzw. -durchführung (z. B. Transport einer Person oder eines Gutes) und
- Nachbehandlung (z. B. Inkasso nach dem Erwischtwerden beim Schwarzfahren, d. h. der unberechtigten Inanspruchnahme einer Dienstleistung)

lassen sich eine Vielzahl an Anwendungssystemen im Dienstleistungsbereich beschreiben. Wesentliche Aspekte bestehen letztendlich in der effizienten Steuerung von Informationsflüssen (Informationslogistik).[14]

Unterstützungssysteme im Dienstleistungsbereich lassen sich z. B. im Gesundheitswesen, bei Banken, im Bibliothekswesen oder im Hotel- und Gaststättengewerbe finden. Exemplarisch geben wir im Folgenden einige Hinweise zu einfachen Auskunfts- und Beratungssystemen, zum Customer Relationship Management sowie für das Revenue Management.

7.4.1 Auskunfts- und Beratungssysteme

Im unmittelbaren wie im mittelbaren Kundenkontakt können *Auskunfts-* und *Beratungssysteme* die Leistungsvereinbarung mit dem Kunden unterstützen. Beispiele sind hier Fahrgastinformationssysteme[15] im Bereich des Verkehrs, Auskunfts- und Buchungssysteme in einem Reisebüro oder Vertriebssysteme für Außendienstmitarbeiter in verschiedenen Branchen wie z. B. der Versicherungswirtschaft. Bezieht man derartige Systeme etwa auf den Wertpapierhandel, so ist es offensichtlich, dass dies unmittelbar auch den Bereich des Electronic Commerce mit entsprechenden elektronischen Märkten betrifft; vgl. hierzu Abschnitt 7.6.

Weiterführend sei in diesem Abschnitt kurz eine Anbindung an den Bereich der Anwendungssysteme in der Verwaltung diskutiert.[16] Im Zuge der Bereitstellung von Informationsangeboten eröffnen sich Optionen für eine

---

[14] Vgl. z. B. Voß und Domschke (1999) sowie Voß und Gutenschwager (2001). Zu einer Einführung in die Wirtschaftsinformatik im Dienstleistungsbereich sei Bodendorf (1999) genannt.

[15] Vgl. z. B. Daduna und Voß (1994) oder Schneidereit et al. (1998) sowie Abschnitt 7.5.

[16] Wir sind uns sehr wohl der Tatsache bewusst, dass sich der Verwaltungsbereich möglicherweise sowohl in der Praxis wie auch in der Theorie ungern dem

funktionale Vernetzung verschiedener Informationsbereiche, wie man sie z. B. in so genannten *Stadtinformationssystemen* finden kann. Derartige Systeme verfügen über ein breit gefächertes Informationsangebot, welches sich aus den folgenden Bereichen zusammensetzen kann: Fahrgastinformationen, Informationen über (touristische) Sehenswürdigkeiten, Veranstaltungsinformationen sowie Verwaltungs- und Dienstleistungsinformationen („Bürgerinformationen").

Im Bereich multifunktionaler Informationssysteme zählen hierzu insbesondere multimediale *Kiosksysteme*, die sich dadurch auszeichnen, dass die entsprechenden Benutzerschnittstellen an öffentlich zugänglichen Orten platziert sind und von häufig wechselnden, meist anonymen Benutzern frequentiert werden. Hinsichtlich des Interaktionsgrades mit einem Kiosksystem lassen sich die folgenden drei Stufen unterscheiden:

- Animationskiosk: Die Art und Reihenfolge sowie der Umfang der vom System bereitgestellten Informationen ist nicht beeinflussbar.
- Interaktionskiosk: Die Art, Reihenfolge und der Umfang der vom Benutzer abgerufenen Informationen ist durch Interaktion beeinflussbar.
- Transaktionskiosk: Der Benutzer kann durch Interaktionen mit dem System entsprechende Transaktionen auslösen und auf diese Weise die im System gehaltenen Daten „manipulieren".

Multimediale Kiosksysteme erlauben die Integration verschiedener Bereiche mit diversen Funktionalitäten, so dass ihr Leistungsspektrum breit gefächert ist. Dabei ist es ohne weiteres möglich, die Kernstruktur von Stadtinformationssystemen zu realisieren. Als Informations- und Dienstleistungsanbieter sind sowohl „kommerzielle" (z. B. Hotel- und Gastronomiegewerbe, Einzelhandel, Konzertveranstalter etc.) als auch „nicht-kommerzielle" Anbieter (Verwaltungen und Betriebe der öffentlichen Hand) zu finden. Während Erstere eher eine marketingorientierte Informationsbereitstellung betreiben, sind Letztere oftmals eher einer Daseinsfürsorge verpflichtet.

Mittlerweile hat es sich als Standard erwiesen, dass städtische Kiosksysteme über eine Zahlungs- und Buchungsfunktion verfügen können. Auf diese Weise lassen sich zahlreiche der im System angebotenen Leistungen während der Recherche buchen bzw. erwerben (z. B. Hotelzimmer, Theaterkarten).

7.4.2 Customer Relationship Management

Ausgehend von der Differenzierung zwischen Front Office und Back Office (vgl. Abschnitt 7.1.3) lassen sich in allen Phasen des Dienstleistungsbereiches diverse Anwendungssysteme angeben. Dies kann im Front Office z. B.

Dienstleistungsbereich zuordnen lässt. Ein entsprechender Paradigmenwechsel wäre jedoch zu begrüßen.

Anwendungssysteme im Verwaltungsbereich betreffen so unterschiedliche Themen und Bereiche wie das Einwohnermeldewesen, Finanzämter, die Polizei oder Liegenschaftsämter.

die Ansprache potenzieller Kunden über geeignete Informationssysteme bedeuten. Aus Marketingsicht lässt sich dies jedoch nicht auf reines Informieren beschränken, so dass unter dem Schlagwort *Customer Relationship Management* (CRM) oftmals ein ganzheitliches Konzept zur Unterstützung von Kundenbeziehungen bzw. einer Vereinfachung der Steuerung der Kundenansprache unter Einbeziehung entsprechender Anwendungssysteme verstanden wird.

Zum CRM können u. a. Systeme des Back Office mit geeigneter Analysefunktionalität (z. B. Methoden des Data Mining) gehören, um Kundenpräferenzen erkennen und speziell darauf abgestimmte Systemfunktionalität bereithalten zu können. Hinsichtlich der Datenverfügbarkeit ist eine geeignete Integration dergestalt zu gewährleisten, dass Kundendaten verschiedener Systeme mit gegebenenfalls unterschiedlichen Schlüsselattributen für identische Kunden zu konsolidieren sind. Dies kann Daten hinsichtlich offener Bestellungen und offener Zahlungen (bzw. zur Zahlungsmoral) eines Kunden, die in einem ERP-System vorliegen, oder Aufzeichnungen eines Call Centers über Kundenreaktionen, z. B. bei Beschwerdevorgängen, betreffen.

Ein CRM-System kann einem Nutzer für Aktionen der Kundenansprache im Zuge einer zielgerichteten Auswahl in Betracht kommende Kunden auf der Basis detaillierter Kundenprofile sowie geeignete Kommunikationskanäle angeben, nach denen eine Filterung verfügbarer Daten (im Sinne einer Segmentierung) vorzunehmen ist. Aktivitäten vermöge verschiedener Kanäle sind als solches zu dokumentieren, um unerwünschte Mehrfachansprachen zu verhindern. Darüber hinaus lassen sich standardisierte Vorgänge wie das Veranlassen der Versendung von Glückwunschkarten zu Kundengeburtstagen u. Ä. integrieren.

7.4.3 Revenue Management

Unter *Revenue* oder *Yield Management* verstehen wir die Kapazitätsplanung und Preisgestaltung in der Dienstleistungsproduktion mit dem Ziel der Ertragsmaximierung; vgl. z. B. Klein (2001). Wesentliche Aspekte sind eine Kombination proaktiver und analytischer Prozesse, um Nachfrage und Bedarf nach einer Dienstleistung mit dem genannten Ziel in Einklang zu bringen.

Veranschaulichen lässt sich das Revenue Management am Beispiel von Unternehmen des Luftverkehrs, die das Revenue Management in Verbindung mit geeigneten Reservierungssystemen durchführen. Typische Merkmale der Dienstleistung Personenbeförderung sind in diesem Fall die folgenden Kriterien:

- geringe Flexibilität der Kapazität, da eine Anpassung nur mit hohem finanziellen Aufwand sowie in der Regel nicht kurzfristig durchführbar ist
- hohe Fixkosten („sunk cost“) für die Bereitstellung der Kapazität
- geringe Grenzkosten der eigentlichen Leistungserstellung (z. B. für Bordservice)

- Ertragsverlust oder -minderung bei Nichtinanspruchnahme der Kapazität („Verderblichkeit" der Kapazität)
- Nachfrageunsicherheit
- Option der Marktsegmentierung sowie der Preisdifferenzierung
- Option der Vorausbuchung der Leistung

Anwendungssysteme im Bereich Revenue Management verfolgen die Steuerung der Produktverfügbarkeit auf der Basis unterschiedlicher Preise verbunden mit unterschiedlichen Zusicherungen hinsichtlich der Möglichkeit der Leistungsinanspruchnahme. Zu prognostizieren sind somit für jede Flugverbindung und gegebenenfalls für jeden Abflugtermin Daten und Wahrscheinlichkeitsverteilungen verschiedener Buchungsklassen sowie die damit verbundenen Buchungszeiträume, d. h. eine Prognose der für einen Flug im Zeitablauf noch eintreffenden Buchungsanfragen, Stornierungen sowie so genannte No-Shows (Passagiere, die ohne Stornierung ihrer Buchung nicht zum Flug erscheinen) und Go-Shows (Passagiere mit gültigem Flugschein, die nicht im Reservierungssystem erfasst sind).

Ein wesentlicher Mechanismus, mit dem im Revenue Management gearbeitet wird, ist die „Überbuchung". Statische Modelle zur Überbuchung legen ein statisches Buchungslimit für verbleibende Buchungszeiträume fest. Dabei werden insbesondere Wahrscheinlichkeitsverteilungen in Abhängigkeit vom Buchungslimit ermittelt und berücksichtigt. Als Ersatzziel wird dabei oftmals die Minimierung der Wahrscheinlichkeit zurückgewiesener Reservierungen unter Einhaltung bestimmter Restriktionen (z. B. Mindestauslastung von 90%) verfolgt. Die Planung erfolgt in der Regel rollierend. Dies bedeutet, dass Pläne während des Planungszeitraumes, d. h. vor Erreichen des Planungshorizontes, aufgrund veränderter Daten (gegebenenfalls mehrfach) modifiziert werden. Dynamische Modelle betrachten darüber hinaus Wahrscheinlichkeitsverteilungen für kommende Buchungsanfragen. Ein Anwendungssystem führt dies insbesondere in Verbindung mit einem Reservierungssystem durch, an welches kontinuierlich Anfragen eingehen, die entsprechend in Echtzeit zu beantworten sind; vgl. hierzu das Prinzip des Available to Promise in Abschnitt 7.3.2.

7.5 Anwendungssysteme im Verkehrsbereich

Die Planung und Steuerung von Leistungserstellungsprozessen im Bereich des Verkehrs wird (wie in anderen Bereichen auch) in einem erheblichen Umfang durch die Qualität und Verfügbarkeit von Daten und Informationen sowie den damit einhergehenden IKS beeinflusst. In Abhängigkeit der Art der Verkehrsabläufe unterscheiden wir vereinfacht folgende drei Bereiche: der (kollektive) *öffentliche Personenverkehr* (ÖV), der *motorisierte Individualverkehr* sowie der *Güterverkehr*. Als weitergehende Differenzierung unterscheidet man auch die Bereiche *Öffentlicher Personennahverkehr* (ÖPNV) (einbezogen ist hierbei auch der Regionalverkehr), *Schienenpersonenfernverkehr* und *Luftverkehr*. In diesem Abschnitt geben wir einen Überblick über ausgewählte Anwendungssysteme im Verkehrsbereich, die die vorhandene Vielfalt informationslogistischer Anwendungen aus dem Bereich des Verkehrs aufzeigen.[17]

Im Bereich des Verkehrs befinden sich eine Vielzahl von IKS im Einsatz. Hierzu gehören übergeordnete Systeme des Verkehrsmanagements (Verkehrsinformationssysteme, RDS/TMC: Radio Data System/Traffic Message Channel), unternehmensübergreifende Informations- und Kommunikationssysteme des Logistikmanagements (u. a. basierend auf Frachtbörsen, Güterverkehrszentren und Unternehmensnetzwerken), unternehmensinterne Telematiksysteme (Ortungssysteme, Flottenmanagementsysteme), unternehmensinterne Tourenplanungssysteme oder Auftragsabwicklungssysteme; z. B. Speditionsleitstände, Terminalbetriebsführung). Die genannten Systeme bedienen sich diverser Technologien z. B. im Bereich terrestrischer oder Mobilkommunikation bzw. der Satellitennavigation (z. B. GPS: Global Positioning System). Darüber hinaus kommen unterstützend weitere Systeme wie z. B. geographische Informationssysteme zum Einsatz.

7.5.1 Öffentlicher Personenverkehr

Für den ÖV verknüpfen Anwendungssysteme im Back Office (internes Informationsmanagement) verschiedene Systeme aus dem Bereich der (strategischen und operativen) Planung der Leistungserstellungsprozesse sowie der Betriebssteuerung und Überwachung. Im Front Office (externes Informationsmanagement) erfolgt die Anbindung an diverse Komponenten der Fahrgastinformation. Beide Bereiche bilden, wie in Abbildung 7.10 skizziert, eine integrierte Struktur, die aus den funktionalen Zusammenhängen der einzelnen (Teil-)Aufgabenstellungen resultiert.

Im Back Office stehen, basierend auf einem relationalen Datenbanksystem (DB-System), die IT-gestützte Angebots- und Einsatzplanung sowie ein rechnergestütztes Betriebsleitsystem (RBL) im Vordergrund. Für die Angebotsplanung ist insbesondere das Datenmanagement der Netz- und Fahrplandaten von Bedeutung, welche die Basis für die betriebliche Einsatzplanung bilden. Das RBL wird in erster Linie zur Steuerung und Überwachung der Betriebsabläufe eingesetzt, wobei aktuelle Daten auch in zusätzlichen Funktionen genutzt werden, wie zum Beispiel einer (dynamischen) Fahrgastinformation. Grundlage hierfür sind Ortungs- und Kommunikationssysteme, die bei einer entsprechenden technischen Ausstattung eine (weitgehend) lückenlose Erfassung der Betriebsabläufe ermöglichen.

Anwendungssysteme im Front Office betreffen insbesondere eine leistungsfähige und kundenorientierte Fahrgastinformation. Intermodale, d. h. sich

[17] Vgl. zu einer ausführlichen Diskussion sowie als Grundlage der folgenden Darstellungen insbesondere Daduna und Voß (2000).

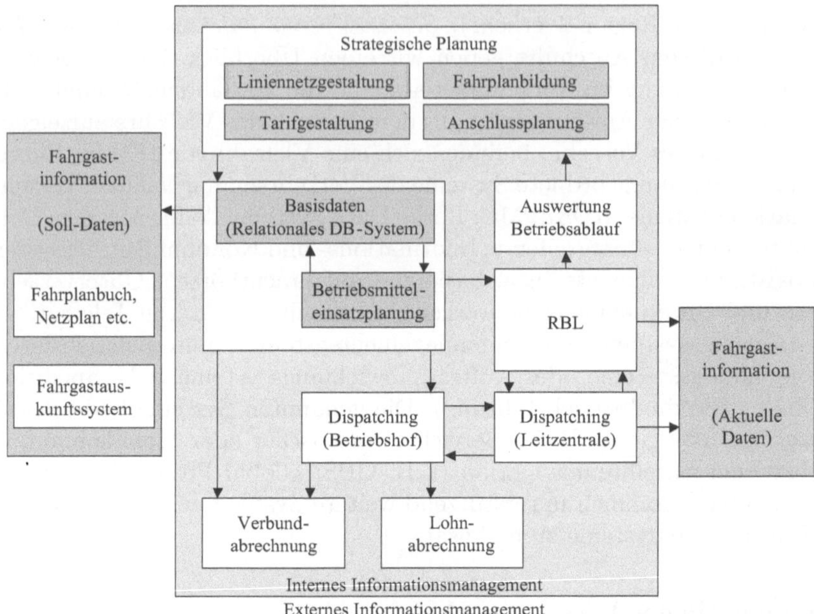

Abbildung 7.10. Internes und externes Informationsmanagement in Betrieben des öffentlichen Personennahverkehrs; Quelle: Daduna und Voß (1995), S. 362

über mehrere Verkehrsträger erstreckende, Fahrgastleit- und Informationssysteme beispielsweise integrieren mehrere verkehrsrelevante Auskunftsdienste in einer gemeinsamen Plattform. Sie leisten eine effektive Mobilitätsberatung und erlauben gegebenenfalls eine Beeinflussung des Verkehrsmittelwahlverhaltens der Reisenden.

Mit dem Ende der 1980er Jahre begann der Einsatz von IT-gestützten Auskunftssystemen für die Fahrgastinformation, eine Entwicklung die u. a. durch die zunehmende Verfügbarkeit von leistungsfähiger dezentraler Hardware ermöglicht wurde. Anfangs stand vornehmlich die Fahrplaninformation im Vordergrund, wobei die Auskunftserteilung für Einzelfahrten (in Verbindung mit einem unmittelbaren Fahrtantritt) und die Erstellung relationsbezogener persönlicher Fahrpläne die wesentliche Nutzungsform darstellten. Ziel hierbei war es, dem Kunden zum einen die Suche nach möglichen Verbindungen in Verkehrsnetzen zu erleichtern und ihm zum anderen einen bedarfsgerechten Auszug aus dem Fahrplanbuch zur Verfügung zu stellen. Erweitert wurde diese Form der Informationsbereitstellung in den folgenden Jahren durch die Verknüpfung von Informationen über den Schienenpersonenfernverkehr mit denen des lokalen ÖPNV sowie durch eine Ausdehnung der einbezogenen Gebiete.

Mit der zunehmenden Verbreitung der Zugangsmöglichkeit zu Netzdiensten zeigt sich auch im Bereich der Fahrgastinformation eine Entwicklung, die diese Strukturen für eine attraktive Gestaltung der Fahrgastinformation nutzt. Die Basisfunktion der Fahrplanauskunft kann, mit Blick auf eine kundenorientierte Informationsvermittlung, unterschiedliche Funktionalitäten umfassen.

Aufgrund unterschiedlicher Voraussetzungen bei den (potenziellen) Kunden bietet es sich an, eine benutzerabhängige Wegewahl auf der Basis verschiedener Kriterien zu erlauben. Diese Wahlmöglichkeit stellt besondere Herausforderungen an ein Fahrgastinformationssystem, da je nach Auswahl nicht nur die Fahrplanzeiten im Vordergrund stehen (schnellste Verbindung), sondern auch Umsteigemöglichkeiten (bequemste Verbindung), behindertengerechter Ausbau der Verkehrsmittel und Haltestellen (behindertengerechte Beförderung) oder die Entfernungen sowie die Zugehörigkeit einer Strecke bzw. Haltestelle zu einem Tarifgebiet (geringste Kosten) von Bedeutung sind. Somit muss für eine solche Auswahlmöglichkeit entweder die Datenbasis gezielt um die entsprechenden Informationen erweitert oder auf Seiten der Berechnungsverfahren eine geeignete Funktionalität vorgehalten werden.

Neben der Basisfunktion Fahrplanauskunft ist im Zuge einer kundenorientierten Informationsbereitstellung die Integration weiterer (die Fahrplandaten ergänzender) Informationen sinnvoll. Neben der statischen Information, die auf den gespeicherten Soll-Daten aufbaut, stellt sich auch die Frage einer Einbeziehung von aktuellen Betriebsdaten (Ist-Daten). Unabdingbare Voraussetzung für eine entsprechende Realisierung ist, dass flächendeckend ein RBL realisiert ist, mit dessen Hilfe die aktuellen Betriebsdaten erfasst und aufbereitet werden.

Um eine Auskunftserteilung in Abhängigkeit von der jeweiligen Anfragesituation gewährleisten zu können, sind zwei parallele Datenbestände zu führen. Auf der einen Seite sind die Soll-Daten vorzuhalten, mit deren Hilfe zum Beispiel die persönlichen Fahrpläne erstellt werden. Auf der anderen Seite ist ein auf den Soll-Daten basierender Datenbestand erforderlich, der, ausgehend von den im RBL erfassten Abweichungen vom Soll-Ablauf, kontinuierlich korrigiert wird. Berücksichtigt werden können hierbei u. a. Verspätungen, Ausfälle einzelner Fahrten oder Fahrten in einem bestimmten Zeitabschnitt sowie verkehrstechnisch bedingte Veränderungen im Linienverlauf. Gleichzeitig lassen sich aber auch zusätzliche Fahrten, die zum Beispiel aufgrund von kurzfristigen Bedarfsveränderungen erforderlich sind, in die Routenermittlung einbeziehen.

Ein weiterer Aspekt in der Diskussion über eine effiziente Gestaltung der Fahrgastinformation ist die durchgängige Quelle-Ziel-Auskunft, die sich über verschiedene Bedienungsgebiete (und Verkehrsmittel) erstreckt und nur einen einzigen Abfragevorgang erforderlich macht (d. h. eine Vernetzung unterschiedlicher Fahrgastinformationssysteme erfordert). Bei einer durchgängigen Routensuche ergibt sich neben dem Problem der dislozierten Datenbestände eine zusätzliche Schwierigkeit, die aus der Verknüpfung unterschiedlich konzipierter Systeme resultiert, die derzeit in den verschiedenen Bedienungsgebieten im betrieblichen Einsatz sind.

7.5.2 Güterverkehr

Unter logistischen Dienstleistern (z. B. Speditionen oder dem Betreiber eines Container- bzw. Umschlagterminals) verstehen wir Unternehmen, deren Hauptzweck in der raum-zeitlichen Transformation von Gütern besteht, verbunden mit der Integration sämtlicher Wechselwirkungen und Prozesse entlang der logistischen Kette. Für logistische Dienstleister besitzen Informationen, insbesondere über die zu transportierenden Güter, eine große Bedeutung. Eine wesentliche Rolle spielen hierbei sendungsbezogene Orts- und Zustandsdaten sowie Auskünfte über potenzielle Veränderungen im vorgesehenen Transportablauf. Zu nennen sind hier (gegebenenfalls als Mehrwertdienste) z. B. die Ermöglichung des Tracking (Verfolgung des aktuellen Transportverlaufes einschließlich der Bereitstellung von Statusdaten, Sendungsverfolgung) und des Tracing (Dokumentation des gesamten Transportverlaufes). Voraussetzung hierfür ist ein Anwendungssystem, mit dessen Hilfe der Standort (und Zustand) jedes Packstückes (Paket, Container usw.) zu gewissen Zeitpunkten ermittelt, über einen gewissen Zeitraum gespeichert und jederzeit abgefragt werden kann.

Ein derartiges System kann auf unterschiedlichen Technologien aufbauen. Weit verbreitet ist heutzutage die Verwendung von auf jedem Packstück befestigten Barcodes. Mittels Barcodelesegeräten kann dann an allen Schnittstellen des Transportes (d. h. bei jedem Lade- und Umladevorgang) kontrolliert werden, welche Packstücke diese Schnittstelle in welchem Zustand passieren (d. h. gegebenenfalls können dabei auch Beschädigungen registriert werden). Dadurch wird für jedes Packstück ermittelt, in welchem Lager oder auf welchem Fahrzeug es sich befindet. Wird zusätzlich die Position der einzelnen Fahrzeuge mit Satellitenortungssystemen bestimmt, so sind genaue Angaben zum Standort eines Packstückes erhältlich, die dann dem Auftraggeber und dem Empfänger auf geeignete Weise zugänglich gemacht werden können.

Das hier zum Einsatz kommende Anwendungssystem muss für die Sendungsverfolgung auf einer Datenbank aufsetzen, in der alle Lesevorgänge aller Barcodelesegeräte mit einem Zeitstempel versehen gespeichert werden. Darüber hinaus muss ein Zugriff auf die Auftragsdaten gewährleistet sein, um eine eindeutige Zuordnung von Barcodes zu Aufträgen (und damit zu Auftraggeber und Empfänger) zu ermöglichen. Des Weiteren muss ein derartiges System nicht nur eine aktuelle Sendungsverfolgung gewährleisten, sondern auch die Möglichkeit bieten, zu einem späteren Zeitpunkt den Weg eines Packstückes nachvollziehen zu können (z. B. für den Fall eines Diebstahles). Aus rechtlichen Gründen muss oftmals auch der Zustand von Packstücken (Beschädigungen) dokumentiert werden, d. h. eine zusätzliche (manuelle) Eingabe von Schäden in das Anwendungssystem muss möglich sein. Darüber hinaus muss gesichert sein, dass Daten über den Weg (und Zustand) eines Packstückes nicht im Nachhinein manipuliert werden können.

7.5.3 Anwendungssysteme auf einem Containerterminal

In Abschnitt 1.1 haben wir zur Verdeutlichung einiger der im Rahmen der integrierten Informationsverarbeitung eines Unternehmens auftretenden Aspekte das Beispiel eines Containerterminals der Hamburger Hafen und Lagerhaus AG betrachtet; vgl. `http://www.hhla.de`. Als Dienstleistungsunternehmen der Verkehrswirtschaft verwendet die HHLA dabei eine Vielzahl von integrierten IKS. Die Darstellung in Abbildung 7.11 symbolisiert vereinfacht das Zusammenspiel integrierter Planungs-, Kontroll- und Steuerungssysteme.

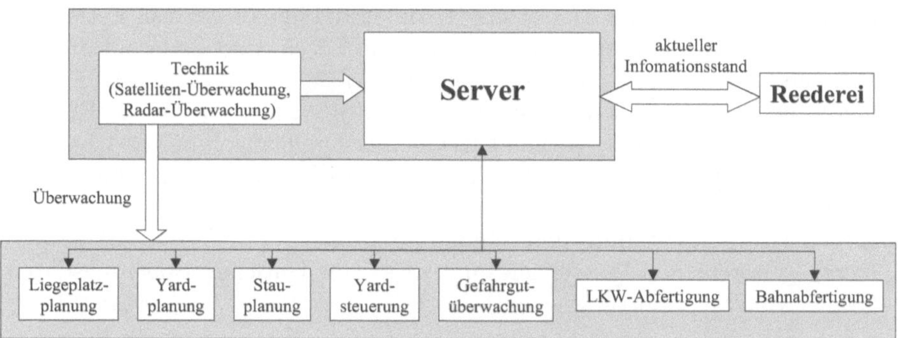

Abbildung 7.11. Funktionsübersicht auf einem Containerterminal

Ausgehend von einem zentralen IKS (dargestellt als zentraler Server) lassen sich verschiedene Bereiche und die in ihnen ablaufenden Prozesse und Systeme auf einem Containerterminal planen, steuern sowie überwachen. Hiervon betroffen sind die Verkehrsträger Schiff, Bahn und LKW sowie die für den innerbetrieblichen Transport der Container verwendeten Portalhubfahrzeuge (auch als Straddle Carrier oder Van Carrier bezeichnet) und die wasserseitigen (Verlade-)Brücken. Ein wesentlicher Aspekt ist dabei ein effizienter Daten- und Informationsaustausch, um z. B. die Avisen von Kunden bzw. Reedereien auf elektronischem Wege erhalten und weiter verarbeiten zu können. Damit Daten sowohl unternehmensweit als auch extern über geeignete Schnittstellen zur Verfügung stehen, kann man sich u. a. des elektronischen Datenaustausches mit Hilfe eines externen Dienstleisters bedienen (siehe Abschnitt 7.6.2).

Diverse Anwendungssysteme unterstützen die verschiedenen Aufgabenbereiche des Terminals. Das Umschlagsystem des Terminals gliedert sich je nach Verkehrsträger bzw. durchzuführenden Tätigkeiten in verschiedene Bereiche. Die LKW- und die Bahnabfertigung stellen dabei die landseitige und die Schiffsabfertigung die wasserseitige Schnittstelle des Systems dar. Die Schiffsabfertigung bezieht sich dabei wasserseitig auf verschiedene Schiffsarten mit unterschiedlichen Größen und Kapazitäten und landseitig auf die Brücken und Kräne zum Laden und Löschen von Containern, die ihrerseits durch Portalhubfahrzeuge bedient werden. Die angelieferten Container werden in einem Import-Export-Bereich (Yard) zwischengelagert.

Wir beschreiben im Folgenden exemplarisch einige Aspekte der Liegeplatzplanung; vgl. Hoffarth und Voß (1994). Um eine Liegeplatzdisposition durchführen zu können, sind im System die folgenden Daten vorzuhalten, wobei jeweils sowohl Stammdaten als auch Bewegungsdaten enthalten sind.

- Schiffsdaten (Stamm-, Ankunfts- und Routendaten)
  hierzu gehören: Name des Schiffes, Schiffs-Code, Länge, Breite, Handlingrestriktionen (Angabe, ob es sich um ein Schiff mit speziellen Anforderungen handelt, z. B. Querstau[18]), eta/ets (Estimated Time of Arrival, Estimated Time of Sailing), aktueller Tiefgang, Anzahl Lösch- und Ladecontainer
- Brückendaten (Stamm- und Sperrungsdaten)
  hierzu gehören: Brücken-Nummer, Länge des Auslegers, Breite, Fahrbereich auf dem Terminal, Vorhandensein einer Drehkanzel (zur Bearbeitung von Schiffen mit Querstau), Sperrungsdaten (Dauer von/bis, Sperrungsgrund)
- Liegeplatzdaten (Stamm- und Sperrungsdaten)
  hierzu gehören: Soll-Wassertiefe und Lage von Untiefen, Sperrungsdaten (Dauer von/bis, Sperrungsgrund)

Darüber hinaus sind Daten aus der Yardplanung verfügbar (Stellplatzdaten der Container) sowie Angaben über die Entfernungen auf dem Yard in Form einer Distanzmatrix. Auf Basis der gegebenen Daten lassen sich Restriktionen formulieren, die für eine Liegeplatzdisposition von Bedeutung sind. Dies sind insbesondere ausschließende Nebenbedingungen (z. B. darf der aktuelle Tiefgang eines Schiffes nicht größer sein als die Wassertiefe des zugeordneten Liegeplatzes) sowie konkurrierende Nebenbedingungen (z. B. muss der Arbeitsbedarf gleichzeitig abzufertigender Schiffe mit der zur Verfügung stehenden Personal- und Gerätedecke zu bewältigen sein). Im Zuge der eigentlichen Liegeplatzdisposition ist jedem Schiff bei Ankunft ein Liegeplatz zuzuweisen; d. h. das Ziel ist die zweckmäßige Verteilung aller für einen Planungszeitraum gemeldeten Schiffe auf die Kaianlagen des Terminals.[19]

Die Stauplanung betrifft die Planung und Steuerung der Beladung sowie des Löschens der Schiffe. Dabei werden für jedes Schiff unter Berücksichtigung diverser Rahmenbedingungen geeignete Sequenzen festgelegt, in welcher Reihenfolge z. B. Container geladen werden.

[18] Container werden normalerweise in Längsrichtung zum Schiff gestapelt. Im Falle einer Abweichung hiervon spricht man von Querstau.

[19] Unter Berücksichtigung der Zielsetzung, dass die Gesamtstrecke der im Planungszeitraum anfallenden Portalhubfahrzeug-Fahrwege zu minimieren ist, handelt es sich um ein $\mathcal{NP}$-schweres Problem; vgl. Abschnitt 2.1.2.

Als Anwendungssysteme auf einem Containerterminal können auch Simulationssysteme fungieren. So lässt sich beispielsweise der Umschlag auf einem Terminal modellhaft „durchspielen"; vgl. z. B. das System SCUSY.[20] Simulatonssysteme können auch in Verbindung mit anderen Systemen eingesetzt werden. Als Beispiel sei ein Gefahrgut-Meldesystem genannt, welches als Kommunikationsverbund zwischen Unternehmen und Behörden sowie Institutionen der öffentlichen Hand wie Polizei und Feuerwehr den Datenaustausch bezüglich Registrierung von Gefahrgut durchführt. Die Auswirkungen eines Schadensfalles lassen sich in Verbindung mit dem Simulationssystem modellhaft eruieren.

7.6 Electronic Commerce

Unter Electronic Commerce (EC) versteht man die elektronische Abwicklung von Geschäftsverkehr („elektronisches Handeln", „elektronische Märkte"), d. h. die (teil-)automatisierte Kommunikation (Informationsaustausch) von Unternehmen mit externen Partnern zur (elektronischen) Abwicklung von Transaktionen unter Einsatz von Informations- und Kommunikationstechnik. Dabei werden alle Phasen von Markttransaktionen unterstützt (Informations-, Vereinbarungs- und Abwicklungsphase einschließlich Nachbehandlung).

Eine elektronische Unterstützung solcher Transaktionen läuft letztendlich auf eine unternehmensübergreifende Integration von Informations- und Kommunikationssystemen hinaus. Nur hierdurch können moderne Produktions-, Logistik-, und Supply-Chain-Management-Konzeptionen sinnvoll verwirklicht werden. Der Zwang hierzu ergibt sich durch die Veränderungen der Wettbewerbsbedingungen, insbesondere im Zusammenhang mit der Globalisierung und einer weitergehenden Arbeitsteilung in allen Unternehmensprozessen mit einer Vervielfachung der Informationsprozesse. Voraussetzung für ein erfolgreiches Umsetzen von entsprechenden Potenzialen ist ein ganzheitliches Prozessdenken über Unternehmensgrenzen hinweg und eine Unterstützung durch entsprechende Informations- und Kommunikationstechnik. Ansätze hierzu sind schon seit den 1970er Jahren im Zusammenhang mit Konzeptionen des Electronic Data Interchange (EDI) vorhanden.

Auf der Absatzseite ergeben sich neue Potenziale durch den Durchbruch des Internets bzw. WWW als Vertriebsweg. Hieraus resultiert ein verschärfter globaler Wettbewerb mit höherer Markttransparenz. Eine entsprechende Konzeption eines kundenorientierten Informationsmanagements ist die Voraussetzung für die erfolgreiche Etablierung entsprechender Systeme. Als etablierte Ansätze sind zur Zeit zu nennen: Electronic Banking, Software-

---

[20] Eine umfangreiche Darstellung des Systems SCUSY sowie weiterer Systeme, die u. a. auch für die HHLA eingesetzt werden bzw. wurden, findet sich unter `http://www.scusy.isl.org/` des Institutes für Seeverkehrswirtschaft und Logistik in Bremen. Zu einer umfassenden Literaturübersicht siehe Steenken et al. (2004).

Verteilung über das Internet, elektronische Kaufhäuser (z. B. Buchhandlungen), elektronische Marktplätze einschließlich Auktionsplattformen u. Ä.

Die oben beschriebenen Entwicklungen erbringen neue Rationalisierungs- und Erfolgspotenziale, aber gegebenenfalls zunächst auch eine hohe Komplexität im Zusammenhang mit Konzeption, Entwicklung und Einsatz neuer Informations- und Kommunikationssysteme. Allen Entwicklungen gemeinsam ist aber der Zwang zur Übertragung von Daten zwischen Informationssystemen. Eine Klassifizierung des EC kann u. a. bezüglich der beteiligten Parteien erfolgen:

- Unternehmen zu Unternehmen (Business-to-Business (B2B), z. B. EC zwischen einem Unternehmen und seinen Lieferanten; man spricht hierbei auch von Electronic Procurement, d. h. elektronischer Beschaffung),
- Unternehmen zu Verbrauchern (Business-to-Consumer (B2C), z. B. elektronische Kaufhäuser im WWW),
- Unternehmen zu Verwaltung (Business-to-Administration (B2A), z. B. im Zuge von Ausschreibungen von Projekten bzw. Anschaffungen der Verwaltung).

Der B2B-Commerce ist insbesondere durch eine Verbindung zwischen den beteiligten Partnern entlang von Wertschöpfungsketten geprägt. Dagegen hat der B2C-Commerce in erster Linie kleinere Transaktionsvolumen und kurzfristige Geschäftsbeziehungen als Merkmale. Weitere Klassifizierungsmöglichkeiten für EC bestehen u. a. hinsichtlich:[21]

- Transaktionsphasen,
- Transaktionsvolumen (Mikrotransaktionen bis ca. 5,00 €, Makrotransaktionen ab ca. 5,00 €)
- Softwarearchitektur (Kommunikationsebene, Darstellungsebene, Anwendungssystemebene).

Eine wichtige Grundbedingung für EC ist die Standardisierung von Kommunikationsprotokollen und Sicherheitsmechanismen. Ersteres ist durch Nutzung des Internets und der dortigen Standards verwirklicht. Die Standardisierung der für einen reibungslosen Electronic Commerce notwendigen Sicherheitsmechanismen ist demgegenüber noch nicht abgeschlossen. Letztendlich muss derzeit davon ausgegangen werden, dass das Internet als Kommunikationsinfrastruktur unsicher ist. Hieraus ergibt sich direkt die Erfordernis für den Einsatz von Kryptographie auf Ende-zu-Ende-Basis; vgl. Abschnitt 7.2.3. Im Folgenden geben wir einige Hinweise zum elektronischen Zahlungsverkehr, zum EDI sowie zu elektronischen Marktplätzen.[22]

[21] Vgl. z. B. Merz (2002) und Wirtz (2002). Zu einer Übersicht zum EC siehe auch Shaw et al. (2000) sowie Fritz (2004).

[22] Dass darüber hinaus eine Vielzahl weiterer Schlagworte existieren, wie z. B. M-Commerce (für Mobile Commerce im Sinne einer Abwicklung des EC mittels Handy bzw. Mobilkommunikaton) oder E-Business zur Beschreibung des gesamten Feldes IT-basierter Geschäftsstrategien, zeigt, dass die Wirtschaftsinformatik

7.6.1 Elektronischer Zahlungsverkehr

Unter elektronischem Zahlungsverkehr versteht man die gesamte Palette der Erfüllung von Finanzdienstleistungen auf elektronischem Wege. Die verschiedenen Parteien im Zusammenhang mit elektronischem Zahlungsverkehr lassen sich wie folgt klassifizieren:

- Nachfrager/Käufer,
- Anbieter von Finanzdienstleistungen (z. B. Banken),
- Organisatoren des Zahlungssystems/Übertragungsmediums,
- Anbieter/Verkäufer.

Mögliche Anforderungen an Systeme für einen elektronischen Zahlungsverkehr sind z. B.:

- Sicherstellung der Geheimhaltung und Integrität des Daten- und Zahlungsverkehrs
- Beweisbarkeit von Transaktionen
- Datenschutz (Vertraulichkeit, Anonymität)
- rechtliche Anerkennung, gerechte Verteilung der Risiken
- steuerliche Erfassbarkeit, währungspolitische Kontrollierbarkeit
- gesellschaftliche Akzeptanz (Benutzerfreundlichkeit, Sicherheit u. a.)
- internationale Standards

Zur Zeit existiert noch kein diesen Anforderungen gerecht werdendes universelles System. Deshalb werden im Weiteren verschiedene Formen bzw. Konzepte des elektronischen Zahlungsverkehrs skizziert.[23]

Systeme des *Home-Banking* über Online-Dienste oder das Internet sind in der Regel nur als Ersatz für den Zahlungsverkehr Kunde-Bank zu verstehen und bieten zunächst keine erweiterte Funktionalität im Hinblick auf die Unterstützung von EC-Anwendungen. Beim Home-Banking sind verschiedene Sicherheitskonzepte im Einsatz wie z. B. das SSL-Protokoll, die Übertragung von Daten mit elektronischen Signaturen, der Kontozugang über PIN und TAN (persönliche Identifikationsnummer und Transaktionsnummer) sowie Firewalls zur Sicherung der Informations- und Kommunikations-Infrastruktur von am Zahlungsverkehr beteiligten Parteien.

Bei der *elektronischen Bezahlung per Kreditkarte* ergibt sich zum einen die Problematik einer geheimen Übertragung der Kreditkartennummer, aus Anbietersicht die Erfordernis einer Nachprüfbarkeit entsprechender Transaktionen, sowie aus Nachfragersicht auch die Notwendigkeit der Überprüfung der Authentizität des Anbieters (um Scheinanbieter auszuschließen). In diesem Zusammenhang ist etwa die SET-Spezifikation (SET: Secure Electronic

---

an dieser Stelle noch wesentliche Aufgaben besitzt. Diese sollten sich aber nicht auf das Hinterherlaufen hinter aktuellen Moden beschränken.

[23] Vgl. z. B. Buchholz-Stepputtis und Voß (1999) sowie die dort angegebene Literatur.

Transaction) zu nennen, wodurch eine sichere Zahlungsabwicklung für das Internet ermöglicht werden sollte. Die Kreditkarteninformationen des Nachfragers werden dabei verschlüsselt gespeichert und übertragen; weiterhin werden über Authentifizierungs-Server die Identitäten der beteiligten Geschäftspartner überprüft. Wichtig ist dabei, dass der Zahlungsvorgang unabhängig vom Bestellvorgang abgewickelt wird. SET hat sich in der Praxis jedoch nicht durchgesetzt.

Die originäre Zielsetzung beim *elektronischen Bargeld* besteht darin, die Funktionalität von Geld elektronisch in dem Sinne nachzubilden, dass eine Bezahlung ohne Vermittlerinstanz möglich ist („privat an privat"/„peer to peer payment"). Dies würde auch die effiziente Bezahlung kleinster Geldbeträge im Internet ermöglichen; ein Beispiel hierfür wäre der zahlungspflichtige Zugriff auf einzelne elektronische „Zeitungsartikel".

Abschließend sei kurz die Option der *Speicherung von Geldbeträgen auf Chipkarten* oder Smartcards erwähnt. Der eingeführten ec-Karte mit Chip liegen Spezifikationen des zentralen Kreditausschusses (ZKA) zu Grunde.

7.6.2 Elektronischer Geschäftsdatenaustausch

EDI, d. h. Electronic Data Interchange, steht für eine zwischenbetriebliche, strukturierte Kommunikationsform zum Austausch von codierten Informationen mit spezifizierbarer Semantik. Einem weitgehenden Durchbruch stand bisher das Fehlen einer einfachen und effizienten Kommunikationsinfrastruktur sowie eine hohe Komplexität und Vielfalt bezüglich Formaten zum Datenaustausch entgegen. Als Vorteile sind u. a. die Reduktion administrativen Aufwandes durch Automatisierung kostenintensiver Arbeitsprozesse, Rationalisierung, erhöhte Daten- und Informationsqualität sowie eine Verbesserung des Informationsflusses (z. B. durch Synchronisation) zu nennen.

Ein Problem der ersten Ansätze zur Standardisierung von elektronischem Datenaustausch zwischen Unternehmen war, dass unterschiedliche Branchen unterschiedliche Anforderungen an den Datenaustausch und damit an einen EDI-Standard stellten. EDIFACT (EDI For Administration, Commerce and Transport) ist eine Erweiterung von EDI, die betriebswirtschaftliche Informationen im elektronischen Geschäftsverkehr zwischen Marktpartnern formalisiert und die Migration von nationalen branchenbezogenen Standards zu einem internationalen branchenübergreifenden Standard darstellt.

Die Basis von EDI-Lösungen bilden Referenzmodelle für die elektronische Kommunikation offener Systeme. In Abbildung 7.12 ist ein prinzipielles Ablaufmodell von EDI dargestellt. EDI bildet eine Zwischenschicht zwischen Anwendungen und den zu Grunde liegenden Datenbasen auf der einen und dem Datenfernübertragungs-Bereich (DFÜ) auf der anderen Seite. Eine Archivierung der Nachrichten erfolgt an allen Schnittstellen, an denen Fehler auftreten können, d. h. es werden alle Daten archiviert, die einen Bereich verlassen, bzw. in einem Bereich ankommen. Integrale Bestandteile des EDI-

Bereiches bilden ein Umsetzungsmodul zur Konvertierung der Daten und ein Modul zur Verschlüsselung der zu sendenden Daten (Kryptographie).

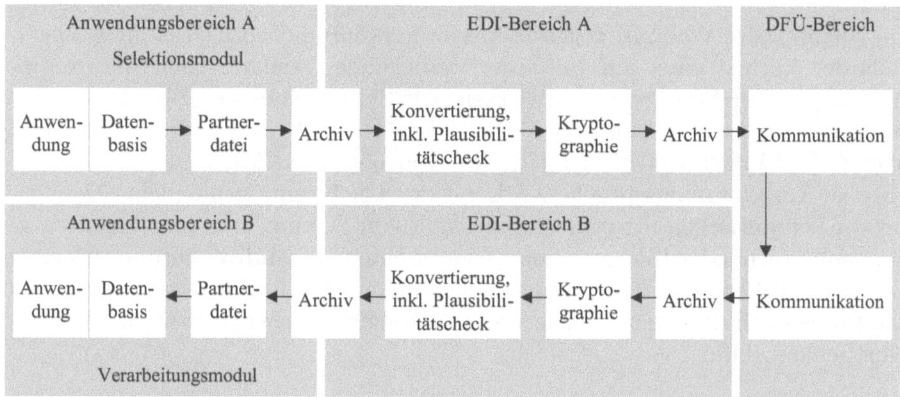

Abbildung 7.12. EDI-Ablaufmodell; Quelle: Miebach und Schneider (1994), S. 561

Abschließend greifen wir erneut unser Beispiel eines Containerterminals im Hamburger Hafen auf. Eine mögliche EDI-Lösung stellt das System HABIS (Hafenbahn-Betriebs- und Informationssystem) der DAKOSY GmbH dar.[24] Dieses System verbindet die EDV-Systeme der Seehafenverkehrswirtschaft mit denen der Deutschen Bahn AG und ermöglicht einen schnellen und reibungslosen Informationsfluss zwischen den Kunden der Bahn einerseits (Spediteure, Linienagenten, Reeder) sowie den Be- und Entladestellen andererseits (Kaibetriebe etc.). Zielsetzung ist, alle Funktionen der Transportdisposition und -abwicklung zeitsparend und transparent abzuwickeln. Im Transportprozess müssen die Informationen der physischen Transportkette möglichst vorauseilen, um jederzeit verfügbar zu sein. Die DAKOSY GmbH hat hier die Aufgabe einer Schnittstelle, um alle in die Umschlagprozesse involvierten Unternehmen und Institutionen im Zuge des EDI miteinander zu verknüpfen. Einheitliche Schnittstellen sorgen dafür, dass jedes Unternehmen die EDI-Schnittstelle zum DAKOSY-System nur einmal realisieren muss und dann die Gesamtheit aller DAKOSY-Teilnehmer erreichen kann. Sämtliche transportrelevanten Dokumente können über die verschiedenen Systeme mittels einer einheitlichen Semantik ausgetauscht werden.

WebEDI als spezielle Ausprägung des EDI wurde mit dem Ziel entwickelt, einen WWW-basierten Geschäftsdatenaustausch zu ermöglichen, damit auch mittelständische Betriebe in die Lage versetzt werden, Transaktionen elektronisch abzuwickeln. Dabei erfolgt eine Umsetzung von EDI-Nachrichten in HTML-Formulare. Dieses Modell ist besonders geeignet, wenn das Volumen

[24] Vgl. `http://www.dakosy.de`. Neben HABIS werden von DAKOSY eine Vielzahl weiterer Systeme und Anwendungen betrieben.

an EDI-Nachrichten auf einer Seite der beteiligten Unternehmen relativ gering ist und weder in günstiger Relation zu den Investitionen in ein vollständiges EDI-System noch zu den Kosten der Anbindung an ein Clearing Center steht.

Nachteil des WebEDI gegenüber dem herkömmlichen EDI ist gegebenenfalls der Verlust einer auf Basis der vorliegenden semantischen Informationen gegebenen Weiterverarbeitbarkeit auf Seiten eines der Beteiligten. Eine mögliche Kombination der Vorteile von EDI (Automatisierbarkeit) und WebEDI (Einfachheit) findet sich im Konzept des XML-EDI, das auf der (Meta-)Auszeichnungssprache XML basiert. Die hiermit ermöglichte Definition von semantischen Strukturen innerhalb von Dokumenten zur Repräsentation entsprechender Informationen erlaubt eine vollständige Automatisierung der entsprechenden Transaktionsabwicklungen. Als Problem bleibt letztlich die Frage nach der Standardisierung von Nachrichtentypen bzw. der Verantwortlichkeit dafür.

7.6.3 Elektronische Märkte

Elektronische Märkte entstehen durch die Mediatisierung von Markttransaktionen, d. h. die elektronische Abbildung von Informations- und Kommunikationsbeziehungen auf Märkten. Damit ist ein *elektronischer Markt* ein IKS zur Unterstützung einzelner oder aller Phasen und Funktionen der marktmäßig organisierten Leistungskoordination. Während wir in der Einleitung zu Abschnitt 7.6 EC an sich betrachtet hatten, fassen wir hier elektronische Märkte bzw. Marktplätze als „Enabler“ für das EC auf.

Basierend auf der Bildung elektronischer Märkte entstehen neue Dienstleistungen sowie Intermediäre, d. h. Mittler, und Clearing Center, d. h. Informationsbetriebe zur Koordination von Marktaustausch- und Kommunikationsprozessen. Marktveranstaltungen und Handelsmittler sind auch auf elektronische Märkten erforderlich, um gegebenenfalls den Austausch von Leistungen zwischen Marktteilnehmern zu ermöglichen. Elektronische Märkte und Marktteilnehmer schaffen einen organisatorischen Rahmen, innerhalb dessen Veranstaltungen bzw. Mechanismen wie Auktionen, Börsen oder andere Online-Dienste ablaufen können.

Verschiedene Transaktionsphasen lassen sich gegebenenfalls vollständig durch Informations- und Kommunikationstechnik abbilden. Das Beispiel automatisierter Einkaufs- und Bestellsysteme (Electronic Procurement) weist dabei für den B2B-Bereich Ähnlichkeiten zu automatisierten Warenwirtschaftssystemen auf. Auf Basis moderner IT ermöglichen elektronische Märkte gegebenenfalls geringe Koordinations- und Transaktionskosten. Darüber hinaus können Intermediäre Mehrwertdienste anbieten, die z. B. in der Integration verschiedener Quellen, Daten oder Informationen bestehen können. Ein Beispiel für derartige Integrationsfunktionalität bieten Reservierungssysteme von Fluggesellschaften, deren Datenbestände kontinuierlich mit Revenue-Management-Systemen abgeglichen werden können; vgl. Abschnitt 7.4.3. Weitere Beispiele sind Online-Börsen; aber auch geschlossene Handelssysteme wie z. B. virtuelle Organisationen können elektronische Märkte definieren. Abbildung 7.13 zeigt mögliche Beziehungen beteiligter Akteure am EC auf.

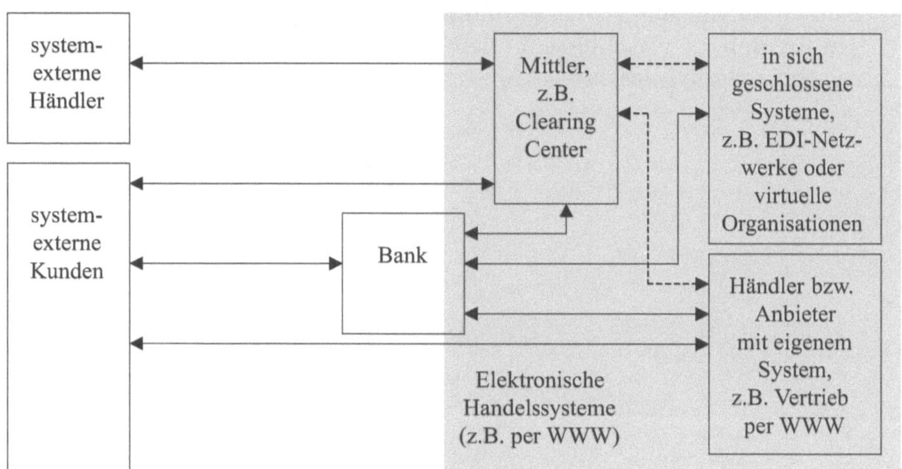

Abbildung 7.13. Beteiligte Akteure am Electronic Commerce; Quelle: Voß und Gutenschwager (2001), S. 398

7.7 Übungen und Kontrollfragen

1. Nennen Sie wesentliche Faktoren, die für den Kauf einer Standardsoftware von Bedeutung sein können! Veranschaulichen Sie Ihre Überlegungen z. B. anhand der Entscheidung für den Einkauf eines Simulationssystems!

2. Geben Sie zu einigen der in Abbildung 7.2 auf Seite 216 erwähnten Systeme stichwortartig eine kurze Erläuterung anhand des Beispieles eines Busreiseunternehmens!

3. Sie haben das RSA-Verfahren als ein asymmetrisches Verschlüsselungsverfahren kennen gelernt. Es sei angenommen, dass Sie das RSA-Verfahren nutzen und sich folgende Schlüssel erzeugt haben:
   - public-key $(n, e) = (21, 17)$
   - secret-key $(n, d) = (21, 5)$

   Weiterhin kennen Sie den public-key Ihres Freundes Bob:

- public-key$_{\text{Bob}}$ $(n, e) = (65, 7)$

Bob schickt Ihnen, als einem ausgewiesenen Primzahlexperten, verschlüsselt eine Zahl, die Sie dahingehend überprüfen sollen, ob die Zahl die Primzahleigenschaft besitzt. Sie erhalten von Bob die Nachricht $c = 11$. Mit Bob haben Sie ausgemacht, dass Sie ihm die Antwort folgendermaßen zuschicken: 1, falls Bobs Zahl keine Primzahl ist, bzw. 2, falls Bobs Zahl eine Primzahl ist. Diese Information ist allerdings bei dem Versenden an Bob zu verschlüsseln. Berechnen Sie die an Bob zu schickende verschlüsselte Nachricht!

A. Die Wirtschaftsinformatik im Lichte ihrer Umwelt

A.1 Historie der Wirtschaftsinformatik

Versucht man, kurz die Geschichte der Wirtschaftsinformatik zu beschreiben, so stellt sich die Frage, wie weit man zurückgehen möchte. Im Bereich der Entwicklung des Computers mag man hier bereits im 17. Jahrhundert bei *Pascal* und *Leibniz* einfache Rechenmaschinen finden; oder man denkt an die Lochkartenverarbeitung von *Hollerith* und die Entstehungsgeschichte einfacher Rechner bei *Zuse* und *von Neumann.* Auf der anderen Seite haben wir die Kommunikation mit bahnbrechenden Ideen und Konzepten etwa von *Morse, Reis* und *Bell.*

Letztendlich stellt man fest, dass die Wirtschaftsinformatik als relativ junge Fachdisziplin viele Quellen und Ursprünge hat. Sie entstand insbesondere aus frühen Ansätzen zur Einführung und Nutzung automatisierter elektronischer Datenverarbeitung in Betrieben in den 1950er und 1960er Jahren. Unter *elektronischer Datenverarbeitung* versteht man die automatische elektronische Verarbeitung (Erfassung, Speicherung, Transformation, Übertragung) von Daten, in der Regel mit Computern. Aus diesen Systemen entwickelte sich die integrierte Informationsverarbeitung zur Unterstützung betrieblicher Informationsprozesse. Das Fachgebiet Wirtschaftsinformatik (älteres Synonym: Betriebsinformatik) befasst sich seither mit den dabei auftretenden, inhärent komplexen Problemen.[1]

Die ersten Universitätslehrstühle in diesem Fachgebiet wurden Ende der 1960er bzw. Anfang der 1970er Jahre gegründet (unter Bezeichnungen wie z. B. „Betriebswirtschaftliches Institut für Organisation und Automation“ oder „Betriebswirtschaftliche Datenverarbeitung“). Mitte der 1970er Jahre entstanden im deutschsprachigen Raum darüber hinaus erste Wirtschaftsinformatik-Studiengänge. 1975 wurde eine wissenschaftliche Kommission „Betriebsinformatik“ im Verband der Hochschullehrer für Be-

[1] Eine kurze Darstellung zur Geschichte der Wirtschaftsinformatik findet sich z. B. in Mertens (1998). Um die Herkunft und Entwicklung der Wirtschaftsinformatik nachvollziehen zu können, lohnt es sich auch, in die früheren Auflagen bekannter Lehrbücher zu schauen (z. B. die ersten Auflagen der Bücher von Scheer (1990a) aus dem Jahre 1984 bzw. Scheer (1997) aus dem Jahre 1988, bei dem auch eine Veränderung des Untertitels von „Informationssysteme im Industriebetrieb“ hin zu „Referenzmodelle für industrielle Geschäftsprozesse“ erfolgte.

triebswirtschaft (die spätere WKWI) gegründet; ein entsprechender Fachbereich „Informatik in der Wirtschaft" in der Gesellschaft für Informatik entstand 1983. 1981 erschien die 1. Auflage des Studienführers Betriebs- und Wirtschaftsinformatik. Die Hochschulausbildung Betriebsinformatik/Wirtschaftsinformatik wurde in den 1980er Jahren in Anforderungsprofilen festgelegt und mündete 1991 in eine Rahmenempfehlung für Diplomstudiengänge Wirtschaftsinformatik an Universitäten. Das erste Jahrzehnt des 21. Jahrhunderts ist hinsichtlich der Hochschulausbildung in Deutschland im Wesentlichen durch die Umstellung der Diplomstudiengänge auf Bachelor- und Master-Abschlüsse geprägt.

A.2 Wissenschaftstheoretische Einordnung

Was heißt „Wissenschaft" überhaupt? Die Wissenschaftstheorie stellt Wissenschaft an sich, bzw. spezielle Wissenschaftsgebiete, als Untersuchungsgegenstand in den Mittelpunkt der Betrachtung. Wissenschaftstheorie kann demzufolge auch als Metawissenschaft bezeichnet werden.

Es gibt offensichtlich gewisse Kriterien der Wissenschaftlichkeit, die mehr oder weniger bewusst zu Grunde gelegt werden. Beispielsweise wird man implizit u. a. etwa folgende Ansprüche an eine wissenschaftliche Ausarbeitung stellen: Grundbegriffe sollten hinreichend bestimmt sein; Problemstellungen sollten klar beschrieben sein; die zu untersuchenden Sachverhalte sollen in Ihrer ganzen Komplexität betrachtet werden, d. h. wesentliche Aspekte dürfen nicht vernachlässigt werden; Aussagen sollen die bekannten Tatsachen berücksichtigen; die Argumentationen sollten konsistent und nachvollziehbar sein usw. Um solche und ähnliche Aspekte der Zielbildung, Begriffsbestimmung, Hypothesenprüfung, Theorienbildung und Argumentationsweise geht es in der Wissenschaftstheorie. Im Folgenden werden einige hier relevante Aspekte der Wissenschaftstheorie angesprochen.[2]

Wissenschaften werden oft als Real- oder als Formalwissenschaft klassifiziert. Während der Untersuchungsgegenstand einer Realwissenschaft primär Phänomene der Wirklichkeit, bzw. entsprechender Ausschnitte, sind, basieren Formalwissenschaften auf prinzipiellen, abstrakten Strukturen. So kann man die Mathematik im Wesentlichen als Formalwissenschaft einordnen, während die Betriebswirtschaftslehre eine Realwissenschaft darstellt. Ingenieurwissenschaften zeichnen sich durch die noch weitergehende Anwendungsorientierung aus: Ziel ist die „Produktion" nutzenstiftender Artefakte durch Weiterbildung und Anwendung wissenschaftlicher Erkenntnisse. Zumeist sind solche Einordnungen weder eindeutig noch disjunkt. So wird die Informatik teilweise als Ingenieurwissenschaft auf formalwissenschaftlicher Grundlage bezeichnet.

---

[2] Für tiefergehende Darstellungen wird auf die Literatur, z. B. Büttemeyer (1995) bzw. die dortigen Referenzen, verwiesen.

Wie unten deutlich werden wird, ist die Einordnung der Wirtschaftsinformatik entsprechend problematisch.

Die im Rahmen einer Wissenschaft angewandten Methoden können primär klassifiziert werden in axiomatisch-deduktiv (Aufstellen widerspruchsfreier Axiome und formales Ableiten neuer Aussagen durch Anwendung entsprechender Methodiken) und empirisch-induktiv (Sammeln von nachvollziehbaren quantitativen und qualitativen Erfahrungen über einen Wirklichkeitsausschnitt und induktive Verallgemeinerung).

Weiterhin können Ansätze hinsichtlich des verfolgten Anspruches folgendermaßen klassifiziert werden: deskriptiv (beschreibend), kritisch-deskriptiv (beschreibend einschließlich problematisierend durch Aufzeigen von Unzulänglichkeiten) und normativ (Ziehen von Schlussfolgerungen einschließlich wertender Handlungsempfehlungen).

Weitergehende Untersuchungsgegenstände der Wissenschaftstheorie sind u. a.: Wie entwickelt sich wissenschaftlicher Erkenntnisfortschritt? Was sind Kriterien der Bewährung von Theorien? Wo liegen die Grenzen wissenschaftlicher Erkenntnis? Wie wird der Wert und Nutzen einer Wissenschaft eingeschätzt?

Betrachtet man die oben gegebene Definition „Die Wirtschaftsinformatik beschäftigt sich mit Informations- und Kommunikationssystemen in Wirtschaft und Verwaltung; sie befasst sich dementsprechend mit der Konzeption, Entwicklung, Einführung, Wartung und Nutzung von Systemen der computergestützten (betriebswirtschaftlichen) Informationsverarbeitung“, so ist der Untersuchungsgegenstand der Wirtschaftsinformatik definiert. Gemäß dieser Bestimmung wäre die Wirtschaftsinformatik im Wesentlichen als Ingenieurwissenschaft zu bezeichnen.[3] In diesem Zusammenhang stellt sich die Frage, ob der Wirtschaftsinformatik überhaupt der Rang einer eigenständigen Wissenschaft oder Wissenschaftsdisziplin zugebilligt werden kann. Besitzt die Wirtschaftsinformatik überhaupt originäre Theorien und Methodiken, die über die Anwendung von Erkenntnissen der Informatik im festgelegten Anwendungsbereich hinausgehen? Doch anders als für die Studiengänge Wirtschaftsingenieurwesen gibt es im Bereich Wirtschaftsinformatik dementsprechend betitelte Lehrveranstaltungen, Lehrbücher und Lehrstühle.

Nach der heute, teilweise implizit, vorherrschenden Meinung zeichnen sich Informations- und Kommunikationssysteme in Wirtschaft und Verwaltung durch eine hohe Komplexität aus, die die eigenständige Behandlung durch eine Wissenschaft Wirtschaftsinformatik rechtfertigt. Zum Teil mag dies an der eher theoretisch ausgerichteten Informatik liegen, die anwendungsnahe Probleme zu sehr vernachlässigt. Die WKWI umgeht eine klare Einordnung der Wirtschaftsinformatik folgendermaßen:

---

[3] Im Gegensatz dazu wird in der wissenschaftlichen Literatur die Wirtschaftsinformatik zum Teil nur den Realwissenschaften zugeordnet; vgl. Heinrich (2001) sowie Lehner (1995).

> „Die Wirtschaftsinformatik ist eine Realwissenschaft, da Phänomene der Wirklichkeit (‚in Wirtschaft und Verwaltung') untersucht werden. Die Wirtschaftsinformatik ist ebenso eine Formalwissenschaft, da die Beschreibung, Erklärung, Prognose und Gestaltung der Informations- und Kommunikationssysteme der Entwicklung und Anwendung formaler Beschreibungsverfahren und Theorien bedürfen. Die Wirtschaftsinformatik ist weiterhin eine Ingenieurwissenschaft, da insbesondere die Gestaltung von Informations- und Kommunikationssystemen in Wirtschaft und Verwaltung eine Konstruktionssystematik verlangt." (WKWI (1994), S. 81)

Ziel und Zweck der Untersuchungen der Wirtschaftsinformatik als Wissenschaft ist gemäß der WKWI

> „[...] die Gewinnung von Theorien, Methoden, Werkzeugen und intersubjektiv nachprüfbaren Erkenntnissen über/zu Informations- und Kommunikationssystemen in Wirtschaft und Verwaltung und die Ergänzung des ‚Methoden- und Werkzeugkastens' der Wissenschaften um solche der Wirtschaftsinformatik, die den soziotechnischen Erkenntnis- und Gestaltungsgegenstand einer wissenschaftlichen Untersuchung zugänglich machen." (WKWI (1994), S. 81)

In diesem Zusammenhang stellt sich die Frage: „Brauchen wir eine Theorie (bzw. ein ‚Theoriengebäude') der Wirtschaftsinformatik?" Lehner (1995) nimmt dazu wie folgt Stellung:

> „Aller Voraussicht nach wird es ‚die' Theorie der Wirtschaftsinformatik nicht geben. Dies liegt zunächst an der Aufteilung in Teildisziplinen, die z. T. nur eine geringe Überschneidung aufweisen und die sich in ihren Zielen stark unterscheiden. Ursachen sind aber auch in den unterschiedlichen Forschungsansätzen zu sehen, die sich in ihrer methodologischen Grundausrichtung und in ihrer Orientierung z. T. wesentlich unterscheiden. [...] Theorien, die in der Wirtschaftsinformatik eine Rolle spielen, sind u. a.: die Systemtheorie, die Modelltheorie, mathematische Theorien [...], die Informationstheorie (Sicht der Informatik und der Betriebswirtschaftslehre) sowie verschiedene betriebswirtschaftliche Theorien [...]." (Lehner (1995), S. 10)

Es ist zu konstatieren, dass die Wirtschaftsinformatik als relativ junge Wissenschaft ein schwach ausgeprägtes theoretisches Grundlagengebäude besitzt. Die wissenschaftstheoretische Fundierung der Wirtschaftsinformatik muss damit als ständige Aufgabe angesehen werden und bedingt somit auch eine kritische Auseinandersetzung mit den hier unter dem Titel „Grundlagen der Wirtschaftsinformatik" dargelegten Inhalten.

A.3 Gesellschaften

Entsprechend der interdisziplinären Ausrichtung der Wirtschaftsinformatik werden Fragen der Wirtschaftsinformatik u. a. in den folgenden Organisationen behandelt:

- International Federation for Information Processing (IFIP)
  `http://www.ifip.or.at`
- Gesellschaft für Informatik e.V. (GI), Fachbereich 5 (Wirtschaftsinformatik)
  `http://www.gi-ev.de`
- Wissenschaftliche Kommission Wirtschaftsinformatik (WKWI) im Verband der Hochschullehrer für Betriebswirtschaft e.V.
  `http://www.v-h-b.de/`
- Association for Computing Machinery (ACM)
  `http://www.acm.org`
- Institute for Operations Research and the Management Sciences (INFORMS)
  `http://www.informs.org`

Die *Gesellschaft für Informatik e.V.* wurde 1969 in Bonn mit dem Ziel gegründet, die Informatik zu fördern. Ihre Mitglieder kommen aus allen Bereichen der Wissenschaft, der „Informatikindustrie“, der Anwendungen sowie der Ausbildung und Lehre. Die GI verfolgt gemeinnützige Ziele, indem sie insbesondere die fachliche und berufliche Arbeit von Informatikern unterstützt. Dies erfolgt vornehmlich durch die Herausgabe und Förderung von Fachpublikationen sowie die aktive Mitwirkung im Vorfeld politischer Planung und Gesetzgebung zur Forschungs-, Bildungs- und Technologiepolitik einschließlich der Abgabe von öffentlichen Empfehlungen und Stellungnahmen zur Informatik. Hierzu gehört auch die Veranstaltung von Tagungen, Kongressen etc. auf verschiedenen Ebenen sowie eine Mitarbeit bei der Definition von Normen und Standards. Darüber hinaus erfolgt eine Förderung des wissenschaftlichen Nachwuchses sowie von in der Informatik tätigen Frauen mit dem Ziel ihrer faktischen Gleichstellung.

Auf internationaler Ebene ist die GI Mitglied in der *International Federation for Information Processing.* Bei der IFIP handelt es sich um eine maßgebliche nichtstaatliche gemeinnützige Dachorganisation für nationale Gesellschaften auf dem Gebiet der Informationsverarbeitung. Auf nationaler Ebene unterteilt sich die GI u. a. in Fachbereiche und Regionalgruppen. Die Fachbereiche mit ihren Fachgruppen sind die vornehmlichen Träger der wissenschaftlich fundierten Arbeit. Demgegenüber dienen die Regionalgruppen der Vernetzung und Unterstützung von in der Informatik Tätigen.

Die Wirtschaftsinformatik findet sich im Fachbereich 5 der GI wieder und ist in diverse Fachgruppen und Arbeitskreise in den Bereichen Methoden, Vorgehen und Werkzeuge sowie Branchen und (Querschnitts-)Funktionen untergliedert. Zu den Fachgruppen gehören insbesondere solche, die sich mit

Informationssystemen in verschiedenen Bereichen, mit Projektmanagement und Vorgehensmodellen sowie Informationssystemarchitekturen (Modellierung betrieblicher Informationssysteme) befassen. Darüber hinaus werden Themen wie z. B. Electronic Commerce oder betriebliche Umweltinformationssysteme in eigenen Fachgruppen aufgegriffen.

Im angelsächsischen Sprachraum gibt es eine Reihe von Gesellschaften mit großer internationaler Verbreitung. Die *Association for Computing Machinery* wurde 1947 gegründet und ist „the world's oldest and largest educational and scientific computing society" mit einer Verbreitung von mehr als 80.000 Mitgliedern in über 100 Staaten. Der primäre Fokus liegt dabei auf dem Voranbringen der „arts, sciences, and applications of information technology." Das *Institute for Operations Research and the Management Sciences* mit einer Reihe von Unterorganisationen (einschließlich einer eigenen Computing Society) befasst sich umfassend mit dem Operations Research und liefert somit wertvolle Diskussionspunkte zur methodischen Fundierung insbesondere auch der Wirtschaftsinformatik.

Die *Wissenschaftliche Kommission Wirtschaftsinformatik*, deren grundsätzliche Definitionen wir oben bereits diskutiert haben, versteht sich als die Interessenvertretung der Wirtschaftsinformatiker und der Wirtschaftsinformatik an Universitäten in den deutschsprachigen Ländern. Darüber hinaus gibt es den *Arbeitskreis Wirtschaftsinformatik an Fachhochschulen* (AKWI) (`http://www.akwi.de`) als Dachverband der Fachhochschulfachbereiche mit deutschsprachigen Wirtschaftsinformatik-Studiengängen oder entsprechenden Studienschwerpunkten.

A.4 Publikationsorgane und Tagungen

In diesem Buch werden wesentliche Themengebiete (z. T. überblicksartig) angesprochen, die mit der Konzeption, der Entwicklung und dem Betrieb von Informations- und Kommunikationssystemen (als Gegenstand der Wirtschaftsinformatik) zusammenhängen bzw. eine Voraussetzung für eine entsprechende, fundierte Auseinandersetzung darstellen. Natürlich verhehlen wir nicht, dass es zur Wirtschaftsinformatik eine Reihe weiterer einführender Lehrbücher mit unterschiedlichen Schwerpunkten gibt. Hierzu sind u. a. die folgenden zu nennen:

- Ferstl und Sinz (2001),
- Hansen und Neumann (2005),
- Mertens et al. (2005),
- Stahlknecht und Hasenkamp (2005) mit einem dazugehörigen Übungsbuch Stahlknecht und Hasenkamp (2003).

Aktueller Studienführer für Wirtschaftsinformatik ist Mertens et al. (2002). Er enthält neben einigen allgemeinen Hinweisen zum Umfeld der

Wirtschaftsinformatik insbesondere eine umfassende Darstellung der Lehrangebote an deutschsprachigen Universitäten.

Der Stand der Wissenschaft sowie dessen praktische Umsetzung lässt sich insbesondere periodisch erscheinenden Zeitschriften sowie Tagungsbänden entnehmen. Im Folgenden seien einige klassische Zeitschriften im Bereich Wirtschaftsinformatik genannt:

- *Wirtschaftsinformatik* (Organ des Fachbereiches 5 der GI und der WKWI im Verband der Hochschullehrer für Betriebswirtschaft e.V.): „Gegenstand der Zeitschrift sind Forschungsergebnisse im Bereich der Wirtschaftsinformatik und Praxisbeispiele von fortschrittlichen Anwendungen. Konkrete Lösungen für technologiegestützte Anwendungssysteme werden nur dann publiziert, wenn sie Modellcharakter auch für andere Anwendungen besitzen. Wichtige Randgebiete werden ebenfalls abgedeckt, soweit die Entwicklungen im Bereich der engeren Wirtschaftsinformatik wesentlich betroffen sind; Beispiele hierfür sind die Wirkung der Informatik auf Wirtschaft, Individuum und Gesellschaft sowie Fragen der Aus- und Weiterbildung. Die Zeitschrift wendet sich an Leser in Wissenschaft und Praxis, die auf dem Gebiet der Wirtschaftsinformatik arbeiten. Besonders sind auch Studierende und andere Personen angesprochen, die den Anschluss an die modernen Entwicklungen in diesem Fach suchen."
- *HMD – Praxis der Wirtschaftsinformatik*: Die HMD befasst sich mit Informationstechnologie und -management „mit viel Praxisbezug und dem notwendigen theoretischen Hintergrundwissen. Softwareangebot und Software Engineering, Projektmanagement, Business Engineering, Hardware, Rechner- und Netzwerkarchitekturen, Anwendungen in den verschiedenen Funktionsgebieten und Branchen, aktuelle Probleme in der Praxis und vielversprechende neue theoretische Ansätze – all dies sind typische HMD-Themen."
- *Information Management*: Die Zeitschrift stellt „Konzepte, Methoden und Techniken für ein erfolgreiches Informationsmanagement vor mit Blick auf Technik, Organisation, Personal und Consulting. Hochkarätige Autoren aus Industrie, privater und öffentlicher Dienstleistung sowie aus dem Consulting-Bereich vermitteln Praktikern, Lehrenden und Lernenden im Informationsmanagement praxisorientierte und zugleich wissenschaftlich fundierte Impulse."
- *European Journal of Information Systems*: „The European Journal of Information Systems provides a distinctive European perspective on the theory and practice of information systems for a global audience. We encourage first rate research articles by academics, but also case studies and reflective articles by practitioners. We provide a critical view on technology, development, implementation, strategy, management and policy."
- *Information Systems Research* (ISR) wird von der INFORMS herausgegeben: „Information Systems Research is a leading international journal of theory, research, and intellectual development, focused on information sys-

tems in organizations, institutions, the economy, and society. Information Systems Research is dedicated to furthering knowledge that aids in the productive application of information technology to human organizations and their management, and more broadly, to improved economic and social welfare. ISR's interests are wide ranging, seeking contributions that build on established lines of work as well as break new ground. [...] The editorial policy of ISR is predicated on the belief that technologies and techniques for the collection, storage, management and use of information of all kinds are a foundation of economic and social development, and their successful use and subsequent effects are a vital arena for rigorous research of all kinds. The ISR community is not constrained by disciplinary boundaries."
- *Management Information Systems Quarterly*: „The topics of all articles in all departments of MIS Quarterly must relate to the journal's editorial objective, which is the development and communication of knowledge concerning both the management of information technology and the use of information technology for managerial and organizational purposes. Manuscripts focusing on information technology generally need to examine a phenomenon in which the behavioral, the managerial, and/or the organizational also play a substantive and not just incidental role. Similarly, manuscripts focusing on the behavioral, the managerial, and/or the organizational generally need to examine a phenomenon in which information technology also plays a substantive and not just incidental role."

Während die genannten Zeitschriften eher ihren wissenschaftlichen Charakter in den Vordergrund stellen, gibt es eine Reihe populärwissenschaftlicher Organe, denen sich unmittelbar Trends und Tendenzen entnehmen lassen. Zu nennen sind hier z. B. die Wochenzeitungen *Computer-Zeitung* und *Computerwoche*. Darüber hinaus ist mittlerweile auch eine starke Diffundierung in nahezu beliebige andere Bereiche zu konstatieren, so dass man in diversen Fachzeitschriften ohne unmittelbaren Wirtschaftsinformatik-Bezug ebenfalls qualifizierte Beiträge zu diesem Gebiet findet. Als Bindeglied zwischen populärwissenschaftlichen Organen und wissenschaftlichen Zeitschriften findet man eine Reihe von Organen, die überblicksartig immer wieder aktuelle Themen aufgreifen und auf hoch stehendem Niveau erläutern; als Beispiel sei hierzu *Communications of the ACM* genannt.

Alle zwei Jahre findet in Deutschland eine zentrale Wirtschaftsinformatik-Tagung statt (1995 Frankfurt am Main, 1997 Berlin, 1999 Saarbrücken, 2001 Augsburg, 2003 Dresden, 2005 Bamburg und 2007 Karlsruhe). Alternierend mit diesen Tagungen gibt es eine so genannte MKWI (Multikonferenz Wirtschaftsinformatik; u. a. 2004 in Essen und 2006 in Passau). Die dazugehörenden Tagungsbände (z. B. König (1995), Krallmann (1997), Scheer und Nüttgens (1999), Buhl et al. (2001), Uhr et al. (2003), Ferstl et al. (2005)) geben jeweils einen Überblick über den aktuellen Stand der Forschung. International sind die jährlich stattfindenden Konferenzen Hawaii International Conference on System Sciences (HICSS), International Conference on Information Systems (ICIS) und European Conference on Information Systems (ECIS) als bedeutende Wirtschaftsinformatik-Tagungen zu nennen.

Etwas ernüchternd ist allerdings auch zu konstatieren, dass es im Bereich der Wirtschaftsinformatik eine „Unzahl“ an Tagungen mit entsprechenden Tagungsbänden sowie Publikationen mit stark überlappenden und bisweilen auch trivialen Inhalten gibt, so dass es sich oftmals als schwierig erweist, den Überblick zu behalten.

WWW-Seiten zur Wirtschaftsinformatik im deutschsprachigen Raum finden sich unter `http://www.isworld.org/isworldcountry/germany/index.htm`.

A.5 Berufsbilder

> „Sie suchen ein modernes Entwicklungsumfeld? Wir suchen Experten und ambitionierte Quereinsteiger. IT – the way to the future.“
> (Anzeige einer international tätigen Universalbank)

Berufsbilder beschreiben das Aufgabenspektrum und mögliche typische Tätigkeiten eines Berufes bzw. einer Berufsgruppe. Für die Wirtschaftsinformatik lässt sich ein fest umrissenes Aufgabenspektrum zunächst nur schwer konkretisieren, da hierzu in der Praxis wie in der Theorie nach wie vor oftmals die irrige Ansicht vorzufinden ist, dass alles, was mit Computern zu tun hat und in Verbindung mit wirtschaftswissenschaftlichen Funktionsbereichen steht, dem Tätigkeitsfeld der Wirtschaftsinformatik zuzurechnen ist. Das Berufsbild erstreckt sich dabei insbesondere auch auf den Wirtschaftsinformatiker als „Sparringspartner“, der beide Seiten, die Informatik wie die Betriebswirtschaftslehre, versteht und deren Sprache spricht und als „Mittler zwischen den Welten“ fungieren kann.

Darstellungen des Aufgabenspektrums der Wirtschaftsinformatik findet man z. B. in Mertens et al. (2002) oder bei der Bundesanstalt für Arbeit (1993); Hilfestellungen können aber auch die Stellenangebote überregionaler Tageszeitungen sowie einschlägiger Computerzeitungen geben. Folgende Aufgabenfelder lassen sich ableiten:

- Forschung und Entwicklung zu Informations- und Kommunikationssystemen
- Entwurf, Entwicklung, Einführung und Wartung von (z. B. betrieblichen) Anwendungssystemen
- Entwicklung und Einführung von Organisationskonzepten
- Hard- und Softwarevertrieb
- Anwenderunterstützung zu Anwendungssystemen
- Potenzialerkennung und Implementierung neuer Methoden und Produkte im IT-Umfeld
- Schulungsgestaltung und -durchführung

- Wahrnehmung von Führungsaufgaben im IT-Umfeld
- Beratung im IT-Umfeld (Consulting)

Aus übergeordneter Warte können sich Wirtschaftsinformatiker aufgrund der Vielfalt an Aufgabenfeldern sowohl als Generalisten als auch als Spezialisten verstehen, je nachdem, welcher Ausrichtung sie sich verschreiben. Eine wesentliche Weichenstellung nimmt hierbei die Frage ein, inwiefern man eher als Anwender, als Berater oder als Entwickler tätig sein möchte.

Unabhängig von den genannten Aufgabenfeldern hat es sich als charakteristisch erwiesen, dass Tätigkeiten im IT-Umfeld insbesondere in Projekten und kleinen Teams durchgeführt werden. Die Branche an sich unterliegt dabei im Vergleich zu klassischen Industriebetrieben tendenziell weniger Einwirkungen von Gewerkschaften verbunden mit gegenüber Industriebetrieben erhöhter Arbeitszeitflexibilität.

Seit Ende der 1990er Jahre stehen sehr vielen offenen Stellen für Wirtschaftsinformatiker deutlich weniger qualifizierte Kandidaten zur Verfügung, als nachgefragt werden. Daraus resultierte in Deutschland neben einer Diffundierung von Mitarbeitern und Absolventen anderer Fachbereiche in die Wirtschaftsinformatik auch eine grundsätzliche Veränderung des Arbeitsmarktes (begleitet von Schlagworten wie „Greencard").

A.6 Datenschutz

Für die (Wirtschafts-)Informatik sind verschiedene rechtliche Gebiete von besonderer Relevanz. Dies bezieht sich etwa auf Urheber- und Patentrecht, rechtliche Regelungen im Zusammenhang mit der Anwendung von kryptographischen Methoden sowie das im Folgenden näher betrachtete Datenschutzrecht. In diesen Bereichen wird die rechtliche Einschätzung von Tatbeständen häufig durch eine Internationalisierung verkompliziert. Ein entsprechendes Beispiel im Electronic-Commerce-Bereich ist der Kauf eines Produktes eines Anbieters aus Land A durch einen Kunden in Land B über einen in Land C ansässigen Intermediären unter Verwendung des Internets, wobei die eigentliche technische Abwicklung über einen WWW-Server in Land D erfolgt.

Datenschutz[4] verfolgt die Zielsetzung, Informationen über persönliche Lebenssachverhalte vor Missbrauch zu schützen.[5] Die Notwendigkeit für diesbezügliche Regelungen entstand vor allem durch die fortschreitenden Möglichkeiten der modernen Informations- und Kommunikationstechnik; insbesondere durch die fortschreitende Vernetzung und Integration von Informationssystemen ergeben sich neue Potenziale zur Informationserschließung und -nutzung. Durch das Bundesverfassungsgericht wurde in Deutschland (im so

[4] Vgl. etwa BfD (Der Bundesbeauftragte für den Datenschutz) (2003), Gola et al. (2005) sowie Tinnefeld et al. (2005).

[5] In diesem Zusammenhang werden die Begriffe Daten und Informationen oft uneinheitlich bzw. synonym verwendet.

genannten Volkszählungsurteil von 1983) aus dem allgemeinen Persönlichkeitsrecht das *Recht auf informationelle Selbstbestimmung* abgeleitet: das Selbstbestimmungsrecht jedes Einzelnen, grundsätzlich über die Preisgabe und Nutzung seiner persönlichen Daten zu entscheiden.

Es existieren verschiedene relevante Rechtsvorschriften, die den Datenschutz regeln: Bundesdatenschutzgesetz, Datenschutzgesetze der Länder, bereichsspezifische datenschutzrechtliche Regelungen in anderen Gesetzen und Verordnungen sowie die Datenschutzrichtlinie der Europäischen Union (EU). In diesem Zusammenhang ist das Problem der Internationalisierung anzusprechen. Dem relativ hohen Datenschutzniveau in Deutschland bzw. der EU stehen oft weniger restriktive Regelungen gegenüber, was bei der grenzüberschreitenden Verarbeitung und Nutzung personenbezogener Daten zu gewissen Problemen führt. Im Weiteren werden die wesentlichen Grundregelungen des deutschen Bundesdatenschutzgesetzes (BDSG) von 1990 in Verbindung mit der EU-Datenschutzrichtlinie von 1995, die zu einer Anpassung bzw. Annäherung des nationalen Datenschutzrechtes der EU-Länder führt, zusammengefasst.

Das Bundesdatenschutzgesetz gilt für alle öffentlichen Stellen des Bundes, teilweise in Verbindung mit dem jeweiligen Landesdatenschutzgesetz auch für öffentliche Stellen der Länder, sowie für nichtöffentliche Stellen, sofern dort personenbezogene Daten nicht ausschließlich zu privaten Zwecken verarbeitet und genutzt werden. Bezüglich der Einbeziehung von nicht automatisiert verarbeiteten Daten in Vorgangsakten o. Ä. sind die verschiedenen Datenschutzregelungen teilweise uneinheitlich. Geschützt sind jedoch in der Regel Daten in Dateien (strukturierte Sammlung personenbezogener Daten, die nach bestimmten Merkmalen verarbeitet werden können), unabhängig von einer automatisierten Verarbeitung, sowie auch personenbezogene Ton- und Bilddaten.

Einschränkungen des Rechtes auf informationelle Selbstbestimmung sind nur aufgrund eines Gesetzes zulässig („Verbot mit Erlaubnisvorbehalt"), das gewisse Mindestanforderungen erfüllen muss (überwiegendes Allgemeininteresse, Normenklarheit, Verhältnismäßigkeit), oder bedürfen der expliziten Zustimmung durch den Einzelnen. Dabei sind folgende wichtige Grundsätze beim Umgang mit personenbezogenen Daten zu nennen: Es dürfen nur wirklich notwendige Daten erhoben, verarbeitet und genutzt werden (Erforderlichkeit); die Datenerhebung muss in der Regel offen und direkt beim Betroffenen erfolgen; diese Daten dürfen in der Regel nur für den Zweck verwandt werden, für den sie erhoben wurden (Zweckbindungsgrundsatz, Geheimhaltungspflicht); bei der Verarbeitung personenbezogener Daten sind gewisse technische und organisatorische Maßnahmen zu treffen, insbesondere sind eine angemessene Datenqualität und Datensicherheit durch eine Verarbeitung nach Treu und Glauben zu gewährleisten. Für die weitere Verarbeitung und Nutzung gibt es gewisse Regelungen; insbesondere für eine Übermittlung von Daten an dritte Stellen werden spezielle Anforderungen gestellt. Dies gilt um so mehr bei der Verarbeitung hochsensibler Daten (wie z. B. politische oder religiöse Anschauungen, medizinische Informationen).

Betroffene Personen besitzen ein Auskunftsrecht bezüglich der sie betreffenden Daten; gegebenenfalls muss die speichernde Stelle Daten berichtigen, sperren oder löschen. Im Datenschutzrecht sind verschiedene unabhängige Kontroll- und Beschwerdeinstanzen vorgesehen, gewisse Datenverarbeitungen sind solchen Stellen zu melden. In Deutschland existiert die Funktion der Datenschutzbeauftragten beim Bund und bei den Ländern sowie bei öffentlichen und nichtöffentlichen Stellen ggf. die Funktion des behördlichen bzw. betrieblichen Datenschutzbeauftragten. Deren primäre Aufgabe ist die Überwachung und Sicherstellung des Datenschutzes.

A.7 Gesellschaftliche Auswirkungen

> „Die kontrollierenden Computer der Zukunft werden erzwingen, dass Arbeit Spaß macht. “ (Dueck (2002))

Die Untersuchungsobjekte der Wirtschaftsinformatik, d. h. Informations- und Kommunikationssysteme in Wirtschaft und Verwaltung, sind aus unserem täglichen Leben nicht mehr wegzudenken. Nicht nur im beruflichen Umfeld, sondern nahezu in allen Lebensbereichen sind wir mit entsprechenden Systemen und ihren Auswirkungen konfrontiert. Letztendlich kann man wahrscheinlich von einer annähernd vollständigen Durchdringung unseres Lebens (zumindest in der „westlichen Welt“) mit Computern ausgehen; man spricht auch von „*Pervasive (Ubiquitous) Computing*“ sowie von „*Pervasive Innovation*“.

Sucht man Analogien zu dieser Entwicklung, so ist man zunächst versucht, sich im Bereich verschiedener industrieller Innovationsschübe umzuschauen, die oftmals auch als *Kondratieff-Zyklen* bezeichnet werden; vgl. z. B. Nefiodow (1991). Dabei handelt es sich um Konjunkturzyklen, die durch bahnbrechende Innovationen bzw. entsprechende Innovationsschübe im Bereich des Aufbaues einer Infrastruktur hervorgetreten sind. Beispiele für solche circa ein halbes Jahrhundert umfassende Zyklen resultierten aus den Entwicklungen der Dampfmaschine oder des Automobiles.

Ähnlich lassen sich Analogien im Aufbau von Verkehrsnetzen beobachten, wie sie z. B. in den Bereichen des Straßen-, des Schienen- oder des Luftverkehrs zu konstatieren sind. Tabelle A.1 skizziert den Aufbau verschiedener Verkehrsnetze sowie des Strom- und des Telefonnetzes. Vereinfacht kann man feststellen, dass sich auf verschiedenen Ebenen ähnliche Entwicklungen vollzogen haben. Auf der ersten Ebene steht zunächst ein Netz mit Vorgehensweisen und Regeln zu seiner Nutzung. Die zweite Ebene beschreibt Einrichtungen und Geräte zur Nutzung der ersten Ebene, und die dritte Ebene beinhaltet Unternehmen, die auf Basis dieser Einrichtungen Dienstleistungen anbieten. Die Dienstleistungen selbst sind auf der vierten Ebene beschrieben.

	Straßenverkehr	Schienenverkehr	Luftverkehr	Elektroindustrie	Fernsprechdienste
Ebene 1	Straßen, Straßenverkehrsordnung	Schienen und Signale	Luftraum, Flughäfen, Flugkontrolle	Stromnetz	Telefonnetz
Ebene 2	Kraftfahrzeuge	Züge und Loks	Flugzeuge, Luftschiffe	Elektrische Maschinen und Geräte	Telefon- und Faxgeräte
Ebene 3	Transportunternehmen	Bahngesellschaften	Luftverkehrsgesellschaften	Elektrizitätswerke	Telekommunikationsgesellschaften
Ebene 4	Personen- und Gütertransport	Personen- und Gütertransport	Personen- und Gütertransport	Nutzer von elektrischen Geräten	Ferngespräche, Dokumentenübertragung

Tabelle A.1. Beispiele für Versorgungsnetze und zugehörige Industriezweige; in Anlehnung an Bayer (1994)

Vergleicht man die genannten Beispiele für Versorgungs- und Verkehrsnetze sowie die zugehörigen Industriezweige, so bestehen zunächst augenscheinliche Analogien zum Aufbau einer Informations- und Kommunikationsinfrastruktur wie dem Internet (z. B. eine grundlegende Anschubfinanzierung des Infrastrukturaufbaues durch staatliche Maßnahmen und Unterstützung insbesondere in den USA; vgl. Abschnitt 2.5). Der so genannte Übergang zur Informationsgesellschaft mit unabhängig von Raum und Zeit verfügbaren Informationen bedeutet ebenfalls die Hoffnung auf nachhaltiges Wachstum und Impulse für die Arbeitsmärkte usw.

Im Gegensatz zu den bisherigen Kondratieff-Zyklen ist im Bereich der IKS eine deutlich höhere Innovationsgeschwindigkeit zu beobachten. Darüber hinaus erfolgt neben einer Ergänzung der bisherigen Netze eine nahezu vollständige Durchdringung bestehender Netze und Industriezweige, aber auch privater Lebensbereiche,[6] so dass die Frage nach den gesellschaftlichen Auswirkungen einer entsprechenden Veränderung insbesondere auch Wirtschaftsinformatiker in ihrer Tätigkeit betrifft. Neue Formen des Informations- und Kommunikationsverhaltens unter Nutzung des elektronischen Datenaustausches sowie des Internets induzieren Fragen nach der Entwicklung, den Chancen und den Auswirkungen neuer Informations- und Kommunikationstechnologie. Dies betrifft neben einer kritischen Auseinandersetzung mit Fragen der Technikfolgenabschätzung sowie der sinnhaften Vollautomation als möglichem Ziel der Wirtschaftsinformatik (vgl. die Einführung zu Kapitel

[6] Deutlich wird dies, wenn man sich überlegt, welche Implikationen neue IT für die Planung, Steuerung und Kontrolle des Straßen-, Eisenbahn- sowie des Luftverkehrs eröffnet. Vgl. auch die Infrastrukturveränderungen des täglichen Lebens unter den Schlagworten PC, Handy, SMS etc.

2) auch Maßnahmen im Bereich Bildung (einschließlich Weiterbildung), die sich nicht auf die bloße Einrichtung eines Lehrgebietes *Wirtschaftsethik* beschränken dürfen.

Dem Wirtschaftsinformatiker wie dem Informatiker obliegt hierbei eine wesentliche Verantwortung, Nutzern von IKS im Allgemeinen sowie spezifischen Anwendungssystemen ein geeignetes Zusammenspiel von Komplexität (im Sinne systembedingter Eigenschaften eines Systems) und Kompliziertheit (im Sinne der Art der Modellierung und damit das induzierte Verstehen und Gestalten des Systems) zu gewährleisten; vgl. z. B. Biedenkopf (1994). Nur wenn eine ausreichende Fähigkeit zur Beherrschung der Komplexität vorhanden ist, kann eine gesellschaftliche Akzeptanz aktueller Entwicklungen der Informationstechnik erreicht werden. Anderenfalls kann eine latente Überforderung bei der Beherrschung der Komplexität durch zu komplizierte Zugangsmechanismen zu einer Ablehnung des gesamten Systems führen.

Diskussionsbedarf ergibt sich aufgrund der Veränderung sozialer Strukturen sowie gestiegener Lernanforderungen. Insbesondere im Falle von Anwendungssystemfehlern treten offensichtliche Probleme der Kontrollierbarkeit, der Überschaubarkeit sowie des möglichen Ausgeliefertseins gegenüber IKS auf. Offene Probleme sind darüber hinaus in verschiedenen Bereichen zu konstatieren (z. B. rechtliche Fragen im Zusammenhang mit dem Datenschutz oder mit Urheberabgaben für „digitale“ Produkte; vgl. Abschnitt A.6).

Handlungsalternativen und ihre absehbaren Wirkungen fachübergreifend zu thematisieren, ist im Bereich der IKS sowie der damit einhergehenden Vernetzung eine notwendige Aufgabe, mit der Einzelne zumeist überfordert sind. In diesem Zusammenhang obliegt es Gesellschaften wie der GI, „die Zusammenhänge zwischen individueller und kollektiver Verantwortung zu verdeutlichen und dafür Verfahren zu entwickeln“ (`http://www.gi-ev.de`). Sinnvolle Werkzeuge, die neben der Verantwortung jedes Einzelnen durch derartige Gesellschaften übernommen werden können, sind die Mediation sowie die gemeinschaftliche Reflexion von Problemen mit einem normativen Hintergrund, die vom Einzelnen bzw. auch der Wirtschaftsinformatik als Fachdisziplin insgesamt nicht überschaut werden können. Unter *Mediation* werden dabei Verhandlungsprozesse verstanden, mit deren Hilfe Interessenkonflikte zwischen verschiedenen Parteien unter Hinzuziehung eines neutralen Dritten beigelegt werden. Dabei ist zwischen technischer Realisierbarkeit und gesellschaftlichen wie wirtschaftlichen Anforderungen geeignet abzuwägen.

Ein versöhnlicher Abschluss mag mit einem Blick auf das Frontcover unseres Buches dennoch erlaubt sein. Selbst wenn wir auf der Basis von Schlagworten wie Internet, Supply Chain Management, EDI und Electronic Commerce unser Spielzeug in einem fernöstlichen Unternehmen vom heimischen Sessel aus selbst konfigurieren können, die Ware muss immer noch zu uns transportiert werden – und es ist doch schön, wenn wir im Idealfall per Tracking and Tracing mit einer WebCam auf ein Containerterminal blicken und durch geschicktes Zoomen „unser Spielzeug“ entdecken, kurz bevor es tatsächlich bei uns zu Hause eintrifft ;-)

B. Lösungen zu den Übungen und Kontrollfragen

B.1 Einführung (zu Abschnitt 1.4)

1. Eine in der Praxis weit verbreitete Schwerpunktsetzung liegt auf den praktischen (Gestaltungs-)Aufgaben der Wirtschaftsinformatik, wie Konzeption, Entwurf, Entwicklung und Betrieb von (konkreten) Anwendungssystemen. Demgegenüber beschäftigt man sich in der Forschung und Wissenschaft insbesondere mit Aufgaben, bei denen nicht ein konkretes Anwendungssystem, sondern eher allgemeinere Strukturen im Vordergrund stehen. Hierzu gehören u. a. die Entwicklung von Modellen und Theorien zur Beschreibung und Erklärung von Anwendungssystemen (z. B. Referenzmodelle) oder auch die (Weiter-)Entwicklung von Methoden und Werkzeugen, die die eigentliche Softwareentwicklung und -konzeption unterstützen können.

2. Aus Sicht der Informatik wird die Wirtschaftsinformatik oftmals als Teildisziplin der angewandten Informatik (neben Medizininformatik, Rechtsinformatik u. Ä.) angesehen, da auch hier viele Methoden der Informatik (z. B. aus dem Software Engineering und dem Gebiet der Datenbanken) genutzt werden und Software (in Form von Anwendungssystemen) im Mittelpunkt steht. Aus der Sicht der Betriebswirtschaftslehre kann Wirtschaftsinformatik eine Querschnittsfunktion innerhalb der Betriebswirtschaftslehre darstellen, die die Aufgabe hat, zur Unterstützung der wirtschaftlichen Nutzung des Produktionsfaktors Information (in allen Funktionsbereichen der Betriebswirtschaftslehre) geeignete IKS zu entwickeln (und zu betreiben).
   Eine Zuordnung zur Informatik oder auch Betriebswirtschaftslehre ist jedoch nicht sinnvoll, da in der Wirtschaftsinformatik Methoden und Techniken beider Disziplinen verwendet werden. Die Betrachtung der Wirtschaftsinformatik als Schnittstelle zwischen beiden Disziplinen greift jedoch auch zu kurz, da darüber hinaus auch zu anderen Fachrichtungen Beziehungen bestehen. So sind z. B. hinsichtlich der Akzeptanz der entwickelten Anwendungssysteme (und ihrer dementsprechenden Gestaltung) Erkenntnisse der Psychologie oder der Arbeitswissenschaften zu beachten. Darüber hinaus werden in der Wirtschaftsinformatik eigenständige Theorien, Modelle sowie Werkzeuge entwickelt (z. B.

hinsichtlich der Architektur von Anwendungssystemen oder der Unternehmensmodellierung). Die Wirtschaftsinformatik ist somit mehr als nur die Schnittstelle zwischen Informatik und Betriebswirtschaftslehre.

3. Unter Anwendungssystemen im engeren Sinne versteht man auf bestimmte (abgegrenzte) Aufgabenbereiche bezogene Informationssysteme, wobei man hier in der Regel eine Beschränkung auf Software zu Grunde legt. Informations- und Kommunikationssysteme umfassen dagegen im Allgemeinen neben einem größeren Anwendungsbereich auch die verwendete Systeminfrastruktur sowie den Menschen und seine Interaktion.

4. Bei der Anlieferung eines Containers per LKW sollten am Eingangstor des Containerterminals die Daten des Containers (Bestimmungsort, Schiff, Containertyp u. Ä.) aufgenommen und eine Anlieferungsbestätigung für den Fahrer erstellt werden. Hierfür wird ein Anwendungssystem zur Dateneingabe und Speicherung der Daten in einer Datenbank benötigt. Sinnvoll wäre auch ein Abgleich mit bereits vorhandenen Daten, z. B. für den Fall, dass die Containerdaten bereits vom Speditionsunternehmen per Datenfernübertragung an das Containerterminal übermittelt wurden und dadurch in der Datenbank bereits vorliegen.
   Ausgehend von diesen Daten kann dann eine Disposition des Stellplatzes stattfinden. Diese kann mittels eines Yardplanungssystems automatisiert werden, wenn für die Zuordnung von Containern auf freie Stellplätze geeignete Regeln implementiert werden. Hierzu werden neben den Containerdaten (insbesondere zu Schiff und Containertyp) auch Daten zum Yard, vor allem zu den einzelnen Stellplätzen (belegt oder nicht, Belegung von benachbarten Stellplätzen), benötigt. Auch für diese Daten ist eine Datenbank mit entsprechenden Abfragemöglichkeiten notwendig (z. B. für die Abfrage von benachbarten Stellplätzen).
   Der LKW muss nach der Aufnahme der Daten des angelieferten Containers abgefertigt werden, d. h. der LKW muss entladen und der Container mittels eines geeigneten Fahrzeuges (z. B. einem Portalhubfahrzeug) zu seinem Stellplatz transportiert werden. Hierfür muss eine Zuordnung der vorhandenen Portalhubfahrzeuge zu den abzufertigenden LKW/Containern erfolgen. Auch diese Zuordnung kann durch ein Anwendungssystem automatisiert werden, wofür Daten zur aktuellen Position und dem Zustand (frei/belegt) der Portalhubfahrzeuge sowie der spätere Stellplatz des Containers und der Entladeplatz des LKW benötigt werden. Gleichzeitig kann mit der Zuordnung auch eine Optimierung des Fahrweges des ausgewählten Portalhubfahrzeuges durchgeführt werden. Idealerweise findet diese Optimierung simultan mit der Zuordnung statt, so dass einem Container z. B. ein Fahrzeug mit möglichst kurzem Fahrweg zum Container und anschließend zum Stellplatz zugeordnet wird; vgl. Steenken (1992).

Diese Zuordnung und die damit zusammenhängenden Daten (Containernummer, Stellplatz, Entladeplatz des LKW sowie gegebenenfalls der optimale Fahrweg) müssen dem Fahrer des Portalhubfahrzeuges bekannt gegeben werden, was z. B. über Datenfunkgeräte in der Kabine der Fahrzeuge erfolgen kann. Nach erfolgtem Abstellen des Containers kann der Fahrer den Stellplatz bestätigen, woraufhin z. B. eine Aktualisierung der Yarddatenbank erfolgen sollte.
Dieses System kann auch für die Planung des Transportes der Container zu den Schiffen genutzt werden, da auch hier eine Zuordnung von Containern zu Portalhubfahrzeugen und deren Fahrwege bestimmt werden müssen. Für den Umschlag der Container auf die Schiffe werden Verladebrücken genutzt, für die die Reihenfolge des Verladens der Container vom bzw. auf das Schiff durch ein weiteres Anwendungssystem unterstützt werden kann. Zur Vertiefung dieser Problematik vgl. Steenken et al. (1993).

B.2 Informatik und Informations- und Kommunikationstechnik (zu Abschnitt 2.7)

B.2.1 Berechenbarkeit und Komplexität

1. Man kann (unter gewissen Annahmen) nachweisen, dass kein Algorithmus eine Laufzeitkomplexität von kleiner als $O(n \cdot \log n)$ haben kann (Abschätzung nach unten). Da andererseits Algorithmen mit einer Laufzeitkomplexität von $O(n \cdot \log n)$ bekannt sind (Abschätzung nach oben), ist hiermit die exakte Laufzeitkomplexität des Sortierproblems definiert.

2. Es sei x die gesuchte Geschwindigkeit des Computers und diese sei ausgedrückt in der benötigten Zeitdauer (Sekunden) für die Abarbeitung einer Elementaroperation. Da der Algorithmus 2^n Elementaroperationen benötigt und $n = 100$ als Problemgröße gegeben ist, müssen 2^{100} Elementaroperationen in 3600 Sekunden ausgeführt werden. Daraus ergibt sich: $2^{100} \cdot x = 3600$, woraus folgt $x = 2{,}8 \cdot 10^{-27}$. Ein derart schneller Rechner existiert jedoch nicht. (Geht man von einem Rechner mit einer gerade noch realistischen Geschwindigkeit von 10^{10} Elementaroperationen pro Sekunde aus, würde die Berechnungsdauer immer noch in der Größenordnung des Alters des Universums liegen.)

3. Wäre das Äquivalenzproblem berechenbar, dann könnte man damit auch entscheiden, ob beide Programme für dieselben Eingabedaten terminieren (abbrechen) und könnte somit auch das Halteproblem entscheiden. Dieses ist jedoch erwiesenermaßen nicht berechenbar, womit folgt, dass auch das Äquivalenzproblem nicht berechenbar ist.

4. „Ich werde dieses Problem nicht im Allgemeinen mittels eines effizienten, exakten Algorithmus lösen können. Das liegt aber nicht an mir; seit Jahrzehnten bemühen sich viele kluge Köpfe vergeblich um die Lösung dieses Problems bzw. äquivalenter Probleme. Möglich erscheint mir lediglich die optimale Lösung kleiner Problemstellungen; ansonsten müssen wir uns wohl mit einer Näherungslösung begnügen."

5. Auf Basis einfacher Schlussfolgerungen ergeben sich für die beiden angegebenen WHILE-Programme die folgenden Aussagen zur Laufzeitkomplexität:

   a) Die äußere Schleife wird n-mal durchlaufen. Die innere Schleife beim ersten Mal einmal, dann zweimal usw. bis zu n-mal im n-ten Durchlauf der äußeren Schleife. Damit erhält man die folgende Anzahl ausgeführter Elementaroperationen:

2	[$r := 0;\ a := 0$]
$+3n + 1$	[äußere Schleife; jeweils „while $a \neq n$ do $a := a + 1;\ b := 0;$" sowie der Abbruch]
$+3 \cdot (1 + 2 + \ldots + n) + \text{n}$	[innere Schleife; jeweils „while $b \neq a$ do $r := r + 1;\ b := b + 1;$" sowie n Abbrüche]

   $= 3 + 4n + 3 \cdot n \cdot (n + 1)/2$
   $= 1{,}5n^2 + 5{,}5n + 3$
   $= O(n^2)$

   b) Für dieses Programm kann keine Laufzeitkomplexität bestimmt werden, da das Programm nicht terminiert (d. h. nie zum Ende kommt). Dies liegt daran, dass die innere Schleife erst beendet wird, wenn v den Wert 256 erreicht, der Wert von v aber vor der Schleife auf 0 gesetzt und innerhalb der Schleife nicht verändert wird. Demzufolge wird die Abbruchbedingung für die innere Schleife nie erfüllt, so dass das Programm diese Schleife nie verlassen kann.

6. Es sei n die Problemgröße auf dem langsamen Rechner, m die Problemgröße auf dem vierfach beschleunigten Rechner. Als feste Zeitspanne sei ein Wert T angenommen. Dann muss gelten:

   a) $n^2 = T$ sowie $m^2 = 4 \cdot T$ und somit $m^2 = 4 \cdot n^2$. Daraus folgt $m = 2 \cdot n$. Demzufolge wächst die Problemgröße multiplikativ um 2 (verdoppelt sich also).

   b) $2^n = T$ sowie $2^m = 4 \cdot T$, und somit $2^m = 4 \cdot 2^n$. Daraus folgt $\log_2 2^m = \log_2 4 + \log_2 2^n$, d. h. $m = 2 + n$. Demzufolge wächst die Problemgröße nur additiv um 2.

7. Ja. Zum einen kann ein Compiler das Java-Programm in ein Maschinensprachenprogramm übersetzen. Zum anderen folgt die Antwort aus der Churchschen These.

8. Nein. Die Prüfung der Ausgaben des Programms würde im Allgemeinen erfordern, zu entscheiden, ob das Programm für alle entsprechenden Eingaben anhält. Dies entspricht aber dem Halteproblem, das als nicht berechenbar nachgewiesen wurde.

9. a) Ja. Wenn man aus allen möglichen Wegen den kürzesten Weg auswählt, dann ist das natürlich auch ein kürzester.

   b) Der vorgeschlagene Algorithmus hat zur Folge, dass bei n Knoten bis zu $(n-2)!$ verschiedene Wege zu bewerten sind, was einem exponentiellen Aufwand ($O(2^n)$) entspricht.

   c) Aus den beiden vorhergehenden Antworten kann geschlossen werden, dass die Problemstellung zumindest mit exponentiellem Aufwand berechenbar ist. Nichtsdestotrotz ist es nach obigen Antworten nicht auszuschließen, dass ein effizienter Algorithmus existiert.

B.2.2 Bits & Bytes

1. a) $\text{C0}_{\text{hex}} = 12 \cdot 16^1 + 0 \cdot 16^0 = 12 \cdot 16 = 192$

   b) $10110011_{\text{dual}} = 128 + 32 + 16 + 2 + 1 = 179$

   c) Im Folgenden sind zwei alternative Berechnungsmöglichkeiten angegeben:

   - $$\begin{aligned} 352_{\text{okt}} &= 3 \cdot 8^2 + 5 \cdot 8^1 + 2 \cdot 8^0 \\ &= 011_{\text{dual}} \cdot 8^2 + 101_{\text{dual}} \cdot 8^1 + 010_{\text{dual}} \cdot 8^0 \\ &= 11101010_{\text{dual}} \end{aligned}$$

   - $$\begin{aligned} 352_{\text{okt}} &= 3 \cdot 8^2 + 5 \cdot 8^1 + 2 \cdot 8^0 = 3 \cdot 64 + 5 \cdot 8 + 2 = 234 \\ 234 &= 128 + 64 + 32 + 8 + 2 \\ &= 1 \cdot 2^7 + 1 \cdot 2^6 + 1 \cdot 2^5 + 0 \cdot 2^4 + 1 \cdot 2^3 + 0 \cdot 2^2 + 1 \cdot 2^1 + 0 \cdot 2^0 \\ &= 11101010_{\text{dual}} \end{aligned}$$

2. $200 \cdot 400$ Punkte $= 80000$ Punkte
   Jeder Punkt kann eine von $256 = 2^8$ Farben besitzen.
   $\Rightarrow$ Abspeicherung der Farbinformation je Punkt mittels 8 Bit.
   $\Rightarrow$ Insgesamt müssen $80000 \cdot 8$ Bit $= 640000$ Bit übertragen werden.
   $\Rightarrow$ Bildübertragung dauert 640000 Bit/64000 Bit/s = 10 s.

3. 1,5 MByte + 100 KByte = 1500 KByte + 100 KByte = 1600 KByte
Die Übertragungsdauer x (in Sekunden) für Seite und Logos kann dann wie folgt berechnet werden:

$$x = \frac{\text{Datenmenge}}{\text{Bandbreite}} = \frac{1600 \text{ KByte}}{100 \text{ KByte/s}} = 16 \text{ s}$$

Das heißt, es dauert (mindestens) 16 Sekunden, um die Seite mit den unveränderten Logos herunterzuladen.
Sei y die maximale Größe (in KByte) der Logos, dann gilt:

$$4 \text{ s} = \frac{y + 100 \text{ KByte}}{100 \text{ KByte/s}}$$

Nach y aufgelöst ergibt sich dann:

$$\begin{aligned} y &= (4 \text{ s} \cdot 100 \text{ KByte/s}) - 100 \text{ KByte} = 400 \text{ KByte} - 100 \text{ KByte} \\ &= 300 \text{ KByte} \end{aligned}$$

Die Differenz zwischen alter und neuer Größe beträgt dann

$$1500 \text{ KByte} - 300 \text{ KByte} = 1200 \text{ KByte}.$$

Der Prozentsatz z, um den die Logos verkleinert werden müssen, ergibt sich somit folgendermaßen:

$$\frac{z}{100\%} = \frac{1200 \text{ KByte}}{1500 \text{ KByte}}$$

Daraus ergibt sich:

$$z = 100\% \cdot \frac{1200 \text{ KByte}}{1500 \text{ KByte}} = 100\% \cdot 0{,}8 = 80\%$$

4. Im Folgenden sind zwei alternative Rechenwege angegeben:
   - 0,621E−1 · 0,41E2 = (0,621 · 0,41)E(−1 + 2) = 0,25461E1
   - 0,621E−1 · 0,41E2 = 0,0621 · 41 = 2,5461 = 0,25461E1

B.2.3 World Wide Web

1. a)
```
<!ELEMENT Bestellung (Kundendaten,(Artikel)+)>
<!ELEMENT Kundendaten (Name,Nummer,Anschrift)>
<!ELEMENT Name (\#PCDATA)>
<!ELEMENT Nummer (\#PCDATA)>
<!ELEMENT Anschrift (Strasse,PLZ,Ort)>
<!ELEMENT Strasse (\#PCDATA)>
<!ELEMENT PLZ (\#PCDATA)>
```

```
<!ATTLIST PLZ
    Land D|A \#REQUIRED
>
<!ELEMENT Ort (\#PCDATA)>
<!ELEMENT Artikel (Name, Nummer, Preis, Menge)>
<!ELEMENT Preis (\#PCDATA)>
<!ELEMENT Menge (\#PCDATA)>
```

b)

```
<?xml version="1.0"?>
<!DOCTYPE Bestellung SYSTEM "bestellung.dtd">
<?xml-stylesheet type="text/css" href="bestellung.css">
<Bestellung>
  <Kundendaten>
    <Name>Stefan Voß</Name>
    <Nummer>987654</Nummer>
    <Anschrift>
      <Strasse>Von-Melle-Park 5</Strasse>
      <PLZ Land="D">20146</PLZ>
      <Ort>Hamburg</Ort>
    </Anschrift>
  </Kundendaten>
  <Artikel>
    <Name>Grundlagen der Wirtschaftsinformatik</Name>
    <Nummer>3-7908-1375-3</Nummer>
    <Preis>19,94</Preis>
    <Menge>4</Menge>
  </Artikel>
  <Artikel>
    <Name>Informationsmanagement</Name>
    <Nummer>3-540-67807-7</Nummer>
    <Preis>29,95</Preis>
    <Menge>1</Menge>
  </Artikel>
</Bestellung>
```

B.3 Informationsmanagement (zu Abschnitt 3.7)

1. Die Begriffe „Daten“, „Information“ und „Wissen“ sollen hier am Beispiel der mathematischen Formel $a^2 + b^2 = c^2$ erläutert werden. Sowohl die einzelnen Bestandteile dieser Formel (d. h. die Buchstaben a, b und c, die hochgestellte Zahl 2 sowie die Zeichen + und =) als auch die Formel selbst sind Daten.
   Erst durch eine Interpretation dieser Formel entsteht eine Information. Diese Interpretation beinhaltet zum einen die Feststellung, dass diese Zeichen eine Formel darstellen und die Buchstaben a, b und c Werte repräsentieren. Zum anderen kann durch das Herstellen von Zusammenhängen zu anderen Daten und Informationen (z. B. einer Abbildung eines rechtwinkligen Dreieckes) möglicherweise erkannt werden, dass c die

längste, a und b dagegen die beiden kürzeren Seiten eines derartigen Dreieckes bezeichnen. Somit ergibt sich für die Formel die Bedeutung, dass in einem rechtwinkligen Dreieck das Quadrat der Länge der längsten Seite gleich der Summe der Quadrate der Längen der anderen beiden Seiten ist.
Hieraus kann man eine Vorschrift (Regel) für die Berechnung der Länge einer Seite eines rechtwinkligen Dreieckes aus den beiden anderen Seiten ableiten. Allerdings wird dafür weiteres Wissen benötigt, z. B. Wissen darüber, wie man eine derartige Formel so umstellt, dass eine Berechnungsvorschrift entsteht. Diese Vorschrift stellt Wissen (Kenntnis von Sachverhalten) dar, das durch die Verarbeitung von Informationen über die Bedeutung der Formel gewonnen wurde.

2. Wirtschaftsinformatik befasst sich mit der Konzeption, Entwicklung, Einführung, Wartung und Nutzung von Systemen der computergestützten Informationsverarbeitung im Betrieb. Informationsmanagement kann man als wirtschaftliche (effiziente) Planung, Beschaffung, Verarbeitung, Distribution und Allokation von Informationen als Ressource zur Vorbereitung und Unterstützung von Entscheidungen (Entscheidungsprozessen) definieren.
Innerhalb des Informationsmanagements gibt es einige Aufgaben, die nicht zur Wirtschaftsinformatik hinzugerechnet werden können. Hierzu zählt insbesondere die Analyse des Informationsbedarfe und -angebote, die keine originäre Aufgabe der Wirtschaftsinformatik (wohl aber des Informationsmanagements) darstellt. Darüber hinaus beschäftigt sich das Informationsmanagement auch mit der Planung, Beschaffung, Verarbeitung, Distribution und Allokation von Informationen, die nicht in elektronischer Form vorliegen. Daneben umfasst auch die Wirtschaftsinformatik Aufgaben, die nicht essenziell zum Informationsmanagement gehören, insbesondere die Entwicklung und Anpassung von Software. Das Informationsmanagement ist eher für die Steuerung dieser Tätigkeiten als für ihre Durchführung zuständig.
Da zu beiden Gebieten (zumindest nach den oben angegebenen Definitionen) zum Teil unterschiedliche Aufgaben gehören, haben sowohl die Wirtschaftsinformatik als auch das Informationsmanagement eine eigenständige Daseinsberechtigung.

3. • *Analyse und Ermittlung des Informationsbedarfes* (Ebene des Informationseinsatzes): Welche Informationen sind zur Lösung einer Aufgabe (bzw. für eine Entscheidung) notwendig? Bei komplexen Aufgaben ist der (objektive) Informationsbedarf nur selten aus der Aufgabe direkt ableitbar, daher werden auch subjektiver Verfahren (z. B. Befragungen) verwendet.

- *Informationsbeschaffung* (Ebene des Informationseinsatzes): Vor einer Bereitstellung von Informationen an Entscheidungsträger müssen diese beschafft werden. 1. Schritt: Quellensuche (Wo liegen die gesuchten Informationen? Welche Kosten entstehen für die Beschaffung aus dieser Quelle?), 2. Schritt: Auswahl der Quelle, aus der die Information beschafft wird, und anschließend die eigentliche Beschaffung (Transport).

- *Informationsbereitstellung* (Ebene des Informationseinsatzes): Hierbei werden die Informationen den Bedarfsträgern zur Verfügung gestellt (z. B. mittels IKS). Es entsteht das Problem, die richtige Information zum richtigen Zeitpunkt am richtigen Ort (Empfänger) zu den richtigen Kosten bereitzustellen. Daraus ergeben sich zwei Aufgaben: die Allokation (Zuordnung der Informationen zu Bedarfsträgern, d. h. wer bekommt welche Informationen?) und die Distribution (Auswahl von Medium und Weg für den Transport der Informationen zu den Empfängern).

- *Datenmanagement* (Ebene der Informations- und Kommunikationssysteme): Hierzu gehört die Planung, Steuerung und Überwachung der gesamten Daten des Unternehmens. Dies beinhaltet u. a. folgende Aufgaben: unternehmensweite Datenmodellierung, Organisation der Datenhaltung (Welche Daten werden in welchen Systemen verwaltet?), Regelung der Verantwortlichkeiten für Aktualität, Sicherheit usw. sowie Administration der Datennutzung (z. B. Zugriffsrechte).

- *Sicherheits- und Katastrophenmanagement* (Ebene der Informations- und Kommunikationsinfrastruktur): Hierunter versteht man das Abwenden oder Vermindern realer (wirtschaftlicher) Schäden im Bereich der Informations- und Kommunikationssysteme (vor allem Gewährleistung von Datensicherheit und Datenschutz) sowie Planung von Schadensfällen, die extrem selten eintreten, jedoch sehr negative Folgen haben bzw. sehr große Schäden verursachen können.

4. IM als persönliches Informationsmanagement befasst sich im Wesentlichen mit den von einem Individuum für seine Informationsverarbeitungsprozesse eingesetzten Methoden und Techniken, die ihm eine Bewältigung seiner (insbesondere betrieblichen) Aufgaben ermöglichen, d. h. dem persönlichen Umgang mit Information. Dem Ansatz kann die Überlegung zu Grunde liegen, dass sich aus einer „optimalen“ Informationsversorgung jedes Mitarbeiters auch eine optimale Informationsversorgung des Unternehmens bzw. einer Organisation ergibt. Vermöge des persönlichen Informationsmanagements sollen die Mitarbeiter hinsichtlich des Erkennens der eigenen Informationsbedarfe sowie der Mittel zu ihrer Befriedigung unterstützt werden; vgl. Seibt (1993).
   Das persönliche Informationsmanagement kann durch eine Vielzahl von Anwendungssystemen unterstützt werden, z. B. Standard-Office-Pakete,

Projektmanagementsoftware, Groupware-Applikationen, aber auch einfache Terminverwaltungssysteme. Auf der technischen Seite kann somit auch eine Unterstützung durch Organizer, Mobiltelefone u. Ä. erfolgen. So könnte man sich einen persönlichen Fahrplan (mit allen möglichen Verbindungen zwischen zwei Orten, z. B. Wohnung und Arbeitsplatz) u. a. mit einem WAP-fähigen Mobiltelefon über ein entsprechendes Angebot eines Verkehrsunternehmens erstellen. Voraussetzung für eine effiziente Unterstützung des persönlichen Umganges mit Informationen ist eine geeignete (gut ausgebaute) Netzinfrastruktur.

B.4 Modellierung (zu Abschnitt 4.8)

B.4.1 Unternehmensmodellierung

1. Einerseits setzt die Überprüfung auf syntaktische Richtigkeit eines Modells ein entsprechendes Meta-Modell voraus; im Hinblick auf die Vergleichbarkeit verschiedener Modelle ist entweder die Verwendung des gleichen Meta-Modells oder eine Transformierbarkeit zwischen verschiedenen Meta-Modellen erforderlich. Andererseits sind die Grundsätze ordnungsmäßiger Modellierung auch bei der Erstellung von Meta-Modellen zugrunde zu legen.

B.4.2 Entity-Relationship-Modellierung

1.

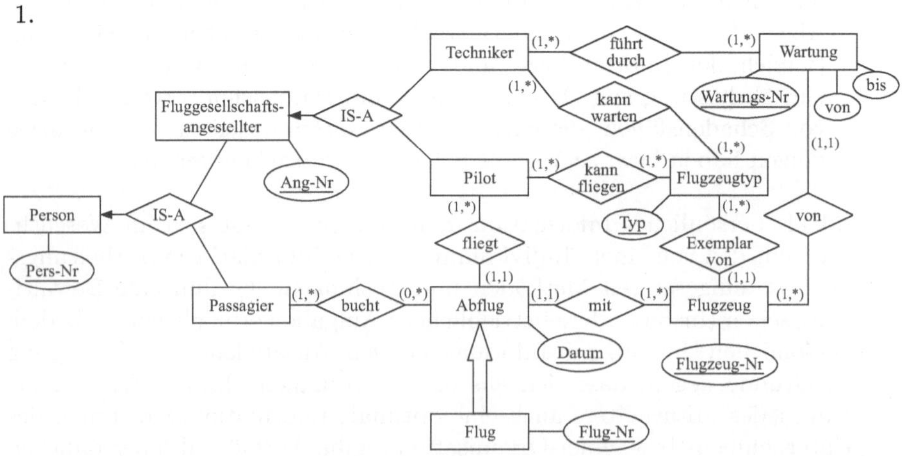

2.

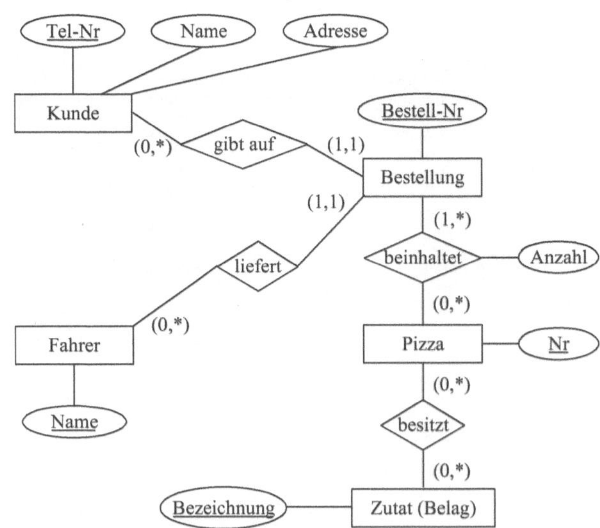
Tel-Nr
Name
Adresse
Kunde
(0,*)
gibt auf
(1,1)
Bestell-Nr
Bestellung
(1,1)
(1,*)
liefert
beinhaltet
Anzahl
(0,*)
(0,*)
Fahrer
Pizza
Nr
Name
(0,*)
besitzt
(0,*)
Bezeichnung
Zutat (Belag)

3.

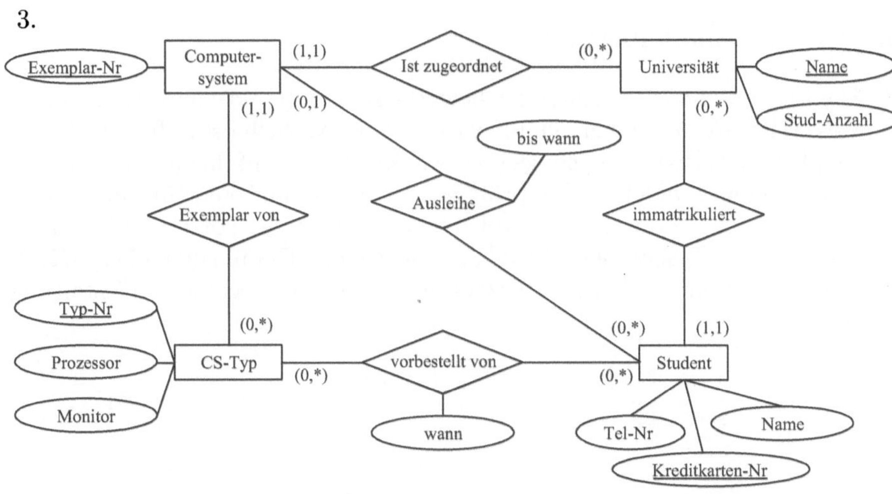
Exemplar-Nr
Computer-system
(1,1)
Ist zugeordnet
(0,*)
Universität
Name
(1,1)
(0,1)
(0,*)
Stud-Anzahl
bis wann
Exemplar von
Ausleihe
immatrikuliert
Typ-Nr
(0,*)
(0,*)
(1,1)
Prozessor
CS-Typ
vorbestellt von
Student
(0,*)
(0,*)
Monitor
wann
Tel-Nr
Name
Kreditkarten-Nr

4.

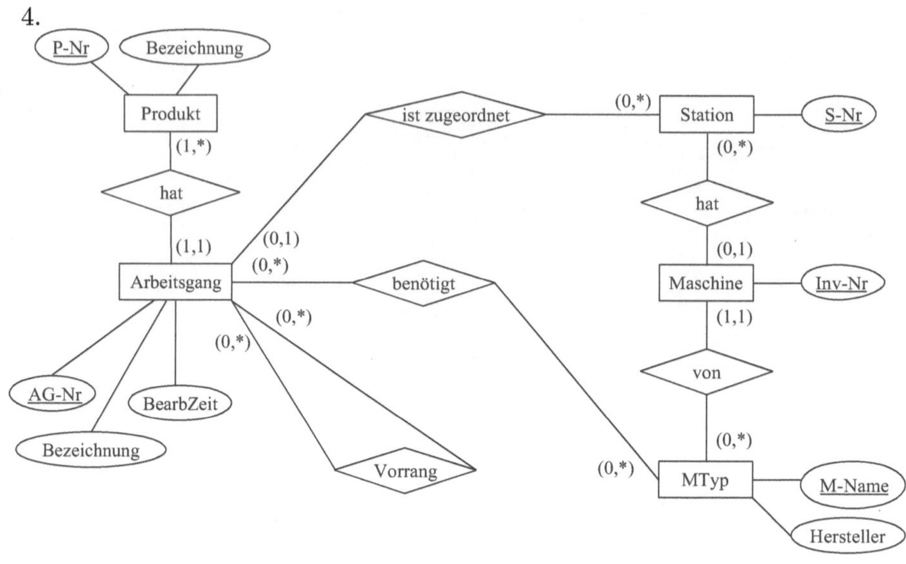

B.4.3 Prozessmodellierung

1. Die folgende Lösung verwendet bewusst keine adjunktiven Konnektoren, was teilweise zu einer Duplizierung von Modellbestandteilen führt. Mögliche alternative Lösungswege wären a) die Einführung einer Funktion, die entscheidet, was geprüft werden muss, mit einer nachfolgenden disjunktiven Verzweigung und einer spätereren korrespondierenden disjunktiven Zusammenführung, sowie b) die Einführung einer UND-Zusammenführung bei der Akzeptanz unter entsprechender Gestaltung des Vorlaufs.

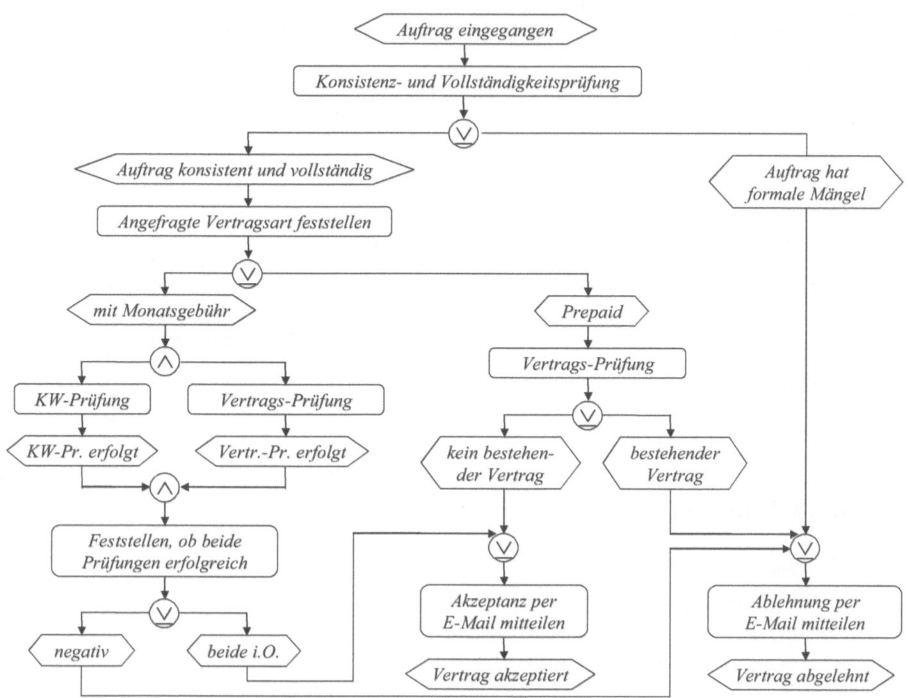

2.

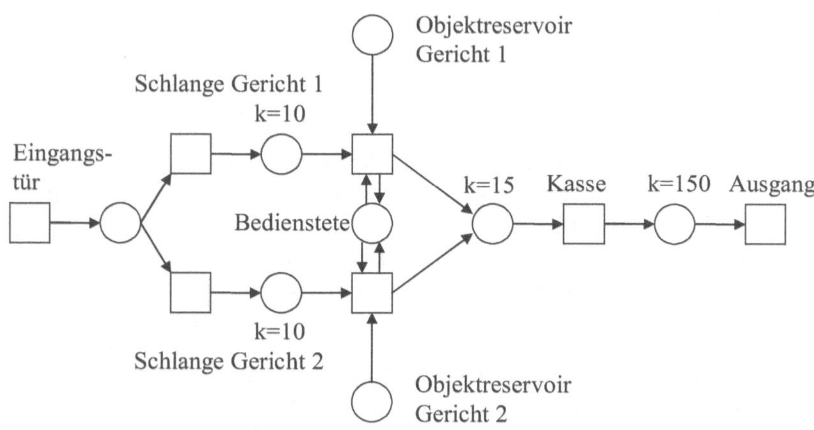

3. In der dargestellten Lösung folgen wir den von van der Aalst (1999) beschriebenen Transformationsregeln (andere Lösungen sind möglich). Hierbei werden prinzipiell Ereignisse durch Stellen sowie Funktionen durch Transitionen eines Bedingungs-Ereignis-Netzes abgebildet. Konnektoren sind in Abhängigkeit von dem Zusammenhang durch verschiedene Teilstrukturen zu ersetzen, die (unter Ausnahme adjunk-

tiver Konnektoren) leicht nachvollzogen bzw. selbst entwickelt werden können.

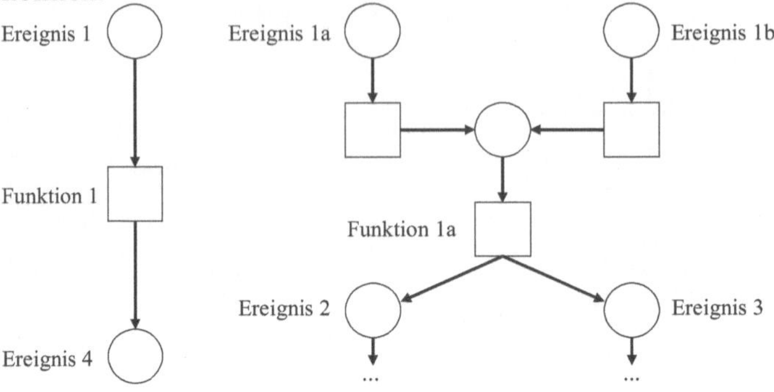

B.4.4 Simulation

1. *Modellierung:*
   - unbewegliche Objekte:
     - Eingang für Rollstuhlfahrer R
     - 19 andere Eingänge E01, ..., E19
     - 20 Warteschlangen WR, WE01, ..., WE19
   - bewegliche Objekte: Zuschauer
   - Zustände:
     - Eingänge: frei/belegt
     - Warteschlangen: frei/belegt (Länge)
     - Zuschauer: wartend/in Bedienung
   - Entscheidungsregeln:
     - Rollstuhlfahrer benutzen den Eingang R bzw. die Warteschlange WR
     - Alle anderen Zuschauer entscheiden folgendermaßen:
       i. Sind mehrere Eingänge frei, dann gehe zu dem freien Eingang Ex mit der kleinsten Nummer.
       ii. Ist genau ein Eingang frei, dann gehe zu diesem.
       iii. Sind alle Eingänge belegt, dann gehe zur kürzesten Warteschlange.

   Umsetzung des Modells in ein Simulationsmodell: Hierfür werden vorgefertigte Bausteine verwendet. Die Entscheidungsregeln müssen in einer Simulationssprache programmiert werden. Außerdem müssen die Eingangsdaten (hier Eintreffzeitpunkte) stochastisch erzeugt oder durch Tabellen eingelesen werden.
   Simulationsexperimente: Diese können bei kleinen Modellen manuell erfolgen, werden in der Regel aber per Rechner zumeist unter Verwendung von Simulationssystemen (mit graphischer Modellierungsoberfläche und Visualisierung) durchgeführt. Wichtige Ergebnisgrößen sind in diesem

Beispiel die Zuschauerwartezeiten und Warteschlangenlängen (jeweils maximal/minimal/Durchschnitt) sowie die Auslastung der Eingänge. *Übertragung der Ergebnisse auf die Realität:* Es muss überprüft werden, ob alle Prämissen und Eingabedaten hinreichend realistisch waren und gegebenenfalls weitere Simulationen erforderlich sind. Eine anschließende Veränderung der realen Situation entsprechend der Simulationsauswertung sollte Kosten-Nutzen-Gesichtspunkte berücksichtigen.

2. a) Ausgehend von den vorgegebenen Zuordnungsregeln ergibt sich folgender Ereigniskalender:

Zeitpunkt	Aktion	Warteschlange G	Warteschlange Z
1	Eintritt G1	G1	
3	Eintritt G2	G1, G2	
7	Eintritt Z1	G1, G2	Z1
7	Zuordnung G2 – Z1	G1	
8	Eintritt Z2	G1	Z2
8	Zuordnung G1 – Z2		
19	Eintritt G3	G3	
20	Eintritt Z3	G3	Z3
20	Zuordnung G3 – Z3		
23	Eintritt G4	G4	
29	Eintritt Z4	G4	Z4

b) Nein, Gast G4 kann nicht zugeordnet werden, da G4 nur zu Zimmer Z3 passt, dieses Zimmer jedoch beim Eintreffen von G4 schon an jemand anderen (nämlich G3) vergeben wurde.

c) Eine Möglichkeit wäre, die erste Regel zu verändern:
Die Zuordnung von Gästen zu Zimmern erfolgt erst, wenn alle Zimmerwünsche bzw. Zimmerangebote eingegangen sind, d. h. spätestens zwei Monate vor Beginn der Großveranstaltung. Solange werden neu eintreffende Gäste/Zimmer in die Warteschlangen eingereiht.

d) Denkbar wären die folgenden geänderten Regeln:
   i. Die Zuordnung von Gästen zu Zimmern erfolgt erst, wenn alle Zimmerwünsche bzw. Zimmerangebote eingegangen sind, d. h. spätestens zwei Monate vor Beginn der Großveranstaltung. Solange werden neu eintreffende Gäste/Zimmer in die Warteschlangen eingereiht.
   ii. Steht für einen Gast nur ein geeignetes Zimmer zur Verfügung bzw. existiert für ein Zimmer nur ein geeigneter Gast, so ord-

ne diesen Gast diesem Zimmer zu und streiche beide aus ihren Warteschlangen.

iii. Wiederhole die Regel ii, bis für jeden Gast in der Warteschlange mindestens zwei geeignete Zimmer und für jedes Zimmer in der Warteschlange mindestens zwei geeignete Gäste zur Verfügung stehen.

iv. Ordne jetzt die verbleibenden Gäste/Zimmer so zu, dass dem am längsten wartenden Gast oder Zimmer der Vorrang gegeben wird.

e) Diese veränderten Regeln führen zum nachfolgenden Ereigniskalender, aus dem ersichtlich ist, dass nun alle Gäste ein Zimmer erhalten.

Zeitpunkt	Aktion	Warteschlange G	Warteschlange Z
1	Eintritt G1	G1	
3	Eintritt G2	G1, G2	
7	Eintritt Z1	G1, G2	Z1
8	Eintritt Z2	G1, G2	Z1, Z2
19	Eintritt G3	G1, G2, G3	Z1, Z2
20	Eintritt Z3	G1, G2, G3	Z1, Z2, Z3
23	Eintritt G4	G1, G2, G3, G4	Z1, Z2, Z3
29	Eintritt Z4	G1, G2, G3, G4	Z1, Z2, Z3, Z4
29	Zuordnung G4 – Z3	G1, G2, G3	Z1, Z2, Z4
29	Zuordnung G3 – Z1	G1, G2	Z2, Z4
29	Zuordnung G2 – Z2	G1	Z4
29	Zuordnung G1 – Z4		

3. a) Eine Einordnung aller Ereignisse anhand der vorgegebenen Regeln führt zu folgendem Diagramm:

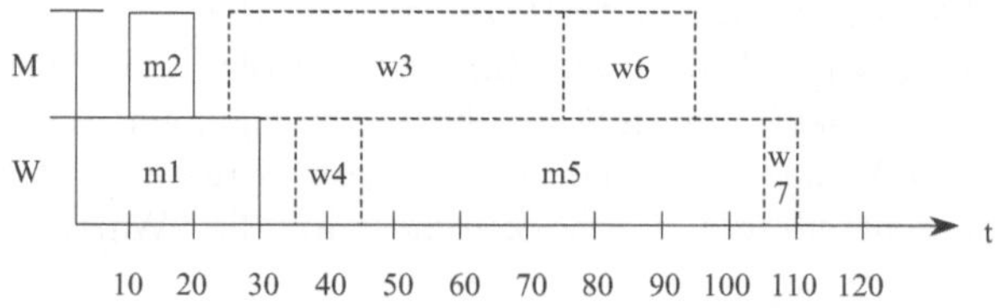

Aus der Simulation ergibt sich somit nachfolgender Ereigniskalender:

Zeit	Ereignis	WM	WW
0	Ankunft m1, Zugang WW	–	m1
10	Ankunft m2, Zugang WM	m2	m1
20	Weggang m2, Abgang WM	–	m1
25	Ankunft w3, Zugang WM	w3	m1
30	Weggang m1, Abgang WW	w3	–
35	Ankunft w4, Zugang WW	w3	w4
40	Ankunft m5, Zugang WW	w3	w4, m5
45	Weggang w4, Abgang WW	w3	m5
50	Ankunft w6, Zugang WM	w3, w6	m5
55	Ankunft w7, Zugang WW	w3, w6	m5, w7
75	Weggang w3, Abgang WM	w6	m5, w7
95	Weggang w6, Abgang WM	–	m5, w7
105	Weggang m5, Abgang WW	–	w7
110	Weggang m7, Abgang WW	–	–

b) Nein, Mitarbeiter M schafft es nicht, um 12:30 Uhr in der Mensa zu sein, da er insgesamt 95 Minuten für die Sprechstunde braucht (11:00 Uhr plus 95 Minuten ergibt 12:35 Uhr).

B.4.5 Mathematische Modellierung

1. Zuerst sollte man sich über die Parameter dieses Problems im Klaren werden. Hierzu gehören die Anzahl der Kommunikationsmittel n (in unserem Beispiel 3) und die Anzahl der zu versendenden Nachrichten m. Außerdem müssen die Kosten beachtet werden, d. h. es gibt Fixkosten f_i für jedes Kommunikationsmittel i und variable Kosten c_{ij} für jede Nachricht j unter Verwendung von Kommunikationsmittel i. Wenn für eine Nachricht j ein Kommunikationsmittel i nicht verwendet werden kann, kann dies u. a. durch sehr hohe Kosten c_{ij} (z. B. $c_{ij} = 1.000.000$ DM) abgebildet werden. Da die (variablen und fixen) Kosten nur dann auftreten, wenn eine Nachricht j mit dem Kommunikationsmittel i verschickt wird bzw. wenn das Kommunikationsmittel i überhaupt angeschafft wird, müssen die Variablen diese Entscheidungen widerspiegeln. Demzufolge führen wir eine Variable y_i ein, die angibt, ob das Kommunikationsmittel i angeschafft werden soll ($y_i = 1$) oder nicht ($y_i = 0$). Außerdem werden Variablen x_{ij} benötigt, die jeweils angeben, ob eine Nachricht j mit dem Kommunikationsmittel i verschickt wird ($x_{ij} = 1$) oder nicht ($x_{ij} = 0$). Die Zielfunktion $F(x, y)$ ergibt sich dann als Summe aller Produkte der Kosten mit den entsprechenden Variablen. Mit den Nebenbedingungen muss erstens sichergestellt werden, dass jede Nachricht mit genau einem Kommunikationsmittel versendet wird (Nebenbedingung B.1). Zweitens

muss jedes Kommunikationsmittel angeschafft werden, dass für (mindestens) eine Nachrichtenversendung verwendet wird (Nebenbedingung B.2). Ein (allgemeines) mathematisches Modell für dieses Problem lautet dann:

$$\text{Minimiere} \qquad F(x,y) = \sum_{i=1}^{n} \left(f_i \cdot y_i + \sum_{j=1}^{m} c_{ij} \cdot x_{ij} \right)$$

unter den Nebenbedingungen

$$\sum_{i=1}^{n} x_{ij} = 1 \qquad \text{für } j = 1, 2, \ldots, m \tag{B.1}$$

$$\sum_{j=1}^{m} x_{ij} \leq m \cdot y_i \qquad \text{für } i = 1, 2, \ldots, n \tag{B.2}$$

$$x_{ij} \in \{0,1\} \qquad \text{für } i = 1, 2, \ldots, n \text{ und } j = 1, 2, \ldots, m$$

$$y_i \in \{0,1\} \qquad \text{für } i = 1, 2, \ldots, n.$$

2. a) Das Datenblatt enthält sinnvollerweise:
   - einen Bereich von $n = 6$ Zellen für die Entscheidungsvariablen $x_1, \ldots, x_6$,
   - einen Bereich von $n \cdot T = 36$ Zellen mit den Nettoauszahlungen $a_{1,1}, \ldots, a_{6,6}$,
   - einen Bereich von $n = 6$ Zellen mit den Kapitalwerten $e_1, \ldots, e_6$,
   - einen Bereich von $T = 6$ Zellen mit den Budgets $b_1, \ldots, b_6$,
   - einen Bereich von $n \cdot T = 36$ Zellen mit den tatsächlichen Nettoauszahlungen (in Abhängigkeit von den Entscheidungsvariablen),
   - einen Bereich von $n = 6$ Zellen mit den tatsächlich erreichten Kapitalwerten (in Abhängigkeit von den Entscheidungsvariablen),
   - einen Bereich von $T = 6$ Zellen mit den (für jede Periode gesondert) aufsummierten tatsächlichen Nettoauszahlungen (zum Abgleich mit den Budgets) sowie
   - eine Zelle mit dem Zielfunktionswert (Summe der tatsächlich erreichten Kapitalwerte).

   Bei Verwendung eines Optimierungstools innerhalb der Tabellenkalkulation sind in diesem die Zelle mit dem Zielfunktionswert, die Zellen mit den Variablen sowie die Nebenbedingungen anzugeben. Diese Nebenbedingungen betreffen zum einen die Budgetrestriktionen für alle Perioden und zum anderen die Einschränkung auf binäre Variablen. Außerdem müssen Sie angeben, dass die Zielfunktion maximiert werden soll. Als optimales Ergebnis sollte Ihnen dann vom Optimierungstool ausgegeben werden, dass die Investitionen 2, 3, 5 sowie 6 getätigt werden, wodurch sich als Summe der Kapitalwerte 8000 Sesterzen ergibt.

b) Ein mögliches AMPL-Modell sieht wie folgt aus und spiegelt damit das mathematische Modell auf S. 143 wider:

```
param n;
param T;
set NN := 1..n;
set TT := 1..T;
param e { NN };
param a { NN,TT };
param b { TT };
var x { NN } binary;

maximize
  F(x):   sum { i in NN } ( e[i] * x[i] );
subject to
  Budgetrestriktion { t in TT } :
  sum { i in NN } a[i,t] * x[i] <= b[t];
```

B.5 Datenbanken (zu Abschnitt 5.7)

1. Für die Sicherstellung eines konsistenten Zustandes der Datenbasis muss ein Datenbankmanagementsystem die Atomarität, Konsistenz, Isolation und Persistenz aller Transaktionen gewährleisten. Diese Eigenschaften werden unter dem Begriff ACID-Prinzip zusammengefasst; vgl. Abschnitt 5.2 dieses Buches.

2. • *Interne Ebene:*
     – Datenstrukturen zur Abspeicherung der Daten auf physischen Speichermedien
     – Datenadministration
   • *Konzeptionelle Ebene:*
     – Logische Gesamtsicht der Daten
     – Datendefinition und -manipulation
   • *Externe Ebene:*
     – Individuelle Sichten (Schemata) für Anwender bzw. Anwendungen
     – Jeder Benutzer erhält einen spezifischen (für ihn relevanten) Ausschnitt des konzeptionellen Datenmodells.
     – Datendefinition, -manipulation und -abfrage

3. a) FAHRER (<u>Name</u>, ...)
   KUNDE (<u>Tel-Nr</u>, Name, Adresse, ...)
   BESTELLUNG (<u>Bestell-Nr</u>, Tel-Nr, Name, ...)
   PIZZA (<u>Nr</u>, ...)
   ZUTAT (<u>Bezeichnung</u>, ...)
   BEINHALTET (Bestell-Nr, Nr, Anzahl, ...)

BESITZT (Nr, Bezeichnung, ...)

b) *SELECT* BESTELLUNG.Name, KUNDE.Name, KUNDE.Adresse
FROM KUNDE, BESTELLUNG
WHERE BESTELLUNG.Bestell-Nr = "13"
AND BESTELLUNG.Tel-Nr = KUNDE.Tel-Nr;

4. a) COMPUTER-SYSTEM (Exemplar-Nr, Typ-Nr, Uni-Name, ...)
CS-TYP (Typ-Nr, Prozessor, Monitor, ...)
UNIVERSITAET (Uni-Name, Stud-Anzahl, ...)
STUDENT (Kreditkarten-Nr, Name, Tel-Nr, Uni-Name, ...)
AUSLEIHE (Exemplar-Nr, Kreditkarten-Nr, bis-wann, ...)
VORBESTELLUNG (Typ-Nr, Kreditkarten-Nr, wann, ...)

b) *SELECT* Tel-Nr
FROM STUDENT, AUSLEIHE, COMPUTER-SYSTEM
WHERE AUSLEIHE.Exemplar-Nr
= COMPUTER-SYSTEM.Exemplar-Nr
AND Typ-Nr = "271"
AND AUSLEIHE.Kreditkarten-Nr
= STUDENT.Kreditkarten-Nr;

5. a) PRODUKT (P-Nr, Bezeichnung, ...)
ARBEITSGANG (AG-Nr, Bezeichnung, BearbZeit, P-Nr, S-Nr, ...)
STATION (S-Nr, ...)
MASCHINE (Inv-Nr, M-Name, S-Nr, ...)
M-TYP (M-Name, Hersteller, ...)
BENÖTIGT (AG-Nr, M-Name, ...)
VORRANG (AG-Nr_vor, AG-Nr_nach, ...)

b) *SELECT* Hersteller
FROM M-TYP, MASCHINE
WHERE S-Nr = "6"
AND MASCHINE.M-Name = M-TYP.M-Name;

B.6 Softwareentwicklung (zu Abschnitt 6.5)

1. Ein verbreitetes Problem konventioneller Verfahren der Softwareentwicklung ist die Verwendung verschiedener, teilweise inkompatibler Modellierungsmethoden in den einzelnen Aktivitäten, was zu entsprechenden Brüchen beim Übergang führt. Die objektorientierte Softwareentwicklung strebt dagegen eine durchgängige Behandlung von Analyse, Entwurf und Implementierung auf Basis eines einheitlichen Abstraktionsmechanismus und Methodengerüstes an.

2. Wesentliche Aufgaben des Projektmanagements sind:
   - Definition klarer, erreichbarer und akzeptierter Ziele und Zwischenziele als Basis aller Aktivitäten
   - Aufbau einer zeitlich befristeten Projektorganisation mit personifizierten Verantwortungen (Aufbauorganisation)
   - Bestimmung des technisch und wirtschaftlich geeigneten Projektablaufes (Ablauforganisation)
   - Planung von realistischen und abgestimmten Leistungen, Terminen, Kapazitäten und Kosten (Projektplanung)
   - Motivation, Anleitung und Koordination aller betroffenen Mitarbeiter (Führung)
   - Laufende Überwachung und sofortige Steuerung bei Abweichungen für alle Randbedingungen, Ziele und Ergebnisse (Projektcontrolling)

3. a) i. Anlegen einer neuen Sprintwertung:
   Funktionstyp: Dateneingabe
   Komplexität: komplex, da Datenbankzugriff wegen der Eingabeprüfung nötig ist.

   ii. Eingabe der drei Erstplatzierten einer Sprintwertung:
   Funktionstyp: Dateneingabe
   Komplexität: mittel, da 6 Datenelemente (Namen und Nummern) einzugeben sind.

   iii. Eingabe der erhaltenen Punkte aus einer Sprintwertung bei den drei Erstplatzierten:
   Funktionstyp: Dateneingabe
   Komplexität: einfach, da nur die Punkte einzugeben sind.

   iv. Druckausgabe (in Listenform) der Sprintpunkte aller Fahrer:
   Funktionstyp: Datenausgabe
   Komplexität: einfach, da 4 Listenspalten (Name, Nummer, Team, Punkte) nötig sind.

   v. Abfrage nach dem Fahrer mit den meisten Sprintpunkten:
   Funktionstyp: Datenabfrage
   Komplexität: einfach, da nur 1 Schlüssel verwendet wird.

   b) Als Summe der Schwierigkeitsgrade ergibt sich $S1 = 6+4+3+4+3 = 20$. Daraus folgt dann $BFP = S1 \cdot 1{,}1 = 22$.

   c) Da 22 zwischen 20 und 25 liegt, müssen die Personenstunden für den BFP von 22 (PS(22)) zwischen $PS(20) = 18$ und $PS(25) = 22$ liegen. Um den Wert PS(22) abzuschätzen, kann eine lineare Interpolation durchgeführt werden:
   $PS(22) = PS(20) + 2/5 \cdot (PS(25) - PS(20)) = 18 + 0{,}4 \cdot 4 = 19{,}6$

4. a) i. Anlegen eines neuen Studierendendatensatzes:
   Funktionstyp: Dateneingabe

Komplexität: zumindest mittel aufgrund der Anzahl der unterschiedlichen Datenelemente; bei Eingabeprüfung, ob der/die Studierende schon in der Datenbank enthalten ist, sogar komplex.

ii. Eingabe einer Klausur-/Prüfungsnote:
Funktionstyp: Dateneingabe
Komplexität: einfach, da lediglich Klausurnummer, Matrikelnummer sowie die Note benötigt werden (d. h. weniger als sechs Datenelemente).

iii. Druck-Ausgabe der Noten:
Funktionstyp: Datenausgabe
Komplexität: einfach, da Liste mit weniger als sieben Spalten.

iv. Online-Abfrage der Adresse:
Funktionstyp: Datenabfrage
Komplexität: mittel, da zwei Schlüssel (nämlich Matrikelnummer in einer Tabelle mit den Angaben zu den Studierenden (Namen, Adresse usw.) und Matrikelnummer in einer Tabelle mit den Klausurnoten).

b) Als Summe der Schwierigkeitsgrade für die Anforderungen aus Teilaufgabe a) ergibt sich $S1' = 6 + 3 + 4 + 4 = 17$ und damit insgesamt $S1 = 437 + 17 = 454$. Hieraus folgt: $BFP = 454 \cdot 1{,}05 = 476{,}7$, wodurch sich ein Aufwand von 31 PM abschätzen lässt.

B.7 Betriebliche Anwendungssysteme (zu Abschnitt 7.7)

1. Standardsoftware hat gegenüber Individualsoftware u. a. den Vorteil, dass die Einführungsdauer des Systems in der Regel kürzer und das System dadurch schneller verfügbar ist. Des Weiteren sind die (Anschaffungs-) Kosten für Standardsoftware zumeist geringer. Diese beiden Überlegungen können beim Einkauf eines Simulationssystems eine große Bedeutung besitzen.
Standardsoftwaresysteme für die Simulation beinhalten in der Regel vordefinierte Komponenten und sind möglicherweise objektorientiert gestaltet. Dadurch wird eine Anpassung der Komponenten an den zu simulierenden Wirklichkeitsausschnitt ermöglicht. Somit sind derartige Simulationssysteme relativ flexibel hinsichtlich ihrer Anwendungsgebiete, so dass im Allgemeinen (aus Anwendersicht) keine Notwendigkeit zur Entwicklung einer Individualsoftware besteht.

2. • Zugangssysteme:

- Kunde verschafft sich Zugang zum Anwendungssystem, z. B. Aufbau einer Verbindung vom PC zum Anwendungssystem oder Zugang zu Selbstbedienungsterminals
- wichtig: Prüfung der Authentizität des Kunden (u. a. durch Kennnummern, Passwörter, Chipkarten)
- Anwendung im Busreiseunternehmen z. B. bei Reisebuchung oder Informationen über bereits gebuchte Reisen per Internet (Zugang zum entsprechenden Server des Busreiseunternehmens nötig, bei bereits gebuchter Reise auch Authentifizierung, ebenso bei einer Buchung)

- Informations- und Beratungssysteme:
  - hoher Erklärungsbedarf zum Produkt wegen Immaterialität und Individualität
  - Informationssysteme (Abruf von Angebots- und Leistungsdaten)
  - Beratungssysteme (durch Experten- oder Expertisesysteme)
  - Anwendung im Busreiseunternehmen z. B. bei einem Informationsangebot über das Internet (Informationen zu den Reisen und den Bedingungen), also eher in Form von Informationssystemen

- Transaktionssysteme:
  - Abwicklung von formalisierten und meist kurzen Verarbeitungsvorgängen im Dialog, wobei sich nur Eingabeparameter ändern (z. B. Platzreservierung)
  - sowohl im Front-Office-Bereich für den Kunden, als auch im Back-Office-Bereich für den Sachbearbeiter
  - Anwendung im Busreiseunternehmen z. B. bei Reisebuchung per Internet oder auch im Reisebüro (dann die Software betreffend, mit der der Kundenberater dort arbeitet)

- Integrierte Bürosysteme:
  - Standardsoftware (z. B. Textverarbeitung, Tabellenkalkulation, Desktop-Publishing, Datenbankverwaltung)
  - „integrierte“ Arbeitsumgebung am Schreibtisch (Geräteintegration, Medienintegration, Funktionsintegration)
  - Anwendung im Busreiseunternehmen z. B. Textverarbeitung für den Schriftverkehr und Datenbankverwaltung der Reiseangebote, -buchungen und Kundendaten

- Administrations-, Dispositions-, Planungs- und Kontrollsysteme:
  - in allen Funktionsbereichen aller Branchen vorhanden
  - dazu gehören u. a. Anwendungen für das Berichtswesen, Verwaltungsfunktionen, Anwendungen für die Vertriebsunterstützung, Management-Support-Systeme sowie Yield-Management-Systeme
  - Anwendung im Busreiseunternehmen z. B. für das Controlling (Auswertung der Reiseangebote und deren Akzeptanz)

- Workflow-Management-Systeme:
  - Vorgänge werden in Büroumgebung mit Arbeitsteilung abgewickelt
  - Vorgangsabwicklung erfolgt durch teilweise sequenzielle, teilweise parallele Ausführung von Vorgangsschritten
  - Anwendung im Busreiseunternehmen z. B. bei der Abwicklung einer Reisebuchung (Buchung der Reise durch einen Mitarbeiter, Weiterleitung an einen zweiten Mitarbeiter zur Rechnungslegung)
- Workgroup-Computing-Systeme:
  - computergestützte Konzepte, Methoden und Realisierungen zur Unterstützung von Teams bei Bearbeitung einer gemeinsamen unstrukturierten Aufgabe
  - computergestützte Kooperation basiert auf Netzwerkarchitekturen mit Kommunikationssystemen
  - Anwendung im Busreiseunternehmen eventuell bei Gruppenentscheidungen über neu aufzunehmende Reiseangebote, bei kleinem Unternehmen aber kaum nötig
- Dokumentenmanagementsysteme:
  - zur Speicherung, Verwaltung und Wiedergewinnung von Dokumenten in elektronischer Form
  - Anwendung im Busreiseunternehmen z. B. bei der Verwaltung des per PC abgewickelten Schriftverkehrs (insbesondere bei Reklamationen und anderem nicht standardisiertem Schriftverkehr)

3. Entschlüsselung von 11 mittels eigenem Secret Key: $11^5 \bmod 21 = 161051 \bmod 21 = 2$. (Dies kann man leicht mit einfacher Schulmathematik ausrechnen.) 2 ist eine Primzahl; d. h., an Bob muss folglich die Information 2 übermittelt werden. Verschlüsseln von 2 mit Bobs Public Key: $2^7 \bmod 65 = 128 \bmod 65 = 63$. Das heißt, an Bob muss die Nachricht 63 geschickt werden.

Literaturverzeichnis

Aho, A.V., J.D. Ullman (1996). *Informatik: Datenstrukturen und Konzepte der Abstraktion.* Thomson, Bonn.

Alonso, G., F. Casati, H. Kuno, V. Machiraju (2004). *Web Services – Concepts, Architectures and Applications.* Springer, Berlin.

Anders, A., B. Jungmann, D. Schramm (2002). XML: Grundlagen und Anwendungen. *WISU – das Wirtschaftsstudium 31*, S. 1051–1055.

Bachem, A. (1980). Anwendungen der Komplexitätstheorie im Operations Research: Ein Überblick. *Zeitschrift für Betriebswirtschaft 50*, S. 812–844.

Balzert, H. (1998). *Lehrbuch der Software-Technik, Band 2: Software-Management, Software-Qualitätssicherung, Unternehmensmodellierung.* Spektrum Akademischer Verlag, Heidelberg.

Balzert, H. (2000). *Lehrbuch der Software-Technik, Band 1: Software-Entwicklung* (2. Aufl.). Spektrum Akademischer Verlag, Heidelberg.

Balzert, H. (2004). *Lehrbuch der Objektmodellierung: Analyse und Entwurf* (2. Aufl.). Spektrum Akademischer Verlag, Heidelberg.

Bangemann, M. (1994). *Empfehlungen für den Europäischen Rat: Europa und die globale Informationsgesellschaft („Bangemann-Report").* Brüssel.

Baumgarten, B. (1996). *Petri-Netze: Grundlagen und Anwendungen* (2. Aufl.). Spektrum Akademischer Verlag, Heidelberg.

Bayer, R. (1994). Plädoyer für eine Nationale Informations-Infrastruktur. *Informatik Spektrum 17*, S. 302–308.

Beck, K. (2005). *Extreme Programming Explained* (2. Aufl.). Addison-Wesley, Boston.

Becker, J., M. Rosemann, R. Schütte (1995). Grundsätze ordnungsmäßiger Modellierung. *Wirtschaftsinformatik 37*, S. 435–445.

Becker, J., M. Rosemann, R. Schütte (Hrsg.) (1999). *Referenzmodellierung: State-of-the-Art und Entwicklungsperspektiven.* Physica, Heidelberg.

Becker, J., R. Schütte (2004). *Handelsinformationssysteme* (2. Aufl.). Redline Wirtschaft, Frankfurt/Main.

Beimborn, D., T. Weitzel (2003). Web Services und Service-oriented IT-Architekturen. *WISU – das Wirtschaftsstudium 32*, S. 1360–1364.

Beutelspacher, A., J. Schwenk, K.-D. Wolfenstetter (2004). *Moderne Verfahren der Kryptographie – Von RSA zu Zero-Knowledge* (5. Aufl.). Vieweg, Wiesbaden.

BfD (Der Bundesbeauftragte für den Datenschutz) (2003). Bundesdatenschutzgesetz (BDSG). `http://www.bfd.bund.de/information/BDSG.pdf`. 11. März 2005.

Biedenkopf, K.H. (1994). Komplexität und Kompliziertheit. *Informatik Spektrum 17*, S. 82–86.

Bode, J. (1993). *Betriebliche Produktion von Information.* Deutscher Universitäts-Verlag, Wiesbaden.

Bode, J. (1997). Der Informationsbegriff in der Betriebswirtschaftslehre. *Zeitschrift für betriebswirtschaftliche Forschung 49*, S. 449–468.

Bodendorf, F. (1999). *Wirtschaftsinformatik im Dienstleistungsbereich.* Springer, Berlin.

Boehm, B.W. (1981). *Software Engineering Economics.* Prentice Hall, Upper Saddle River.

Boehm, B.W. (1984). Verifying and validating software requirements and design specifications. *IEEE Software 1*(1), S. 75–88.

Boehm, B.W., C. Abts, A.W. Brown, S. Chulani, B.K. Clark, E. Horowitz, R. Madachy, D. Reifer, B. Steece (2001). *Software Cost Estimation with Cocomo II.* Prentice Hall, Upper Saddle River.

Booch, G., J. Rumbaugh, I. Jacobson (2005). *The Unified Modeling Language User Guide* (2. Aufl.). Addison-Wesley, Upper Saddle River.

Brenner, W. (1994). *Grundzüge des Informationsmanagements.* Springer, Berlin.

Brooks, F.P. (1987). No silver bullet: Essence and accidents of software engineering. *IEEE Computer 20*(4), S. 10–19.

Brooks, F.P. (1995). *The Mythical Man-Month: Essays on Software Engineering, Anniversary Ed.* Addison-Wesley, Reading.

Brüssau, K. (2005). Web Services. In K. Brüssau, O. Widder (Hrsg.), *E-clipse – Die Plattform.* Software & Support Verlag, Frankfurt, S. 383–404.

Brynjolfsson, E., L.M. Hitt (2000). Beyond computation: Information technology, organizational transformation and business performance. *Journal of Economic Perspectives 14*, S. 23–48.

Büttemeyer, W. (1995). *Wissenschaftstheorie für Informatiker.* Spektrum Akademischer Verlag, Heidelberg.

Buchholz-Stepputtis, K., S. Voß (1999). Finanzdienstleistungen, Zahlungsverkehr und Electronic Commerce im Internet mittels SmartCards. In H. Hesse, B. Rebe (Hrsg.), *Vision und Verantwortung: Herausforderungen an der Schwelle zum neuen Jahrtausend.* Olms, Hildesheim, S. 445–463.

Buhl, H.U., A. Huther, B. Reitwiesner (Hrsg.) (2001). *Information Age Economy – 5. Internationale Tagung Wirtschaftsinformatik 2001.* Physica, Heidelberg.

Bundesanstalt für Arbeit (Hrsg.) (1993). *Blätter zur Berufskunde, Band 3 – I A 03: Diplom-Wirtschaftsinformatiker/Diplom-Wirtschaftsinformatikerin (Diplom-Kaufmann/Diplom-Kauffrau mit Schwerpunkt Wirtschaftsinformatik).* Bielefeld.

Buschmann, F., R. Meunier, H. Rohnert, P. Sommerlad, M. Stal (1998). *Pattern-orientierte Software-Architektur: Ein Pattern-System.* Addison-Wesley, Bonn.

Chamoni, P., P. Gluchowski (Hrsg.) (1999). *Analytische Informationssysteme* (2. Aufl.). Springer, Berlin.

Chen, P. (1976). The entity relationship model: Toward a unified view of data. *ACM Transactions on Database Systems 1*, S. 9–36.

Chen, R., A.-W. Scheer (1994). Modellierung von Prozeßketten mittels Petri-Netz-Theorie. In A.-W. Scheer (Hrsg.), *Veröffentlichungen des Instituts für Wirtschaftsinformatik, Universität des Saarlandes*, Volume 107. Saarbrücken.

Cheswick, W.R., S.M. Bellovin, A.D. Rubin (2004). *Firewalls und Sicherheit im Internet – Schutz vor cleveren Hackern* (2. Aufl.). Addison-Wesley, München.

CMU (Carnegie Mellon University) (2005). Domain engineering. `http://www.sei.cmu.edu/domain-engineering/domain_eng.html`. 11. März 2005.

Coase, R.H. (1979). The nature of the firm. In A.T. Kronman, R.A. Posner (Hrsg.), *The Economics of Contract Law.* Little, Brown and Company, Boston, S. 31–39. Nachdruck aus: *Economica 4*, 1937, S. 386, 390–392.

Codd, E. (1970). A relational model of data for large shared data banks. *Communications of the ACM 13*, S. 377–387.

Coleman, D., R. Khanna (Hrsg.) (1995). *Groupware: Technologies and Applications.* Prentice Hall, Upper Saddle River.

Cormen, T.H., C.E. Leiserson, R.L. Rivest, C. Stein (2004). *Algorithmen – Eine Einführung.* Oldenbourg, München.

Czarnecki, K., U.W. Eisenecker (2000). *Generative Programming: Methods, Tools, and Applications.* Addison-Wesley, Reading.

Daduna, J.R., S. Voß (1994). Effiziente Leistungserstellung in Verkehrsbetrieben als Wettbewerbsinstrument. *Zeitschrift für Planung 5*, S. 227–252.

Daduna, J.R., S. Voß (1995). Kundenorientierte Informationsgestaltung im öffentlichen Personenverkehr. In W. König (Hrsg.), *Wirtschaftsinformatik '95.* Physica, Heidelberg, S. 357–370.

Daduna, J.R., S. Voß (Hrsg.) (2000). *Informationsmanagement im Verkehr.* Physica, Heidelberg.

DeMarco, T. (1979). *Structured Analysis and System Specification.* Prentice Hall, Upper Saddle River.

DENIC e. G. (2005). RIPE-Hostcount. `http://www.denic.de/de/domains/statistiken/hostentwicklung/hostcount.html`. 11. März 2005.

Diffie, W., M.E. Hellman (1976). New directions in cryptography. *IEEE Transactions on Information Theory 6*, S. 644–654.

Dippold, R., A. Meier, A. Ringgenberg, W. Schnider, K. Schwinn (2001). *Unternehmensweites Datenmanagement* (3. Aufl.). Vieweg, Braunschweig.

Domschke, W., A. Drexl (2005). *Einführung in Operations Research* (6. Aufl.). Springer, Berlin.

Domschke, W., A. Scholl, S. Voß (1997). *Produktionsplanung* (2. Aufl.). Springer, Berlin.

Drexl, A., B. Fleischmann, H.-O. Günther, H. Stadtler, H. Tempelmeier (1994). Konzeptionelle Grundlagen kapazitätsorientierter PPS-Systeme. *Zeitschrift für betriebswirtschaftliche Forschung 46*, S. 1022–1045.

Dröschel, W., W. Heuser, R. Midderhoff (Hrsg.) (1997). *Inkrementelle und objektorientierte Vorgehensweisen mit dem V-Modell 97.* Oldenbourg, München.

Dueck, G. (1999). Dueck β-inside. *Informatik Spektrum 22*, S. 379–383.

Dueck, G. (2002). *Wild Duck: Empirische Philosophie der Mensch-Computer-Vernetzung* (2. Aufl.). Springer, Berlin.

Elmasri, R., S.B. Navathe (2003). *Fundamentals of Database Systems* (4. Aufl.). Addison-Wesley, Reading.

Engesser, H. (Hrsg.) (1993). *Duden Informatik: Ein Sachlexikon für Studium und Praxis* (2. Aufl.). Dudenverlag, Mannheim.

Erl, T. (2004). *Service-Oriented Architecture: A Field Guide to Integrating XML and Web Services.* Prentice-Hall, Upper Saddle River.

Fandel, G., P. Francois, K.-M. Gubitz (1997). *PPS- und integrierte betriebliche Softwaresysteme* (2. Aufl.). Springer, Berlin.

Fayyad, U., R. Uthurusamy (Hrsg.) (1996). Data Mining and Knowledge Discovery in Databases. *Communications of the ACM 39*(11), S. 24–68.

Fayad, M.E., D.C. Schmidt, R.E. Johnson (1999). *Building Application Frameworks: Object-Oriented Foundations of Framework Design.* Wiley, New York.

Ferstl, O.K., E.J. Sinz (2001). *Grundlagen der Wirtschaftsinformatik, Band 1* (4. Aufl.). Oldenbourg, München.

Ferstl, O.K., E.J. Sinz, S. Eckert, T. Isselhorst (Hrsg.) (2005). *Wirtschaftsinformatik 2005 – eEconomy, eGovernment, eSociety.* Physica, Heidelberg.

Fink, A. (2000). *Software-Wiederverwendung bei der Lösung von Planungsproblemen mittels Meta-Heuristiken.* Shaker, Aachen.

Fink, A., S. Voß (1998). Berechenbarkeits- und Komplexitätstheorie. *WISU – das Wirtschaftsstudium 27*, S. 1322–1327, 1357.

Fischer, S., C. Rensing, U. Rödig (2000). *Open Internet Security: Von den Grundlagen zu den Anwendungen.* Springer, Berlin.

Fowler, M. (2004). *UML konzentriert* (3. Aufl.). Addison-Wesley, München.

Fritz, W. (Hrsg.) (2004). *Internet-Marketing und Electronic Commerce* (3. Aufl.). Gabler, Wiesbaden.

Fuhrberg, K., D. Häger, S. Wolf (2001). *Internet-Sicherheit: Browser, Firewalls und Verschlüsselung* (3. Aufl.). Hanser, München.

Gamma, E., R. Helm, R. Johnson, J. Vlissides (1996). *Entwurfsmuster: Elemente wiederverwendbarer objektorientierter Software.* Addison-Wesley, Bonn.

Garey, M.R., D.S. Johnson (1979). *Computers and Intractability: A Guide to the Theory of NP-Completeness.* Freeman, New York.

Genova, G., J. Llorens, P. Martinez (2001). Semantics of the minimum multiplicity in ternary associations in UML. In M. Gogolla, C. Kobryn (Hrsg.), *UML 2001, Lecture Notes in Computer Science 2185.* Springer, Berlin, S. 329–341.

Günther, H.-O., H. Tempelmeier (2000). *Produktion und Logistik* (4. Aufl.). Springer, Berlin.

Gola, P., R. Schomerus, C. Klug (2005). *Bundesdatenschutzgesetz (BDSG), Kommentar* (8. Aufl.). C.H. Beck, München.

Griffel, F. (1998). *Componentware: Konzepte und Techniken eines Softwareparadigmas.* dpunkt.verlag, Heidelberg.

Grochla, E. (1974). *Integrierte Gesamtmodelle der Datenverarbeitung: Entwicklung und Anwendung des Kölner Integrationsmodells (KIM).* Hanser, München.

Gutenschwager, K., K.-A. Fauth, S. Spieckermann, S. Voß (2000). Qualitätssicherung lagerlogistischer Steuerungssoftware durch Simulation. *Informatik Spektrum 23*, S. 26–37.

Hansen, H.R., G. Neumann (2001). *Wirtschaftsinformatik I: Grundlagen betrieblicher Informationsverarbeitung* (8. Aufl.). Lucius & Lucius, Stuttgart.

Hansen, H.R., G. Neumann (2005). *Wirtschaftsinformatik I: Grundlagen und Anwendungen* (9. Aufl.). Lucius & Lucius, Stuttgart.

Hansen, W.-R., F.D. Peschanel (1996). *Gabler Lexikon Innovative Informationsverarbeitung: Integration und Anwendung in Wirtschaft und Verwaltung.* Gabler, Wiesbaden.

Harel, D. (1987). Statecharts: A visual formalism for complex systems. *Science of Computer Programming 8*, S. 231–274.

Harel, D. (2000). *Computers Ltd: What They Really Can't Do.* Oxford University Press, New York.

Hayek, F.A. (1945). The use of knowledge in society. *The American Economic Review 35*, S. 519–530.

Häckelmann, H., H.J. Petzold, S. Strahringer (2000). *Kommunikationssysteme: Technik und Anwendungen.* Springer, Berlin.

Heinrich, L.J. (2001). *Wirtschaftsinformatik: Einführung und Grundlegung* (2. Aufl.). Oldenbourg, München.

Heinrich, L.J. (2002). *Informationsmanagement: Planung, Überwachung und Steuerung der Informationsinfrastruktur* (7. Aufl.). Oldenbourg, München.

Heuer, A., G. Saake (2000). *Datenbanken: Konzepte und Sprachen* (2. Aufl.). mitp, Bonn.

Hoffarth, L., S. Voß (1994). Liegeplatzdisposition auf einem Containerterminal: Ansätze zur Entwicklung eines entscheidungsunterstützenden Systems. In H. Dyckhoff, U. Derigs, M. Salomon, H.C. Tijms (Hrsg.), *Operations Research Proceedings 1993.* Springer, Berlin, S. 89–95.

Inmon, W.H. (2002). *Building the Data Warehouse* (3. Aufl.). Wiley, New York.

Jacobson, I., G. Booch, J. Rumbaugh (1999). *The Unified Software Development Process.* Addison-Wesley, Reading.

Jacobson, I., M. Griss, P. Jonsson (1997). *Software Reuse: Architecture, Process and Organization for Business Success.* Addison-Wesley, Reading.

Jenny, B. (2000). *Projektmanagement in der Wirtschaftsinformatik* (4. Aufl.). vdf Hochschulverlag, Zürich.

Jones, T.C. (1998). *Estimating Software Costs.* McGraw-Hill, New York.

Kahn, D. (1972). *The Codebreakers: The Story of Secret Writing.* Macmillan, New York.

Kang, K., S. Cohen, J. Hess, W. Novak, S. Peterson (1990). Feature-oriented domain analysis (FODA) feasibility study. Arbeitsbericht CMU/SEI-90-TR-21, Carnegie Mellon Software Engineering Institute, Carnegie Mellon University.

Kauffels, F.-J. (2002). *Durchblick im Netz* (5. Aufl.). mitp, Bonn.

Keller, G. (1993). *Informationsmanagement in objektorientierten Organisationsstrukturen.* Gabler, Wiesbaden.

Keller, G., M. Nüttgens, A.-W. Scheer (1992). Semantische Prozeßmodellierung auf der Grundlage „Ereignisgesteuerter Prozeßketten (EPKs)". In A.-W. Scheer (Hrsg.), *Veröffentlichungen des Instituts für Wirtschaftsinformatik, Universität des Saarlandes,* Volume 89. Saarbrücken.

Kindler, E. (2004). On the semantics of EPCs: A framework for resolving the vicious circle. In J. Desel, B. Pernici, M. Weske (Hrsg.), *Business Process Management, BPM 2004, Lecture Notes in Computer Science 3080.* Springer, Berlin, S. 82–97.

Klein, R. (2001). Revenue Management: Quantitative Methoden zur Ertragsmaximierung in der Dienstleistungsproduktion. Arbeitsbericht, Technische Universität Darmstadt.

König, W. (Hrsg.) (1995). *Wirtschaftsinformatik '95 – Wettbewerbsfähigkeit, Innovation, Wirtschaftlichkeit.* Physica, Heidelberg.

König, W. (2004). Spam-Mails, Viren und Datenschutz – Zensur oder Eigenverantwortung. *Wirtschaftsinformatik 46,* S. 421–422.

Knolmayer, G., P. Mertens, A. Zeier (2000). *Supply Chain Management auf Basis von SAP-Systemen: Perspektiven der Auftragsabwicklung für Industriebetriebe.* Springer, Berlin.

Kostouriak, J., M. Gregor (1995). *Simulation von Produktionssystemen.* Springer, Berlin.

Koutsoukis, N.-S., G. Mitra, C. Lucas (1999). Adapting on-line analytical processing for decision modelling: The interaction of information and decision technologies. *Decision Support Systems 26,* S. 1–30.

Krallmann, H. (Hrsg.) (1997). *Wirtschaftsinformatik '97 – Internationale Geschäftstätigkeit auf der Basis flexibler Organisationsstrukturen und leistungsfähiger Informationssysteme.* Physica, Heidelberg.

Krcmar, H. (2003). *Informationsmanagement* (3. Aufl.). Springer, Berlin.

Krcmar, H., A. Buresch, M. Reb (Hrsg.) (2000). *IV-Controlling auf dem Prüfstand: Konzept – Benchmarking – Erfahrungsberichte.* Gabler, Wiesbaden.

Langner, P., C. Schneider, J. Wehler (1997). Prozeßmodellierung mit ereignisgesteuerten Prozeßketten (EPKs) und Petri-Netzen. *Wirtschaftsinformatik 39*, S. 479–489.

Law, A.M., W.D. Kelton (2000). *Simulation Modeling & Analysis* (3. Aufl.). McGraw-Hill, New York.

Lehner, F. (1995). Grundfragen und Positionierung der Wirtschaftsinformatik. In F. Lehner, K. Hildebrand, R. Maier (Hrsg.), *Wirtschaftsinformatik: Theoretische Grundlagen.* Hanser, München, S. 1–72.

Leymann, F., D. Roller (2000). *Production Workflow – Concepts and Techniques.* Prentice Hall, Upper Saddle River.

Maier, M.W., E. Rechtin (2000). *The Art of Systems Architecting* (2. Aufl.). CRC Press, Boca Raton.

Maier, R., F. Lehner (1995). Daten, Informationen, Wissen. In F. Lehner, K. Hildebrand, R. Maier (Hrsg.), *Wirtschaftsinformatik: Theoretische Grundlagen.* Hanser, München, S. 165–272.

McAllister, A.J. (1998). Complete rules for N-ary relationship cardinality constraints. *Data & Knowledge Engineering 27*, S. 255–288.

McConnell, S. (1996). *Rapid Development: Taming Wild Software Schedules.* Microsoft Press, Redmond.

Merkle, R.C. (1978). Secure communications over insecure channels. *Communications of the ACM 21*, S. 294–299.

Mertens, P. (1995). Wirtschaftsinformatik: Von den Moden zum Trend. In W. König (Hrsg.), *Wirtschaftsinformatik '95.* Physica, Heidelberg, S. 25–64.

Mertens, P. (1998). Geschichte und ausgewählte Gegenwartsprobleme der Wirtschaftsinformatik. *Wirtschaftswissenschaftliches Studium (WiSt) 27*, S. 170–175.

Mertens, P. (2002). Mehr Mathematik in der Wirtschaftsinformatik? *Wirtschaftsinformatik 44*, S. 106–107.

Mertens, P. (2004). *Integrierte Informationsverarbeitung, Band 1: Operative Systeme in der Industrie* (14. Aufl.). Gabler, Wiesbaden.

Mertens, P., F. Bodendorf, W. König, A. Picot, M. Schumann (2000). *Grundzüge der Wirtschaftsinformatik* (6. Aufl.). Springer, Berlin.

Mertens, P., F. Bodendorf, W. König, A. Picot, M. Schumann, T. Hess (2005). *Grundzüge der Wirtschaftsinformatik* (9. Aufl.). Springer, Berlin.

Mertens, P., P. Chamoni, D. Ehrenberg, J. Griese, L.J. Heinrich, K. Kurbel (Hrsg.) (2002). *Studienführer Wirtschaftsinformatik: Fach, Studium, Universitäten, Perspektiven* (3. Aufl.). Vieweg, Braunschweig.

Mertens, P., J. Griese (2002). *Integrierte Informationsverarbeitung, Band 2: Planungs- und Kontrollsysteme in der Industrie* (9. Aufl.). Gabler, Wiesbaden.

Merz, M. (2002). *E-Commerce und E-Business -- Marktmodelle, Anwendungen und Technologien* (2. Aufl.). dpunkt.verlag, Heidelberg.

Meyer, B. (1997). *Object-Oriented Software Construction* (2. Aufl.). Prentice Hall, Upper Saddle River.

Miebach, J.T., W. Schneider (1994). Untersuchung zur Evaluierung des spezifischen Nutzens von EDIFACT auf Basis eines EDI-Implementationsmodells. *Wirtschaftsinformatik 36*, S. 557–569.

Mittelstraß, J. (1992). *Leonardo-WeltVerantwortung*. Suhrkamp, Frankfurt/Main.

Myers, G.J. (2001). *Methodisches Testen von Programmen* (7. Aufl.). Oldenbourg, München.

Nefiodow, L.A. (1991). *Der fünfte Kondratieff* (2. Aufl.). FAZ, Frankfurt/Main und Gabler, Wiesbaden.

Nierstrasz, O., M. Lumpe (1997). Komponenten, Komponentenframeworks und Gluing. *HMD: Theorie und Praxis der Wirtschaftsinformatik 197*, S. 8–23.

Nievergelt, J. (1994). Complexity, algorithms, programs, systems: The shifting focus. *Journal of Symbolic Computation 17*, S. 297–310.

Nisan, N., S. Schocken (2005). *The Elements of Computing Systems – Building a Modern Computer from First Principles.* MIT Press, Cambridge (Mass.).

Nüttgens, M., F.J. Rump (2002). Syntax und Semantik Ereignisgesteuerter Prozessketten (EPK). In *Promise 2002 – Prozessorientierte Methoden und Werkzeuge für die Entwicklung von Informationssystemen*, Volume P-21. Gesellschaft für Informatik, Bonn, S. 64–77.

OMG (2005). Object Management Group. `http://www.omg.org`. 11. März 2005.

o. V. (1832). *Plan zur Anlegung einer Eisenbahn zwischen Hannover, Braunschweig und den freien Hansestädten.* Vieweg, Braunschweig.

o.V. (2004). *V-Modell XT.* Bundesrepublik Deutschland. `http://www.v-modell-xt.de/`. 30. März 2005.

Papadimitriou, C.H. (1994). *Computational Complexity.* Addison-Wesley, Reading.

Parnas, D.L. (1972a). A technique for software module specification with examples. *Communications of the ACM 15*, S. 330–336.

Parnas, D.L. (1972b). On the criteria to be used in decomposing systems into modules. *Communications of the ACM 15*, S. 1053–1058.

Peterson, L.L., B.S. Davie (2004). *Computernetze – Eine systemorientierte Einführung* (dt. Ausg. d. 3. amer. Aufl.). dpunkt.verlag, Heidelberg.

Petri, C.A. (1962). *Kommunikation mit Automaten.* Dissertation, TH Darmstadt.

Petzold, C. (1999). *Code – The Hidden Language of Computer Hardware and Software.* Microsoft Press, Redmond.

Picot, A. (1988). Die Planung der Unternehmensressource „Information“. In Diebold Deutschland GmbH (Hrsg.), *2. Internationales Management-Symposium „Erfolgsfaktor Information“.* Frankfurt, S. 223–250.

Picot, A., R. Reichwald, R.T. Wigand (2003). *Die grenzenlose Unternehmung* (5. Aufl.). Gabler, Wiesbaden.

Picot, A., T. Ripperger, B. Wolff (1996). The fading boundaries of the firm: The role of information and communication technology. *Journal of Institutional and Theoretical Economics 152*, S. 65–88.

Pidd, M. (2003). *Tools for Thinking: Modelling in Management Science* (2. Aufl.). Wiley, New York.

Pribilla, P., R. Reichwald, R. Goecke (1996). *Telekommunikation im Management.* Schäffer-Poeschel, Stuttgart.

Probst, G.J.B., S. Raub, K. Romhardt (1999). *Wissen Managen: Wie Unternehmen ihre wertvollste Ressource optimal nutzen* (3. Aufl.). FAZ, Frankfurt/Main und Gabler, Wiesbaden.

Raasch, J. (1993). *Systementwicklung mit strukturierten Methoden: Ein Leitfaden für Praxis und Studium* (3. Aufl.). Hanser, München.

Ray, E.T. (2004). *Einführung in XML* (2. Aufl.). O'Reilly, Beijing.

Rayward-Smith, V.J., I.H. Osman, C.R. Reeves, G.D. Smith (Hrsg.) (1996). *Modern Heuristic Search Methods.* Wiley, Chichester.

Rechenberg, P. (2000). *Was ist Informatik: Eine allgemeinverständliche Einführung* (3. Aufl.). Hanser, München.

Richter-von Hagen, C., W. Stucky (2004). *Business-Process- und Workflow-Management.* Teubner, Stuttgart.

Riel, A.J. (1996). *Object-Oriented Design Heuristics.* Addison-Wesley, Reading.

Rittgen, P. (2000). Quo vadis EPK in ARIS? Ansätze zu syntaktischen Erweiterungen und einer formalen Semantik. *Wirtschaftsinformatik 42*, S. 27–35.

Rivest, R., A. Shamir, L. Adleman (1978). A method for obtaining digital signatures and public key cryptosystems. *Communications of the ACM 21*(2), S. 120–126.

Rochfeld, A., H. Tardieu (1983). MERISE: an information system design and development methodology. *Information & Management 6*, S. 143–159.

Rockart, J.F. (1979). Chief executives define their own data needs. *Harvard Business Review 14*(2), S. 81–93.

Royce, W. (1970). Managing the development of large software systems. In *Proceedings of IEEE WESCON.* S. 1–9.

Royce, W. (1998). *Software Project Management: A Unified Framework.* Addison-Wesley, Reading.

Scheck, R. (2005). Bandbreiten. `http://internet.robert-scheck.de/bandbreiten/inhalt.php`. 11. März 2005.

Scheer, A.-W. (1990a). *EDV-orientierte Betriebswirtschaftslehre: Grundlagen für ein effizientes Informationsmanagement* (4. Aufl.). Springer, Berlin.

Scheer, A.-W. (1990b). *Wirtschaftsinformatik: Informationssysteme im Industriebetrieb* (3. Aufl.). Springer, Berlin.

Scheer, A.-W. (1997). *Wirtschaftsinformatik: Referenzmodelle für industrielle Geschäftsprozesse* (7. Aufl.). Springer, Berlin.

Scheer, A.-W. (2001). *ARIS: Modellierungsmethoden, Metamodelle, Anwendungen* (4. Aufl.). Springer, Berlin.

Scheer, A.-W. (2002). *ARIS: Vom Geschäftsprozess zum Anwendungssystem* (4. Aufl.). Springer, Berlin.

Scheer, A.-W., M. Nüttgens (Hrsg.) (1999). *Electronic Business Engineering – 4. Internationale Tagung Wirtschaftsinformatik 1999.* Physica, Heidelberg.

Schäfer, G. (2003). *Netzsicherheit – Algorithmische Grundlagen und Protokolle.* dpunkt.verlag, Heidelberg.

Schneidereit, G., J.R. Daduna, S. Voß (1998). Informationsdistribution über Netzdienste am Beispiel des Öffentlichen Personenverkehrs. In VDI (Hrsg.), *Gesamtverkehrsforum 1998.* VDI Verlag, Düsseldorf, S. 217–235.

Schneidereit, G., S. Voß (1998). Mobilkommunikationseinsatz im Rahmen des Informationsmanagements für logistische Dienstleister. In P. Kischka, H.-W. Lorenz, U. Derigs, W. Domschke, P. Kleinschmidt, R. Möhring (Hrsg.), *Operations Research Proceedings 1997.* Springer, Berlin, S. 563–568.

Schneier, B. (1996). *Applied Cryptography: Protocols, Algorithms and Source Code in C* (2. Aufl.). Wiley, Chichester.

Schneier, B. (2004). *Secrets & Lies – IT-Sicherheit in einer vernetzten Welt.* dpunkt.verlag, Heidelberg.

Schnieder, E. (1999). *Methoden der Automatisierung: Beschreibungsmittel, Modellkonzepte und Werkzeuge für Automatisierungssysteme.* Vieweg, Braunschweig.

Scholl, A., R. Klein (1997). Investitionsprogrammplanung bei Obelix GmbH & Co. KG. *WISU – das Wirtschaftsstudium 26*, S. 1039–1040.

Schwarze, J. (1998). *Informationsmanagement: Planung, Steuerung, Koordination und Kontrolle der Informationsversorgung im Unternehmen.* Neue Wirtschafts-Briefe, Herne.

Schwarzer, B., H. Krcmar (2004). *Wirtschaftsinformatik: Grundzüge der betrieblichen Datenverarbeitung* (3. Aufl.). Schäffer-Poeschel, Stuttgart.

Seibt, D. (1993). Begriff und Aufgaben des Informationsmanagement – ein Überblick. In D.B. Preßmar (Hrsg.), *Informationsmanagement*, Schriften zur Unternehmensführung, Band 49. Gabler, Wiesbaden, S. 3–30.

Shapiro, J.F. (1999). Bottom-up vs. top-down approaches to supply chain modeling. In S. Tayur, R. Ganeshan, M. Magazine (Hrsg.), *Quantitative Models for Supply Chain Management.* Kluwer, Boston, S. 737–759.

Shaw, M., R. Blanning, T. Strader, A. Whinston (Hrsg.) (2000). *Handbook on Electronic Commerce.* Springer, Berlin.

Simos, M., D. Creps, C. Klinger, L. Levine, D. Allemang (1996). Organization domain modeling (ODM) guidebook, version 2.0. Software Technology for Adaptable, Reliable Systems (STARS), STARS-VC-A025/001/00 Informal Technical Report.

Singh, S. (2000). *Geheime Botschaften: Die Kunst der Verschlüsselung von der Antike bis in die Zeiten des Internet.* Hanser, München.

Sommerville, I. (2004). *Software Engineering* (7. Aufl.). Pearson, Harlow.

Stadtler, H., C. Kilger (Hrsg.) (2005). *Supply Chain Management and Advanced Planning* (3. Aufl.). Springer, Berlin.

Stahlknecht, P., U. Hasenkamp (2003). *Arbeitsbuch Wirtschaftsinformatik* (3. Aufl.). Springer, Berlin.

Stahlknecht, P., U. Hasenkamp (2005). *Einführung in die Wirtschaftsinformatik* (11. Aufl.). Springer, Berlin.

Staud, J. (2001). *Geschäftsprozessanalyse: Ereignisgesteuerte Prozessketten und objektorientierte Geschäftsprozessmodellierung für Betriebswirtschaftliche Standardsoftware* (2. Aufl.). Springer, Berlin.

Steenken, D. (1992). Fahrwegoptimierung am Containerterminal unter Echtzeitbedingungen. *OR Spektrum 14*, S. 161–168.

Steenken, D., A. Henning, S. Freigang, S. Voß (1993). Routing of straddle carriers at a container terminal with the special aspect of internal moves. *OR Spektrum 15*, S. 167–172.

Steenken, D., S. Voß, R. Stahlbock (2004). Container terminal operations and operations research – A classification and literature review. *OR Spectrum 26*, S. 3–49.

Österle, H. (1987). Erfolgsfaktor Informatik: Umsetzung der Informationstechnik in der Unternehmensführung. *Information Management 2*(3), S. 24–31.

Szyperski, C., D. Gruntz, S. Murer (2002). *Component Software: Beyond Object-Oriented Programming* (2. Aufl.). Addison-Wesley, Reading.

Szyperski, N., P. Schmitz, J. Kronen (1993). Outsourcing: Profil und Markt einer Dienstleistung für Unternehmen auf dem Wege zur strategischen Zentrierung. *Wirtschaftsinformatik 35*, S. 228–240.

Tanenbaum, A.S. (2003). *Computer Networks* (4. Aufl.). Prentice Hall, Upper Saddle River.

Tanenbaum, A.S., J. Goodman (1999). *Computerarchitektur: Strukturen, Konzepte, Grundlagen* (4. Aufl.). Prentice Hall, München.

Taylor, D.A. (1995). *Business Engineering with Object Technology.* Wiley, New York.

Thalheim, B. (2000). *Entity-Relationship Modeling: Foundations of Database Technology.* Springer, Berlin.

Thaller, G.E. (2000). *Software-Test: Verifikation und Validation.* Heise, Hannover.

Tinnefeld, M.-T., E. Ehmann, R.W. Gerling (2005). *Einführung in das Datenschutzrecht* (4. Aufl.). Oldenbourg, München.

Uhr, W., W. Esswein, E. Schoop (Hrsg.) (2003). *Wirtschaftsinformatik 2003 – Medien, Märkte, Mobilität*, Volume 1 & 2. Physica, Heidelberg.

van der Aalst, W.M.P. (1999). Formalization and verification of event-driven process chains. *Information and Software Technology 41*, S. 639–650.

van der Aalst, W., J. Desel, E. Kindler (2002). On the semantics of EPCs: A vicious circle. In M. Nüttgens, F.J. Rump (Hrsg.), *EPK 2002 – Geschäftsprozessmanagement mit Ereignisgesteuerten Prozessketten*. Gesellschaft für Informatik, Bonn, S. 71–79.

van der Aalst, W., K. van Hee (2002). *Workflow Management – Models, Methods, and Systems*. MIT Press, Cambridge (Mass.).

Versteegen, G. (1999). *Das V-Modell in der Praxis: Grundlagen, Erfahrungen, Werkzeuge*. dpunkt.verlag, Heidelberg.

Vetter, M. (1998). *Aufbau betrieblicher Informationssysteme mittels pseudo-objektorientierter, konzeptioneller Datenmodellierung* (8. Aufl.). Teubner, Stuttgart.

Voß, S., W. Domschke (1999). Informationslogistik als integraler Bestandteil des Informationsmanagements in der Verkehrswirtschaft. In P. Faller (Hrsg.), *Transportwirtschaft im Umbruch*. Linde, Wien, S. 329–340.

Voß, S., K. Gutenschwager (2001). *Informationsmanagement*. Springer, Berlin.

Voß, S., S. Martello, I.H. Osman, C. Roucairol (Hrsg.) (1999). *Meta-Heuristics: Advances and Trends in Local Search Paradigms for Optimization*. Kluwer, Boston.

Voß, S., D.L. Woodruff (2003). *Introduction to Computational Optimization Models for Production Planning in a Supply Chain*. Springer, Berlin.

Vollmer, H. (1999). Was leistet die Komplexitätstheorie für die Praxis? *Informatik Spektrum 22*, S. 317–327.

Vossen, G. (2000). *Datenmodelle, Datenbanksprachen und Datenbankmanagementsysteme* (4. Aufl.). Oldenbourg, München.

Vossen, G., J. Becker (Hrsg.) (1996). *Geschäftsprozeßmodellierung und Workflow-Management: Modelle, Methoden, Werkzeuge*. International Thomson Publishing, Bonn.

W3C (2005). Extensible Markup Language (XML). `http://www.w3.org/XML/`. 11. März 2005.

Wegener, I. (1999). *Theoretische Informatik – Eine algorithmenorientierte Einführung* (2. Aufl.). Teubner, Stuttgart.

Williams, H.P. (2000). *Model Building in Mathematical Programming* (4. Aufl.). Wiley, Chichester.

Wirtz, B.W. (2002). *Electronic Business* (2. Aufl.). Gabler, Wiesbaden.

Wittmann, W. (1959). *Unternehmung und unvollkommene Information*. Westdeutscher Verlag, Opladen.

WKWI (Wissenschaftliche Kommission Wirtschaftsinformatik im Verband der Hochschullehrer für Betriebswirtschaft) (1994). Profil der Wirtschaftsinformatik. *Wirtschaftsinformatik 36*, S. 80–81.

Wollnik, K. (1988). Ein Referenzmodell für das Informationsmanagement. *Information Management 3*(3), S. 34–43.

Zielasek, G. (1999). *Projektmanagement als Führungskonzept: Erfolgreich durch Aktivierung aller Unternehmensebenen* (2. Aufl.). Springer, Berlin.

Stichwortverzeichnis